矿物学基础

张　雁　张金凤　主编

中国石化出版社

内容提要

本教材系统介绍了矿物学的基础理论、基础知识以及矿物鉴定的基本方法，总结了常见矿物的综合特征。全书分为结晶学基础、晶体光学和矿物学三部分内容。结晶学基础部分主要阐述晶体几何学特征、晶体形态及表述、晶体化学等内容；晶体光学主要介绍了镜下鉴定所需的光学知识及不同偏光系统下矿物的鉴定方法；矿物学部分主要介绍矿物的物理性质、成因及演化、矿物的命名和分类等内容，并总结了常见矿物的结晶学特征、物理性质、光性特征、成因变化及用途。

本教材整合了《结晶学与矿物学》和《晶体光学》的内容，介绍常见矿物特征时，同时列出各矿物的结晶学特征与光性特征，使内容更完整，适用于学生、专业技术人员学习和工作时查阅使用。

图书在版编目(CIP)数据

矿物学基础 / 张雁，张金凤主编. —北京：中国
石化出版社，2022.6
ISBN 978 - 7 - 5114 - 6714 - 0

Ⅰ.①矿… Ⅱ.①张… ②张… Ⅲ.①矿物学-
基本知识 Ⅳ.①P57

中国版本图书馆 CIP 数据核字(2022)第 098074 号

中国石化出版社出版发行

地址：北京市东城区安定门外大街 58 号
邮编：100011　电话：(010)57512500
发行部电话：(010)57512575
http://www.sinopec-press.com
E-mail：press@sinopec.com
河北宝昌佳彩印刷有限公司印刷
全国各地新华书店经销

＊

787×1092 毫米 16 开本 22.75 印张 464 千字
2022 年 12 月第 1 版　2022 年 12 月第 1 次印刷
定价：48.00 元

前　言

　　矿物是固体地球内岩石组成的基本单位，分布在固体地球的各个部位；不同矿物形成于不同的地质时期、不同的地质作用中，记录着地球发展演化历史及环境变迁的各种信息；不同矿物具有各自特殊的化学组成和内部结构，因而具有不同的物理化学性质。因此地质上可通过分析矿物组成来确定岩石类型和岩石特点、判断其所在地质体的形成时代、地质成因和演化特征；同时人类生产、生活的各个领域，如找矿、采矿、冶矿、化工、建材、医药卫生、农药农肥、宝石以及某些高精尖端科学技术也都离不开矿物原料。矿物在人类生活中的作用如此重要，因此矿物学一直是资源勘查、地质类等专业的基础课程之一。

　　矿物学的分支很多，如结晶学、矿物形貌学、结构矿物学、成因矿物学、光性矿物学、实验矿物学、矿物材料学、黏土矿物学、宝石矿物学等。《结晶学与矿物学》和《晶体光学》是传统地矿类院校资源勘查、地质类等专业必备的两门专业基础课程。《结晶学与矿物学》主要介绍晶体生长、晶体几何特征、晶体化学组成和内部结构、矿物的分类与命名等基本概念、理论，以及常见矿物的各项特征及成因分布特征等内容；《晶体光学》则主要介绍晶体光学和利用偏光显微镜进行光学鉴定所需的基本概念、原理，以及矿物的镜下鉴定方法、主要矿物的镜下光学特征等内容。近年来，由于人才培养向通识类、思政类课程倾斜，专业课时削减，同时考虑到这两门课程的知识具有一定的连贯性，因此我校将《结晶学与矿物学》和《晶体光学》合并为一门课（总学时 64 学时，其中理论 40 学时，实验 24 学时）。授课过程中，主要存在两个问题：一是目前缺少一本同时涵盖两门课知识的教材，授课过程中一直采用两本教材；二是现有的教材内容过多，为保证知识体系的完整及连贯性，在有限的学时内只能采用跳跃选讲的方式，教师授课内容与教材编排顺序不符，不利于学生预习和自学。本次编写《矿物学基础》，旨在将两门课的内容进行适当的筛选后有机的编排在一起，方便学习者学习使用。

　　全书分为结晶学基础、晶体光学、矿物学三部分内容。结晶学基础部分主要阐述了晶体几何特征、晶体形态及表述、晶体化学等内容；晶体光学主要介绍了镜下鉴定所需的光学知识及不同偏光系统下矿物的鉴定方法；矿物学部分主要介绍的矿物的形态物性、成因及演化、矿物的命名和分类等知识，并总结常见矿物的结晶学特征、物理性质、光性特征、成因变化及用途等内容。

和同类教材相比，本教材主要进行以下几方面特色：

1. 知识体系更完整，方便使用

将结晶学与矿物学和晶体光学的基础知识内容合并，初学者通过本书即可掌握矿物的基本知识、矿物研究的基本方法、矿物鉴定的基本技能。

在矿物学各论中，将常见矿物的矿物学特征与光性特征加以整合，使内容更完整。以往矿物物理特征和光学特征分别编于不同的资料中，学习者在学习时需要同时查阅两种资料，较为烦琐，本教材将这两部分特征合并，便于专业人员学习和工作时查阅使用。

2. 内容注重基础和实用性，重点难点突出

教材对原《结晶学与矿物学》和《晶体光学》课程内容进行了筛选和整合，保留了矿物生长、晶体几何、晶体化学、晶体光学的基本概念和知识；将部分理论性偏强的内容进行了删减，如晶体的结构对称等、晶体的投影等；部分有助于理解基本原理的讲解或证明等内容用小字加以区别，作为选读内容。

教材对重点和难点知识增加了分析和阐释，使教材重点突出，基础和实用性更强。增加了教材的可读性和实用性。

3. 对各章重点、难点知识都选编了配套的习题，便于自我检测

各章末尾增加课后习题的数量，使习题能够覆盖各章重要知识点，便于学生学习和自我检测使用。

本书由张雁、张金凤主编。其中，"结晶学基础"部分由张雁编写，"晶体光学"部分由张金凤编写，"矿物学"部分由张雁、张金凤、杨丽艳编写。全书由张雁、张金凤统编定稿，柳成志教授、马凤荣教授对全稿进行了审阅，并提出了宝贵的修改意见。教材编写过程中，张宇薇、曾宇星参与了部分内容编写、绘图及校对工作。在此对所有参加本教材编写工作教师的辛勤劳动和大力支持表示感谢！本教材在编写过程中，参考了大量现有的相关教材，引用了以往教材中的部分图、表，书中部分照片来源于网上资料的搜集编辑和整理，在此向版权所有人表示衷心的感谢。

由于编者水平有限，书中恐存在疏漏和不妥之处，敬请读者批评指正！

编者

2022 年 8 月

目　录

第二篇　晶体光学

第三篇 矿物学

绪　　论

一、矿物的概念

矿物是人类赖以生存和发展的宝贵资源。矿物一词来自拉丁文"minera"（石块），是早期人们开采利用石材过程中产生的。随着人类对自然界的探索不断深入，才逐渐将矿物从岩石、矿石与矿产等概念中分化出来，成为一个特定的术语。

传统的矿物是指地质作用中所形成的单质和化合物，是地壳中岩石和矿石的基本组成单位。由于科学技术的发展，人们的认识空间已从地球系统拓宽到宇宙空间；除了传统的无机固体，人们注意到还存在生物成因的某些固态物质。因此现在对矿物的定义是，矿物是由自然作用形成的天然固态单质或化合物，具有相对固定的化学成分、内部结构，因此具有相对固定的物理、化学性质，在一定的物理化学条件范围内相对稳定。

从这个概念来看，矿物应形成于自然作用，既包括地质作用（形成和改变地球的物质组成、外部形态和内部构造的各种自然作用），还包括地球外天体的自然产物。因此，陨石矿物、月岩矿物等可以属于矿物的范畴，自然产出的有机晶质固体也应纳入矿物的范畴。而人为在实验室得到具有一定成分和结构的固体不属于矿物。

矿物具有相对固定的化学成分。如金刚石的成分是 C，方解石的成分是 $CaCO_3$，但由于矿物产自于开放的自然系统，其化学成分中又不可避免地混入一些其他的化学元素，如闪锌矿 ZnS 中常含有一定的 Fe^{2+}，自然 Au 中含在 Ag 等，这些成分的加入必然会引起矿物结构、性质的微小变化，但总体上在一定的物理化学条件范围内是稳定的。

由于气、液态物质的性质及研究方法与固态物质有较大差别，一般矿物是指具有相对固定结构的固体。绝大部分矿物属于固态结晶体，即其内部原子、离子或分子排列具有周期性平移重复的规律。而某些天然形成的具有相对固定的化学成分，但没有确定晶体结构的固体，称为准矿物，如蛋白石 $SiO_2 \cdot nH_2O$，也是矿物学的研究对象。

矿物在一定的物理化学条件范围内才能够稳定存在，当外界环境条件变化较大时，原矿物赖以存在的热力学条件改变，矿物内部质点的平衡将被打破，取而代之的是适应新条件、具有另一种结构的新矿物。如长石在表生条件下风化后会转化为高岭石，常压条件下高温 β-石英当温度低于 573℃ 时会转化为 α-石英等。矿物的这种性质除了可用于判断矿物所在地质体的形成条件及变化外，还可用于从矿物中提取金属、制备有用材料等技术。

二、矿物学的任务和主要内容

矿物学是地球科学中研究地壳物质组成的重要地质基础学科之一。矿物学是以矿物及准矿物为研究对象，研究它们的化学成分、内部结构、外表形态、物理和化学性质及其相互之间的关系，并阐明它们的成因、演化、时空分布及应用的一门学科。

本课程的主要任务与内容包括：

（1）系统介绍矿物学的基本概念、知识和理论，包括晶体生长理论、几何结晶学基础、晶体化学组成和内部结构、矿物的分类与命名等。

（2）系统介绍晶体光学及利用偏光显微镜进行光学鉴定所需的基本概念和原理，包括光率体、光性方位、双折率、补色法则、干涉、消光、干涉图等。

（3）系统介绍不同大类矿物的形态、成分、结构、物理性质、光学性质、成因、产状、矿物的变化以及上述各性质间的关系，介绍了部分常见造岩、造矿矿物的主要特征。

（4）全面讲授矿物研究和鉴定的基本方法，包括晶体对称要素的确定，晶体定向及晶面符号确定、单形和聚形分析，矿物形态、物理性质肉眼鉴定以及镜下鉴定等。

通过本课程的学习，要求学习者能够系统掌握结晶学、晶体光学、矿物学的基本理论，学会肉眼和镜下鉴定矿物的基本技能，掌握常见造岩矿物特征，并理解矿物的成分、形态、结构、物理化学性质之间的关系，培养根据矿物特征分析地质历史、评价地质体特征的思维方法。

全书主要包括结晶学、晶体光学和矿物学三大部分内容，这三大部分的关系如图0-1所示。结晶学主要是介绍晶体的几何特征及表征、晶体化学和晶体生长的基本原理及规律，这些原理和规律直接影响到矿物的形态特征、物理性质、化学性质及光学性质，而这些性质决定了我们如何去认识或鉴别不同矿物、了解矿物成因及其分布规律和用途等。因此，结晶学主要侧重基本原理和规律，晶体光学和矿物学主要侧重于应用和技术方法。

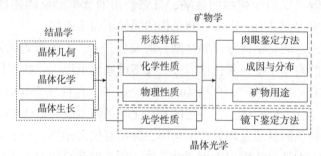

图0-1 结晶学、晶体光学、矿物学的关系

三、矿物学的研究意义

不同矿物具有不同的化学组成及内部结构，因而具有不同的性质，这些性质已被广泛地应用于人类生产、生活中的各个领域，对人类认识自然、利用自然和保护人类生存环境都具有重要意义。

首先，研究矿物可为解决自然科学问题提供证据。矿物遍布于整个时空系统，从地表到地下，从高山、陆地到深海，从地球到宇宙，矿物无处不在；同时，矿物经历了地球（其他行星）从诞生并演化至今的整个过程，地球上已发现的最古老的矿物是在澳大利亚杰克·希尔斯(Jack Hills)的岩石中发现的锆石，形成于44亿年前；利用矿物中存在的放射性元素可以测出其年龄，利用其成分和结构特征可以推断形成环境。因此，矿物学研究为人类认识地球及其他行星的形成环境与发展历史提供了最直接的证据。

其次，矿物是地质研究的基础。由于矿物是岩石的组成单元，既可以直接影响着岩石的性质，也可以揭示一定的地质成因环境，可以根据矿物组成对岩石类型进行划分。矿物的成分、形态、结构特征是一定地质条件的产物，尤其标型矿物组合、标型矿物种属及特征都具有温度、压力的标志意义，可用于还原地质事件；还可以根据矿物特征确定矿床和岩石的成因以及进行矿床评价，等等。

最后，研究矿物的结构、性质，也是人类生产、生活的需要。目前大约70%工业生产原料来自矿物。在人类生产、生活的各个领域，包括国防、航空航天、冶金、建材、机械制造、化工、精密仪器制造、农业、医药等离不开矿物的身影。例如：碳化硅可做半导体，且硅的加工极限是10nm，因此被大量应用于各种电子产品中，大大缩小了各种电子产品的体积，同时还大幅度提高了运算速度。与之相比，世界上第一台电子计算机，占地170m^2，重达30t，耗电功率约150kW，而每秒钟可进行5000次运算，与现在电脑每秒上亿次的运算速度相差甚远。工业上，铌、钽等用于火箭、飞船、飞机发动机耐热器件；铀可用作核燃料；铅可涂在船的表面防腐；沸石多孔可用于吸附杂质，净化环境；农业中利用矿物制取肥料，如钾盐可用于抽取钾肥，磷灰石用于抽取磷肥；医疗卫生方面对矿物的应用时间更加久远，我国古老的中医早就利用石膏清热，用朱砂安神；等等。

矿物学作为传统地球科学中研究地壳物质成分的基础学科之一，到今天其研究和应用领域已扩展至与天体、环境、土壤、水资源、生命等多学科交叉融合，其研究价值极为深远。

四、矿物学发展简史

矿物学是一门很古老的科学，其产生和发展是人类长期生产实践的结果。矿物学的发展历程主要可分为如下四个阶段。

（1）萌芽阶段：19世纪中叶以前，在漫长的人类历史发展进程中，最初人们利用矿物和岩石制作生产工具（石器）和装饰品。进入铜器和铁器时代开始应用金属以及大量开采金属矿产，冶矿事业得以发展。此阶段总的特点是，通过肉眼对矿物的外部形貌来进行鉴定。

世界上描述矿物原料的最早著作应首推我国春秋末战国初的《山海经》（公元前约475年），其中一篇《五藏山经》内记录了89种矿物；后来北宋科学家沈括（1031—1095）所著《梦溪笔谈》、明代李时珍（1518—1593）的《本草纲目》都对许多种矿物的成分、形态、性质、鉴定特征、产状、产地和医疗效用等进行过比较详细的记述。国外首先引入矿物一词的是德国自然科学家格奥尔格·阿格里科拉（Georgius Agricol，1494—1555），他被誉为"矿物学之父"，在他1546年发表的《矿石的性质》中论述了多种矿物的特征、性质、分类、冶炼技术和设备等知识。

（2）矿物描述阶段：19世纪中至19世纪末，为矿物学第一次变革阶段。此阶段的特点是对矿物种的描述和鉴别，主要是研究矿物的形态、物理性质、化学性质、化学成分，记述矿物的产状，并提出了矿物的化学成分分类等。这一时期，偏光显微镜的问世以及化学分析和晶体测角等方法的提出和应用，极大地推动了矿物学发展，使矿物学成为独立的学科。

（3）从宏观研究进入微观研究阶段：19世纪末到20世纪中叶，矿物学研究进入微观研究时期。1895年X射线被发现以及1912年德国物理学家马克斯·冯·劳厄（Max von Laue，1879—1960）将X射线成功地应用于矿物晶体结构分析，使人们认识到矿物的化学成分、晶体结构、物理性质之间的相互关系，开辟了现代矿物学的晶体化学方向，使矿物学发生了第二次变革，为矿物的晶体化学分类奠定了基础。而20世纪30年代高温高压研究手段被应用于矿物研究中，加深了人们对矿物组分结构与成因关系的认识。

（4）现代矿物学阶段：20世纪中叶至今，为现代矿物学全面发育阶段。由于现代分析测试技术的引进以及高科技的迅猛发展，高精度、高速度、微区、微分析测试手段和计算机的应用，大大加深了对矿物成分、结构、性质及相互关系的认识，为矿物理论研究和具体应用提供了丰富的资料，矿物学因此在纵深和广度上都得到了重大突破。

五、矿物学与其他学科的关系

矿物学是地质科学的基础学科之一，与许多基础科学、技术科学、应用科学都有密切关系。矿物学与其他学科的关系如图0-2所示。

首先，目前用于阐述矿物晶体的生长规律、几何特征、化学结构、特理性质的结晶学理论及研究手段和方法，都来自数学、物理学、化学、物理化学及计算机科学等基础学科的研究成果。正是这些基础学科理论、方法不断突破，人们才能从不同角度认识矿物，使矿物学得以迅速向纵深发展。

矿物广泛分布在地层中，矿物性质直接影响着其所在的岩石、矿石、矿床、土壤的性质，因此矿物不仅是研究这些学科的基础，并因此与地球物理学、地震学、构造地质学、水文地质学、工程地质学、石油地质学、矿产勘查学等应用学科产生了密切的联系。此外，形成于不同时代的矿物穿越时空，记录着地球历史，还可以为古生物学、地层学、地史学研究提供必要的证据。

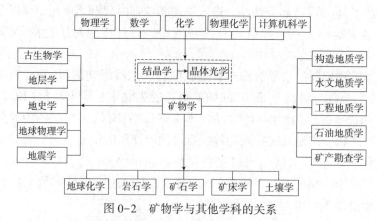

图0-2　矿物学与其他学科的关系

第一篇 结晶学基础

第一章 晶体和晶体的基本性质

本章重点叙述晶体的概念、晶体的特征及晶体的生长过程。要求掌握晶体、空间格子的概念和晶体的基本性质；熟悉空间格子的组成要素、空间格子的类型，理解晶体的生长理论和面角守恒定律，了解非晶体、准晶体的概念。

第一节 晶体和非晶体

一、晶体

晶体一词最早来源于希腊语"冰"。随着人们发现越来越多具有规则几何多面体外形的天然固体，如水晶、方解石、石盐、磁铁矿等，人们将晶体的概念推广为天然产出的具有规则几何多面体外形的固体；但随着人们对自然事物观察及研究的不断深入，人们认识到这个概念是不全面的，同一种物质如石英 SiO_2，既可以形成规则的锥柱状外形，也可以呈不规则形态产出于岩石之中。那么，为什么晶体能够生长出规则的几何多面体外形呢？晶体与非晶体的差异又是什么呢？直到 1912 年，德国人劳厄用晶体做光栅使 X 射线产生衍射的实验，才证实了晶体之所以能长出规则的几何多面体外形，是由于其内部的物质质点（原子、离子、离子团或分子等）在空间都是按周期性平移重复排列造成的，晶体外部的规则形态实际上是内部规则构造的反映。

图 1-1（a）为具有规则立方体外形的石盐（NaCl）晶体；图 1-1（b）为石盐晶体的内部结构图，图中大球代表氯离子（Cl^-），小球代表钠离子（Na^+）；图 1-1（c）显示了不同质点间距的分布情况。从图中可以看出，沿着立方体的三条棱边方向，Cl^- 与 Na^+ 始终是等间距间隔重复出现的，这种规则排列使内部质点堆积成立方体的形态，并体现在外部形态上。

其他晶体不论形态如何，其内部质点也都呈周期性平移重复排列特点，只是质点类型、排列方式、间距各不相同。因此，晶体的现代定义是：晶体是内部质点在三维空间呈周期性平移重复排列而形成的具有格子构造的固体。内部质点在三维空间周期性平移重复排列的固态物质称为结晶质或晶质体。

(a)石盐晶体

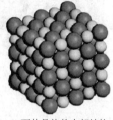
(b)石盐晶体的内部结构

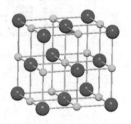
(c)不同质点间距的分布情况

图1-1　石盐的晶体结构

应注意的是，受环境因素影响，尽管晶体具有格子构造，但晶体不一定都能长成规则的几何多面体。一般将外形规则的称为晶体，外形不规则的称为晶粒、晶块。

二、非晶体(过冷液体)

有些固态物质，如蛋白石($SiO_2 \cdot nH_2O$)和琥珀($C_{10}H_{16}O$)等，它们的内部质点不做周期性的重复排列，称为非晶质体。晶体与非晶体有何区别呢？图1-2比较了晶体石英和非晶体玻璃的内部质点的平面分布图，二者成分都是SiO_2。图1-2(a)中，任何一个硅质点周围都被3个氧质点包围，说明质点局部分布是规律的，这称为近程规律或短程有序；此外，图中任何质点在整个图形中都是周期平移重复的，将彼此重复的一系列点用直线连接起来，即可得到由平行四边形构成的网格，该网格可视为由一个平行四边形平移重复排列构成，这种规律即为远程规律或长程有序。而在图1-2(b)中，每个硅原子周围也有3个氧原子，局部分布都是有规律的，说明也具有短程有序规律；但图中的各个质点间距、方位等各不相同，因此任一质点排布都不具有周期平移重复的特点，即为长程无序。由此可见，晶体是短程有序、长程有序、具有平移重复排列的格子状构造的固体；而非晶体的内部质点排布具有短程有序和长程无序的特点，因此不具有格子构造。

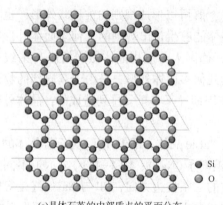
(a)晶体石英的内部质点的平面分布

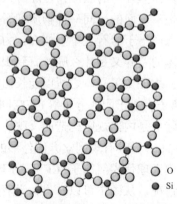
(b)非晶体玻璃的内部质点的平面分布

Si
O

O
Si

图1-2　晶体、非晶体质点平面分布示意图(据潘兆橹等，1993)

液体的结构与非晶体结构相似，也只具有短程有序、长程无序的特点，因此非晶体有时也称为过冷液体。

三、晶体与非晶体间的转化

构成物质的内部质点之间是存在有作用力的，当两个相邻质点相距较远时，质点间表现为引力；而两个相邻质点相距较近时，质点间表现为斥力。晶体内部质点之所以能够规则排列，是质点刚好处于平衡位置，引力与斥力相等的结果，此时晶体内部能量是最低的。而非晶体由于质点间距各不相同，有的地方表现为斥力，有的地方表现为引力，其内部能量必然高于晶体，这也说明晶体比非晶体可以更稳定地存在于自然界中。

晶体和非晶体之间是能够相互转化的。由非晶体向晶体转化，是释放内部能量使能量降低的过程，因此是自发的。例如，岩浆迅速冷凝形成的非晶体火山玻璃，在漫长的地质年代中，其内部质点的位置发生缓慢的扩散和调整，逐渐趋于规则排列，这一过程称为脱玻化，即非晶体向晶体转化；此外，胶体的老化也属于非晶质体向晶体的转化结果。而晶体向非晶体转化时，由于非晶体内能更高，故需要吸收能量，增加内能。

准 晶 体

除了晶体和非晶体外，人们还发现了一种准晶体物质。准晶体是 20 世纪 80 年代晶体学研究中的一次突破。1982 年 4 月 8 日，以色列科学家丹尼尔·谢赫特曼（Daniel Shechtman）首次在电子显微镜下观察到一种"反常"现象：Al-Mn 合金的电子衍射图中有明显的 5 次对称性，而当时人们普遍认为，自然界中不可能存在具有这样的原子排列方式的晶体。

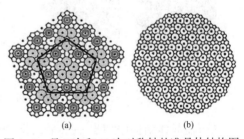

图 1-3　具 5 次和 10 次对称轴的准晶体结构图
（转引自李胜荣，2008）

人们将具有传统结晶学中不存在的 5 次或 6 次以上旋转对称轴的特殊固体称为准晶体。准晶体是具有凸多面体规则外形的，但不同于晶体的固态物质。起初，人们认为准晶体是在结构上介于非晶体和晶体之间的一类固体，但其结构形式一直不甚明了。目前，人们趋向于认为：准晶体是质点的排列符合短程有序，有严格的位置序和自相似分形结构，但不体现周期平移重复，即不存在格子构造的一类固体（图 1-3）。随后，科学家们在实验室中制造出了越来越多的各种准晶体，并于 2009 年首次在 Khalyrkite 铝锌铜矿岩石中发现了纯天然准晶体。

准晶体具有独特的属性，坚硬又有弹性，非常平滑，而且与大多数金属不同的是，其导电、导热性很差，因此在日常生活中大有用武之地。科学家正尝试将其应用于其他产品中，比如不粘锅和发光二极管等。另外，尽管其导热性很差，但因为其能将热转化为电，因此，它们可以用作理想的热电材料，将热量回收利用，有些科学家正在尝试用其捕捉汽车废弃的热量。

第二节　晶体的空间格子

一、空间格子

如上节所述，一切晶体都具有格子状构造，格子构造的差异造成了晶体形态的复杂多样。那么，如何来描述空间格子呢？下面以石盐晶体为例，分析晶体格子构造的特点及描述参数。

在石盐晶体结构中[图1-4(a)]，由于在3条棱方向上Na^+和Cl^-都是间隔分布的，因此，以Cl^-为中心时，每一个Cl^-的上下、前后和左右都分布有Na^+；也就是说，所有Cl^-周围的物质环境(周围质点的种类)和几何环境(周围质点对该Cl^-的分布方位和距离)都是相同的。所有Na^+的周围也是如此。晶体结构中物质环境和几何环境完全相同的点，称为相当点。因此，在石盐晶体结构中，所有Cl^-中心点为同一类相当点，所有Na^+中心点为另一类等同点。

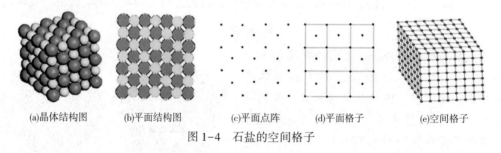

(a)晶体结构图　　(b)平面结构图　　(c)平面点阵　　(d)平面格子　　(e)空间格子

图1-4　石盐的空间格子

从石盐晶体结构中切出一个平面即为平面结构图[图1-4(b)]，图中深色大圆代表Cl^-，浅色小圆代表Na^+，将其中的Cl^-中心用点来表示，则由所有的Cl^-中心点可以抽象出来一个由点构成的纯粹的平面几何图形，称为平面点阵[图1-4(c)]；将其中的点用直线连接起来，即可构成平面格子[图1-4(d)]；若将石盐晶体结构中所有Cl^-中心点都连接起来，则构成了在三维空间做周期性重复排列所形成的格子状图形，称之为空间格子[图1-4(e)]。应注意的是，空间格子虽是一个几何图形，却是来自晶体结构中的相当点，是不能脱离开具体晶体结构而单独存在的。

二、空间格子的要素

由于空间格子是由晶体结构抽析出来的，能概括地反映晶体结构中各类相当点的排列规律，且不同的晶体具有不同大小形态的空间格子。因此，有必要对空间格子的分布特点进行描述。空间格子可看作是由结点、行列、面网、平行六面体等要素组成的。

(1)结点：是指空间格子中的点，代表晶体构造中的相当点，在实际晶体构造中，结点可以为相同的离子、原子或分子占据。但结点本身不代表任何质点，是只具有几何意义的几何点。图1-5(a)中的O、A_1、A_2、A_3、A_4均为结点。

(2)行列：是指结点排列成的直线[图1-5(a)]。空间格子中任意两个结点联结起来的直线就是一条行列。行列中相邻结点之间的距离称为该行列的结点间距[图1-5(a)中的 a_0]。同一行列中结点间距相等，彼此平行的行列结点间距也是相等的；不平行的行列，结点间距不一定相等。

（3）面网：指由结点排列成的平面[图1-5(b)]。空间格子中任意3个不在同一行列上的结点就可联结成一个面网。面网上单位面积内的结点数目称为面网密度。结点间距越小，则面网密度越大。

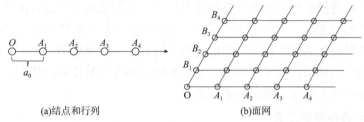

(a)结点和行列　　　　　　　　(b)面网

图1-5　结点、行列和面网示意图（引自赵珊茸，2017）

互相平行的相邻两面网之间的垂直距离称为面网间距。在同一晶体中，相互平行的面网，面网密度和面网间距必然相同。反之，互不平行的面网，面网密度及面网间距一般不同。面网密度和面网间距间的关系如图1-6所示。图1-6(a)的晶体结构中，面网 $A_1A_2A_3A_4$ 和面网 $B_1B_2B_3B_4$ 平行，二者间距为 L_1；面网 $A_1A_4C_3C_2$ 和面网 $B_1B_4C_4C_1$ 相互平行，二者间距为 L_2；从图1-6(b)中可知，面网 $A_1A_2A_3A_4$ 的密度>面网 $A_1A_4C_3C_2$ 的密度，且 $L_1 > L_2$，由此说明，面网密度与面网间距成正比，面网密度越大，面网间距越大。

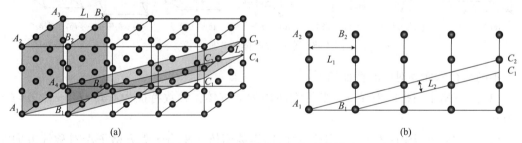

(a)　　　　　　　　　　　　(b)

图1-6　面网密度和面网间距的关系

（4）平行六面体：是空间格子的最小单位，由3对相互平行而且相等的面构成[图1-7(b)]。空间格子可以看成是平行六面体在三度空间平行、无间隙地重复堆砌而成的[图1-7(a)]。

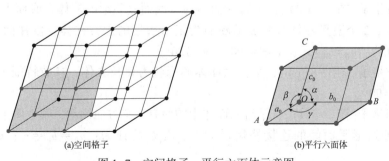

(a)空间格子　　　　　　　　(b)平行六面体

图1-7　空间格子、平行六面体示意图

三、空间格子的划分及空间格子类型

1. 空间格子的划分原则

晶体结构是内部质点在三维空间做有规律的周期性重复排列构成的，对于特定的晶体结构而言，其内部质点的分布是客观存在的，但平行六面体的选择是人为的，同一种格子构造，其平行六面体的选择可能有多种方式。为了使选出的平行六面体与晶体结构特征一致，在空间点阵中选择平行六面体应遵循以下原则：①所选取的平行六面体应能反映结点分布整体所固有的对称性；②在上述前提下，所选取的平行六面体中棱与棱之间的直角关系最多；③在满足以上条件基础上，所取选的平行六面体体积最小。

确定好平行六面体后，由于空间格子是由平行六面体重复排列而成的，因此平行六面体的空间几何分布特征决定了空间格子的差异。

2. 按平行六面体形状分类

平行六面体的形状可以由它的 3 个棱长 $a_0(OA)$、$b_0(OB)$、$c_0(OC)$ 及 3 条棱所夹角 α（$\angle BOC$）、β（$\angle AOC$）、γ（$\angle AOB$）决定[图 1-7(b)]。a_0、b_0、c_0 和 α、β、γ 即为平行六面体的形状描述参数。研究表明，根据平行六面体的描述参数差异，可将空间格子分为 7 种类型(图 1-8)。

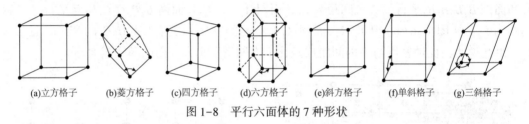

|(a)立方格子|(b)菱方格子|(c)四方格子|(d)六方格子|(e)斜方格子|(f)单斜格子|(g)三斜格子|

图 1-8 平行六面体的 7 种形状

不同平行六面体对应的特征如下：

(1)立方格子[图 1-8(a)]，平行六面体为立方体，参数特征为：$a_0=b_0=c_0$；$\alpha=\beta=\gamma=90°$。

(2)菱方格子[图 1-8(b)]，平行六面体为菱面体，相当于立方格子沿对称线方向拉长或压扁而成，规定拉长或压扁方向为直立方向。参数特征为：$a_0=b_0=c_0$；$\alpha=\beta=\gamma\neq90°$，$60°$，$109°28'16''$。

(3)四方格子[图 1-8(c)]，平行六面体为一横切面呈正方形的四方柱体，柱面交棱规定为 c_0，参数特征为：$a_0=b_0\neq c_0$；$\alpha=\beta=\gamma=90°$。

(4)六方格子[图 1-8(d)]，平行六面体为一底面呈菱形的柱体，底面上菱形的夹角为 120° 和 60°，3 个菱形柱体合并成横断面为正六边形的六方柱体。棱柱面交棱规定为 c_0，参数特征为：$a_0=b_0\neq c_0$；$\alpha=\beta=90°$，$\gamma=120°$。

(5)斜方格子[图 1-8(e)]，平行六面体的形状为扁长方体，参数特征为：$a_0\neq b_0\neq c_0$；$\alpha=\beta=\gamma=90°$。

(6)单斜格子[图 1-8(f)]，平行六面体中的面有一个方向倾斜，其他两个方向互相垂直，两平行四边形平面间的连接棱规定为 b_0，参数特征为：$a_0\neq b_0\neq c_0$；$\alpha=\beta=90°$，$\gamma\neq90°$。

（7）三斜格子［图 1-8（g）］，平行六面体为一不等边的斜的平行六面体，参数特征为：$a_0 \neq b_0 \neq c_0$；$\alpha \neq \beta \neq \gamma \neq 90°$。

3. 按平行六面体结点分布位置分类

按结点分布位置的不同，可有如图 1-9 所示的 4 种类型，可分别用符号 P、C、I、F 来表示。

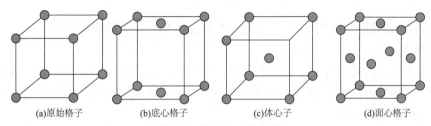

（a）原始格子　　（b）底心格子　　（c）体心子　　（d）面心格子

图 1-9　格子的 4 种类型

（1）原始格子（P）：结点分布于平行六面体的角顶［图 1-9（a）］。

（2）底心格子（C）：结点分布于平行六面体的角顶及一对面的中心［图 1-9（b）］。根据中心结点所在面的方位，还可分为：上下面中心有结点，称为 C 心格子；前后面中心有结点，称为 A 心格子；左右面中心有结点，称为 B 心格子。

（3）体心格子（I）：结点分布于平行六面体的角顶及体中心［图 1-9（c）］。

（4）面心格子（F）：结点分布于平行六面体的角顶及每个面的中心［图 1-9（d）］。

将空间格子的形状和结点分布位置一并考虑后，除去几何上重复的和不符合空间格子规律及对称的情况，只能得出如表 1-1 中的 14 种类型的空间格子。这是法国结晶学家奥古斯特·布拉维（Auguste Bravais，1811—1863）于 1848 年首先推导出来并于 1855 年确定的，故也称布拉维（Bravais）格子。

表 1-1　14 种布拉维格子

格子类型	三斜	单斜	斜方	四方	三方	六方	等轴
原始格子（P）							
底心格子（C）	C=P			C=P	与本晶系对称不符	不符合六方对称	与本晶系对称不符
体心格子（I）	I=P	I=C			I=R	与空间格子的条件不符	
面心格子（F）	F=P	F=C		F=I	F=R	与空间格子的条件不符	

注：三方菱面体原始格子标记为 R。

这就是说，不同种类的晶体，尽管由于各自结构中质点的种类、各类质点的分布规律、重复周期各不相同，从而构成千千万万个互不相同的晶体结构，但就结构中代表各类相当点的结点在空间的排列方式来说，格子的种类只有上述 14 种。

第三节 晶体的基本性质

由于晶体结构都具有格子构造，因此，所有晶体都有以下的共同性质。

1. 自限性

任何晶体在其生长过程中，在适宜的环境条件下，它们都具有自发地长成规则几何多面体形态的一种能力，这就是晶体的自限性。图 1-10 中的黄铁矿晶体和石榴石晶体都具有天然的几何多面体形态。

晶体的几何多面体形态可以用晶面、晶棱、角顶等形态要素来描述。在实际具有几何多面体形态的晶体上，其平面称为晶面，任意两个晶面的交线称为晶棱，晶棱会聚的点称为角顶或晶顶。晶面、晶棱、角顶都是格子构造在外表形态上的反映(图 1-11)，晶面相当于空间格子最外层的一层面网，晶棱则相当于空间格子的行列，角顶相当于空间格子的结点，因此格子构造决定了晶体具有自限性。晶体因自限性而导致的规则形态，是由组成它们的质点按空间格子的周期重复性排列而产生的一种必然结果，绝非是由人们加工雕琢的产物。

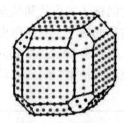

图 1-10 黄铁矿晶体和石榴石晶体   图 1-11 晶体形态要素及与格子构造的关系
（据潘兆橹，1994）

应注意的是，由于晶体在生长时，环境条件可能是变化的，造成晶体内部不同方向的生长速度及可容晶体生长的空间均有所不同，故而晶体不一定都能长成其固有的几何多面体形态。而非晶体由于不具有格子构造，是无法自发地长成规则的几何多面体形态的。

2. 均一性

由于晶体结构中质点排列的周期重复性，晶体的任何一个部分在结构上都是相同的。因而，由结构所决定的一切物理性质，如比重、硬度、光学性质等，也都无例外地保持着它们各自的一致性，这就是晶体的均一性。

尽管非晶体不具有格子构造，但由于组成非晶体的质点在空间无序分布，导致非晶体质点间距在宏观统计上呈现一种平均结果，因此其性质也具有统计均一性的特点，与晶体的均一性是不同的。

3. 异向性

在晶体结构中，不同方向上质点的种类和排列间距是互不相同的，从而造成晶体内部的不同方向上，晶体的各种性质(化学的和物理的)是有差异的，这就是晶体的异向性。例如，蓝晶石也称二硬石，就是由于晶体内存在两种硬度，其中 *AA'* 方向上的硬度为4.5，低于 *BB'* 上的硬度6(图1-12)。

4. 对称性

晶体内的所有质点都是周期重复排列的，因此表现为晶体中相同的晶面、晶棱、角顶等重复出现，这种相同的性质在不同方向或位置上有规律的重复即为对称性。

5. 内能最小

在相同的热力学条件下，晶体与其同种物质的气体、液体和非晶质体相比较，其内能最小。如液体水转变为固体冰就是非晶体向晶体的转化，是需要释放能量的；反之，固体冰转化为液体水，则需吸收能量。

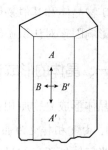

图1-12 蓝晶石的异向性

内能主要是指晶体内部的质点在平衡点附近做无规则振动的动能和质点间相对位置所决定的势能之和。其中，动能与温度有关，势能与质点间距有关。当温度一定时，动能不变，晶体的内能主要取决于势能；此时如果质点间距过大，质点间表现为引力；而质点间距过小时，质点间表现为斥力。晶体内部质点做规则的格子状排列时，质点间的吸引和排斥完全达到平衡，各部分处于势能最低状态，因而内能最小；而非晶体由于质点排列不规则，因此内能较大。

6. 稳定性

由于晶体具有最小内能，故对于化学成分相同的物质，以不同的物理状态存在时，以结晶状态最为稳定，即在没有外来能量时，晶体始终保持原状态，这种性质即称为晶体的稳定性。

晶体的稳定性也可以从晶体具有固定的熔点得以证明。当对晶体进行加热时，随着温度增加，在达到熔点之前，质点动能增加，但质点间距基本不变，表现为晶体结构不变而温度逐渐上升；达到熔点温度时，晶体吸收的热能用于破坏原有晶格，晶体的格子构造决定了破坏晶体各部分需要同样的温度，故此时随加热时间增加温度不变，直至全部晶格完全破坏，晶体变为另一种状态；这时再加热，晶体温度才继续升高，故晶体具有一定的熔点。而非晶体不具有格子构造，各部分质点分布疏密不同；随着加热时间的增加，非晶体吸收能量，按照所需破坏能量由低到高的顺序，结构内部质点依次发生破坏，温度随之逐渐升高，随着非晶体内被破坏的质点比例越来越高，非晶体整体呈现出逐渐变软，直至全部转变为液态。因此，非晶体没有固定的熔点。

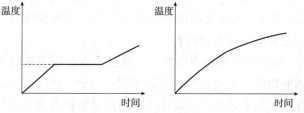

图1-13 晶体(左)和非晶体(右)的加热曲线(转引自刘显凡，2010)

第四节　晶体的形成和生长

矿物晶体和其他物体一样，都有形成、生长和变化的过程，研究晶体的形成、成长规律和影响因素对认识矿物的形态、物理化学性质，还原地质历史都具有重要意义。

一、晶体的形成途径

晶体形成是物质相变的一种结果，其形成途径主要有以下 3 种。

1. 由气相转变为晶体

当气体处于它的过饱和蒸气压或过冷却温度条件下时，可直接由气相转变为固相晶体。如冬季玻璃窗上的冰花，就是由于室内空气中的水蒸气遇玻璃受冷直接凝华结晶的结果；又如火山口附近分布的自然硫晶体，则是在火山喷发过程中的含硫气体直接凝华形成的。

2. 由液相转变为晶体

液相转变为固相有两种方式：一是自熔体冷凝结晶而成，炙热的熔浆在向地表喷出过程中，当温度降至过冷却温度以下时，熔浆即由液态转变成固态晶体，如各种热液矿床中的矿物结晶；二是自溶液直接结晶而成，当溶液中的溶质浓度达到过饱和时，结晶成固态晶体，如内陆盐湖中的石膏、岩盐等盐类矿物的形成等。

3. 由固相转变为晶体

固相物质包括晶质和非晶质两种。对于非晶质物质，由于其内部质点不规则排列，其内能较大，不能稳定存在，随着时间的推移会自发地向内能更小、更稳定的晶体转化。如火山喷发形成的火山玻璃经过长时间的演化可变成细小的长石或石英雏晶。

对于早期存在的结晶质，当其所在的物理化学条件改变到一定程度时，其内部质点发生重新排列形成新的结构，即转变为另一种晶体。这种转变主要包括同质多象转变、固溶体分解、重结晶作用、变晶作用等。

（1）同质多象转变：某种晶体在热力学条件改变时转变为另一种在新条件下稳定晶体的现象称为同质多象转变，两种物质具有相同的成分和不同的结构。如在 1 个大气压条件下，酸性和中酸性火山岩中的 α-石英在温度高于 573℃时将转变成高温 β-石英。

（2）固溶体分解：固溶体是指两种或两种以上的物质在较高的温度条件下形成的类似于溶液的均一相的结晶相固体。当温度下降时，固溶体内部物质之间的相容性下降，从而使它们各自结晶形成独立的晶体，此即为固溶体分解。如钾长石（$K[AlSi_3O_8]$）和钠长石（$Na[AlSi_3O_8]$）在高温下可以任意比例混溶形成固溶体，当温度降低时，钾长石和钠长石会自发地发生固溶体分解而形成条纹长石。

（3）重结晶作用：指在温度和压力影响下，通过质点在固态条件下继续生长，由细粒晶体转变为粗粒晶体的作用。该过程中只有晶体颗粒的增大而没有新晶体生成。如石灰岩中的细粒方解石晶体，受到岩浆热力烘烤作用时结晶成粗粒方解石晶体，石灰岩转变为大理岩。

(4)变晶作用：一些早期形成的晶体，当其所处的物理、化学等条件改变到一定程度时，原晶体内部质点重新排列组合而形成新的结构，从而形成新的晶体。如变质岩中常见的红柱石、白云母、堇青石、石榴子石等均由变晶作用形成。

二、晶体的生长过程和理论

多数晶体是由液相转变为固相的。晶体生长过程如何？受哪些因素影响？这就是晶体生长理论所要解释的问题。研究认为，晶体的生长主要经历成核、生长和变化3个阶段。本章主要介绍前两个阶段。

1. 晶核的形成

在某种介质体系中，达到过饱和、过冷却状态后，形成结晶微粒的作用称为成核作用。在单位时间内，单位体积中所形成的晶核数目，称为成核速度。成核速度取决于介质的过冷却度或过饱和度。一般过冷却度或过饱和度越高，成核速度越大；而成核速度越大，形成的晶核数目就越多。在一定的空间同时生长的晶核越多，单个晶体的生长空间就越狭窄，形成的晶体就越细小。如基性岩浆在深成侵入条件下往往形成晶粒粗大的辉长岩，而在喷出条件下则形成晶粒细小的玄武岩。此外，成核速度还与介质的黏度有关，黏度增大会阻碍质点迁移，从而降低成核速度。如酸性岩浆黏度高，其喷出地表形成的流纹岩由于成核速度低而含有较多的玻璃质。

2. 层生长理论

层生长理论又称科塞尔-斯特兰斯基二维成核理论，是由科塞尔（W. Kossel）提出后经斯特兰斯基（L. N. Stranski）发展而成的晶体生长模型。

层生长理论认为，质点在晶核表面堆积时，存在3种不同的占位位置（图1-14），即三面凹角位置1、二面凹角位置2和一般位置3。由图可以看出：进入1、2、3三个位置的质点分别受空间格子上最邻近的三个、两个和一个质点的吸引，处于三面凹角位置1的质点与周围相邻质点间形成的化学键最多，释放的能量也最

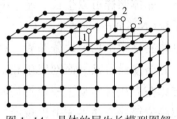

图1-14　晶体的层生长模型图解

大，结构最稳定，因而质点最优先进入三面凹角1位置，其次进入二面凹角位置2，最后进入一般位置1。

质点进入1位置后，又出现了新的三面凹角，因此质点先沿着三面凹角所在行列依次生长，直到占据完该行列，再开始占据二面凹角，将该面网上所有行列都长完后，质点将占据一般位置，开始新一层的生长。如此反复。

因此，层生长理论的内容是：晶体生长时先长满一个行列，然后再生长相邻的行列，长满一层面网后，再长新的一层面网，晶体的生长是质点面网一层接一层地不断由内向外平行推移生长的结果。

层生长理论可以从晶体的很多特征上得到证明，如晶体常生长成面平棱直的多面体形态、晶体中常见的环带构造、晶体内的生长锥等现象都是层生长的结果。图1-15是中性

斜长石在偏光显微镜下的环带构造，图1-16（a）即为晶体中的生长锥示意图，图1-16（b）为普通辉石在偏光显微镜下的砂钟构造，是生长锥在平面上的图像显示。

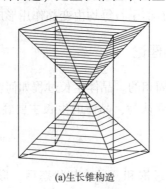

（a）生长锥构造　　　　　　　　（b）砂钟构造

图1-15　中性斜长石的环带构造　　　　图1-16　晶体内的生长锥及偏光显微镜下的砂钟构造

应注意的是，自然界中实际晶体的生长也并不完全是按层生长外推形成的。一方面，吸附到晶核表面的往往不是一个质点，而是先期形成的质点团；另一方面，晶体表面也不一定是平坦的晶面，可能出现晶面阶梯，可能有多个层同时生长；此外，要在已长好的层面上长新的一层时，由于该层面对溶液中质点的吸引力小，需要较高的过冷却度或过饱和度，此时，已长好的面网对溶液中质点引力较大，能够克服质点的热振动使质点就位。

3. 位错理论和晶体的螺旋生长

层生长一般出现在过饱和度或过冷却度较高的条件下，而在达不到过饱和或过冷却的条件下，晶体照样可以生长。基于实际晶体结构中常见的位错现象，伯顿（W. K. Burton）、卡夫雷拉（N. Cabrera）、弗兰克（F. C. Frank）等人提出了晶体螺旋生长模型。该理论认为，晶体晶格中不均匀地分布着一些杂质，使晶格内部产生应力，当应力积累超过一定限度时，晶格便沿着某一面网发生相对剪切位移，即螺旋位错。如图1-17所示，图中 *ABC* 的右方比左方相对错动了一个行列间距，*AC* 为位错线或称轴线。

螺旋位错造成晶界面上出现沿位错线分布的凹角，使质点优先向凹角处堆积，可作为

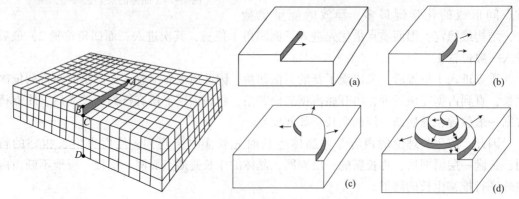

图1-17　螺旋位错及螺旋生长模型（据潘兆橹等，1993）

注：（a）、（b）、（c）、（d）表示不同生长阶段。

晶体生长的台阶源，促进光滑界面上的生长，此即为螺旋位错生长模型。由于晶核中螺旋位错的出现，从而在晶核表面呈现出一个永不消失的阶梯，在邻近位错线处，永远存在三面凹角。晶体生长时，质点首先将在位错线附近的三面凹角处填补，从而使新的质点面网一层接续一层地做螺旋式生长。很多矿物表面存在的螺旋纹都可以证明这一理论（图1-18）。

4. 树枝状生长

当过饱和度或过冷却度非常高时，质点易沿过饱和度和过冷却度变化大的方向迅速生长，往往会长成树枝状。

由上述分析可知，晶体在生长的不同时期或不同条件下往往采用不同生长方式生长。一般在过冷却度或过饱和度较低时，以螺旋式生长为主；中等过冷却度或过饱和度时，以层生长方式为主；而过冷却度或过饱和度很高时，则以树枝状生长为主（图1-19）。

图1-18　金刚砂表面的螺旋纹
（引自李胜荣，2014）

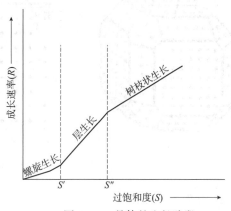

图1-19　晶体的生长阶段

三、晶面发育的一般规律

1. 布拉维法则

如前所述，晶面是由面网平行向外推移发育而成的，晶面在单位时间内沿法线向外推移的距离称为晶面的生长速度。法国结晶学家布拉维（A. Bravis）从空间格子的特征出发得出：实际晶体常常是由晶体格子构造中面网密度大的面网发育而成的。

如图1-20所示，图1-20（a）为正在生长中的某一晶体，将其任意截一切面，与此切面垂直的3个面网和该切面上的交线分别为 AB、BC 和 CD，3个面网的密度分别为 D_{AB}、D_{BC}、D_{CD}，相应的面网间距为 l_{AB}、l_{BC}、l_{CD}，3个面网的结点间距分别为 a、b、c［图1-20（b）］，由图可知，$a<c<b$；故3个面网密度的关系为 $D_{AB} > D_{CD} > D_{BC}$；则面网间距关系为 $l_{AB} > l_{CD} > l_{BC}$。由于面网间距越小，质点所受引力越大，因此1处所受的引力最大，2处次之，3处最小。即当面网 AB、CD 和 BC 各自在它们的法线方向上再生长一层新面网时，质点将优先进入1的位置，其次是2，最后才是3。也就是说，面网 BC 生长速度更快，CD 次之，AB 生长速度最慢。由此可以看出，面网密度越小的晶面生长速度越大。

同时，晶体面网在向侧向生长时，由于面网密度越大，结晶间距越小，面网边缘质点对侧向质点吸引力越强，因此，面网密度越大的面网侧向生长速度越快。

按图1-20(b)中各晶面各自的生长速度作图，如图1-20(c)所示。从图中可以看出：面网密度小的*BC*晶面在生长过程中，垂向生长速度快而侧向生长速度慢，导致其面积越来越小，最后被面网密度大、生长速度小的相邻晶面*AB*和*CD*遮没，即面网密度小的晶面在生长过程中被淘汰，而面网密度大的晶面却保留了下来。这样，便导致晶体最终将为那些面网密度大的晶面所包围。

这一法则可以解释同一物质的各个晶体，大晶体上的晶面种类少而且简单，小晶体上的晶面种类多而且复杂的现象。但也必须指出：布拉维法则只考虑了晶体本身的几何特点，而忽略了晶体生长时的环境条件变化，因此，在某些情况下可能会与实际情况产生一些偏离，但总的来说，晶面的发育还是符合布拉维法则的。

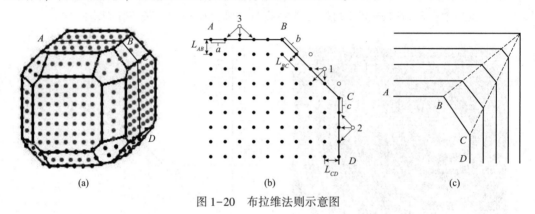

| (a) | (b) | (c) |

图1-20　布拉维法则示意图

2. 面角恒等定律

在自然界中，人们发现同一种晶体物质在不同环境条件下形成的单体形态不同。这增加了人们从形态上认识晶体的难度。人们将在理想状态下形成的具有理想形态的晶体称为理想晶体，而将偏离了理想形态的晶体称为歪晶。

1669年，丹麦学者斯丹诺(N. Steno)首先发现并提出：成分和结构均相同的所有晶体，不论它们的形状和大小如何，不同晶体上对应晶面的夹角或面角恒等。所谓面角是指晶面法线之间的夹角，其数值等于相应晶面间的实际夹角之补角(图1-21)，这就是面角守恒定律或斯丹诺定律。图1-22所示的3个石英晶体，尽管它们的形态互异，但3个晶体上对应晶面的夹角始终是相等的，$m \wedge m = 120°$，$r \wedge m = 141°47'$，$r \wedge z = 134°44'$。

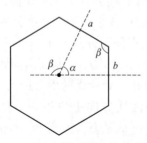

图1-21　面角与晶面夹角的关系

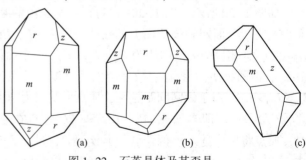

| (a) | (b) | (c) |

图1-22　石英晶体及其歪晶

面角守恒定律也是晶体具有格子构造的证据。由于同种晶体物质结构相同，其内部格子构造是相同的，晶体上的晶面是格子构造中的面网，在晶体生长过程中，面网都是平移外推生长的，因此，不论晶体大小形态如何，对应晶面之间的夹角总是保持恒定不变的。

面角守恒定律是结晶学发展史上的一个重要发现，为人们研究复杂多样的晶体形态提供了一条可行的途径。

3. 晶簇与几何淘汰律

晶簇是指丛生于岩石空洞或裂隙中某一基底之上，另一端朝向自由空间并具有完好晶形的单晶体群。热液成因的石英、石膏、辉锑矿等矿物常见晶簇发育（图1-23）。

图1-23　石英晶簇

人们发现，若有许多呈不同取向的晶核在一个基底上生长，当晶体生长到一定阶段后，就只有那些生长速度最大方向与基底平面垂直的晶体才能继续生长，这就是几何淘汰律，可用于解释晶簇中柱状矿物晶体平行排列和热液矿脉中梳状构造的成因。

四、晶体生长的影响因素

实际天然产出的晶体往往外形并不完全规则，主要是受到晶体生长时外部环境物理化学条件的影响。

1. 温度

温度是影响矿物形成的重要因素。一方面，每种矿物的成分和结构决定了其结晶温度不同。如在一个大气压条件下，β-石英在 870～573℃ 时稳定，当温度低于 573℃ 时，即转变为 α-石英。另一方面，温度的变化直接导致过饱和度或过冷却度的变化，从而改变了晶面的比表面自由能及不同晶面间的相对生长速度。如方解石中的强键方向在低温条件下对质点的获取优势增加，所以在温度变化时会形成不同的晶体形态（图1-24）。

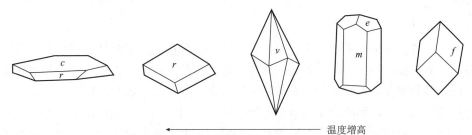

温度增高

图1-24　方解石晶体形态与温度关系图（据李胜荣，2008）

2. 压力

一般在温度一定的情况下，压力大可促使晶体结构更加紧密，故易形成体积小比重大的矿物。地壳中的压力一般是随深度面增加的，因此地壳深部形成的矿物往往结构更加紧密，硬度更高。对于矿物同质多象变体之间的转变，压力增高还将使转变温度上升。如在 $1 \times 10^5 Pa$ 压力下，α-石英转变为 β-石英的温度为 573℃，$3000 \times 10^5 Pa$ 压力下为 644℃；$9000 \times 10^5 Pa$ 压力下，则上升到 832℃。此外，在定向压力的作用下，一般垂直于压应力轴的晶面较大；在剪切应力作用下形成的晶体可呈不对称椭球状或丝状。

3. 组分的浓度和杂质

只有在溶液浓度达到过饱和的状态才会结晶形成晶体。在岩浆分异结晶过程中，早期 Fe^{2+}、Mg^{2+} 含量高，而 Si^{4+} 含量低，因此主要形成橄榄石、辉石等贫硅的矿物；到岩浆分异的中后期，岩浆中 Si^{4+}、K^+ 等浓度增加，因而主要形成石英、碱性长石等矿物。

溶液中杂质的存在，可以改变晶体不同面网的表面能，所以其相对生长速度也会随之变化而影响晶体的形态。如石盐在纯净水中结晶多呈立方体形态，而溶液含有少量硼酸时则形成立方体和八面体的聚形。

4. 介质的酸碱度(pH 值)、氧化还原电位(Eh)和黏度

每种矿物都各自形成于一定的 pH 值的介质中。例如在水化学沉积作用中，赤铁矿形成时的介质 pH 值为 6.6~7.8，白云石形成时的 pH 值为 7~8。再如 FeS_2 在碱性介质中生成黄铁矿，而在酸性介质中生成白铁矿。

当溶液中存在多种变价元素时，往往因彼此存在着电位差而有电子的转移，与此同时出现氧化-还原作用。由于电子的得失而显示的电位称为氧化还原电位。如 S 在不同的氧化还原介质中可以呈 S^{2-}、S^0 及 S^{6+} 等形式存在，一般在氧化环境中易以 S^{6+} 的形式存在，还原环境易以 S^{2-} 的形式存在。在一般情况下，表生矿物中变价元素都以高价状态出现，在内生和变质作用所形成的矿物中，变价元素多以低价状态存在。

介质黏度的加大导致溶质的供给只能以扩散的方式来进行，造成物质供给不足，造成晶体的棱、角等部位更易接受溶质生长较快，而晶面中心部则生成较慢甚至不生长。许多矿物的树枝状晶形和骸晶常是在高黏度溶液中生成的。

5. 生长顺序与生长空间

一般早期析出的晶体自由生长空间较多，多具有晶形完整、自形程度较高的特点；后期析出的晶体，只能在已形成的晶体残留的空间中生长，因此晶形一般不完整，常呈半自形晶或他形晶。

6. 结晶速度

结晶速度快，则结晶中心增多，晶体长得细小，且往往长成针状、树枝状。反之，结晶速度慢，晶体长得相对粗大。如酸性岩浆在地下深处形成的花岗岩，往往形成较粗大的晶体；而同样岩浆在地表快速冷凝形成的流纹岩中，则多形成细粒的矿物晶体。

在地质作用中，矿物的形成通常是各种物理化学因素综合作用的结果；不过在不同的地质作用中，各种物理化学条件对矿物形成的影响程度有所不同。例如在岩浆和热液作用过程中，通常是温度和组分浓度起主要作用；在区域变质作用中，温度和压力起主导作用；而在外生作用中，pH 值和 Eh 值对矿物的形成则具有重要的意义。

复习思考题

1. 晶体与非晶体有何区别？

2. 晶体结构和空间格子有何不同？它们各自的最小组成单元是什么？

3. 空间格子的要素有哪些？与晶体外形有何关系？

4. 请说出面网密度、面网间距、结点间距的关系。

5. 空间格子有哪几种类型？

6. 晶体具有哪些性质？具有这些性质的原因是什么？

7. 晶体不一定呈规则的几何多面体外形，这是否与晶体的自限性矛盾？

8. 如何理解晶体的均一性和异向性？

9. 为什么晶体常常被面网密度大的晶面包围？

10. 为什么形态各异的同种晶体，其对应的晶面遵循面角守恒定律？

11. 试述晶体的生长方式及主要生长理论。

12. 为什么晶体可生长成规则几何多面体的形态，也可以不生长成这样的形态，受哪些因素影响？

第二章 晶体的对称

本章重点介绍晶体对称的概念、对称操作及对称要素的确定方法、对称要素的组合定理，以及晶体的对称型和对称分类。要求掌握在晶体上找对称要素的方法，能快速找出晶体上的全部对称要素并写出对称型；掌握对称要素的组合定理和晶体的对称分类，能根据对称型确定晶体的晶族、晶系。

第一节 对称的概念及晶体对称的特点

在自然界和日常生活中，对称现象是广泛存在的，如蝴蝶、花朵、许多建筑物以及各种工艺品等，它们所具有的形态和图形，大都是对称的。上述形态和图形之所以具有对称性，首先是因为它们均由两个或两个以上的相同部分构成，而且这些相同部分在通过某种操作后，彼此能完全重合(图 2-1)。例如，天坛和蝴蝶，可以通过一个垂直平分它的镜面的反映，使它的左右两个相等部分相互重合；雪花的六个花瓣，可以由垂直穿过雪花中心的一根轴线进行旋转后重合。由此可见，所谓对称就是指物体相等部分做有规律的重复。

图 2-1 自然界的对称现象

一切晶体都是对称的。晶体外部性质(主要是外表形态)上的对称称为晶体的宏观对称。晶体外部几何形态的对称具体表现为晶面与晶面、晶棱与晶棱、角顶和角顶的有规律重复。此外，晶体的对称也可在晶体的各项物理性质以及化学性质上反映出来。

晶体的对称与一般物体或生物体不同，晶体的外形和物理、化学性质上的对称性是由晶体内部质点的格子状构造决定的，因此，只有晶体内部结构所允许的那些对称，才能在晶体上表现出来，故而晶体的对称是有限的；而一般生物或其他物体的对称，只表现在外形上，而且它们的对称可以是无限制的。

因为晶体对称具有特殊性，且不同晶体对称性存在差异，所以人们就利用对称特征来对晶体进行分类；此外，晶体的外部形态和各项性质都与对称有关。因此，学习掌握晶体对称性对理解晶体性质，鉴定、识别和利用晶体都具有重要意义。

第二节 晶体的对称操作和对称要素

要研究晶体中相同部分的重复规律，必须凭借一定的几何要素(点、线、面)进行一定的操作(如反伸、旋转和反映等)才能实现。在晶体的对称研究中，为使晶体上的相同部分(晶面、晶棱和角顶)做有规律的重复所进行的操作，称为对称操作。在操作中所凭借的几何要素，称为对称要素。

研究晶体外形对称时可能出现的对称要素及与之相应的对称操作有以下几种。

1. 对称面和反映操作

对称面为一假想平面，与之相应的对称操作为对此平面的反映。对称面以符号 P 来表示。对称面可将物体或图形平分为互成镜像关系的两个相等部分(图 2-2)，两相等部分上对应点的连线可被对称面垂直平分，如图 2-2 中的 AA' 即被对称面 1234 垂直平分。

一个晶体中不一定有对称面存在，也可以有不止一个对称面，但最多为 9 个(图 2-3)。从图 2-3 中可以看出，晶体的对称面主要可能出现在晶体的以下几种位置：垂直平分晶体上的晶面、垂直平分晶棱、包含晶棱并平分晶面夹角。

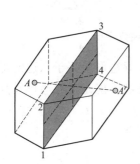

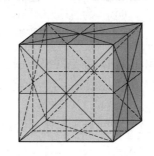

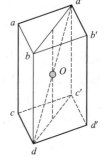

图 2-2 对称面示意图　　图 2-3 立方体内的对称面　　图 2-4 对称中心示意图

2. 对称中心和反伸操作

对称中心是一个假想的点，与之相应的对称操作为对点的反伸(图 2-4)，对称中心用符号 C 来表示。即当晶体具有对称中心时，通过晶体中心点的任一直线，在其距晶体中心等距离的两端必定有晶体的对应点存在。如图 2-4 所示，O 点为晶体中心，通过 O 点的直线 da' 上，$Od = Oa'$。

任何一个具有对称中心的图形中，其对应的面、棱、角都体现为反向平行。因此，晶体具有对称中心的标志是：晶体上所有的晶面都符合"两两成对、对对平行、同形等大、方向相反"的规律。在晶体外形的对称中，对称中心最多只能有一个。

3. 对称轴与旋转操作

对称轴为一假想的通过晶体几何中心的直线，与之相应的对称操作为绕此直线的旋转。即当晶体绕对称轴旋转一定角度后，使晶体的相同部分出现重复。

对称轴一般用符号 L^n 表示。在旋转过程中，相等部分出现重复时所必需的最小旋转角，称为基转角，以 α 表示。在晶体旋转一周的过程中，相等部分重复的次数，称为轴次，用 n 表示。由于任一物体在旋转一周后必然复原，所以，n 与 α 之间的关系为：$n = 360°/\alpha$ 或 $\alpha = 360°/n$。

如图 2-5 所示，过图中柱体中心的轴均为对称轴，各柱体横截面形态分别为长方形（a）、正三角形（b）、正方形（c）、正六边形（d），4 个柱体绕对称轴分别最少旋转 180°、120°、90°、60°，相同部分（晶面、晶棱、角顶）重复一次，因此 4 个柱体的基转角分别为 180°、120°、90°、60°，转一周，4 个柱体内相同部分分别重复 2、3、4、6 次，因此对称轴分别记为 L^2、L^3、L^4、L^6。

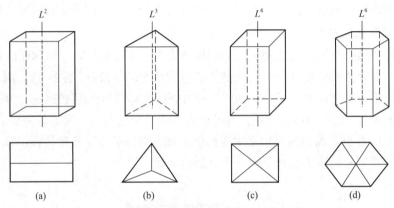

图 2-5　不同形态晶体内的对称轴及其横截面

晶体对称性受空间格子规律的限制。在空间格子中，正五边形及高于六边的正多边形状的格子形状不能无间隙充满整个空间（图 2-6），即格子形状不能是正五边形及高于六边的正多边形，故晶体中的轴次不是任意的，只能是 1、2、3、4 和 6，与此相应的对称轴也只能是 L^1、L^2、L^3、L^4 和 L^6。这一规律称为晶体的对称定律。

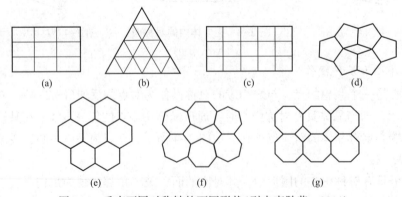

图 2-6　垂直不同对称轴的面网形状（引自李胜荣，2014）

在晶体上，对称轴可能出现的位置包括：两个相对晶面中心的连线；两个相对晶棱中点的连线，相对的两个隅角的连线以及一个隅角和与之相对的一个晶面中心的连线（图 2-7）。

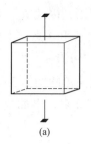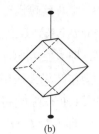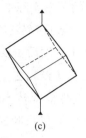

(a)　　　　　　(b)　　　　　　(c)　　　　　　(d)

图 2-7　对称轴在晶体中的出露位置

在 5 种对称轴中，轴次高于 2 的对称轴，即 L^3、L^4 和 L^6 称为高次对称轴；轴次不高于 2 的称为低次对称轴。一次对称轴（L^1）在所有晶体中都存在，并且有无数多个，一般都无实际意义，通常均不予考虑。在一个晶体中，除了 L^1 对称轴外，可以没有其他的对称轴，也可以有一种或几种对称轴。

4. 旋转反伸轴和旋转反伸操作

旋转反伸轴是一条过晶体中心的假想直线。相应的对称操作是让晶体围绕该直线旋转一定角度，再对晶体中心进行反伸，可使晶体上相同部分重合。即对称操作是旋转+反伸的复合操作，注意是复合操作完后相同部分发生重合，所以操作结果不等同于旋转和反伸两个操作。旋转反伸轴一般表示符号为 L_i^n，L_i 是旋转反伸轴，n 是轴次。

如图 2-8(a) 所示的四面体 $ABEF$，由 4 个相同的等腰三角形构成。将其绕旋转轴 L_i^4 旋转 90° 成为 $A'B'E'F'$ [图 2-8(b)]。旋转反伸轴的操作过程如图 2-8(c) 所示，假想将四面体先绕 L_i^4 轴旋转 90° 使 $ABEF$ 4 个角顶到达 $A'B'E'F'$ 的位置，再相对 L_i^4 上的 C 点(晶体几何中心)进行反伸，此时 A'、B'、E'、F' 4 个角顶分别与旋转前的 F、E、A、B 点重合，即经过旋转反伸操作后整个图形与旋转前的图形重合。在这个操作过程中，由于图形旋转了 90°，所以基转角为 90°，则轴次 $n = 360°/90° = 4$，故该旋转反伸轴记为 L_i^4。

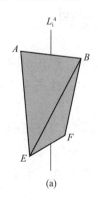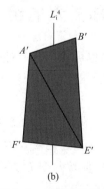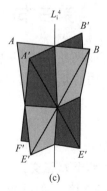

(a)　　　　　　　　(b)　　　　　　　　(c)

扫码查看
高清原图

图 2-8　旋转反伸轴示意图

与对称轴的情况一样，旋转反伸轴也只有 L_i^1、L_i^2、L_i^3、L_i^4 和 L_i^6 5 种。5 种旋转反伸轴与其他简单对称要素的关系可从图 2-9 中看出。

L_i^1 可看作是图 2-9(a) 中的 1 点绕轴旋转 360° 再反伸来到 2 点，1 点和 2 点的关系实际上与单独的反伸操作相当，因此 $L_i^1 = C$；L_i^2 可看作是图 2-9(b) 中的 1 点绕轴旋转 180°

再反伸来到 2 点，1 点和 2 点的关系实际上与单独的反映操作相当，因此 $L_i^2 = P$；L_i^3 可看作是图 2-9(c) 中的 1、3、5 点绕轴旋转 120° 再反伸来到 6 点、2 点和 4 点，上面 3 点与下面 3 点的关系相当于绕轴旋转 120 度后再反伸，即 $L_i^3 = L^3 + C$；L_i^4 可看作是图 2-9(d) 中的 1、3 点绕轴旋转 90° 再反伸来到 4 点和 2 点，操作结果无法用更简单的操作表示；L_i^6 可看作是图 2-9(e) 中的 1、3、5 点绕轴旋转 60° 再反伸来到 6、4 和 2 点，上面 3 点与下面 3 点的关系相当于经过一个对称面 P 的反映操作，即 $L_i^6 = L^3 + P$。

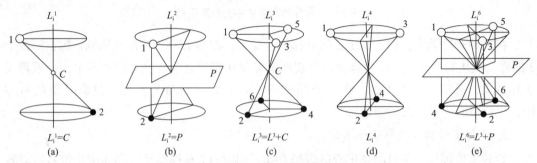

图 2-9　旋转反伸轴与简单对称要素的关系(据潘兆橹等，1993)

由此可知，L_i^1、L_i^2、L_i^3 均可用简单对称要素表示，而 L_i^4 无法用其他对称要素表示，L_i^6 虽等效于 $L^3 + P$，但 L_i^6 在晶体分类中代表特殊含义，因此旋转反伸轴里的 L_i^4 和 L_i^6 具有独立存在的意义。

应注意的是，L_i^4 内总包含一个 L^2，但 L^2 不具备 L_i^4 的对称操作作用，故 L^2 不能替代 L_i^4；当一个晶体中没有对称心 C 但有 L^2 时，该 L^2 可能是 L_i^4。L_i^6 内总包含一个 L^3，L^3 也不具备 L_i^6 的对称操作作用，故 L^3 也不能替代 L_i^6。当一个晶体中没有对称心 C 但有 L^3 时，该 L^3 可能是 L_i^6。

第三节　对称要素的组合定理

一个晶体中可以只有一个对称要素，也可能有多个对称要素，存在于同一晶体中的多个对称要素在空间内的分布受晶体对称性影响，具有一定的规律，这些规律就是对称要素的组合定理。

定理 1：如果有一个二次轴 L^2 垂直 L^n，则必有 n 个 L^2 垂直 L^n，且任意两个相邻 L^2 的夹角 θ 为 L^n 的基转角 α 的一半，即 $\theta = 360/(2n)$。记为 $L^n \times L^2_\perp \rightarrow L^n nL^2$，如 $L^3 \times L^2_\perp \rightarrow L^3 3L^2$。

逆定理：如果两个 L^2 相交，过交点并垂直两个 L^2 方向上必存在一个 L^n，其基转角 α 是两个 L^2 夹角 θ 的 2 倍，即 $\alpha = 2\theta$，则 $n = 360/\alpha$。

定理 2：如果有一个对称面 P 垂直偶次对称轴 L^n（n 为偶数），则在其交点存在对称心 C。记为 $L^n \times P_\perp \rightarrow L^n PC$，如 $L^4 \times P_\perp \rightarrow L^4 PC$。

逆定理：如果有一个偶次对称轴 L^n 与对称心 C 共存，则过 C 且垂直于该对称轴必有一对称面 P；或如果有一个对称面 P 与对称心 C 共存，则过 C 且垂直于 P 必有一个 L^n（n 为偶次轴）。

定理3：如有一个对称面包含 L^n，则必有 n 个对称面包含 L^n。且相邻两个 P 的夹角 θ 为 L^n 的基转角的一半。记为 $L^n \times P_{/\!/} \rightarrow L^n nP$，如 $L^4 \times P_{/\!/} \rightarrow L^4 4P$。

逆定理：如果两个 P 相交，二者交线必为 L^n，其基转角是两个 P 夹角 θ 的 2 倍，即 $\alpha = 2\theta$，则 $n = 360/\alpha$。

定理4：如果有一个二次轴 L^2 垂直 L_i^n，或者一个对称面 P 包含 L_i^n。

当 n 为奇数时则必有 n 个 L^2 垂直 L_i^n 和 n 个 P 包含 L_i^n；记为 $L_i^n \times L_{\perp}^2 \rightarrow L_i^n nL^2 nP$ 或 $L_i^n \times P_{/\!/} \rightarrow L_i^n n L^2 nP$，如 $L_i^3 \times L_{\perp}^2 \rightarrow L_i^3 3L^2 3P$。

当 n 为偶数时，则必有 $n/2$ 个 L^2 垂直 L_i^n 和 $n/2$ 个 P 包含 L_i^n；记为 $L_i^n \times L_{\perp}^2 \rightarrow L_i^n \frac{n}{2} L^2 \frac{n}{2} P$ 或 $L_i^n \times P_{/\!/} \rightarrow L_i^n \frac{n}{2} L^2 \frac{n}{2} P$，如 $L_i^4 \times L_{\perp}^2 \rightarrow L_i^4 2L^2 2P$。

推论：如果有一个 L^n，同时存在一个对称面 $P_{/\!/}$ 包含 L^n，以及存在一个对称面 $P_{\perp}$ 垂直于 L^n，则根据上述 4 个定理可以推出：

当 n 为奇数时，$L^n \times P_{\perp} \times P_{/\!/} \rightarrow L^n nL^2 (n+1)P$

当 n 为偶数时，$L^n \times P_{\perp} \times P_{/\!/} \rightarrow L^n nL^2 (n+1)PC$

上述对称要素组合定理适用高次轴不多于 1 根的矿物，对于高次轴多于 1 根的矿物则不适用。

第四节　对称型和晶体的分类

一、对称型的概念

不同晶体的对称性是有很大差别的，这种差别主要表现在它们所具有的对称要素的种类和数目上。在结晶学中，把晶体中全部对称要素的总和，称为对称型(或称点群)。

对称型的书写主要按以下规则：

(1)一般先从高到低写对称轴或旋转反伸轴，其次写对称面，最后写对称心；某对称要素多于一个时，将总个数置于该对称要素前面，如 $L^2 PC$、$L^6 6L^2 7PC$。

(2)当一根轴既是高次轴又是低次轴时，只保留高次轴，如 L^4 必定也是 L^2，此时只记为 L^4，L^2 不再重复计入；再如 $L^4 4L^2 5PC$(L^4 轴也是 L^2 轴，该对称型中的 4 个 L^2 都是垂直 L^4 的，与 L^4 一致的 L^2 不再重复计入)。

(3)等轴晶系中，3 次对称轴 L^3 始终放在第 2 位，如 $3L^4 4L^3 6L^2 9PC$。

1830 年，黑塞尔(J. F. Hessel)用群论推导出，在一切晶体中，总共只能有 32 种不同的对称型，根据高次轴的数目将 32 种对称型先分为 A、B 两类，A 类对应的对称型中高次轴不多于 1 根；B 类对应的对称型中高次轴高于 1 根。

对称型的形式包括独立要素以及对称要素组合定理对应的 5 种组合形式，再根据 $n = 1$、2、3、4、6，可以推导得到 A 类的 27 种不重复的对称型。除此之外，还有 B 类的 5 种对称型，如表 2-1 所示。(表中序号①—⑤表示有重复的对称型，只保留其中之一即可。)

表 2-1　晶体的 32 种对称型

对称型形式	独立要素		定理1	定理2	定理3	定理4	推论
	L^n	L_i^n	$L^n nL^2$	$L^n C^*$ $L^n PC^{**}$	$L^n nP$	$L_i^n nL^2 nP^*$ $L_i^n(n/2)L^2(n/2)P^{**}$	$L^n nL^2(n+1)P^*$ $L^n nL^2(n+1)PC^{**}$
A类 (27) $n=1$	L^1	① $L_i^1=C$	② L^2	① C	③ P	—	—
$n=2$	② L^2	③ $L_i^2=P$	$3L^2$	L^2PC	$L^2 2P$	—	$3L^2 3PC$
$n=3$	L^3	④ $L_i^3=L^3C$	$L^3 3L^2$	④ L^3C	$L^3 3P$	$L_i^3 3L^2 3P=L^3 3$ $L^2 3PC$	⑤ $L^3 3L^2 4P=$ $L_i^3 3L^2 3P$
$n=4$	L^4	L_i^4	$L^4 4L^2$	$L^4 PC$	$L^4 4P$	$L_i^4 2L^2 2P$	$L^4 4L^2 5PC$
$n=6$	L^6	L_i^6	$L^6 6L^2$	$L^6 PC$	$L^6 6P$	⑤ $L_i^6 3L^2 3P$	$L^6 6L^2 7PC$
B类(5种)	$3L^2 4L^3$ $3L^2 4L^3 3PC$	$3L^4 4L^3 6L^2$ $3L^4 4L^3 6L^2 9PC$	$3L_i^4 4L^3 6P$				

注：表中 * 代表奇次轴；** 代表偶次轴。

二、晶体的对称分类

由于晶体的对称是由晶体的格子构造规律所决定的。不同种类的晶体在形态和各种物理、化学性质上千差万别，但晶体内部结构相似的都可以具有相同的对称特点。因此，人们可以利用它们的对称特点对晶体进行分类。

首先，将属于同一个对称型的所有晶体归为一类，称为晶类。与 32 个对称型相应，晶类的数目也是 32 个。每一晶类都有各自的名称，是根据只出现在一个对称型中的单形即所谓"一般形"的名称来确定的。

在 32 个晶类中，首先根据高次对称轴的有无和高次对称轴的数目将其分为 3 个晶族，其中多于 1 根高次轴的称高级晶族，只有 1 根高次轴的称中级晶族，没有高次轴的称低级晶族。

3 个晶族还可细分为 7 个晶系。高级晶族晶体全部划分为同一晶系-等轴晶系；中级晶族的对称型中，根据高次轴的轴次分为三方晶系、四方晶系和六方晶系；低级晶族中，将 L^2 或 P 多于 1 个的对称型归为斜方晶系，L^2 或 P 只有 1 个的对称型归为单斜晶系，没有 L^2 和 P 的对称型归为三斜晶系。晶系和晶族的名称见表 2-2。

表 2-2　晶体的对称分类（据李胜荣，2008）

晶族	晶系	对称特点	对称型符号	国际符号		晶类名称
				完整形式	简化形式	
低级晶族	三斜晶系	无 L^2 和 P	L^1 C	1 $\bar{1}$	1 $\bar{1}$	单面 平行双面
	单斜晶系	L^2 或 P 均不多于 1 个	L^2 P L^2PC	2 m $2/m$	2 m $2/m$	轴双面 反映双面 斜方柱

续表

晶族	晶系	对称特点	对称型符号	国际符号		晶类名称
				完整形式	简化形式	
低级晶族	斜方晶系	L^2或P多于1个	$3L^2$	222	222	斜方四面体
			$L^2 2P$	$mm2$	mm	斜方单锥
			$3L^2 3PC$	$2/m2/m2/m$	mmm	斜方双锥
中级晶族	三方晶系	唯一高次轴L^3	L^3	3	3	三方单锥
			$L^3 C$	$\bar{3}$	$\bar{3}$	菱面体
			$L^3 3L^2$	32	32	三方偏方面体
			$L^3 3P$	$3m$	$3m$	复三方单锥
			$L^3 3L^2 3PC$	$\bar{3}2/m$	$\bar{3}m$	复三方偏三角面体
	四方晶系	唯一高次轴L^4/L_i^4	L^4	4	4	四方单锥
			L_i^4	$\bar{4}$	$\bar{4}$	四方四面体
			$L^4 PC$	$4/m$	$4/m$	四方双锥
			$L^4 4L^2$	422	42	四方偏方面体
			$L^4 4P$	$4mm$	$4mm$	复四方单锥
			$L_i^4 2L^2 2P$	$\bar{4}2m$	$\bar{4}2m$	复四方偏三角面体
			$L^4 4L^2 5PC$	$4/m2/m2/m$	$4/mmm$	复四方双锥
	六方晶系	唯一高次轴L^6/L_i^6	L^6	6	6	六方单锥
			L_i^6	$\bar{6}$	$\bar{6}$	三方双锥
			$L^6 PC$	$6/m$	$6/m$	六方双锥
			$L^6 6L^2$	622	62	六方偏方面体
			$L^6 6P$	$6mm$	$6mm$	复六方单锥
			$L_i^6 3L^2 3P$	$\bar{6}2m$	$\bar{6}2m$	复三方双锥
			$L^6 6L^2 7PC$	$6/m2/m2/m$	$6/mmm$	复六方双锥
高级晶族	等轴晶系	必有$4L^3$	$3L^2 4L^3$	23	23	五角三四面体
			$3L^2 4L^3 3PC$	$2/m\bar{3}$	$m\bar{3}$	偏方复十二面体
			$3L^4 4L^3 6L^2$	432	43	五角三八面体
			$3L_i^4 4L^3 6P$	$\bar{4}3m$	$\bar{4}3m$	六四面体
			$3L^4 4L^3 6L^2 9PC$	$4/m\bar{3}2/m$	$m3m$	六八面体

绝大部分矿物都是晶体，不同晶族、晶系的矿物晶体在形态、物理性质上都具有较大差异，因此掌握晶体分类及对称特点，对矿物鉴定和研究具有重要意义。

三、晶体在不同晶系中的分布

自然界矿物晶体种数最多的 3 个晶系依次为斜方、单斜和等轴晶系，它们共占矿物各类总数的 2/3，其中斜方和单斜晶系各占 1/4，等轴晶系占 1/6，而属于 L^2PC、$3L^2 3PC$、

$3L^44L^36L^29PC$ 的矿物晶体分别占 21.5%、20% 和 10%。目前尚未发现属于 L_i^6 对称型的矿物晶体。

复习思考题

1. 什么是对称？晶体的对称与其他物体的对称有何不同？

2. 对称要素有哪些？对称要素可能出现在哪些位置？

3. 旋转反伸操作是旋转和反伸两个操作吗？

4. 旋转反伸轴与简单对称要素有何关系？

5. 对称要素的组合定理适用范围是什么？试述对称要素的组合定理。

6. 晶族和晶系是如何划分的？

7. 请说明下列对称型所属的晶族和晶系。

L^2PC $3L^23PC$ L^44L^25PC C L^66L^27PC L^33L^2 $3L^44L^36L^29PC$ L^33L^23PC

$L_i^42L^22P$ $3L^24L^33PC$

8. 试写出下列晶体模型的对称型，并说明各模型所属的晶族和晶系。

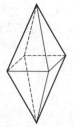 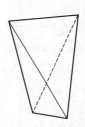 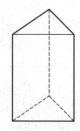 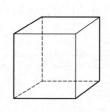

9. 中级晶族的晶体上，同时存在高次轴与 L^2，二者应为什么关系？为什么？

10. 对称型 L^33L^23PC 中三次对称轴与对称面是什么关系？有与三次轴垂直的对称面吗？

11. 对称型 L^2PC 和 L^33L^23PC 中的 L^2 和 P 分别是什么关系？

12. 为什么晶体上不存在 L^5 及 $n>6$ 的 L^n？

第三章 晶体定向和晶体符号

本章重点介绍晶体定向、晶面符号、晶棱符号、晶带符号的概念及确定方法。要求掌握不同晶系晶体定向的方法及晶体常数特点；熟练掌握晶面符号、晶棱符号及晶带符号的确定方法。

图 3-1 为立方体和八面体两种晶体，两个晶体的对称型都为 $3L^44L^36L^29PC$，都属于高级晶族等轴晶系，但形态却明显不同。这说明仅仅知道晶体的对称分类，仍无法确定晶体的具体形态。晶体的空间形态取决于组成晶体的各晶面、晶棱的空间方位及相互关系。由此可见，要想搞清晶体的形态特征，确定晶体内各几何要素的空间方位是必要的。此外，不同晶体在不同方位的物理性质也存在差异，确定晶体及各晶面、晶棱等要素的空间方位及描述方法对准确表征不同晶体的物理性质也极为重要。

图 3-1 立方体和八面体

第一节 晶体定向

晶体定向就是在晶体中选定一个符合晶体对称特征的坐标系统，使晶体各几何要素得到相应的空间取向。晶体的坐标系统与数学上的坐标系统类似，也包括坐标轴和轴单位。具体来说，晶体定向就是在晶体中选择坐标轴和确定各轴上的轴单位。

一、晶体的坐标系统及晶体常数

1. 晶体的坐标系统

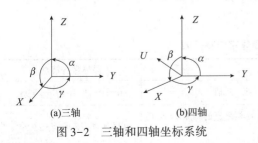

图 3-2 三轴和四轴坐标系统

在结晶学中，晶体上所设置的坐标轴称为结晶轴（简称晶轴）。通常各结晶轴与晶体中一定的行列相适应。

在多数情况下，晶体的坐标系统为三轴系统，即结晶轴有 3 根，分别为 X 轴、Y 轴、Z 轴或 a 轴、b 轴和 c 轴。结晶轴的交点位于晶体中心，3 个晶轴在空间的分布方向如图 3-2(a)所

示：上下直立方向为 Z 轴，向上为正；前后方向为 X 轴，向前为正；左右方向为 Y 轴，向右面为正。

习惯上，为了研究方便，三方和六方晶系晶体多采用四轴坐标系统，即结晶轴有 4 根，分别为 X、Y、U 和 Z 轴。4 个晶轴的空间方位如图 3-2(b)所示：上下直立方向仍为 Z 轴，水平方向上则由按顺时针分布的 X、Y、U 3 根轴组成，X 方向左前方为正，即正前方向左旋转 30°；由 X 轴逆时针旋转 120° 来到 Y 轴，其方向仍为水平向右为正；再由 Y 轴逆时针旋转 120° 来到 U 轴，U 轴正向为左后方。四轴坐标系统是能够转换为三轴坐标系统的。

2. 晶体常数

晶轴选定后，各晶轴间的空间关系以及每个晶轴上用于计量长度的轴单位就都确定了。将晶轴正端之间的交角称为轴角，用 α、β、γ 来表示，$\alpha = Y \wedge Z$；$\beta = Z \wedge X$；$\gamma = X \wedge Y$。轴单位是每个晶轴上所对应行列的结点间距，设 X、Y 和 Z 轴对应的行列的结点间距为 a_0、b_0、c_0，则 X、Y 和 Z 轴的轴单位就是 a_0、b_0、c_0，该值一般利用 X 射线分析能够测定。单位一般用埃($\overset{\circ}{A}$)表示($1\overset{\circ}{A} = 0.1nm$)。

由于晶体形态与大小无关，主要取决于轴角和轴单位的比值，因此只需要知道 3 个轴单位的比值即可。所以，通常将 X、Y 和 Z 轴 3 个结晶轴的单位比值称为轴率，记作 $a_0 : b_0 : c_0$。轴率常表示为 b_0 为 1 的形式，即 $a_0/b_0 : 1 : c_0/b_0$。如重晶石的轴率通常表示为 $1.6290 : 1 : 1.3132$。

轴率 $a_0 : b_0 : c_0$ 和轴角 α、β、γ 合称为晶体常数。晶体常数是表征晶体形态的常用参数。不同晶体具有不同的晶体常数，因此，晶体常数又是区别不同矿物晶体的一项重要数据。例如：正长石 $a_0 : b_0 : c_0 = 0.6585 : 1 : 0.5554$，$\beta = 116°$，$(\alpha = \gamma = 90°)$；钠长石 $a_0 : b_0 : c_0 = 0.6335 : 1 : 0.5577$，$\alpha = 94°03'$，$\beta = 116°29'$，$\gamma = 88°09'$。

二、各晶系晶体定向

如上所述，晶体定向实质上是选择晶轴及确定轴单位。晶轴的选择不是任意的，首先晶轴选择应符合晶体所固有的对称性，即晶轴优先选与对称轴重合的方向；若对称轴的个数不够，则由对称面的法线方向补充；若无对称轴和对称面，则选择将最发育的晶棱方向作为晶轴；此外，在上述前提下，应尽可能使各晶轴相互垂直或近于垂直，并使轴单位趋于相等，即尽可能接近 $a_0 = b_0 = c_0$，$\alpha = \beta = \gamma = 90°$。

由于不同晶系的对称特征不同，故而不同晶系有不同晶体定向方法，且各晶系的晶体几何常数不同(表 3-1)。

表 3-1 不同晶系晶体定向特征表

晶　系	选轴原则	晶体常数特点
等轴晶系	3 个互相垂直的 L^4 或 L_i^4 或 L^2 为 X、Y、Z 轴	$a_0 = b_0 = c_0$；$\alpha = \beta = \gamma = 90°$
四方晶系	以 L^4 或 L_i^4 为 Z 轴，以垂直 Z 轴并互相垂直的两个 L^2 或 P 的法线或晶棱的方向为 X、Y 轴	$a_0 = b_0 \neq c_0$；$\alpha = \beta = \gamma = 90°$

续表

晶　系	选轴原则	晶体常数特点
三方或六方晶系	以 L^6 或 L_i^6 或 L^3 为 Z 轴，以垂直 Z 轴并互成120°夹角的3个 L^2 或 P 的法线或晶棱的方向为 X、Y、U 轴	$a0 = b0 \neq c0$；$\alpha = \beta = 90°$，$\gamma = 120°$
斜方晶系	以相互垂直的3个 L^2 为 X、Y、Z 轴；或以 L^2 为 Z 轴，以 $2P$ 法线为 X、Y 轴	$a0 \neq b0 \neq c0$；$\alpha = \beta = \gamma = 90°$
单斜晶系	以 L^2 或 P 的法线为 Y 轴，以垂直 Y 轴的主要晶棱方向为 X 轴和 Z 轴	$a0 \neq b0 \neq c0$；$\alpha = \gamma = 90°$，$\beta > 90°$
三斜晶系	以不在同一平面内的3个主要晶棱方向为 X、Y、Z 轴	$a0 \neq b0 \neq c0$；$\alpha \neq \beta \neq \gamma \neq 90°$

第二节　晶面符号

晶体定向后，晶面在空间的相对方位就可以确定了。根据晶面与各结晶轴的相互关系，用简单的数学符号形式来表示它们空间方位的一种结晶学符号称为晶面符号。晶面符号有多种表达形式，通常采用英国人米勒(W. H. Miller)于1839年所创的米氏符号。

一、晶面符号的表示方法

由于晶面在晶轴上的截距系数之比为简单整数比，因此，晶面在晶体中的方位可以表示成一些简单的数字符号。表示晶面空间方向的这种符号——米氏符号是由连写在一起的3个(三轴系统)或4个(四轴系统)互质的整数加小括号后构成的。其一般形式为 (hkl) 或 $(hkil)$。h、k、i、l 称为晶面指数，它们分别与 X、Y、U、Z 晶轴相对应。

1. 三轴定向晶面符号确定

(1)按晶体定向原则进行晶体定向。

(2)确定晶面在 X、Y、Z 轴上的截距系数 p、q、r，截距系数=晶面在晶轴上的截距/轴单位。

(3)确定晶面指数，取截距系数倒数比并化简为最简整数比，即 $1/p : 1/q : 1/r = h : k : l$，其中 h、k、l 即为晶面指数。

(4)将晶面指数用小括号括起，即为米氏符号或晶面符号 $(h\ k\ l)$。

(5)晶轴有正向和负向，若晶面与晶轴负向交截，则相应的晶面指数上端应加"-"号。

以图3-3为例，晶面 ABC 在 X、Y、Z 轴上的截距系数分别为 3、4、6，取倒数比为 $1/3 : 1/4 : 1/6 = 4 : 3 : 2$，晶面指数为 432，用小括号括起来，该晶面的米氏符号即为 (432)；晶面 ADC 与晶面 ABC 不同于其与 Y 晶轴的负向交截，故其晶面符号为 $(4\bar{3}2)$。

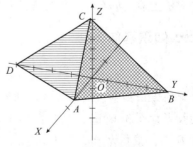

图 3-3　晶面在晶轴上的截距系数示意图

2. 四轴定向时晶面符号

在三方晶系和六方晶系中，常用四轴坐标系统定向。四轴定向时包括 X、Y、U、Z 4 个晶轴，相应的晶面符号一般写为 $(hkil)$ 的形式，确定方法同三轴系统。要注意，由于 U 轴正向向后，晶面与 X、Y 轴的交截方向和晶面与 U 轴的交截方向相反，故晶面符号表示成 $(hk\bar{i}l)$。

二、晶面符号的特点及确定时应注意的情况

1. 晶面符号的特点

(1) 晶面符号中晶面指数的顺序是固定的，三轴系统分别与 X、Y、Z 轴对应，四轴系统分别与 X、Y、U、Z 轴对应，不能颠倒。

(2) 晶面符号中某指数为 0，表示该晶面平行于相应晶轴 (图 3-4)。当某晶面平行于某晶轴时，说明截距系数为无穷大，故其相应的晶面指数是 0。

(3) 在同一晶体中，如有两晶面，对应 3 组晶面指数的绝对值全部相等，而正负号恰好全部相反，则两晶面必相互平行 (图 3-5)。

(4) 由于晶面指数是截距系数的倒数比，在同一晶面符号中，晶面指数绝对值越大，截距系数绝对值越小；在轴单位相等的情况下，还表示相应截距的绝对长度也越短。

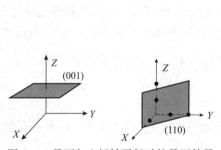

图 3-4　晶面与坐标轴平行时的晶面符号

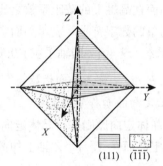

图 3-5　两个相互平行的晶面

(5) 在四轴坐标系统中，晶面在 3 个水平轴的晶面指数代数和为 0，即 $h+k+\bar{i}=0$，即从绝对值上看，$h+k=i$，可见第三个指数可以通过前两个指数计算得到。

━━━━ 知识延伸 ━━━━

证明 $h+k+\bar{i}=0$

证明方法如下，假设某晶面平行于 Z 轴，图 3-6(a) 为一晶面 $ABCD$，该晶面在水平面上的投影如图 3-6(b)，该晶面与 X 轴正方向交截于 A 点，截距为 P_1；与 Y 晶轴正方向交截于 D 点，截距为 P_2；与 U 轴负方向交截于 E 点，截距为 P_3。四轴系统主要用于三方和六方晶系，这两种晶系水平方向 X、Y、Z 轴上的轴单位相等 $(a_0=b_0=u_0)$，晶面在 X、Y、U 轴上截距系数倒数比即为：$\dfrac{a_0}{P_1}:\dfrac{b_0}{P_2}:\dfrac{u_0}{P_3}$，等同于 $\dfrac{1}{P_1}:\dfrac{1}{P_2}:\dfrac{1}{P_3}$，可见要证明 $h+k=i$，只

需要证明 $\dfrac{1}{P_1}+\dfrac{1}{P_2}=\dfrac{1}{P_3}$ 即可。

图 3-6(b)中，过 D 点作线段 DF 交 X 轴与 F 点，$DF/\!/U$ 轴，则有 $ED=OF=FD=P_2$，则应满足：

$\dfrac{AF}{FD}=\dfrac{AO}{OE}$，即 $\dfrac{P_1+P_2}{P_2}=\dfrac{P_1}{P_3}$，则 $\dfrac{P_1}{P_2}+1=\dfrac{P_1}{P_3}$，左右两端同时除以 P_1，可得：$\dfrac{1}{P_2}+\dfrac{1}{P_1}=\dfrac{1}{P_3}$。

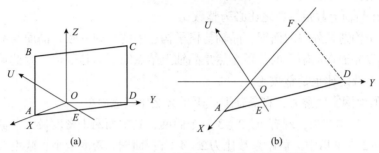

(a)　　　　　　　　　　　(b)

图 3-6　四轴系统中的 h、k、i 的关系示意图

2. 确定晶面符号时应注意的情况

(1)如果只知道某晶面与晶轴是相交的，但无法确定其截距系数比时，这类晶面的晶面符号可用字母表示，如(hkl)、(hhl)等；如果这样的晶面与某晶轴平行，则相应的晶面指数为 0，如$(hk0)$、$(h0l)$等。

(2)对高级晶族等轴晶系晶体而言，由于各晶轴上轴单位相等，故截距长度比即为截距系数比。

(3)对中、低级晶族晶体而言，由于轴单位不等，晶面符号的确定需借助选择单位面来求得。单位面是指与 3 个晶轴的截距之比等于轴率的晶面，该晶面的晶面符号是(111)，是晶体中面网密度最大的晶面。对于未知轴率的晶体而言，单位面一般选择与 3 个晶轴正端相交的、发育较大，与 3 根晶轴截距相近的晶面。

确定了单位面后，单位面在 3 根晶轴上的截距之比必为 $a_0:b_0:c_0$，就可以确定其他任一晶面的晶面符号了。

如图 3-7 为四方晶系的锆石晶体，晶轴选好后，首先确定 P 面为单位面，该面在 XYZ 轴上的截距分别为 OD、OE 和 OA 时，则有：

$$OD:OE:OA=a_0:b_0:c_0$$

S 面的晶面符号应为该面在 XYZ 轴上的截距系数倒数之比，即：

$$\frac{a_0}{OC}:\frac{b_0}{OF}:\frac{c_0}{OB}=\frac{OD}{OC}:\frac{OE}{OF}:\frac{OA}{OB}$$

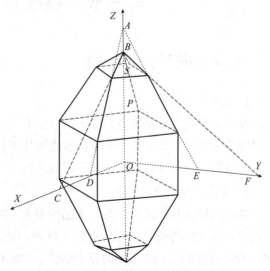

图 3-7　锆石晶体中晶面符号的确定

由此即可确定 S 晶面的晶面符号。

三、整数定律

利用米氏符号的确定方法即可写出任一晶面的晶面符号，但会不会出现晶面指数非常复杂的情况呢？实际上，晶体上任何晶面的晶面指数均为简单（绝对值很小）的整数，这个规律称为整数定律。主要有以下两个原因：

(1)晶面在晶轴上截距系数之比必为整数比。

晶面是格子构造最外层的面网，晶轴与格子构造中的行列一致，晶面与晶轴的交点必然是结点，所以晶面在晶轴上的截距必然是晶轴上结点间距的整数倍，因此截距系数一定是整数，截距系数之比也是整数比。

(2)晶面的面网密度愈大，在晶轴上截距系数之比就愈简单。

图 3-8 为一晶体结构，现有 1、2、3 三个面网，其中面网 1 密度最大，截距系数比为 2:2:1；面网 2 密度居中，截距系数比为 2:4:1；面网 3 密度最小，截距系数比为 2:6:1。由此可见，面网密度越大的面网，截距系数之比越简单。而根据布拉维法则，晶体总是被面网密度大的面网包围的，可见各晶面的截距系数之比应为最简单整数比。

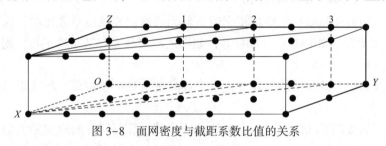

图 3-8　面网密度与截距系数比值的关系

第三节　晶棱符号和晶带符号

一、晶棱符号及确定方法

1. 晶棱符号

晶棱符号是表征晶棱方向的符号，一般用 $[rst]$ 的形式表示，r、s、t 为相对于 X、Y、Z 轴的晶棱指数。晶棱符号不涉及晶棱的具体位置，即所有相互平行的晶棱均具有同一符号。晶棱符号是晶面截晶轴的截距系数之比。

2. 晶棱符号的确定方法

设在三轴坐标系中，有一条晶棱 $O'P'$（图 3-9），想象地将它平移并使之通过晶轴的交点而处于 OP 的位置，然后在其上任取一点 M。M 点在 3 个晶轴上的投影分别为 OK、OR、OQ。已知 $a0$、$b0$、$c0$ 为相应晶轴上的轴单位。该晶棱的符号可依下式求得：

$$r:s:t=\frac{OK}{a0}:\frac{OR}{b0}:\frac{OQ}{c0}$$

图中 $OK = 1a0$，$OR = 2b0$，$OQ = 3c0$。将之代入得：

$$r : s : t = \frac{1a0}{a0} : \frac{2b0}{b0} : \frac{3c0}{c0} = 1 : 2 : 3$$

将上式右边的比号删去，加方括号即得该晶棱的晶棱符号 [123]。$r : s : t$ 应为最简单整数比。

晶棱符号中的 r、s、t 亦有正负之分。为负值时，将"–"置于系数的上方，如 $[\bar{r}st]$、$[\bar{r}s t]$、$[rs\bar{t}]$、等。由于任一晶棱方向都是同时指向两端的，所以上述在 OP 上任取的 M 点，既可取在坐标原点的正向一侧，也可以取在反向一侧。在此情况下，3 个坐标距的正、负号恰好全部相反，例如 [111] 与 $[\bar{1}\,\bar{1}\,\bar{1}]$ 或 [100] 与 $[\bar{1}00]$，它们只代表同一个晶棱的方向。此外，在晶棱符号中，晶棱指数是晶棱在晶轴上投影的线段长度，故当晶棱垂直于某晶轴时，投影线段长度为 0，因此晶棱指数中的 0 表示晶棱垂直于对应的晶轴。四轴系统中的晶棱符号确定方法与三轴系统一样。

二、晶带符号

晶带是指彼此相交且交棱相互平行的一组晶面的组合，相互平行的交棱称为晶带轴。例如，立方体的 6 个晶面依晶棱互相平行的原则，可分出如下 3 个晶带（图 3-10）。

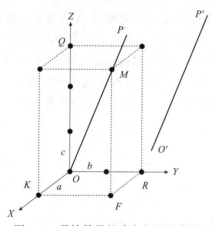

图 3-9　晶棱符号的确定方法示意图

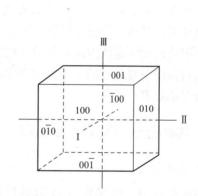

图 3-10　立方体中的晶带示意图

晶带 Ⅰ 是交棱平行 X 轴的一组晶面，由左、右两晶面 (010)、$(0\bar{1}0)$ 和上下两晶面 (001)、$(00\bar{1})$ 构成。晶带 Ⅱ 是交棱平行于 Y 轴的一组晶面，由前后两晶面 (100)、$(\bar{1}00)$ 和上下两晶面 (001)、$(00\bar{1})$ 构成。晶带 Ⅲ 是交棱平行于 Z 轴的一组晶面，由前后两晶面 (100)、$(\bar{1}00)$ 和左、右两晶面 (010)、$(0\bar{1}0)$ 构成。

如上所述，每个晶带都各有一个晶带轴，因此，可用晶带轴来代表晶带。由于晶带轴是平行于晶棱的，所以晶带轴的符号实际上就是晶棱的符号。立方体中 Ⅰ、Ⅱ、Ⅲ 3 个晶带的晶带符号分别为 [100]、[010] 和 [001]。

晶带定律

实际晶体的晶面都是属于某晶带的，这是因为晶体上的晶面都是由面网密度较大的面网所组成的，其交棱也应是结点间距较小的行列，故实际晶面和晶棱的方向都为数不多，从而分属于少数晶带。

关于晶面与晶棱的关系，早在 19 世纪初，德国结晶学家魏斯（Weiss）便指出：晶体上任一晶面至少属于两个晶带，这一规律称为晶带定律（zone law）。由于晶体是几何多面体，每一个晶面都与其他晶面相交，且必有两个以上互不平行的晶棱，也就是一个晶面可以属于多个晶带，如在立方体中，晶面（100）至少属于[001]和[010]晶带（还有可能是其他晶带）。因此，晶带定律也可以这样表述：任意两晶棱（晶带）相交必可决定一可能晶面，而任意两晶面相交必可决定一可能晶棱（晶带）。晶带定律还可以晶带方程表述，即：对任一属于[rst]晶带的晶面（hkl），必有：$hr + ks + lt = 0$

晶带定律和晶带方程在晶体定向、推导晶体上一切可能出现的晶面种类及晶面、晶棱符号等方面，应用颇为广泛。

第四节 对称型的国际符号

由第二章第四节介绍的对称型符号是一个晶体上全部对称要素的总和。对称轴以 L^n 表示，对称面以 P 表示，对称中心以 C 表示。这种方法简便直观，但有时表达式较长。目前，世界通用的对称型符号是国际符号，也称 Hermann-Mauguin 符号或 H-M 符号，其优点在于能简明地反映晶体内的对称要素组合以及揭示对称要素之间的方位关系。国际符号只需写出对称型中最基础的 3 个方位存在的对称要素，对于派生的，可用基础对称要素导出的其余对称要素一概略去。

一、国际符号书写的一般原则

1. 对称要素的表示符号

在国际符号中，规定用 n 表示对称轴 L^n，用 $\bar{n}$ 表示旋转反伸轴 L_i^n（$n = 1$，2，3，4，6）；用 m 表示对称面（对称面的方向由法线方向决定）；若对称轴和对称面的法线方向重合，则两者间以斜线或横线隔开，如 L^2PC 的国际符号写作 $2/m$；对称中心则由其他等效对称要素（如 $L_i^1 = C$，$L_i^3 = L^3C$）替代，因而国际符号中出现了 $\bar{1}$ 和 $\bar{3}$，这在前述对称型符号中是不存在的。

2. 符号序位代表的空间方位

国际符号通常由 1~3 个符号作为某对称型的符号，每个序位的符号用以表示晶体特定方向的对称要素。其中，各序位代表的方向随晶系不同而异。如表 3-2 所示，序位的方向可用 X、Y、Z 晶轴的方向表示，也可用平行这 3 个晶轴方向上的矢量 a、b、c 或其合成矢量 $a+b+c$、$a+b$、$2a+b$ 表示。其中，$a+b+c$ 是 a、b、c 的合成矢量；$a+b$ 是 a 与 b 的合成矢量；$2a+b$ 是 a 和 $a+b$ 的合成矢量。这些矢量在此用以表示晶体的空间方位，而与大小无关。

表3-2 各晶系对称型国际符号的序位及其方向

晶 系	符号序位	各序位代表的方向
等轴晶系	1	X(或 Y、Z)轴方向(a)
	2	三次轴方向($a+b+c$)
	3	X轴、Y轴之间方向($a+b$)
三方、六方晶系	1	Z轴方向(c)
	2	与 Z 轴垂直的 X(或 Y)轴方向(a)
	3	与 Z 轴、Y轴垂直方向($2a+b$)
四方晶系	1	Z轴方向(c)
	2	与 Z 轴垂直的 X(或 Y)轴方向(a)
	3	X轴与 Y轴之间的方向($a+b$)
斜方晶系	1	X轴方向(a)
	2	Y轴方向(b)
	3	Z轴方向(c)
单斜晶系	1	Y轴方向(b)
三斜晶系	1	任意方向

3. 其他书写原则

国际符号只需写出对称型中的基本对称要素，根据基本对称要素，通过对称要素组合定理可以推导出来的其余对称要素则省略不写。例如，斜方晶系 $3L^2 3PC$ 对称型，其国际符号的第一序位要写出 X 方向的对称要素，该方向既是二次对称轴又有一对称面与之垂直，按前述规则，记作 $2/m$；同样，可得出对应于 Y、Z 轴方向的对称要素亦为 $2/m$。因此，该对称型的国际符号为 $2/m2/m2/m$，这种符号称为完全的国际符号；由于二次对称轴可由两个相互垂直的对称面推导出来，上述国际符号可简化为 mmm，此时称简化的国际符号。又如，等轴晶系 $3L^4 4L^3 6L^2 9PC$ 对称型的国际符号，根据序位方向的对称要素，可写作 $4/m32/m$，简化为 $m3m$，即垂直 X 有 m，平行三次轴有 3，垂直 X、Y 角分线有 m，其余对称要素省略不写。

二、32 种对称型的国际符号

书写对称型的国际符号，就是在各序位上根据上述书写原则依次写出相应方向的对称要素，32 种对称型的国际符号如表 2-2 所示。

复习思考题

1. 什么是晶体定向？试述各晶系晶体定向的方法及晶体常数的特点。

2. 晶面符号是如何确定的？某晶面与 X、Y、Z 轴的截距系数分别是 2、2、4，该晶面的晶面符号是什么？

3. 试判定下列晶面与晶面、晶面与晶棱、晶棱与晶棱之间的空间关系(平行、垂直或斜交)。

（1）等轴晶系、四方晶系、斜方晶系：（001）与［001］；（010）与［010］；（110）与［001］；（110）与（010）。

（2）单斜晶系：（001）与［001］；（010）与［001］；（001）与［100］；（100）与［010］。

（3）三方晶系、六方晶系：（10$\bar{1}$0）与［0001］；（10$\bar{1}$0）与［11$\bar{2}$0］；（10$\bar{1}$0）与［10$\bar{1}$1］。

4. 某矿物属于斜方晶系，具有（100）、（110）、（010）、（$\bar{1}$10）、（$\bar{1}$00）、（$\bar{1}$$\bar{1}$0）、（0$\bar{1}$0）、（1$\bar{1}$0）、（001）、（00$\bar{1}$）、（011）、（0$\bar{1}$1）、（0$\bar{1}$$\bar{1}$）、（01$\bar{1}$）等晶面，其中哪些属于［001］晶带？哪些属于［010］晶带？哪些属于这两个晶带所共有？

5. 如何通过国际符号来判断晶体所属的晶系？

6. 区别下列对称型的国际符号并写出相应的习惯符号。

（1）23 与 32；（2）3m 与 m3；（3）222 与 mm；（4）mmm 与 mm；（5）4mm 与 4/mmm；（6）43 与 42。

第四章　单形和聚形

知识要点

　　本章重点叙述晶体的形态，单形的种类、特征以及聚形的概念、特征和分析方法。要求掌握单形、聚形和双晶的概念；理解结晶单形和几何单形的区别；熟悉 47 种几何单形；掌握单形相聚的条件，学会聚形分析方法。掌握双晶的主要类型。

　　通过上一章的学习，我们已经能够标记各个晶面在晶体坐标系统中的空间方位，但我们还不知道如何来描述晶体的形态，以及晶体形态有多少种，本章将解决这些问题。本章介绍的单形和聚形主要指理想晶体的形态。

第一节　单　形

一、单形的概念

　　单形是由对称型中所有对称要素联系起来的一组晶面的总和。也就是说，单形是一个晶体上由该晶体的所有宏观对称要素进行相应的对称操作，使所有晶面相互重复而形成的。单形的每个晶面，与对称型中相同的对称要素具有相同的空间关系。

　　在理想发育的晶体中，单形的各个晶面是同形等大的（图 4-1）。自然界的实际晶体，受环境条件影响，同一单形的各个晶面发育可有不同，但它们具有相同的性质。同一单形的各晶面与相同对称要素间的空间取向关系相互一致（相同对称要素是指借助其他对称要素，可以相互重复的对称要素），各晶面的其他性质（如硬度、解理的发育等等）以及晶面花纹、蚀像等也都相同。

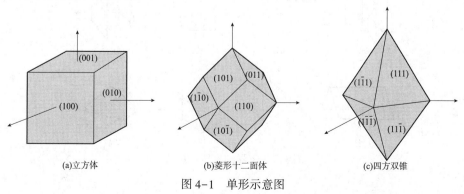

(a)立方体　　　　　(b)菱形十二面体　　　　　(c)四方双锥

图 4-1　单形示意图

二、单形符号及其确定

单形符号是以简单的数字或字母表征单形中所有晶面空间取向的一种结晶学符号，简称形号。表示为将单形中的一个代表晶面的晶面指数用{ }括起来，如{hk1}。

一个单形中有很多晶面，但同一单形的所有晶面与结晶轴关系相同，因此单形中各晶面的晶面指数除了正负号和排列顺序不同外，其绝对值都是各自相同的。故可选一代表晶面的晶面符号作为该单形的符号。

单形符号的确定主要考虑以下原则：①单形各晶面中正指数最多的晶面；②按先前、次右、后上的原则选择；③单形符号{hk1}中，应满足$h \geq k \geq l$。

如图 4-1 所示，(a)为立方体，根据正指数多以及"先前、次右、后上"的原则确定(100)作为立方体单形的代表符号，写作{100}；(b)为菱形十二面体，根据正指数最多、"先前、次右、后上"以及$h \geq k \geq l$的原则，确定(110)为该单形的代表晶面，单形符号即为{110}；(c)为四方双锥，根据单形各晶面中正指数最多的原则即可确定(111)为该单形的代表晶面，单形符号为{111}。

三、单形的推导

根据单形的概念可知，若已知单形中的某一晶面及其与对称要素的方位关系，即可由该晶面通过对称要素将其他所有晶面全部推导出来；在同一对称型中，已知晶面与对称要素的方位关系不同，推导出来的单形也不同；在不同对称型中，由于对称要素的种类和数目不同，推导出的单形也不同。

以斜方晶系 $L^2 2P$ 为例说明单形的推导过程。进行晶体定向时，L^2作为 Z 轴，两个对称面 P 的法线作为 X、Y 轴[图 4-2(a)]。原始晶面的位置可以包括以下几种情况：

(1)(001)，如图 4-2(b)所示，不能推导出其他晶面，该单形即为单面。

(2)(100)，可推导出与(100)平行的另一个晶面[图 4-2(c)]，该单形为平行双面。

(3)(010)，可推导出与(010)平行的另一个晶面[图 4-2(d)]，该单形也为平行双面。

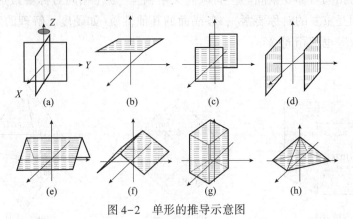

图 4-2　单形的推导示意图

（4）（$h0l$），可推导出与（$h0l$）相交的另一晶面［图 4-2（e）］，该单形为反映双面。

（5）（$0kl$），可推导出与（$0kl$）相交的另一晶面［图 4-2（f）］，该单形也为反映双面。

（6）（$hk0$），可推导出横截面为菱形、四个面两两平行的柱体［图 4-2（g）］，该单形为斜方柱。

（7）（hkl），可推导出横截面为菱形、四个面构成的单锥体［图 4-2（h）］。

由于图 4-2（c）、图 4-2（d）中晶面与对称要素关系相同，仅方位不同，可去掉一种；图 4-2（e）、图 4-2（f）中晶面与对称要素关系相同，仅方位不同，可去掉一种。故对称型 $L^2 2P$ 由 7 种原始晶面共推导出 5 种单形。

四、146 种结晶单形

利用上述方法对所有对称型进行推导，由于一共有 32 种对称型，每种对称型最多有 7 种位置，故一共可推导出 32×7 种单形，这种单形称为结晶单形。去掉同一对称型中晶面与对称要素关系重复的结晶单形，还剩余 146 种结晶单形，如表 4-1 所示。

表 4-1　各晶系晶类的单形

单形符号	I 三斜晶系的单形 对称型	
	$1(L^1)$	$\bar{1}(C)$
$\{hkl\}$	1 单面（1）	2 平行双面（2）
$\{0kl\}$	单面（1）	平行双面（2）
$\{h0l\}$	单面（1）	平行双面（2）
$\{hk0\}$	单面（1）	平行双面（2）
$\{100\}$	单面（1）	平行双面（2）
$\{010\}$	单面（1）	平行双面（2）
$\{001\}$	单面（1）	平行双面（2）

单形符号	II 单斜晶系的单形 对称型		
	$2(L^2)$	$m(P)$	$2/m(L^2PC)$
$\{hkl\}$	3 轴双面（2）	6 反映双面（2）	9 斜方柱（4）
$\{0kl\}$	轴双面（2）	反映双面（2）	斜方柱（4）
$\{h0l\}$	4 平行双面（2）	7 单面（1）	10 平行双面（2）
$\{hk0\}$	轴双面（2）	反映双面（2）	斜方柱（4）
$\{100\}$	平行双面（2）	单面（1）	平行双面（2）
$\{010\}$	5 单面（1）	8 反映双面（2）	11 平行双面（2）
$\{001\}$	平行双面（2）	单面（1）	平行双面（2）

Ⅲ 斜方晶系的单形

单形符号	对称型		
	$222(3L^2)$	$mm(L^22P)$	$mmm(3L^23PC)$
$\{hkl\}$	12 斜方四面体(4)	15 斜方单锥(4)	20 斜方双锥(8)
$\{0kl\}$	13 斜方柱(4)	16 反映双面(2)	斜方柱(4)
$\{h0l\}$	斜方柱(4)	反映双面(2)	斜方柱(4)
$\{hk0\}$	斜方柱(4)	17 斜方柱(2)	斜方柱(4)
$\{100\}$	14 平行双面(2)	18 平行双面(2)	22 平行双面(2)
$\{010\}$	平行双面(2)	平行双面(2)	平行双面(2)
$\{001\}$	平行双面(2)	19 单面(2)	平行双面(2)

Ⅳ 四方晶系的单形

单形符号	对称型			
	$4(L^4)$	$42(L^44L^2)$	$4/m(L^4PC)$	$4mm(L^44P)$
$\{hkl\}$	23 四方单锥(4)	26 四方偏方面体(8)	31 四方双锥(8)	34 复四方单锥(8)
$\{hhl\}$	四方单锥(4)	27 四方双锥(8)	四方双锥(8)	35 四方单锥(4)
$\{h0l\}$	四方单锥(4)	四方双锥(8)	四方双锥(8)	四方单锥(4)
$\{hk0\}$	24 四方柱(4)	28 复四方柱(8)	32 四方柱(4)	36 复四方柱(8)
$\{110\}$	四方柱(4)	29 四方柱(4)	四方柱(4)	37 四方柱(4)
$\{100\}$	四方柱(4)	四方柱(4)	四方柱(4)	四方柱(4)
$\{001\}$	25 单面(1)	30 平行双面(2)	33 平行双面(2)	38 单面(1)

Ⅳ 四方晶系的单形

单形符号	对称型		
	$4/mmm(L^44L^25PC)$	$\bar{4}(L_i^4)$	$\bar{4}2m(L_i^42L^22P)$
$\{hkl\}$	39 复四方双锥(16)	44 四方四面体(4)	47 复四方偏三角面体(8)
$\{hhl\}$	40 四方双锥(8)	四方四面体(4)	48 四方四面体(4)
$\{h0l\}$	四方双锥(8)	四方四面体(4)	49 四方双锥(8)
$\{hk0\}$	41 复四方柱(8)	45 四方柱(4)	50 复四方柱(8)
$\{110\}$	42 四方柱(4)	四方柱(4)	51 四方柱(4)
$\{100\}$	四方柱(4)	四方柱(4)	52 四方柱(4)
$\{001\}$	43 平行双面(2)	46 平行双面(2)	53 平行双面(2)

Ⅴ 三方晶系的单形

单形符号	对称型				
	$3(L^3)$	$32(L^33L^2)$	$3m(L^33P)$	$\bar{3}(L^3C)$	$\bar{3}m(L^33L^23PC)$
$\{hki\bar{l}\}$	54 三方单锥(3)	57 三方偏方面体(6)	64 复三方单锥(6)	71 菱面体(6)	74 复三方偏三角面体(12)

续表

Ⅴ 三方晶系的单形

单形符号	对称型				
	$3(L^3)$	$32(L^33L^2)$	$3m(L^33P)$	$\bar{3}(L^3C)$	$\bar{3}m(L^33L^23PC)$
$\{h0\bar{h}l\}$ $\{0kk\bar{l}\}$	三方单锥(3)	58 菱面体(6)	65 三方单锥(3)	菱面体(6)	75 菱面体(6)
$\{hh\overline{2h}l\}$ $\{2k\bar{k}\bar{k}l\}$	三方单锥(3)	59 三方双锥(6)	66 六方单锥(6)	菱面体(6)	76 六方双锥(12)
$\{hk\bar{i}0\}$	55 三方柱(3)	60 复三方柱(6)	67 复三方柱(6)	72 六方柱(6)	77 复六方柱(12)
$\{10\bar{1}0\}$ $\{01\bar{1}0\}$	三方柱(3)	61 六方柱(6)	68 三方柱(3)	六方柱(6)	78 六方柱(6)
$\{11\bar{2}0\}$ $\{2\bar{1}\bar{1}0\}$	三方柱(3)	62 三方柱(3)	69 六方柱(6)	六方柱(6)	79 六方柱(6)
$\{0001\}$	56 单面(1)	63 平行双面(2)	70 单面(1)	73 平行双面(2)	80 平行双面(2)

Ⅵ 六方晶系的单形

单形符号	对称型			
	$6(L^6)$	$62(L^66L^2)$	$6/m(L^6PC)$	$6mm(L^66P)$
$\{hk\bar{i}l\}$	81 六方单锥(6)	84 六方偏方面体(12)	89 六方双锥(12)	92 复六方单锥(12)
$\{h0\bar{h}l\}$ $\{0kk\bar{l}\}$	六方单锥(6)	85 六方双锥(12)	六方双锥(12)	93 六方单锥(6)
$\{hh\overline{2h}l\}$ $\{2k\bar{k}\bar{k}l\}$	六方单锥(6)	六方双锥(12)	六方双锥(12)	六方单锥(6)
$\{hh\bar{i}0\}$	82 六方柱(6)	86 复六方柱(12)	90 六方柱(6)	94 复六方柱(12)
$\{10\bar{1}0\}$ $\{01\bar{1}0\}$	六方柱(6)	87 六方柱(6)	六方柱(6)	95 六方柱(6)
$\{11\bar{2}0\}$ $\{2\bar{1}\bar{1}0\}$	六方柱(6)	六方柱(6)	六方柱(6)	六方柱(6)
$\{0001\}$	83 单面(1)	88 平行双面(2)	91 平行双面(2)	96 单面(1)

Ⅵ 六方晶系的单形

单形符号	对称型		
	$6/mmm(L^66L^27PC)$	$\bar{6}(L_i^6)$	$\bar{6}2m(L_i^63L^23P)$
$\{hk\bar{i}l\}$	97 复六方双锥(24)	102 三方双锥(6)	105 复三方双锥(12)
$\{h0\bar{h}l\}$ $\{0k\bar{k}l\}$	98 六方双锥(12)	三方双锥(6)	106 三方双锥(6)
$\{hh\overline{2h}l\}$ $\{2k\bar{k}\bar{k}l\}$	六方双锥(12)	三方双锥(6)	107 六方双锥(12)

续表

VI 六方晶系的单形

单形符号	对称型		
	$6/mmm(L^6 6L^2 7PC)$	$\bar{6}(L_i^6)$	$\bar{6}2m(L_i^6 3L^2 3P)$
$\{hh\bar{i}0\}$	99 复六方柱(12)	103 三方柱(3)	108 复三方柱(6)
$\{10\bar{1}0\}$ $\{0\bar{1}10\}$	100 六方柱(6)	三方柱(3)	109 三方柱(3)
$\{11\bar{2}0\}$ $\{2\bar{1}\bar{1}0\}$	六方柱(6)	三方柱(3)	110 六方柱(6)
$\{0001\}$	101 平行双面(2)	104 平行双面(2)	111 平行双面(2)

VII 等轴晶系的单形

单形符号	对称型		
	$23(3L^2 4L^3)$	$m3(3L^2 4L^3 3PC)$	$\bar{4}3m(3Li^4 4L^3 6P)$
$\{hkl\}$	112 五角三四面体(12)	119 偏方复十二面体(24)	126 六四面体(24)
$\{hhl\}$	113 四角三四面体(12)	120 三角三八面体(24)	127 四角三四面体(12)
$\{hkk\}$	114 三角三四面体(12)	121 四角三八面体(24)	128 三角三四面体(12)
$\{111\}$	115 四面体(4)	122 八面体(8)	129 四面体(4)
$\{hk0\}$	116 五角十二面体(12)	123 五角十二面体(12)	130 四六面体(24)
$\{110\}$	117 菱形十二面体(12)	124 菱形十二面体(12)	131 菱形十二面体(12)
$\{100\}$	118 立方体(6)	125 立方体(6)	132 立方体(6)

VII 等轴晶系的单形

单形符号	对称型	
	$43(3L^4 4L^3 6L^2)$	$m3m(3L^4 4L^3 6L^2 9PC)$
$\{hkl\}$	133 五角三八面体(24)	140 六八面体(48)
$\{hhl\}$	134 三角三八面体(24)	141 三角三八面体(24)
$\{hkk\}$	135 四角三八面体(24)	142 四角三八面体(24)
$\{111\}$	136 八面体(8)	143 八面体(8)
$\{hk0\}$	137 四六面体(24)	144 四六面体(24)
$\{110\}$	138 菱形十二面体(12)	145 菱形十二面体(12)
$\{100\}$	139 立方体(6)	146 立方体(6)

注：单形名称前的数字为146种结晶单形的序号，小括号内数字为单形的晶面数目。

146 种结晶单形中，仍存在几何形态相同的单形，如等轴晶系的 5 种对称型都能推出立方体这种单形。从外形上看，它们都具有 $3L^44L^36L^29PC$ 的对称型，但从结晶学角度来虑其外部的晶面花纹、物理性质、内部质点排列等时，它们所代表的对称意义各不相同，因此，它们分属于不同的结晶单形(图 4-3)。

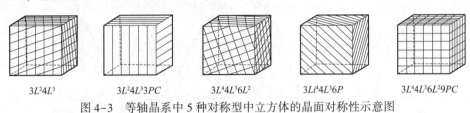

| $3L^24L^3$ | $3L^24L^3PC$ | $3L^44L^36L^2$ | $3L^i4L^36P$ | $3L^44L^36L^29PC$ |

图 4-3 等轴晶系中 5 种对称型中立方体的晶面对称性示意图

五、47 种几何单形

如果只考虑几何形态，则可将 146 种结晶单形分为 47 种几何单形。不同几何单形的差异主要反映在晶面的形状、数目、相互关系、晶面与对称要素的相对位置及横切面的形态等几个方面。

1. 低级晶族的几何单形

低级晶族的几何单形共有 7 种，主要包括单面、平行双面、反映双面及轴双面、斜方柱、斜方四面体、斜方单锥、斜方双锥 7 种(图 4-4)。

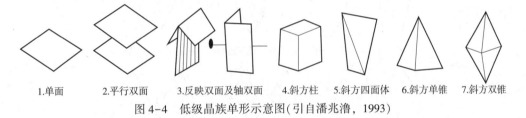

1.单面　2.平行双面　3.反映双面及轴双面　4.斜方柱　5.斜方四面体　6.斜方单锥　7.斜方双锥

图 4-4 低级晶族单形示意图(引自潘兆濡，1993)

(1)单面，只有一个晶面。

(2)平行双面，有两个晶面，二者相互平行。

(3)反映双面及轴双面，两个平面相交于一条棱。

(4)斜方柱，由 4 个长方形构成，两两平行，且交棱相互平行，过中心的横切面为菱形。

(5)斜方四面体，由 4 个不等边三角形相合而成，过中心的横切面为菱形。

(6)斜方单锥，由 4 个不等边三角形汇聚于一点构成，过中心的横切面为菱形。

(7)斜方双锥，由两个斜方单锥上下相合而成，横切面为菱形。

2. 中级晶族的几何单形

中级晶族常发育的几何单形共有 27 种(包括低级晶族的 7 种)，其中，单面和平行双面与低级晶族相同，其余 25 种属于中级晶族所特有，主要包括柱类、单锥类、双锥类、面体类等(图 4-5)。

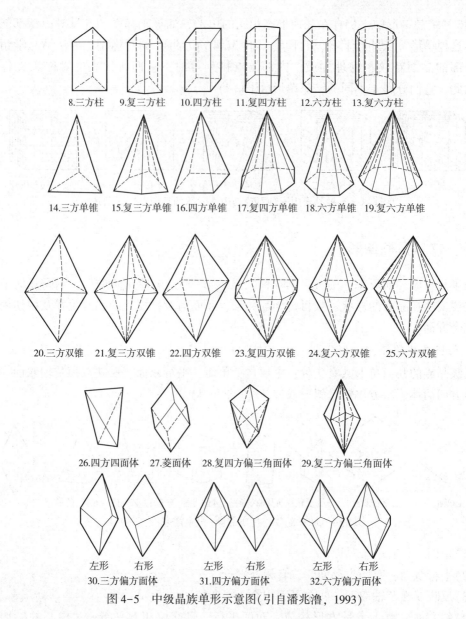

8.三方柱　9.复三方柱　10.四方柱　11.复四方柱　12.六方柱　13.复六方柱

14.三方单锥　15.复三方单锥　16.四方单锥　17.复四方单锥　18.六方单锥　19.复六方单锥

20.三方双锥　21.复三方双锥　22.四方双锥　23.复四方双锥　24.复六方双锥　25.六方锥

26.四方四面体　27.菱面体　28.复四方偏三角面体　29.复三方偏三角面体

左形　右形　　左形　右形　　左形　右形
30.三方偏方面体　31.四方偏方面体　32.六方偏方面体

图4-5　中级晶族单形示意图(引自潘兆橹，1993)

（1）柱类：主要包括 n 方柱以及复 n 方柱（$n=3$、4、6）。柱类的特点都是交棱相互平行，且与高次轴平行。除了以上特点外，n 方柱的特点是有 n 个晶面，且横切面是正 n 边形，晶面间夹角相等；复 n 方柱有 $2n$ 个晶面，晶面间夹角间隔相等。

（2）单锥类：主要包括 n 方单锥以及复 n 方单锥（$n=3$、4、6）。单锥类的特点都是各晶面交汇于高次轴上某一点。除了以上特点外，n 方单锥的特点是有 n 个晶面，晶面均为等腰三角形，且横切面是正 n 边形，晶面间夹角相等；复 n 方单锥有 $2n$ 个晶面，晶面为不等边三角形，晶面间夹角间隔相等。

（3）双锥类：主要包括 n 方双锥以及复 n 方双锥（$n=3$、4、6）。双锥类的特点都是上下各晶面相对，且交汇于高次轴上下各一点。除了以上特点外，n 方双锥的特点是有 $2n$ 个晶面，晶面均为等腰三角形，且横切面是正 n 边形，晶面间夹角相等；复 n 方双锥有 $4n$

个晶面，晶面为不等边三角形，晶面间夹角间隔相等。

（4）面体类：菱面体是由6个菱形相合而成的，6个晶面两两平行，也可以看成上面3个晶面、下面3个晶面各自汇聚为三次轴上下两点，上下晶面等角度错开。四方四面体是由4个等腰三角形相合而成的。由菱面体每个晶面向外鼓出变成两个不等边三角形即可转变为复三方偏三角面体；由四方四面体每个晶面向外鼓出变成两个不等边三角形即可转变为复四方偏三角面体。

（5）偏方面体类：偏方面体的共性是晶面形态均为偏方形——两边相等的四边形，与双锥类似，也可分为上下两部分晶面，且各自交汇于高次轴上下各一点，但上下两部分晶面呈不等角度错开。包括三方、四方、六方偏方面体（$n=3$、4、6）。

3. 高级晶族的单形

高级晶族的单形主要包括四面体类、八面体类、立方体类、十二面体类，共计15种（图4-6）。

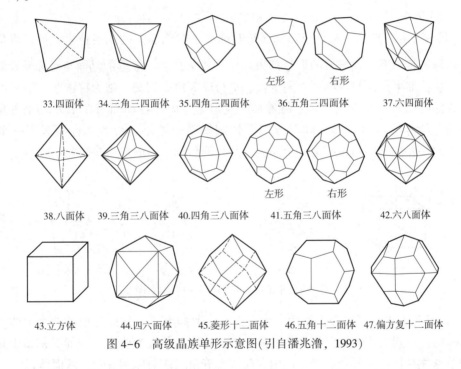

33.四面体　　34.三角三四面体　　35.四角三四面体　　36.五角三四面体　　37.六四面体

38.八面体　　39.三角三八面体　　40.四角三八面体　　41.五角三八面体　　42.六八面体

43.立方体　　44.四六面体　　45.菱形十二面体　　46.五角十二面体　　47.偏方复十二面体

图4-6　高级晶族单形示意图（引自潘兆濬，1993）

（1）四面体组：包括四面体、三角三四面体、四角三四面体、五角三四面体、六四面体5种。

四面体是由4个等边三角形相合而成的，其他四面体都是将四面体的一个晶面向外鼓出变成几个小晶面构成。首先，将一个大晶面分为几份，就是几四面体，如三四面体或六四面体；此外根据小晶面的形态——三角形、四角形、五角形，分别对应三角三四面体、四角三四面体、五角三四面体；三角六四面体习惯称为六四面体。

（2）八面体组：包括八面体、三角三八面体、四角三八面体、六角三四八面体、六八面体5种。八面体是由8个等边三角形构成，其他八面体的命名与四面体类是一样的。

（3）立方体组：包括立方体和四六面体2种。立方体由6个正方形两两垂直构成，四六面体是将立方体的每一个大晶面向外鼓出变成 4 个三角形小晶面构成。

（4）十二面体组：分为菱形十二面体、五角十二面体和偏方复十二面体 3 种。菱形十二面体由 12 个菱形构成，五角十二面体由 12 个五角形构成，将五角十二面体中的一个五角形晶面分为两个小晶面，构成的单形即为偏方复十二面体。

4. 47 种几何单形在晶体中的分布

综上所述，47 种几何单形的主要特点如下：

（1）单面和平行双面只出现在中低级晶族中，不能出现在高级晶族中。

（2）名称中带有"斜方"的单形仅在斜方晶系中出现。

（3）名称中带有"四方"的单形仅在四方晶系中出现。

（4）在三方晶系中可以出现名称带有六方的单形，在六方晶系中可以出现名称带有三方的单形，有些单形仅限于三方或六方晶系，如菱面体仅出现在三方晶系中。

（5）等轴晶系的单形仅在本晶系中出现。

5. 单形分类

（1）特殊形和一般形：根据单形晶面与对称型中对称要素的相对位置，可以将单形划分成一般形和特殊形。一般形的形号都为 $\{hkl\}$ 或 $\{hkil\}$。一般形的晶面与对称要素间具有一般的关系；如果晶面与对称要素间垂直、平行或等角度相交，则为特殊形；如图 4-7 所示，立方体各晶面与 L^4 垂直，属于特殊形；菱形十二面体各晶面与 3 个 L^4 均呈等角度相交，也属于特殊形；四方单锥和四方四面体则属于一般形。每个对称型只有一个一般形，属于同一对称型的晶体归为一个晶类，晶类的名称以一般形来命名（表 2-2）。

立方体 $\{100\}$

菱形十二面体 $\{110\}$

四方单锥 $\{hkl\}$

四方四面体 $\{hkl\}$

图 4-7 单形的特殊形和一般形示意图

（2）左形和右形：形态完全类同，而在空间的取向上正好彼此相反的两个形体。左右形互为镜像，不能以旋转或反伸操作重复；左右形的划分人为确定。一般对称型中只有对称轴的单形往往具有左形和右形。如偏方面体、五角三四面体和五角三八面体。

偏方面体类中晶面不与高次轴相交的两边，长边在左为左形，长边在右为右形。

五角三四面体看两个相邻 L^3 出露点之间的折线，折线下边棱偏左为左形，折线下边棱偏右为右形（图 4-8）。

五角三八面体看两个相邻 L^4 出露点之间的折线，折线上边棱偏左为左形，折线上边棱偏右为右形（图 4-9）。

（3）正形和负形：取向不同的两个相同单形，相互之间能够借助于旋转操作彼此重合。图 4-10 中两个四面体的取向相差 90°，二者互为正负形；两个五角十二面体取向相差 90°，二者互为正负形。

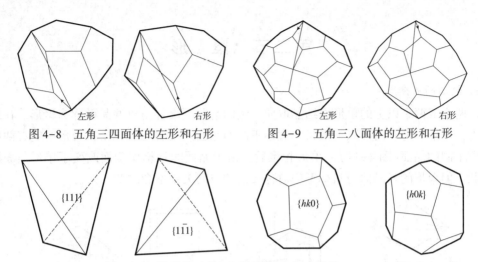

图4-8　五角三四面体的左形和右形　　　图4-9　五角三八面体的左形和右形

图4-10　单形的正形和负形示意图(据李胜荣，2008)

（4）开形和闭形：一个单形本身的全部晶面不能围成封闭空间的单形，称为开形，否则为闭形。单面、平行双面以及各种柱和单锥共17种单形为开形；闭形共有30种。

（5）定形和变形：一种单形其晶面间的角度为恒定者，称为定形；反之，称为变形。定形有单面、平行双面、三方柱、四方柱、六方柱、四面体、立方体、八面体以及菱形十二面体9种单形，其余单形皆为变形。凡单形符号为数字的，一定是定形，凡单形符号是字母的，一定是变形。在一定范围内改变形状，若对称要素变化则为定形，若对称要素不变则为变形。

6. 常用单形符号

单形符号一般可用于描述晶体形态，例如：等轴晶系的方铅矿晶体单形符号多为{100}、{111}，指方铅矿常具立方体、八面体晶形；三方晶系的方解石晶体单形符号多为$\{10\bar{1}1\}$，指方解石常为菱面体形态。单形符号还可用于描述矿物的解理和裂开，例如：等轴晶系的萤石具{111}完全解理，表示萤石具八面体的4组解理；单斜晶系的普通辉石、普通角闪石具有平行{110}的完全解理，表示具斜方柱的2组完全解理。

由于不同晶系的对称型不同，同一单形符号在不同晶系中对应的单形形态是不同的，表4-2中列出了常见矿物的一些单形符号及对应的单形形态。

表4-2　常见单形符号和几何单形

单形符号	{100}	{110}	{111}
等轴晶系	立方体	菱形十二面体	八面体、四面体
四方晶系	四方柱	四方柱	四方双锥、四方四面体、四方单锥
斜方晶系	平行双面	斜方柱	斜方双锥、斜方四面体、斜方单锥
单斜晶系	单面	斜方柱、双面	斜方柱、双面
三斜晶系	单面、平行双面	单面、平行双面	单面、平行双面
单形符号	$\{10\bar{1}1\}$	$\{10\bar{1}0\}$	{0001}
三方、六方晶系	菱面体、六方双锥	三方柱、六方柱	平行双面

第二节　聚　形

1. 聚形的概念

由两个或两个以上的单形在结晶取向一致的情况下聚合而成的晶形称为聚形。在理想晶体上，聚形一定有两种以上形状、大小不同的晶面。在实际晶体中，聚形一定有两种以上性质不同的晶面(图4-11)。单形相聚后，由于晶面的互相切割而改变了单形晶面原来的形状，但单形的各晶面与对称型中对称要素的空间关系不会改变。

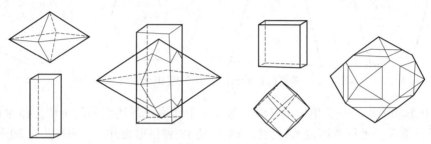

图4-11　四方双锥和四方柱的聚形及立方体与菱形十二面体的聚形

不是任意两个单形都能聚合，只有属于同一对称型的单形才能相聚，即只有属于同一对称型的单形才能在同一晶体上出现。

2. 聚形的特点

(1)在聚形中，同一单形中每个晶面是同形等大的(不同单形的晶面一般大小形态不同)，有几种单形聚合，就有几种不同的晶面。以此可以确定聚形中单形的数目。

(2)聚形中每个单形晶面数目不变。

(3)聚形形成并不是任意的，只有相同对称型的单形才能组成聚形。

(4)单形数目有限，聚形在形态上则无限多。

3. 分析聚形(确定所组成的单形)的步骤

要确定聚形是由哪些单形构成的，主要包括以下步骤。

(1)确定对称型：找出晶体的对称要素、确定其所属的晶族、晶系和晶类。图4-12中的橄榄石晶体的对称型是$3L^2 3PC$，属于低级晶族斜方晶系。

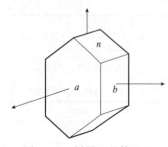

图4-12　橄榄石晶体聚形

(2)确定单形个数：晶体上出现的大小形态不同的晶面数目即为此聚形晶体上存在的单形数目。橄榄石晶体上存在3种大小形态不同的晶面，因此存在3种单形。

(3)确定单形名称：具体单形名称的确定应考虑对称型、晶面数目、晶面间的几何关系、晶面与对称要素间的关系以及想象使晶面扩展相交后单形的形状。在图4-12中，a、b晶面数都是两个，且彼此平行，因此均为平行双面；n晶面数是4个，想象将这些晶面扩展至相交，则交棱相互平行，应为柱类，而由对称型已确定橄榄石晶体属于斜方晶系，故 n 为斜方柱。

进行聚形分析应注意以下几个问题：

(1)可以相聚的单形，应符合对称规律，即单形相聚的原则。

(2)不能把形状大小相同的一组晶面(一个单形)分为几个单形。

(3)不能根据聚形晶体中的晶面形状来确定单形，而要根据将同属一个单形的各晶面扩展相交后的形状来确定单形。

(4)在一个晶体中可以出现两个或两个以上名称相同的单形。

复习思考题

1. 为什么在实际晶体上，同一单形的各个晶面性质相同？在理想发育的晶体上同一单形的各个晶面同形等大？

2. 单形和聚形有何不同？

3. 请区分：一般形和特殊形、开形和闭形、定形和变形、左形和右形。

4. 结晶单形和几何单形有何区别，各有多少种？

5. 请区分以下单形：

(1)八面体和四方双锥；

(2)斜方四面体、四方四面体和四面体；

(3)复三方柱和六方柱；

(4)菱面体、三方偏方面体和三方双锥。

6. 单形相聚应符合什么条件？为何不能根据聚形中的晶面形状来确定单形名称？

7. 聚形分析有哪些步骤？试分析下列单形能否相聚。

八面体与四方柱、六方柱与菱面体、五角十二面体与平行双面、斜方柱与四方柱、三方单锥与单面、六面体与菱形十二面体。

8. 试对下列矿物(锡石、方解石、正长石)的聚形进行分析。

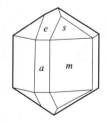 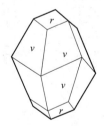 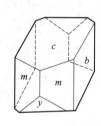

第五章　晶体的规则连生

　　本章重点介绍不同晶体的组合类型，需要掌握平行连生、双晶、浮生和交生的差异；重点要求掌握双晶的类型及相应特点；理解双晶要素和对称要素的关系，了解双晶形成的原因。

　　在自然界中，晶体很少单独出现，大多是呈两个或多个晶体自然生长、聚集在一起，这种现象称为连生。晶体的连生可分为规则连生和不规则连生。不规则连生指长在一起的晶体，相互之间的位置不遵循任何规律；而规则连生的晶体在外形上表现出个体间是有规律地联结的。本章主要介绍晶体的规则连生。

第一节　平行连生

　　平行连生指结晶取向完全一致的两个或两个以上的同种晶体连生在一起，其对应的晶面和晶棱相互平行(图5-1)。

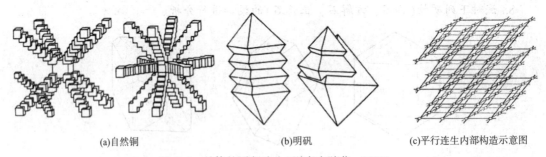

(a)自然铜　　　　　　　(b)明矾　　　　　　(c)平行连生内部构造示意图

图5-1　晶体的平行连生(引自李胜荣，2008)

　　从外形上看，平行连生是多个单晶体的连生，但从晶体内部结构上看，各单体间的格子构造都是彼此平行而连续的，无法划分各单体间的界线。在条件允许的情况下，当晶体继续生长时，外形上各单体间的凹入角将逐渐被填满，最后可形成一个单晶体，从这一点来看，平行连生只是单晶体的一种特殊形态。

第二节 双 晶

一、双晶的概念

双晶是两个或两个以上的同种晶体的规则连生。连生在一起呈双晶位的各单晶体之间，凭借某种几何要素实施对称操作，可以达到彼此重合、平行或构成一个完整单晶体。双晶内的格子构造并非平行连续，两个双晶单体呈共格面网过渡或相似面网衔接关系(图5-2)。

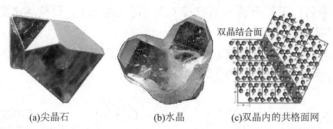

(a)尖晶石　　　　(b)水晶　　　　(c)双晶内的共格面网

图 5-2　双晶及双晶结合面示意图

二、双晶要素和双晶结合面

欲使双晶相邻的两个个体重合或彼此平行而进行操作所借助的点、线、面等几何要素，称为双晶要素，包括双晶面、双晶轴和双晶中心。

(1)双晶面：双晶面(tp)是双晶上的一个假想平面，通过此平面的反映，可使双晶相邻的两个个体重合或平行。一般用晶面符号来表示，如图5-3中石膏双晶面为(100)。

(2)双晶轴：双晶轴(tl)是双晶上的一根假想直线，若固定其中一个单体而使另一单体绕此直线旋转180°，两个单体即可重合为一或彼此平行。双晶轴是以垂直某个晶面或平行某个晶轴的方向来表示的，如图5-3中石膏双晶轴垂直(100)。

(3)双晶中心：双晶中心(tc)是一个假想的点，双晶的一个个体通过它的反伸，可与另一个晶体重合。一个双晶中单体间的取向关系只需描述其中一个双晶面或双晶轴就能确定，故很少使用双晶中心。

双晶面、双晶轴、双晶中心不能平行于单晶中的对称面、对称轴和对称中心，否则将会形成平行连生。

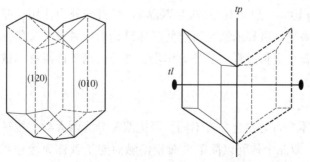

图 5-3　石膏双晶及双晶要素示意图

　　描述双晶时，除上述 3 个要素外，还常用到双晶结合面这个术语。双晶结合面是指双晶相邻个体间接触的面，有的为简单平面，可用平行它的晶面符号来表示；有的由于单体间彼此穿插，结合面十分曲折复杂。

三、双晶律

　　双晶结合的规律称为双晶律，一般用双晶要素和结合面组合的方式来表述，也可以有如下一些命名方式：

　　(1)以矿物命名：钠长石律、尖晶石律、云母律、文石律。

　　(2)以发现地命名：正长石的卡斯巴律双晶(捷克地名)、石英的道芬律(法国地名)、巴西律和日本律双晶等。

　　(3)以形态命名：金红石族的膝状双晶(或肘状双晶)、十字石的十字双晶、石膏的燕尾双晶、黄铁矿的铁十字双晶等(图 5-4)。

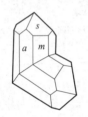 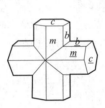 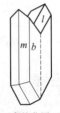 

(a)金红石的膝状双晶　　(b)十字石的十字双晶　　(c)石膏的燕尾双晶　　(d)黄铁矿的铁十字双晶

图 5-4　不同形态的双晶

四、双晶类型

1. 双晶的成因类型

　　(1)生长双晶(原生双晶)。在双晶位取向的晶核基础上生长(两个或若干个晶核的位置处在双晶中单体的结晶学方位上——双晶位取向)，如钠长石双晶。

　　(2)同质多象转变——转变双晶(次生双晶)。驱动发生转变的物理化学条件不均一或发生不同结构转变的趋势近乎相等，最终使原晶体的两部分呈双晶位关系。例如：由 β-石英向 α-石英转变时有两种趋势[图 5-5(a)]，最终两部分同时形成即成为道芬双晶[图 5-5(b)]。

　　(3)机械外力作用——机械双晶(次生双晶)。受机械外力作用，晶格内的面网可能发生整体性滑移但不破裂，滑移的结果可能使晶体结构形成具双晶位特征的两部分，即构成双晶。例如：方解石在生长过程中受外力作用，部分面网整体滑移形成方解石的机械双晶[图 5-5(c)]。

2. 双晶的结合类型

　　根据双晶各单体之间的结合方式不同，可把双晶分为两大类：接触双晶和穿插双晶。

　　(1)接触双晶。双晶个体间以简单平面相接触而连生者称为接触双晶。接触双晶又可分为简单接触双晶、聚片双晶和环状双晶。

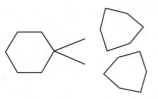
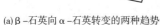
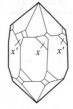
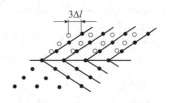

(a)β–石英向α–石英转变的两种趋势　　(b)道芬双晶　　(c)方解石受机械外力部分面网滑移

图 5-5　石英的转变双晶和方解石的机械双晶示意图（据赵珊茸，2017）

①简单接触双晶：由两个单体以一个平面结合在一起而形成的双晶，如石英日本双晶[图 5-6(a)]、锡石膝状双晶等。

②聚片双晶：由许多单体按同一双晶律连生，结合面相互平行的一组接触双晶称为聚片双晶，如钠长石聚片双晶[图 5-6(b)]。

③环状双晶：指两个以上的单体以简单接触关系呈环状或轮辐状连生而成的双晶[图 5-6(c)]。

④复合双晶：由两种以上的简单接触双晶关系组成的双晶复合体[图 5-6(d)]。

(2)穿插双晶。个体相互穿插而形成的双晶，又称贯穿双晶。这种双晶结合面呈复杂折面，如萤石、正长石的穿插双晶[图 5-6(e)]。

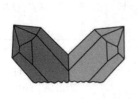

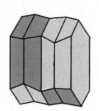

(a)简单接触双晶——　　(b)聚片双晶——　　(c)环状双晶——　　(d)卡-钠复合双晶　　(e)卡斯巴穿插双晶
日本双晶　　　　　　钠长石双晶　　　　金玉宝石双晶

图 5-6　接触双晶的类型

3. 双晶的识别

(1)凹入角：单晶为凸多面体，而多数双晶有凹角。

(2)缝合线：双晶结合面在晶体表面或断面上的迹线，多数是直线或简单的折线，少数呈不规则的复杂曲线。

(3)假对称：整个双晶外形上表现出来的对称性与单体所固有的对称不同，是一种假对称。

(4)双晶条纹：由一系列相互平行的结合面在晶面或解理面上的迹线(双晶缝合线)所构成的直线条纹。

(5)解理方向：双晶中的两个单体，只当双晶面或结合面正好平行于某个解理面时，两者的解理方向才会平行一致；在一般情况下，两者的解理面不相平行。

五、常见矿物的双晶类型

不同晶系常见矿物的双晶类型及其双晶律见表 5-1。

表 5-1 常见矿物的双晶(据李胜荣，2008)

晶系	矿物名称、成分及对称型	单形的形状	双晶		
			形状	类型	双晶律
等轴晶系	尖晶石 $MgAl_2O_4$ $3L^4 4L^3 6L^2 9PC$			接触双晶	双晶轴⊥(111) 双晶面//(111) 结合面//(111) (尖晶石双晶律)
	萤石 CaF_2 $3L^4 4L^3 6L^2 9PC$			穿插双晶	双晶轴⊥(111) 双晶面//(111)
	闪锌矿 ZnS $3Li4 4L3 6P$			接触双晶	双晶轴⊥(111) 双晶面//(111) 结合面//(111)
	黄铁矿 FeS_2 $3L^2 4L^3 3PC$			穿插双晶 (铁十字)	双晶轴⊥(110) 双晶面//(110)
四方晶系	锡石 SnO_2 $L^4 4L^2 5PC$	$a\{100\}$，$m\{110\}$， $d\{101\}$，$o\{111\}$		接触双晶	双晶轴⊥(011) 双晶面//(011) 结合面//(011) (膝状双晶律)
三方晶系	方解石 $CaCO_3$ $L^3 3L^2 3PC$	正形 $r\{10\bar{1}1\}$ 负形 $r\{10\bar{1}\bar{1}\}$ $v\{21\bar{3}1\}$		接触双晶	双晶轴⊥(0001) 双晶面//(0001) 结合面//(0001)
				接触双晶	双晶面//(10$\bar{1}$1) 结合面//(10$\bar{1}$1) 双晶面//(01$\bar{1}$2) 结合面//(01$\bar{1}$2)

续表

晶系	矿物名称、成分及对称型	单形的形状	双晶		
			形状	类型	双晶律
三方晶系	石英 SiO_2 $L^3 3L^2$	左形 $x\{61\bar{5}1\}$ 右形 $x\{5\bar{1}61\}$		穿插双晶	双晶轴∥Z轴 结合面不规则 二左形或二右形 （道芬律双晶） 双晶轴∥$(11\bar{2}0)$ 结合面∥$(11\bar{2}0)$ 一左晶一右晶 （巴西律双晶）
三方晶系	辰砂 HgS $L^3 3L^2$	$r\{10\bar{1}1\}$，$n\{20\bar{2}1\}$， $x\{42\bar{6}3\}$		穿插双晶	双晶轴∥Z轴
斜方晶系	文石 $CaCO_3$ $3L^2 3PC$	$m\{110\}$，$b\{010\}$，$e\{011\}$		接触双晶	双晶面∥(110) 结合面∥(110)
单斜晶系	正长石 $K[AlSi_3O_4]$ $L^2 PC$	$b\{010\}$，$c\{001\}$， $m\{110\}$，$x\{101\}$， $y\{201\}$		穿插双晶	双晶轴∥Z轴 结合面以 (010)为主 （卡斯巴双晶律）
单斜晶系				接触双晶	双晶轴⊥(001) 结合面∥(001) （曼尼巴双晶律）
单斜晶系				接触双晶	双晶轴⊥(021) 结合面∥(021) （巴温诺双晶律）
三斜晶系	钠长石 $Na[AlSi_3O_4]$ C			接触双晶	双晶面∥(010) 结合面∥(010) （钠长石双晶律）

第三节　浮生与交生

1. 浮生

不同物质组成的晶体沿一定结晶学方向形成规则连生，或同种物质的晶体以不同的面网相结合形成的规则连生。多表现为一种晶体附生于另一种晶体表面之上，通常附生的晶体形成晚于基底晶体。在图 5-7(a)中，赤铁矿浮生于磁铁矿表面。

浮生的形成主要取决于相互结合的晶体具有结构相似的面网。以碘化钾和白云母晶体为例，等轴晶系的碘化钾晶体(111)面网上 K^+ 呈等边三角形分布，结点间距为 0.499nm；而单斜晶系的白云母晶体的(001)面网上的 K^+ 亦呈等边三角形分布，结点间距为 0.5188nm；二者的结构极其接近，正是由于这种面网构造的相似性，使得碘化钾晶体以(111)面与白云母晶体的(001)面相接合而形成浮生[图 5-7(b)、图 5-7(c)]。

在自然界中，浮生是比较常见的现象。浮生是由于两种晶体具有结构相似的面网使得两种晶体可以共面网的形式结合形成，可以形成于两种晶体结晶过程中，也可以因一种物质被另一种物质交代而形成。例如，斜方晶系的十字石以(010)面浮生于三斜晶系蓝晶石的(100)面上[图 5-7(d)]。有时同种晶体也可以不同面网相接触而形成浮生，如锡石的一个晶体的(100)面和另一个锡石晶体的(101)面相接合而形成浮生。

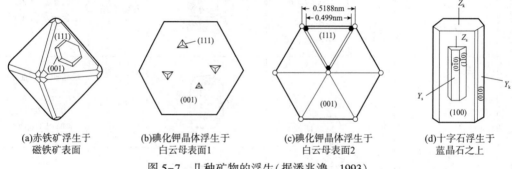

(a)赤铁矿浮生于　　(b)碘化钾晶体浮生于　　(c)碘化钾晶体浮生于　　(d)十字石浮生于
　磁铁矿表面　　　　　白云母表面1　　　　　白云母表面2　　　　　蓝晶石之上

图 5-7　几种矿物的浮生(据潘兆濂, 1993)

不同物质的晶体形成浮生的成因可以分为原生和次生两种。原生浮生，是在晶体生长过程中形成的，它可以是两种晶体结晶过程中相互结合而形成浮生，如上述碘化钾和白云母的浮生；也可以是一种晶体先形成另一种晶体按照一定规律浮生于其上，如十字石浮生于蓝晶石之上。次生浮生，是一种物质的晶体被另一种物质交代时形成的，如白云母与黑云母以底面(001)相结合所形成的浮生，即是白云母交代黑云母而形成的。

2. 交生

交生是指两种不同的晶体彼此间以一定的结晶学取向关系交互连生，或一种晶体嵌生于另一种晶体之中的现象。一般同时结晶。

交生晶体的结合部位与浮生很相似，所不同的是交生关系的两种晶体呈交嵌关系。交生现象可以是两种晶体在生长介质中同时结晶而成，也可以是在高温条件首先形成类质同象混晶，在温度降低后类质同象混晶发生离溶而成。例如，石英嵌生于粗粒钾长石晶体中而形成文象结构、钠长石嵌生于钾长石晶体而形成的条纹长石[图5-8(a)]、长柱状角闪石穿插在普通辉石中形成的交生[图5-8(b)]。

(a)钾长石与钠长石交生

(b)角闪石与普通辉石交生

图5-8　钾长石与钠长石交生及闪石与普通辉石交生(引自李胜荣，2008)

复习思考题

1. 双晶与平行连生有何不同?

2. 双晶要素能与对称要素平行或一致吗? 为什么?

3. 斜长石(c)可以有卡斯巴律双晶和钠长石律双晶，为什么正长石(L^2PC)只有卡式双晶，而没有钠长石律双晶?

4. 双晶类型是如何划分的?

5. 浮生和交生的条件是什么?

6. 研究双晶有何意义?

第六章 矿物晶体化学

本章应该掌握组成矿物的元素的离子类型及对矿物性质的影响；掌握球体最紧密堆积原理，熟悉配位数和配位多面体的概念，理解晶格类型的划分原则和各晶格类型的基本特征。掌握类质同象和同质多象、多形、有序度等的概念，熟悉晶体结构类型的划分及典型结构的特征，理解类质同象和同质多象的分类及形成条件，了解研究意义。掌握矿物晶体化学式的写法，熟悉矿物中水的赋存状态，理解胶体矿物的特征，了解胶体矿物的成因。

第一节 矿物的化学组成

一、矿物化学组成的影响因素

矿物的化学成分是组成矿物的物质基础，决定着矿物的基本性质。常见矿物的元素组成与地壳中元素的分布情况密切相关。

化学元素在地壳中的平均质量百分数称为克拉克值。克拉克值较高的化学元素由高至低依次为 O（46.6%）、Si（27.72%）、Al（8.13%）、Fe（5.00%）、Ca（3.63%）、Na（2.83%）、K（2.59%）、Mg（2.09%）等。这8种元素合计约占地壳总质量的99%，其余还有几十种元素所占比例略多于1%。在地壳中自然产出的矿物化学组成无疑也受其影响，由这8种元素形成的矿物具有分布广、数量多的特点，是地壳中各类岩石和土壤的主要组成。

矿物的组成除与元素的克拉克值有关外，还与元素的性质有关。有一些元素的克拉克值并不算很低，由于性质上与Ca、Fe、K等相似，容易"混入"这几种元素形成的矿物中而很少形成独立矿物。此类元素多分散到地壳的各部分，只有少量能集中起来，故称为分散元素，如锶、钒、铷等。还有些矿物克拉克值并不高，但由于其性质与克拉克值高的几种元素性质不同，更容易集中起来形成独立的矿物，这类元素可称为集中元素，如铜、铅等。

此外，氢的克拉克值比前8种元素少得多，仅为0.14%，这和氢的原子量小有关。氢原子数目并不少，约为地壳中原子总数的3%，仅次于氧、硅、铝，因此，自然界中含水（H_2O、OH^-、H^+或H_3O^+等）矿物的数量很多，土壤的主要组分黏土矿物都是含水的硅酸盐矿物或氧化物、氢氧化物矿物。

二、矿物化学组成的类型

矿物是由化学元素构成的天然单质或化合物。单质矿物由一种元素构成并以原子状态存在，如自然金（Au）、自然铜（Cu）、金刚石（C）等。

化合物矿物是由两种或两种以上不同化学元素化合而成的，可分为简单化合物、络合物和复化合物 3 类。简单化合物由一种阴离子和一种阳离子化合而成，如黄铁矿（FeS_2）、方铅矿（PbS）等。络合物由络离子和离子化合而成，络离子是由几个原子先构成一个离子团，如各种含氧酸根，如$[NO_3]^-$、$[SO_4]^{2-}$、$[CO_3]^{2-}$、$[SiO_4]^{4-}$等，再与其他离子化合在一起。络离子以阴离子为主，但也有个别络离子是阳离子，如$[UO_2]^{2+}$。由于络离子具有一些独立的特征，对矿物性质也具有特殊影响。复化合物是由两种或两种以上的阳离子和阴离子或络合离子组成的化合物，如白云石（$CaMg[CO_3]_2$）、钛铁矿（$FeTiO_3$）等。

由于矿物是在开放的自然界中形成的，受环境条件影响，矿物不论是单质还是化合物，其成分都不是绝对固定的，如类质同象可造成矿物内部元素被其他相似元素替换。

三、化学元素的性质

1. 元素性质的主要衡量指标

（1）电离能：反映原子失去电子时，必须克服核电荷对电子的引力所需要的能量。金属性越强，原子越易失电子，电离能越小。

（2）电负性：反映原子吸引电子的能力，非金属性越强，原子在化合物中吸引电子的能力越强，元素的电负性越大。

对于化合物来说，质点间以何种化学键相结合取决于两种元素的电负性，当两种元素电负性差值很大时，可形成离子键；对于电负性大或较大且数值接近的两种原子来说，电子对称地分布于原子之间，形成典型的共价键；而两种元素电负性介于上述两种情况之间时，共用电子偏向电负性较大者一侧，形成过渡型化学键；电负性都较小的一些同种金属元素可以金属键相结合。

（3）极化性和可极化性：极化性反映某元素使其他元素的电子云发生变形的性质，可极化性则是元素自身电子云在外电场作用下发生变形的性质。阳离子半径越小，电负性越大，极化性越强；阴离子半径越大，电负性越小，可极化性越强。

（4）原子或离子半径：在原子和离子的性质中，原子或离子的大小既可以影响其化学性质，也可影响结构的紧密程度，因此也是晶体化学中最基本的参数之一。

原子或离子的有效半径，主要取决于它们的电子层构型，也受到化合价、化学键性及环境因素的影响。一般规律是：在化学周期表中，对于同一族元素，原子和离子半径随元素周期数的增加而增大；对同一周期的元素，原子半径和阳离子半径随原子序数的增加而减小；而从周期表左上方到右下方的对角线方向上，阳离子的半径彼此近于相等。此外，在一般情况下，阳离子半径都小于阴离子半径；大多数阳离子半径为 0.5~1.2Å，而阴离子半径则为 1.2~2.2Å。同种元素的原子半径，其共价半径总是小于金属原子半径，而同种元素的离子半径则存在如下规律：阳离子的半径<原子半径<阴离子的半径。

2. 化学元素周期表与元素性质

在化学元素周期表中(图 6-1),同一族元素,电离能、电负性随元素周期数的增加而减小;对同一周期的元素,电离能、电负性随原子序数的增加而增加。自然界中大部分矿物可以看成或近似地看成是离子化合物,同一周期各元素的离子半径有如下规律:核外电子数保持不变,同一周期自左至右,随核电荷数增加,半径迅速减小;如核外电子数与核电荷数同时增加,则同一周期自左至右离子半径逐渐变小,但长周期以第八副族过渡元素为最小,以后略有回升。

镧系 15 个元素化学性质相近,离子半径大小相差不大,在自然界中多处于同一环境、同一矿物晶格中,因此常把它们合起来(外加钇)称为稀土元素,用 REE 或 TR 表示。此外,镧系元素随着原子序数增加,离子半径略有下降,造成第六周期镧系以后各元素半径也相应变小,与第五周期同族元素同价离子半径近于相等,结果是 Hf 与 Zr、Ta 与 Nb 等同族元素性质相近,在自然界中常存在于同一晶格中。

扫码查看
高清原图

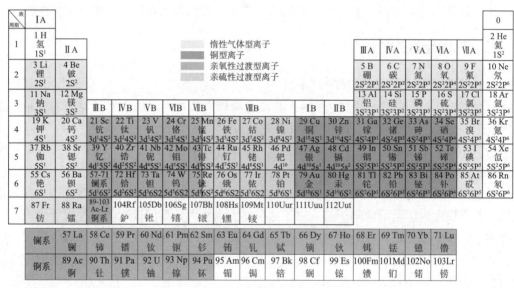

图 6-1 元素的离子类型

3. 元素的离子类型

自然界中阴离子种类有限,主要为 O^{2-}、S^{2-}、F^-、Cl^-,此外还有一些次要的阴离子,而阳离子类型却有 100 多种。这些阳离子半径、电价、核外电子构型各不相同,并造成其参与组成的化合物具有不同的物理、化学性质。按照最外层电子构型,通常可把元素离子划分为如下类型。

(1)惰性气体型离子:指最外层电子层具有 8 个(ns^2np^6)或 2 个(ns^2)电子,构型与惰性气体原子一样的离子,电子层结构稳定。这种离子一般不变价,主要包括碱金属、碱土金属和卤族元素离子,分布化学周期表的 ⅠA、ⅡA、ⅦA 各主族和第 2、3 周期(除 H 和惰性气体原子外)。

属于惰性气体型离子的元素,大部分具有比较低的电离能和电负性,当与其他元素结合时,易形成惰性气体型的阳离子。在自然界中,它们倾向于与电离能、电负性高的卤族元素及氧以典型的离子键结合，形成分布很广的卤化物、氧化物及含氧盐类矿物。其中含氧盐矿物是构成各类岩石的最重要的造岩矿物，所以通常将这些元素又称为"亲氧元素"或"造岩元素"或亲石元素。

（2）铜型离子：指最外层具有 18 个或 18+2 个电子，构型与 Cu^+ 最外电子层相同的离子（$ns^2 np^6 nd^{10}$）。电子层结构也相当稳定，除个别离子外（主要是 Cu^+），一般也不变价，主要分布在周期表的 4、5、6 周期 I B、II B、III A ~ VI A 各族。这类元素具有很高的电离能、电负性和较小的离子半径，因而具有较强的极化能力。在自然界中，它们主要倾向于与电负性不太大而可极化性较强的硫等元素相结合，形成具有明显共价键特征的硫化物及其类似化合物。这类元素形成的矿物，由于常构成金属硫化物矿床的主要矿石矿物，所以也将它们称为"亲硫元素"或"造矿元素"。

（3）过渡型离子：指外层电子数为 9 ~ 17 个的结构不稳定的离子，本类型离子易变价，主要分布在元素周期中 4、5、6 周期 III B ~ VII B 及 VIII 族。在这类离子中，Mn 左侧者常表现出与惰性气体型离子类似的性质，为亲氧性过渡型离子；其右侧者则表现出与铜型离子类似的性质，为亲铜性过渡型离子。

过渡型离子的元素，其性质介于"亲氧元素"和"亲硫元素"之间，最外层电子数越接近 8 的，易与氧结合，形成氧化物及含氧盐矿物；最外层电子数越接近 18 的，易与硫结合，形成硫化物；电子数居中者，如 Fe、Mn 等，则依所处介质条件的不同，既可形成氧化物，也可形成硫化物。这一类元素，在氧、硫丰度较低时，这些元素易形成金属单质，在地质作用中经常与铁共生，故也称为"亲铁元素"。

由化学性质可知，离子和原子的化学行为主要与它们的最外层电子构型有关。因而，由上述离子类型不同的 3 类离子分别组成的矿物，不仅在物理性质上有明显的差异，而且在形成条件等方面也有很大的不同。

第二节　球体的最紧密堆积原理

晶体具有最小内能，这条性质决定了组成晶体的不同质点之间趋向于尽可能地相互靠近，形成最紧密堆积，使晶体处于最稳定状态。

组成晶体的原子和离子可看成是具有一定半径的球体。因此，矿物晶体结构就如同是这些球体的堆积。在具有离子键和金属键的晶体中，一个金属离子或原子与异号离子或其他原子相结合的能力，是不受方向和数量限制的。它们力求与尽可能多的质点接触，借以实现使体系处于最低能量状态的最紧密堆积。所以，研究球体的最紧密堆积将有助于我们理解具体矿物的晶体结构。

球体的最紧密堆积，有等大球体的最紧密堆积和不等大球体的紧密堆积两种情况，分别讨论如下。

1. 等大球体的最紧密堆积

将等大的球体在一个平面内做最紧密排列时，只能构成如图 6-2（a）所示的一种形式。从图中不难看出，每个球体都只能与周围的 6 个球相接触，并于每个球的周围都存在有两类弧线三角形空隙，一类顶角向下，另一类顶角向上，两类空隙相间分布。

在第一层球上堆积第二层球时，为使球体堆积得最紧密，只能将球堆放在第一层球所形成的三角形空隙上。不论堆积在顶角在上的空隙还是堆积在顶角在下的空隙上，紧密程度都是一样的[图 6-2(b)]。

第三层的堆积位置则出现了两种不同的方式：一种是堆积在前两层都是空隙的位置上，即三层球堆积位置各不相同，第四层球才与第一层球的位置重复。若用字母表示不同层的堆积位置，则各层球构成 ABC、ABC、ABC……的 3 层重复堆积方式[图 6-2(c)]；另一种是第三层球堆积在第二层的空隙处，但与第一层球相同的位置上，则构成 AB、AB、AB……的两层重复堆积方式[图 6-2(d)]。

在 3 层重复的堆积方式中，相当点是按立方面心格子分布的，故称之为立方最紧密堆帜，记为 CCP。其最紧密堆积的球层平行于立方面心格子(111)面网，如图 6-2(e)所示。

两层重复的堆积方式中，相当点是按六方格子排列的，故称为六方最紧密堆积，记为 HCP。其最紧密排列的球层平行于(0001)，如图 6-2(f)所示。

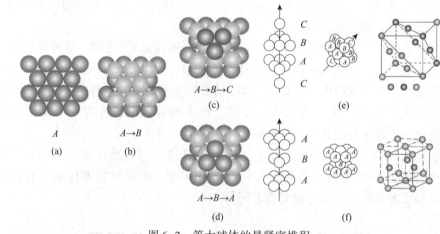

图 6-2　等大球体的最紧密堆积

等大球体的最紧密堆积方式，最基本的就这两种，此外，在一些化合物的晶体结构中，还可以出现更多层重复的周期性堆积，如 $ABAC$、$ABAC$、$ABAC$……四层重复，$ABCACB$、$ABCACB$、$ABCACB$……六层重复等。

等大球体的最紧密堆积对于了解自然金属元素单质矿物或金属的晶体结构是很适宜的。因为在它们的晶体结构中，金属原子常体现为等大球体的最紧密堆积。不仅如此，上述两种最紧密的堆积方式也是大多数离子晶体结构中质点堆积的最基本形式。

与其他堆积方式相比，在等大球体的两种最紧密堆积中，球体间的空隙最少，空隙都占整个晶体空间的 25.95%。换言之，球的总体积占晶体单位空间的 74.05%。按照空隙与周围球体的空间分布关系，可将空隙分为两种(图 6-3)：一种空隙是由 4 个球围成的，球体中心的连线构成一个四面体形状，故称之为四面体空隙；另一种空隙由 6 个球围成，球体中心的连线构成一个八面体形状，故称之为八面体空隙。四面体空隙的空间比八面体的小。如果晶胞为 n 个球组成，则堆积后四面体空隙的总数为 $2n$ 个，而八面体空隙总数为 n 个。

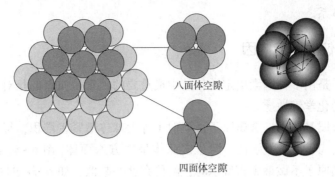

八面体空隙

四面体空隙

图 6-3 等大球体堆积中的空隙

2. 不等大球体的紧密堆积

对于离子化合物而言，由于其由阴离子和阳离子构成，阴、阳离子大小不同，故可视为不等大的球体堆积。此时，其中较大的球将按前述两种最紧密堆积方式之一进行堆积，而较小的球体则依自身体积的大小填入大球堆成的八面体空隙中或四面体空隙中。如镁橄榄石 Mg_2SiO_4 晶体中的阳离子为 Mg^{2+} 和 Si^{4+}，Si^{4+} 半径小，填入 O^{2-} 围成的四面体空隙中；而 Mg^{2+} 半径大，填入八面体空隙中。

当然，并不是所有的离子晶体中的阴离子都能做典型的最紧密堆积。这是由于填充空隙的阳离子的大小不一定恰好适合八面体空隙或四面体空隙的大小。在一般情况下，往往是阳离子稍大于空隙，当阳离子填充空隙后，就会将包围空隙的阴离子略微撑开一些，即阴离子只能做近似的最紧密堆积，甚至会出现某种形式的变形。

第三节 配位关系

一、配位数和配位多面体

在晶体结构中，原子或离子总是按照一定的方式与周围的原子或离子相接触的。通常把每个原子或离子周围与之相接触的原子个数或异号离子的个数称为该原子或离子的配位数。在原子晶格和金属晶格中，每个原子周围相邻的原子数目称该原子的配位数；在离子晶格中，离子的配位数通常是指阳离子的配位数。此外，把各配位离子或原子的

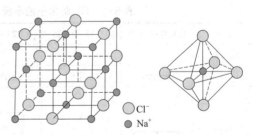

图 6-4 石盐晶体的配位关系

中心用线连接起来所构成的多面体称为配位多面体。如图 6-4 所示，在石盐（$NaCl$）的结构中，每个 Na^+ 的周围都有 6 个 Cl^- 与之相接触，Na^+ 的配位数即为 6，由 Cl^- 所构成的配位多面体为八面体，Na^+ 位于八面体的中心，Cl^- 则位于八面体的 6 个角顶上。

配位数和配位多面体都用于表征晶体结构中质点间相互配置关系，配位多面体既可以说明配位数，还可以反映质点的相对位置，所以晶体结构可看成是由配位多面体彼此相互

联结构成的一种体系。

二、影响配位关系的内因

配位数的大小是由多种因素决定的，其中最重要的因素是质点的相对大小、堆积的紧密程度和质点间的化学键性质。

在多数单质金属晶体中，金属原子做类似于等大球体最紧密堆积，每个金属原子周围最多有 12 个原子，其配位数为 12，配位多面体呈立方八面体[图 6-5(a)]；如自然铜、自然金等。若金属原子不做最紧密堆积时，配位数就要减低，如 α-Fe 的结构中，Fe 原子依立方体心格子的形式堆积，其配位数为 8[图 6-5(b)]。但总的说来，自然金属总是具有最高或较高的配位数，配位数多大于 8。

在以共价键结合的单质或化合物中，由于共价键具有饱和性和方向性，其配位数不受球体最紧密堆积规律的限制，而取决于原子的成键个数，如金刚石中 C 原子配位数为 4[图 6-5(c)]，石墨中 C 原子配位数为 3[图 6-5(d)]。总之，具有典型共价键或共价键占优势的单质或化合物，都具有较低的配位数，一般不大于 4。

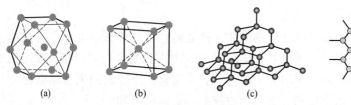

图 6-5 配位数示意图

对于离子化合物晶体而言，半径不同的阴、阳离子形成非等大球体堆积，只有当异号离子的大小适配关系使它们完全接触时才是稳定的；若阴阳离子半径不符合这种适配关系，则结构不再稳定，配位数必将发生改变。因此，离子化合物晶体中的配位数取决于阳离子/阴离子的半径比(R_k/R_a)，阳离子/阴离子半径比与配位数关系如表 6-1 所示。

表 6-1 阳/阴离子的半径比值(R_k/R_a)与配位数的关系

R_k/R_a	0.000~0.155	0.155~0.225	0.225~0.414	0.414~0.732	0.732~1.000	1
配位数	2	3	4	6	8	12
配位多面体	哑铃形	三角形	四面体	八面体	立方体	立方八面体
示意图						

R_k/R_a 比值与配位数的关系

表 6-1 中 R_k/R_a 的各种比值，是在假定离子具有固定半径的条件下，阴阳离子刚好都接触时根据几何关系计算得到的，其数值是指示各种配位数的稳定边界。

以配位数为 6 的情况说明如下：图 6-6(a) 表示一个配位八面体，中心阳离子充填于 6 个阴离子围成的八面体空隙中，并且恰好与周围的 6 个阴离子均紧密接触。取过八面体中心的平面，如图 6-6(b) 所示，由图中 ABC 直角三角形可以得到：

$$AB = 2R_a,\quad AC = 2 \cdot (R_a + R_k),\quad AC^2 = 2AB^2$$

由此可得，$R_k/R_a = sqrt(2) - 1 = 0.414$。此值应是阳离子作为 6 次配位的下限值。当 $R_k/R_a < 0.414$ 时，就表明阳离子过小，不能同时与周围的 6 个阴离子都紧密接触，阳离子有可能在其中移动，这样的结构显然是不稳定的。要保持阴、阳离子间紧密接触，该阳离子只能存在于较八面体空隙为小的四面体空隙中。由此可见，作为 6 次配位的下限值的 0.414，这时也就成为 4 次配位的上限值了。即当 R_k/R_a 的值等于或接近 0.414 时，该阳离子就有成为 4 次和 6 次两种配位的可能。同理，表中的 $R_k/R_a = 0.732$，是根据配位立方体的情况计算出来的，它既是 8 次配位的下限值，同时也是 6 次配位的上限值。所以，阳离子呈 6 次配位时的稳定界限是在 R_k/R_a 的值为 $0.414 \sim 0.732$ 时。不过，当比值向 0.732 接近时，阳离子就要将配位阴离子"撑开"一些，阴离子只能做近似的最紧密堆积。

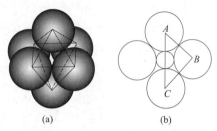

图 6-6　配位数为 6 时的离子排布及 R_k/R_a 比值计算图解

从表 6-1 可知，阳阴离子半径比值越高，配位数越大。离子化合物的阴阳离子半径大都相差较大，在基本上没有共价键参与的情况下，阳、阴离子半径的比值通常不会低于 0.225，即不会出现二次的配位数。大多数阳离子的配位数为 6 和 4，其次是 8。在某些晶体结构中，还可能有 5、7、9 和 10 的配位数，不过比较少见。

除上述因素外，极化现象也可使离子变形或离子间距缩短，导致配位数降低。如 AgI 晶体，$R^+/R^- = 0.573$，配位数应为 6，但实际配位数为 4；这是由于 I^- 的半径较大，可极化性较大，引起离子变形，离子间距缩短，使阴阳离子强烈靠近，造成配位数降低。

三、影响配位数的外因

矿物是地质作用的产物，矿物晶体结构中原子或离子的配位数必然也要受到形成时的温度、压力及介质成分等外界因素的影响。同一种离子在高温下形成的矿物中常呈现比较低的配位数，而在低温下形成的矿物中则呈现较高的配位数。如 Al^{3+} 可有 4 次和 6 次两种配位数，在高温下形成的长石和似长石等矿物中呈 4 次配位，而在低温下形成的高岭石等黏土矿物中则呈 6 次配位。

配位数随压力增加而增大。例如，Fe^{2+} 和 Mg^{2+} 一般呈 6 次配位，但在高压下形成的矿物，如铁铝榴石和镁铝榴石中，则呈 8 次配位。此外，配位数也常因组分浓度或介质酸碱性的改变而发生变化。例如，在岩浆结晶过程中，当碱金属离子的浓度增大时，有利于 Al^{3+} 呈 4 次配位；当介质溶液呈酸性时，Al^{3+} 多以 6 次配位存在。

总之，影响配位数高低的因素是多方面的。在分析晶体结构中各种质点的配位数时，要具体对象具体分析。

四、配位多面体之间的连接

在晶体结构中，配位多面体可以通过共用原子或离子的形式连接起来。各配位多面体间的连接方式可分为共角顶(共用 1 个原子或离子)、共棱(共用 2 个原子或离子)、共面(共用 3 个原子或离子)3 种(图 6-7)。除了配位数为 12 的等大球体的配位多面体总是以共面方式连接外，其他配位多面体多以共角顶连接方式为主，其次是配位八面体、配位立方体间可以共棱方式连接，共面连接方式较为少见。

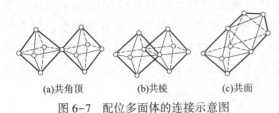

(a)共角顶　　　(b)共棱　　　(c)共面

图 6-7　配位多面体的连接示意图

第四节　键型和晶格类型

一、键型和晶格类型

晶体中，各个相邻的原子、离子(离子团)相互之间存在一定的作用力，使这些原子、离子处于平衡位置，而形成稳定的格子构造，质点之间的这种作用力，称为化学键。化学键的形成，主要是由于相互作用的原子，它们的价电子在原子核之间进行重新分配，以达到稳定的电子构型的结果。不同的原子，由于它们的电负性不同，因而在相互作用时，可以形成不同的化学键。

典型的化学键有 3 种：离子键、共价键和金属键。在分子之间还普遍存在着一种非化学性的，而且是较弱的相互吸引作用，称为范德华力。另外，在某些化合物中，氢原子还能与分子内或其他分子中的某些原子之间形成氢键，它是由氢原子的独特性质(体积小、只有一个核外电子)而产生的一种特殊作用。

晶体的键性不仅是决定晶体结构的重要因素，而且也直接影响着晶体的物理性质。具有不同化学键的晶体，在晶体结构和物理性质上都有很大的差异；而具有相同化学键的晶体，在结构特征和物理性质方面常常表现出一系列共性特征。因此，通常根据晶体中占主导地位的键的类型，将晶体结构划分为不同的晶格类型。

1. 离子键和离子晶格

在晶体结构中，质点由阴、阳离子组成时，二者间的结合力(静电引力)称离子键，其晶格类型称为离子晶格。大多数氧化物、卤化物、含氧盐及部分硫化物都以离子键为主。

在离子键中，离子可在任意方向与异号离子相结合，因此离子键不具有方向性和饱和性。

离子间的相互配置方式，一方面取决于阴、阳离子的电价是否相等，另一方面取决于阳、阴离子的半径比值。通常阴离子呈最紧密或近于最紧密堆积，阳离子充填于其中的空隙并具有较高的配位数。

1928 年美国科学家鲍林(Pauling)提出了反映离子晶体结构规律的 5 条鲍林法则。

（1）法则 1：配位法则。

阴阳离子的间距取决于它们的半径之和，阳离子的配位数取决于半径之比（阳离子半径/阴离子半径比值越小，配位数越小）。

研究表明，配位法则总体是符合离子晶格结构的实际情况的。在一般情况下，大多数的阳离子配位数处于 4~8。

（2）法则 2：静电价法则。

在一稳定的离子晶格中，为保持静电平衡，阴离子的电价等于或近似等于与其相邻的阳离子至该阴离子的各静电键强度之和。其中，某阳离子至阴离子的静电键强如下式所示：

$$静电键强(S) = \frac{阳离子电荷(Z)}{配位数(CN)}$$

如图 6-8（a）为两个硅氧四面体共氧连接，中间的氧离子与两个硅相连，其中：

S_{Si} = 阳离子电荷/阳离子配位数 = 4/4 = 1，故总静电键强为 2，与氧电荷数相等，这种两个硅氧四面体共角顶相连的形式可稳定存在，故很常见。

图 6-8（b）为一个硅氧四面体与一个铝氧四面体共氧连接，中间的氧离子与一个硅和一个铝相连，S_{Si} = 1，S_{Al} = 阳离子电荷/阳离子配位数 = 3/4，总静电键强为 1.75，这种连接形式不稳定。

图 6-8（c）为两个铝氧四面体共氧连接，静电键强总和为两个 3/4 相加后得 1.5，与氧的电价–2 相差较大，故该结构十分不稳定，故铝氧四面体一般不能共角顶相连。

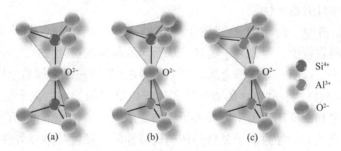

（a）　　　　　　（b）　　　　　　（c）

Si⁴⁺
Al³⁺
O²⁻

图 6-8　硅氧四面体和铝氧四面体的连接

电价规则的应用范围可以推广到全部离子型结构。在一般晶体结构中，静电键强的偏差很小，多不超过 1/6，随着静电键强偏差增大，晶体结构将无法稳定存在。

（3）法则 3：配位多面体要素共用法则 1。

当相邻配位多面体分别以共点、共棱、共面连接时，离子晶格稳定性降低。如图 6-9 所示，相邻配位四面体分别以共角顶、共棱、共面连接时，对应的中心阳离子距离比为 1 : 0.58 : 0.33；相邻配位八面体分别以共角顶、共棱、共面连接时，对应的中心阳离子距离比为 1 : 0.71 : 0.58。可见，随着相邻配位多面体以共点、共棱、共面连接，中心阳离子距离变近，库仑斥力迅速增加，导致晶体结构稳定性下降。

利用鲍林第三规则可以解释硅氧四面体[SiO_4]一般只共用一个顶点，没有发现共棱和共面的联结发生。而在 TiO_2 结构中的钛氧八面体[TiO_6]可以共用一条棱。在某些场合下，两个铝氧八面体[AlO_6]可以共用一个面。

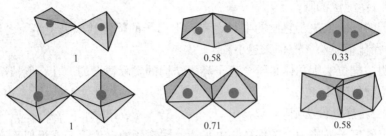

图6-9 配位多面体的连接(据赵珊茸,2017)

(4)法则4：配位多面体要素共用法则2。

多个阳离子存在时,电荷高配位数低的阳离子倾向于相互不共用配位多面体的要素(角顶、棱、面)。

如在镁橄榄石中,Mg^{2+}存在于$[MgO_6]^{10-}$八面体中,Si^{4+}存在于$[SiO_4]^{4-}$四面体中,$[SiO_4]^{4-}$间不相连接,孤立存在,$[SiO_4]^{4-}$与$[MgO_6]^{10-}$,共棱相连,结构才稳定。

(5)法则5：结构组元最少法则。

晶体中本质不同的结构组元(化学性质差别较大的结构位置和配位位置)的种数倾向于最少。

例如：在含有硅氧及其他阴离子的晶体中,极少同时出现$[SiO_4]^{4-}$和$[Si_2O_7]^{6-}$(双四面体)等不同组成的离子团,尽管它们符合静电规则,但仍是不稳定的结构。这是由于不同的结构组元具有各自的周期性和规则性,它们之间会相互干扰,不利于形成晶体结构。

离子晶格晶体具有如下性质：

(1)在离子晶格中,由于电子都属于一定的离子,离子间的自由电子很少,光照时,晶体对光的吸收较少,使光易于通过,从而导致晶体在物理性质上表现为低的折射率和反射率、透明或半透明、具有非金属光泽和不导电(但熔融或溶解后可以导电)等特征。

(2)晶体的机械性能、硬度、熔点性质受离子键键强的影响,离子键键强与电价乘积成正比,与半径之和成反比。由于组成离子键的阴阳离子半径、电价都存在一定的分布范围,故而键强变化较大,导致离子晶格晶体的机械性能、硬度与熔点等性质也有较宽的变化范围。总体上,离子键的键强相对较大,故而离子晶格晶体多具有较高硬度和熔沸点；同时受离子键作用,离子晶体的膨胀性也较弱。

(3)离子晶格是由阴阳离子组成的,都具有极性,而水分子为极性分子,所以离子晶格晶体比金属晶格以及原子晶格晶体在水中的溶解度要大得多。

(4)受到外力冲击时,易发生位错,使正正离子、负负离子相切,彼此排斥,离子键失去作用,导致破碎,故离子晶体无延展性(图6-10)。

2. 共价键和原子晶格

共价键是若干原子以共用电子的方式形成的,受原子中电子壳构型的控制,因而具有方向性和饱和性。以共价键为主要化学键的晶体结构称为原子晶格。原子晶格通常由电负性相近且较大的相同或不同元素组合而成,原子之间的配置视键的数目和取向而定,其中的原子难以呈紧密堆积,配位数较小,一般≤4。

具有这类晶格的晶体,结构中缺少自由电子,在物理性质上表现为透明或半透明、非金属光泽，同时不导电（即使熔化后也不导电）；共价键的键强仍受原子化合价和半径大小的影响，一般键强较大，故具有较高的熔点和较大的硬度。

3. 金属晶格

晶体结构中主要是由失去外层电子的金属阳离子和部分中性的金属原子，以及从金属原子上释放出来的自由电子组成。自由电子弥散在整个晶体结构中，把金属阳离子相互联系起来，形成金属键。以金属键为主要化学键的晶体结构称为金属晶格。金属结构中不具方向性和饱和性，同时各个原子又具有相同或近于相同的半径，因此整个结构可看成是等大球体的堆积，并以最紧密堆积为主，配位数较高。

具有金属晶格的晶体，由于有大量自由电子的存在，在物理性质上的最突出特点是，它们都为电和热的良导体，不透明，具金属光泽；此外，金属键强较弱，故表现为金属晶体硬度一般较小；受外力易于变形而不破坏原有结构，有延展性（图6-11）。

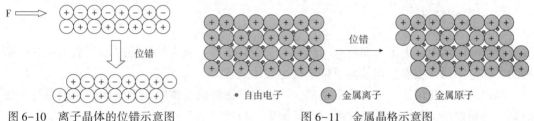

图6-10　离子晶体的位错示意图　　　　图6-11　金属晶格示意图

不同原子的电离能是有差异的，而原子的电离能越小，自由电子密度越大；原子间的引力越强，金属键的强度就越大。因此，不同金属晶体的物性可呈现一定差异，在元素周期表中从左至右硬度具有减小趋势，如铬（原子序数24）硬度为9、锰（原子序数25）硬度为6、铁（原子序数26）硬度为4~5、铜（原子序数27）硬度2.5~3。

4. 分子键和分子晶格

晶体结构的基本组成单元是中性分子，分子内部的原子之间通常以共价键相联系，而分子与分子之间则以分子键相结合（亦称范德华键）。如自然硫（S）中，8个S原子以共价键结合成S_8分子，分子间以范德华键相联系。以分子键为主的晶体结构就是分子晶格。由于分子键不具有方向性和饱和性，所以分子之间有可能实现最紧密堆积。但是，因分子不是球形的，故最紧密堆积的形式就极其复杂多样。

分子键的作用力很弱，分子间也没有自由电子，故分子晶格晶体多表现出透明，具非金属光泽、不导电、低熔点、低硬度及可压缩性和热膨胀率大等性质。

5. 氢键和氢键型晶格

在一些矿物中常有H^+存在，如冰、氢氧化物及含水化合物等。由于H^+的体积很小，静电场强度大，在晶体结构中可以同时和两个电负性很大而半径较小的原子（如O、N、F）等结合，形成氢键，以氢键为主的晶体结构称为氢键型晶格，如冰和草酸铵石。氢只能位于两个原子之间，所以配位数不超过2。氢键键强也较小，但高于分子键，因此，在分子间形成氢键会增加分子晶格晶体的熔沸点。

6. 单键、过渡键与多键

在实际矿物晶体结构中，化学键的表现形式是相当复杂的。某些晶体基本只存在一种化学键，如自然金的晶体结构为典型的金属键(原子键)，金刚石只有共价键等，这样的晶体被称为单键型晶体。而有的晶体中的化学键具有过渡性，如金红石(TiO_2)中 Ti-O 间具有向共价键过渡性质的离子键。事实上，晶体中的化学键往往都或多或少具有过渡性。在离子化合物中，通常可以根据相互结合的质点的电负性差值之大小来确定键型的过渡情况，电负性差值越大，离子键所占比例越高。

还有许多晶体结构，如方解石 $Ca[CO_3]$ 的晶体结构中，存在两种键型，在 C-O 之间存在着以共价键为主的键性，而 Ca-O 之间则以离子键为主，这类晶体属于多键型晶体。它们的晶格类型的归属，以晶体的主要性质系取决于哪一种键性为划分依据。多数含氧盐的物理性质大多由 O^{2-} 与络阴离子之外的金属阳离子之间的键性所决定，因而在划分晶格类型时，应归属于离子晶格。但在对晶体结构及各种物理性质做全面考察和分析时，则不能忽视结构的多键型特征。

二、晶格缺陷

在实际晶体中，由于内部质点的热振动及受到辐射、应力作用等原因，造成在晶体结构的局部范围内，质点排列偏离了格子构造规律的现象。

晶格缺陷按几何形态可分为点缺陷、线缺陷、面缺陷和体缺陷；按产生原因可分为热缺陷、杂质缺陷、非化学讲师缺陷、电荷缺陷、辐照缺陷等。

第五节　晶体结构类型与典型结构

一、晶体化学结构类型

在晶体化学中，常根据最强化学键在结构空间分布和原子或配位多面体联结形式，将晶体化学结构划分为如下类型。

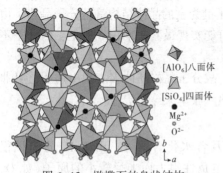

[AlO_6]八面体
[SiO_4]四面体
Mg^{2+}
O^{2-}

图 6-12　橄榄石的岛状结构

1. 岛状结构

结构中存在原子团，团内的键远大于团外键强，如橄榄石$(Mg, Fe)_2[SiO_4]$中的$[SiO_4]^{4-}$就以孤立岛状结构存在(图 6-12)。

2. 环状结构

结构中的配位多面体以角顶联结形成封装的环，按环节的数目可以有三环、四环、六环等多种，环还可重叠起来形成双环(如六方双环等)，如绿柱石 $Be_3Al_2[Si_6O_{18}]$(图 6-13)。

3. 链状结构

最强的键趋向于单向分布。原子或配位多面体联结成链状，链间以弱键或数量较少的强键相联结(图 6-14)，如辉石$(Mg, Fe)_2(Si_2O_6)$、金红石 TiO_2 等。

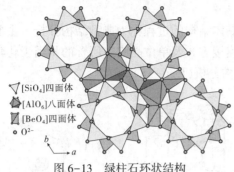

- ▽ [SiO₄]四面体
- [AlO₆]八面体
- [BeO₄]四面体
- ○ O²⁻

图 6-13 绿柱石环状结构

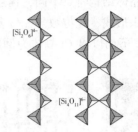

图 6-14 单链、双链状结构

4. 层状结构

最强的键沿两度空间分布，原子或配位多面体联结成平面网层，层间以分子键或其他弱键相联结(图 6-15)，如石墨(C)。

5. 架状结构

最强键在三度空间均匀分布，但配位多面体主要以共角顶联结，同一角顶联结的配位多面体不超过两个，因而结构开阔，如 α-石英、沸石(图 6-16)。

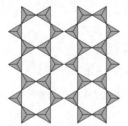

图 6-15 层状结构

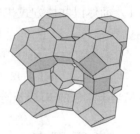

图 6-16 架状结构

6. 配位型结构

晶格中只有一种化学键存在，它可以是离子键、共价键或金属键。键在三度空间做均匀分布，按配位多面体的类型不同可分为四面体配位型、八面体配位型和混合配位型。配位多面体间可以共面、共棱或共角顶联结，如金刚石(C)。

7. 分子型结构

晶体中的结构单位为中性分子，分子内部通常以较强的共价键联结，分子间以微弱的分子键即范德化力相联结，如自然硫(S)。

二、典型结构

1. 典型结构和衍生结构

许多晶体的结构是等型的，它们具有相同的结构构型，只是改变了阴、阳离子，这类结构称为典型结构。典型结构以其中之一的晶体名称来命名，例如：石盐($NaCl$)、方铅矿(PbS)、方镁石(MgO)等结构相同，统称为"$NaCl$ 型结构"[图 6-17(a)、图 6-17(b)]。

此外，有些晶体结构是在典型结构的基础上稍加变形，这类结构就称为该典型结构的衍生结构，如黄铁矿(FeS_2)，用哑铃状的$[S_2]^{2-}$代替了 Cl^-，属于 $NaCl$ 的衍生结构[图 6-17(c)]。

2. 典型结构分析

不同晶体结构特点不同，描述不同晶体结构的过程称为典型结构分析。主要描述格子类型、堆积形式、配位数与配位多面体连接方式及单位晶胞中所含的相当于化学式的分子数(Z)等。下面以 NaCl 晶体为例进行结构分析(图 6-18)。

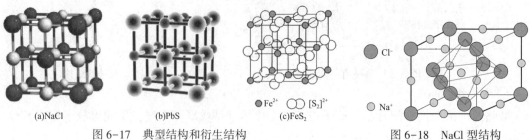

(a)NaCl　　　　　　　　(b)PbS　　　　　Fe^{2+}　　[S$_2$]$^{2+}$　(c)FeS$_2$

图 6-17　典型结构和衍生结构　　　　　　　　图 6-18　NaCl 型结构

(1)格子类型：Cl$^-$ 属于方面心格子。

(2)堆积形式：Cl$^-$ 按立方最紧密堆积方式堆积。

(3)配位数、配位多面体及连接方式：Na$^+$ 离子的配位数是 6，构成 Na-Cl 八面体，NaCl 结构是由 Na-Cl 八面体以共棱方式相连而成的。

(4)Z 值：

$$Na^+：12×1/4+1=4$$
$$Cl^-：8×1/8+6×1/2=4$$

可见 NaCl 结构相当于 4 倍的 NaCl 化学式，Z 值为 4。

第六节　类质同象、同质多象和多型及有序度

一、类质同象

1. 类质同象的概念

在自然界中，很难见到完全纯净的矿物单独存在，例如：纯净的刚玉(Al_2O_3)是无色的，但如果存在 Cr^{3+} 替代 Al^{3+}，则形成红色的红宝石；若存在 Ti^{4+}、Fe^{2+} 替代 Al^{3+}，则表现为蓝色的蓝宝石。这种物质结晶时，结构中某种质点(原子、离子)的位置为性质相似的质点所占据，并只引起晶格参数及物理、化学性质有较小的变化，但不引起晶格类型(键性及晶体结构形式)发生质变的现象，叫作类质同象。

晶体结构中某种质点(原子或离子)的位置为性质相似的其他各类质点所占据，称为类质同象替代或类质同象置换。发生类质同象后形成的混合物是一种固溶体，即在固态条件下，一种组分溶入另一种组分之中而形成的均匀的固体，固溶体中溶入的其他组分可通过代替或侵入晶格间隙进入到晶格中。含有类质同象混入物的晶体称为混合晶体，简称"混晶"。代替晶体结构中某一元素的另外一些元素称为类质同象混入物。

例如在橄榄石(Mg，Fe)$_2$[SiO$_4$]中，由于阳离子 Fe^{2+} 和 Mg^{2+} 具有相似的性质，彼此可以相互代替，从而形成一系列 Mg、Fe 含量不同的混合晶体，它们的晶格类型相同，仅晶

格参数及性质随 Mg^{2+}、Fe^{2+} 比例的变化而规律性变化。

2. 类质同象的类型

(1)完全类质同象和不完全类质同象(连续与不连续类质同象)。

完全类质同象是指组分之间可以任意比例相互代替组成混晶。如在橄榄石中，Mg^{2+} 和 Fe^{2+} 之间以任意比例在晶格中相互代替而组成一系列混晶(图6-19)，整个系列中矿物的结构型相同，只是晶格参数和物理性质略有变化。在完全类质同象系列的两端、基本上由一种组分(称端员组分)组成的矿物，称为端员矿物。例如，镁橄榄石 $Mg_2[SiO_4]$(简称 Fo)和铁橄榄石 $Fe[SiO_4]$(简称 Fa)都是端员矿物，而贵橄榄石 $(Mg, Fe)_2[SiO_4]$、透铁橄榄石 $(Mg, Fe)_2[SiO_4]$ 等都是它们之间的中间成员。

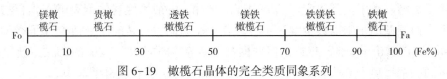

图6-19 橄榄石晶体的完全类质同象系列

不完全类质同象是指两种组分之间的代替量有一定限度的替代。如在闪锌矿 ZnS 中，Fe^{2+} 可以部分地代替 Zn^{2+}，但 Fe^{2+} 代替 Zn^{2+} 的量一般为总质量的 $26\% \sim 30\%$，否则无法保持原有的晶格类型。

(2)等价类质同象和不等价类质同象。

等价类质同象是指晶格中相互代替的离子电价相同的类质替换，如橄榄石中的 Mg^{2+} 与 Fe^{2+}，闪锌矿中的 Fe^{2+} 与 Zn^{2+} 间的代替。

不等价类质同象是指相互代替的两种离子电价不同的类质替换，如斜长石($Na[AlSi_3O_8]$)中，可发生 Ca^{2+} 替代 Na^+，Al^{3+} 替代 Si^{4+}，它们彼此间的电价都是不相等的。

在异价类质同象代替时，为了保持晶格中电价平衡，相互替代的离子总电荷必须相等。可通过两对异价离子同时代替、不等数代替等方式平衡电价。如在斜长石中，$Ca^{2+} + Al^{3+}$ 替代 $Na^+ + Si^{4+}$，即为成对替代；磁铁矿中 $2Fe^{3+}$ 替代 $3Fe^{2+}$ 即为不等数替代。

(3)成对类质同象和不成对类质同象。

成对类质同象指代替和被代替的质点数目相同。各种等价类质同象都是成对的。某些异价类质同象也是成对的。如在斜长石($Na[AlSi_3O_8]$)中，Ca^{2+} 替代 Na^+，Al^{3+} 替代 Si^{4+} 是同时替代的，因此是成对的。

不成对类质同象指代替和被代替的质点数目不同。如角闪石中，$Al^{3+} + Na^+$ 代替 Si^{4+} 即为不成对类质同象替代。

3. 类质同象的影响因素

矿物中类质同象代替的发生不是任意的，是需要有一定条件的，可包括内因和外因两个方面。

(1)影响类质同象的内因：主要指离子或原子本身的性质，包括半径、电价及离子类型等。

①原子或离子的半径。相互代替的质点大小不能相差过大。在电价和离子类型相同的条件下，质点在晶格中类质同象代替的能力随半径差别的增大而减小。以 r_1、r_2 分别代表

较大质点和较小质点的半径，当 $(r_1-r_2)/r_2<15\%$ 时，易形成完全类质同象，而 $15\%<(r_1-r_2)/r_2<30\%\sim40\%$ 时，则形成不完全类质同象，即高温下能形成完全类质同象，温度降低则出现不完全类质同象；若 $(r_1-r_2)/r_2>30\%\sim40\%$，一般不形成类质同象。

例如：在钠长石和钙长石中，Na^+ 半径为 0.102nm，Ca^{2+} 半径为 0.100nm，$(r_1-r_2)/r_2=2\%$，可以形成完全类质同象；在钠长石和钾长石中，Na^+ 半径为 0.102nm，K^+ 半径为 0.138nm，$(r_1-r_2)/r_2=35\%$，一般形成不完全类质同象；而在钙长石和钾长石中，K^+ 半径为 0.138nm，Ca^{2+} 半径为 0.100nm，$(r_1-r_2)/r_2=38\%$，高温也不混溶。

②离子的电价。当不等价类质同象代替时，必须遵循代替前后电价平衡的原则，才能使晶体结构保持稳定。此时电荷平衡是主要影响因素，而离子半径差异成为次要条件。

③离子类型。离子类型决定了晶体内部的键性，一般惰性气体型离子在化合物中以离子键为主，而铜型离子则以共价键为主。因此，类质同象代替时不能改变离子类型。例如 Na^+(0.98) 和 Cu^+(0.96) 半径相近，但硅酸盐造岩矿物中很少有 Cu^+ 的存在，就是因为离子类型不同，铜型离子 Cu^+ 不能替代惰性气体型离子 Na^+ 存在于硅酸盐中。

④能量系数。一个离子从自由态结合到晶格中所释放出的能量称为该离子的能量系数 (E_K)，其他条件相同时，E_K 大的代替 E_K 小的离子可使晶体内能降低，类质同象更易发生。离子的能量系数与离子的电价的平方成正比，与半径成反比。即半径相似的离子，高价离子的能量系数比低价离子的大。故在异价类质同象代替时，沿着周期表的对角线方向上一般都是右下方的高价阳离子代替左上方的低价阳离子，如表 6-2 中的箭头所示。这一规律称为异价类质同象代替的对角线法则。

表 6-2　类质同象代替的对角线法则（引自李胜荣，2008）

I	II	III	IV	V	VI	VII
Li 0.076(6) 0.092(8)						
Na 0.102(6) 0.118(8)	Mg 0.072(6) 0.089(8)	Al 0.039(4) 0.054(6)				
K 0.138(6) 0.151(8)	Ca 0.100(6) 0.122(8)	Sc 0.075(6) 0.087(8)	Ti 0.061(6) 0.074(8)			
Rb 0.152(6) 0.161(8)	Sr 0.118(6) 0.102(8)	Y 0.090(6) 0.102(8)	Zr 0.072(6) 0.084(8)	Nb 0.064(6) 0.074(8)	Mo 0.059(6) 0.073(8)	
Cs 0.167(6) 0.174(8)	Ba 0.135(6) 0.142(8)	La 0.086-0.103(6) 0.098-0.116(8)	Hf 0.071(6) 0.083(8)	Ta 0.064(6) 0.074(8)	W 0.060(6)	Re 0.053(6)

注：表中数据为离子有效半径，单位为 nm；括号中的数字表示配位数。

（2）影响类质同象产生的外因：主要包括矿物结晶时所处的温度、压力和溶液或熔体中组分的浓度、酸碱性等。

由于类质同象与纯净晶体相比内能增加，因此能量增加有利于类质替代形成。在外部条件中，温度对类质同象的影响最为明显。一般高温条件下有利于类质同象的形成，温度下降则类质同象不易发生，甚至可造成已经形成的类质同象混晶发生分离。例如钾长石 K$[AlSi_3O_8]$和钠长石 Na$[AlSi_3O_8]$，K^+ 和 Na^+ 半径相差较大，只有在高温下两者才可以混溶，形成类质同象混晶，但到低温时，两种组分即发生分离，结晶成由钾长石和钠长石构成的条纹长石。

压力对类质同象的影响尚不十分清楚。一般认为，当温度一定时，压力增大，内能减小，不利于类质同象替代的发生。

在晶体生长过程中，如果某种质点含量较低，无法满足该质点在晶体组成中应有的比例，将促使其他相似质点进入晶体，代替不足的质点。如岩浆中如果 Ca^{2+} 的浓度低，形成的磷灰石$[Ca_5(PO_4)_3(F，OH，Cl)]$就可含较多的 Sr（锶）、Ce（铈）等杂质；如 Ca^{2+} 浓度高，形成的磷灰石就比较纯净。

此外，对于一些微量元素来说，在介质中的含量不足以形成独立矿物时，常以类质同象混入物的形式进入性质与之相似的常量元素所形成的晶格中，如辉钼矿中的 Re 就是这样。

4. 研究类质同象的意义

由于矿物中普遍存在着类质同象现象，类质同象的形成条件的差异以及发生类质同象后所引起晶体性质的变化，使类质同象研究兼具理论和实际意义。

（1）了解矿物成分的变化，用正确的化学式表示矿物的成分。当某矿物中含有两种或两种以上的阳离子时，需要区分是类质同象还是复盐矿物，才能写出正确的晶体化学式。如白云石，由于 Ca^{2+} 半径为 0.100nm，而 Mg^{2+} 半径为 0.072nm，二者半径差异过大，不符合类质同象形成条件，所以应该是复盐，晶体化学式为 $CaMg[CO_3]_2$。

（2）理解矿物性质变化的原因。发生类质同象替代后，由于替代元素性质的差异，可引起矿物物理性质的变化，如在橄榄石系列中，随着成分中 Mg^{2+} 被 Fe^{2+} 的代替，其比重由镁橄榄石的 3.3 逐渐增至铁橄榄石的 4.4。此外，还可确定这种比重随成分变化的规律，则可根据测定比重确定相应成分。

（3）判断晶体的形成条件。在不同条件下形成的某种矿物，所含类质同象混入物的种类和数量常常有所不同，并因此而引起矿物晶胞参数和物理性质的规律变化，这对确定矿物形成条件是很有意义的。如在磷灰石 $Ca_5[PO_4]_3$ 中发现有较多的钠代替钙，说明当时岩浆中钙不足而钠较多。

（4）综合利用矿物中的微量元素。地壳中的稀散元素主要以类质同象形式赋存在与它性质相似的常量元素所组成的矿物中，例如 Cd、In 等常存在于闪锌矿中，Re 存在于辉钼矿中，Hf 存在于锆石中，等等。所以研究类质同象的规律，对寻找和利用某些稀有矿产资源有着极为重要的意义。

二、同质多象

1. 同质多象的概念

相同化学成分物质，在不同的环境条件下，结晶成结构不同的几种晶体的现象，称为同质多象。一般把成分相同而结构不同的晶体称为某成分的同质多象变体。例如金刚石和石墨就是碳（C）的同质多象变体。还可根据相同成分同质多象变体的数目将这种物质称为同质二象、同质三象，等等。如金红石、锐钛矿和板钛矿就是 TiO_2 的同质三象变体。

由于同质多象的各变体是在不同的热力学条件下形成的，即各变体都有自己的热力学稳定范围，因此，当外界条件改变到一定程度时，各变体就可能发生结构上的转变。同质多象变体之间的结构差异有时很大，属于不同的矿物种，有不同的名称。如石墨和金刚石，在晶格、配位数、各种性质上均相差很大。有些同质多象变体间的差异较小，习惯上按它们形成温度自低至高在其基本名称或化学式前缀以希腊字母 α、β、γ 等和连字符，如 α-石英（低温石英）和 β-石英（高温石英），二者晶体结构基本一样，仅 Si-O-Si 键角略有差异。

2. 同质多象的类型

根据转变时的速度和晶体结构改变的程度，可将同质多象转变分为移位式转变和重建式转变两类。

（1）移位式转变：当两个变体结构间差异较小，不需要破坏原有的键，仅表现为质点位置稍有移动或键角有所改变，就可从一种变体转变为另一种变体。这种转变称为改造式转变或移位式转变，这种转变表里瞬间同时进行，体积变化小，一般可迅速完成，并且转变通常是可逆的。如 SiO_2 的两个变体 β-石英（三方）和 α-石英（六方）之间的转变就属于这种类型。在转变时，只是 Si-O-Si 的连线偏转 13° 就可完成。

（2）重建式转变：当变体结构间差异较大时，在转变过程中需要首先破坏原变体的结构，才能重新建立起新变体的晶体结构，这类转变称为重建式转变。重建式转变一般是由表及里缓慢进行的，体积变化大，结构根本性变化，是不可逆的变化。

石英在压力恒定、温度不同的条件下有不同的变体，如图 6-20 所示，图中纵向的变化均属于移位式转变，体积变化小，可逆；而横向的变化均属于重建式转变，体积变化大，不可逆。如在 870℃ 由 α-石英转变为 α-鳞石英时，转化速度慢，体积增加了 16%；在 573℃ 由 β-石英转变为 α-石英，转化迅速，体积变化只增加了 0.82%。但后者在单位时间内，体积的增加量远大于前者，所以，快速型转化的体积变化小（易发生）、危害大；慢速型转化的体积变化大（不易发生）、危害小，这一特征在窑炉使用中应特别注意。

$$\alpha\text{-石英} \xrightleftharpoons{870℃} \alpha\text{-鳞石英} \xrightleftharpoons{1470℃} \alpha\text{-方石英} \xrightleftharpoons{1723℃} \text{熔体}$$
$$\Big\updownarrow 573℃ \qquad \Big\updownarrow 160℃ \qquad \Big\updownarrow 268℃$$
$$\beta\text{-石英} \qquad\quad \beta\text{-鳞石英} \qquad\quad \beta\text{-方石英}$$

图 6-20　常压条件下石英的同质多象转变

3. 同质多象的影响因素

同质多象变体属于不同环境条件下的产物，当环境条件改变到某矿物稳定范围之外时，在固态下一种变体就可转变为另一种变体。环境条件主要包括温度、压力和介质条件。在相同压力下，不同物质同质多象转变的温度是固定的，高温变体具有对称程度较高，但质点的配位数、有序度和相对密度较小的特点（表6-3）。

表6-3 某些矿物在常压下的转变温度（转自李胜荣，2008）

同质多象变体	成分	晶系	转变温度	同质多象变体	成分	晶系	转变温度
α-石英	SiO₂	三方	573℃	闪锌矿	ZnS	等轴	1020℃
β-石英		六方		纤维锌矿		六方	
β-鳞石英	SiO₂	假六方	1470℃	辉铜矿	Cu₂S	斜方	91~105℃
β-方石英		等轴		等轴辉铜矿		等轴	
硅灰石	Ca[Si₃O₉]	三斜	1190℃	螺状硫银矿	Ag₂S	斜方	170℃
假硅灰石		假六方		辉银矿		等轴	

而压力增高则会促使同质多象向配位数和相对密度增大的变体方向转变，如石墨的相对密度是2.23，配位数是3，在压力增高的条件下，可向比重是3.55，配位数是4的金刚石转变。除此之外，还有某些物质成分的各个变体，可以在几乎相同的温度与压力、不同的介质条件下形成，而且都是稳定的，如 Fe[S₂] 的两个变体黄铁矿和白铁矿，它们的成因比较复杂，一般认为与介质的酸碱度有关，Fe[S₂] 在碱性介质中形成黄铁矿，而在酸性介质中则生成白铁矿。

4. 同质多象的研究意义

同质多象现象在矿物中也较为常见，同质多象的各变体都有其特定的环境条件，因此，借助于它们在某些地质体中的存在，可以帮助我们推测有关该地质体形成时的物理化学条件。因此同质多象变体也常被称为地质温度计或地质压力计。另外，在工业上还可利用同质多象变体的转变规律，改造矿物的晶体结构，以获得所需要的矿物材料，满足生产上的要求，如利用石墨制造人造金刚石等。

三、多型

具有层状结构的单质或化合物，结构单元层基本相同，但结构单元层的叠置关系不同所构成的不同结构的变体称为多型（图6-21）。由此可见，多型是具有相同化学成分、不同结构的晶体，是同质多象的一种特殊类型。

常见的多型如云母、石墨、绿泥石、高岭石等。由于多型各变体只存在结构单元层叠置方式的不同，结构单元层方向上晶胞参数不变，垂直层的方向上，晶胞高度相当于结构单位层的厚度的整数倍，因此各变体的物理、化

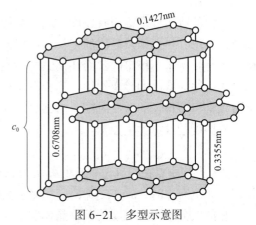

图6-21 多型示意图

学性质相近。目前将同一物质的各多型变体视为相同的矿物种。

为了区分多型变体，一般在矿物种名之后加相应的多型符号，中间用横线相连。目前，国际上常用的多型符号是由一个数字和一个字母组成的，前面的数字表示多型变体的单位晶胞或一个重复周期内结构单位层的层数，后面的大写斜体字母指示多型变体所属的晶系。其中，A 为三斜晶系，M 为单斜晶系，O 为斜方晶系，T 为三方原始格子，R 为三方菱面体格子，Q 是四方晶系，H 为六方晶系，C 为等轴晶系。如石墨有六方晶系的 $2H$ 型和三方晶系的 $3R$ 型两种多型变体，前者书写为石墨$-2H$，后者书写为石墨$-3R$。如果有两个或两个以上的变体属于同一个晶系，而且有相等的重复层数时，则在字母右下角再加下标以示区别，如白云母$-2M_1$、白云母$-2M_2$ 等。

热力学因素、晶格振动、二级相变等都可引起多型的产生，现在实验上也已证明，堆积层错和位错在多型的生长中起着重要的作用。由于同种矿物的多型变体性质相近，一般需要借助 X 射线衍射或电子显微镜才能识别。

多型现象在矿物中也广泛存在，其产生也受到温度、压力、介质性质等形成条件的影响，因此研究矿物多型有助于还原矿物的形成条件；此外，对矿物多型形成条件的研究还有利于矿物原料加工及合成矿物，可见对矿物多型现象的研究无论在理论上还是在实用上都具有重要的意义。

四、有序结构与无序结构

在晶体结构中，若两种原子或离子占据等同位置且在该种位置任意分布，称为无序结构；如果它们的分布是有规律的，各自占据特定的位置，则这种结构称为有序结构（超结构）。晶体从无序变为有序，可使晶胞扩大，对称性降低，物理性质也发生变化。

例如黄铜矿 $CuFeS_2$ 晶体，当温度高于 550℃ 时，阴离子 S^{2-} 做立方最紧密堆积，阳离子 Cu^{2+} 和 Fe^{2+} 占据半数四面体配位位置，晶体为无序结沟，属等轴晶系，$a_0 = 0.529nm$［见图 6-22(a)］；但在温度低于 550℃ 时，形成的黄铜矿晶体中，处于四面体配位位置中的 Cu^{2+} 和 Fe^{2+} 做有规律的相间分布，成为完全的有序结构，从而破坏了晶体的立方对称，形成犹如两个原来的立方晶胞沿 Z 轴重叠而成的四方晶胞［图 6-22(b)］，$a_0 = 0.524nm$，$c_0 = 1.032nm$。

结构的有序程度称为有序度。晶体结构的有序度在不同条件下是可以相互转化的。在高温条件下，热振动及晶体的生长，都促使质点占据任意可能的位置，从而形成了无序结构，此时结构是不稳定的；而在低温时，不稳定的无序结构向稳定状态转化，形成有序结构。由无序向有序的转变作用，称为有序化。在地质作用中，大多数矿物晶体结构的有序化过程常经历很长的地质时期，由部分有序逐渐增大有序度，直至转变为完全有序。

有序度的计算方法如下：

$$S = (p-r)/(1-r)$$

式中，p 为某质点在正确位置上的概率（百分数）；r 为该质点在整个体系中所占的百分数。显然，完全有序时，$p=1$，则 $S=1$；完全无序时，$p=r$，则 $S=0$。

相同成分不同有序度的矿物晶体实际上也是同质多象的一种特殊形式。有序度的变化也会在矿物的晶体结构以及由结构所决定的物理性质方面都会有所反映。因此可采用 X

射线结构分析、电子衍射法、红外光谱法等进行测定。研究矿物晶体结构的有序度，对确定矿物的形成温度或冷却历史，即了解地质体的形成条件是非常有价值的。目前有关长石、辉石、角闪石等矿物有序度的研究，已成为矿物学和理论岩石学的重要课题之一。此外，有序度的研究，对材料的微观结构和性质的确定，也具有很重要的实际意义。

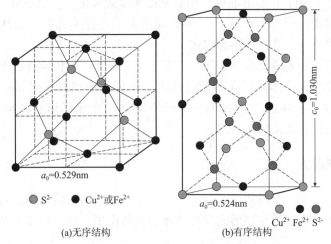

图 6-22　黄铜矿 $CuFeS_2$ 晶体的无序结构和有序结构示意图(引自赵珊茸，2017)

第七节　胶体矿物及矿物中的水

一、胶体矿物

1. 胶体的概念和类型

胶体是指一种或多种物质的微粒(1~100nm)分散于另一种物质中构成的细分散体系。前者为分散质，后者为分散媒，它们均可以气液固三相存在。

胶体可分为胶凝体和胶溶体。其中，分散质数量大于分散媒的胶体称为胶凝体，当分散媒是水时称为水胶凝体，当分散媒数量大于分散质时称为胶溶体。

自然界中绝大部分胶体物质是由水胶凝体形成的，其中的水和分散质数量不定；胶体物质不是单一体系而是多相体系，其中固相分散质可以是晶体，也可以是非晶体。

2. 胶体的形成

胶体物质绝大多数形成于外生作用下。首先，岩石或矿物在风化作用中形成难溶物质(如铝、铁、锰、硅的氧化物和氢氧化物等)，这些物质再分散于水中即形成水胶溶体。胶体微粒具有很大的比表面积，能吸附大量离子，从而带有一定的电荷。当这些带有不同电荷的胶体在迁移过程中或汇聚于水盆地后，可发生电性中和即可沉淀下来，也可因水分蒸发过饱和凝聚而沉淀，从而形成不同的胶体矿物，这个作用叫胶凝作用。

3. 胶体的特征

由于分散相颗粒细小而使胶体矿物具有巨大的比表面积和表面能，使其具有很强的吸

附异号电荷或杂质的能力，因此胶体矿物的成分常很复杂；受分散相种类不同、周围介质条件不同等因素影响，胶体矿物对吸附的物质具有选择性和可交换性，如氧化锰吸附钴，胶凝作用形成含钴硬锰矿。

胶体矿物是隐晶质或非晶质。隐晶质胶体具有一定的结晶构造，可用化学式表示，如高岭石 $Al_4[Si_4O_{10}](OH)_8$；对非晶质，则只能以实验式写出其主要成分，而且其比例往往是可以变化的，如蛋白石 $SiO_2 \cdot nH_2O$。不论是隐晶质还是非晶质，胶体都看不到晶体的多面体外表，常以独特的集合体形态出现。

由于分散相具有高表面能以及表面电荷不平衡，胶体矿物稳定性较差，随着时间的推移及热力条件的改变，胶体矿物容易通过脱水，使内部质点趋于规则排列而向结晶质转化，这一转变过程称胶体的老化或陈化。胶体矿物经老化后形成的矿物称为变胶体矿物，如玉髓就是蛋白石老化后形成的。

二、矿物中的水

很多矿物内含有水，水以离子、分子等形式存在于矿物的结构中，对矿物性质具有重要影响。根据水在矿物中的存在形式及对晶体结构的作用，可将其分为以下几种类型。

1. 吸附水

吸附水是渗入在岩石矿物颗粒表面或裂隙表面的中性水。吸附水不属于矿物的化学成分，不写入晶体化学式。随着环境温度和湿度的不同，吸附水的含量不定。常压下，温度达到 $100\sim110℃$，吸附水就可全部逸出而不破坏矿物晶格。

胶体内的水也是吸附水的一种特殊形式，这种水作为分散媒被微弱的联结力固着在胶体分散相的表面。胶体水是胶体矿物固有的特征，计入矿物的化学组成，但其含量不定。

2. 结晶水

结晶水是以中性水分子形式存在于晶体结构内固定位置的水。水分子的数量与该晶体其他组分之间存在比例关系。这种水加热到一定的温度即可逸出，同时原晶体结构随之破坏，可能形成新矿物。失水温度通常在 $100\sim200℃$，随水分子在晶格中结合的紧密程度不同而变化，少数高达 $600℃$，如石膏 $Ca[SO_4] \cdot 2H_2O$、胆矾 $Cu[SO_4] \cdot 5H_2O$。

3. 层间水

在一些层状结构的矿物中，层间常有中性水分子进入。这种水较易失去，晶体构造不破坏，仅层间距离缩短。当条件变化时，水又可进入，使层间距离加大。其表示方法同结晶水，但数量不定，用 nH_2O 表示；也可以用经常含有的水分子数目表示，如蒙脱石 $Ca_{0.33}(Al, Mg)_4[Si_8O_{20}](OH)_4 \cdot nH_2O$ 或 $Ca_{0.33}(Al, Mg)_4[Si_8O_{20}](OH)_4 \cdot 4H_2O$。

4. 沸石水

沸石水是存在于沸石族矿物的晶体结构中的中性水分子。沸石结构内有相当大的内外相通的孔道，水分子可以进入孔道，位置不固定。沸石水的出入情况与层间水相同，加热至 $80\sim400℃$ 即可逸出，但不破坏晶格，只引起晶体物理性质(如密度、折射率、透明度等)的变化。沸石水的表示同层间水，如钠沸石 $Na_2[Al_2Si_3O_{10}] \cdot 2H_2O$。

5. 结构水

结构水是以 H^+、$(H_3O)^+$、$(OH)^-$ 等离子存在于矿物晶格中的水，以 $(OH)^-$ 形式最为常见，如白云母 $KAl_2[AlSi_3O_{10}](OH)_2$ 中的 $(OH)^-$、水白云母 $(K,H_3O)Al_2[AlSi_3O_{10}]$ $(OH)_2$ 中的 H_3O^+、自然碱 $Na_3H[CO_3]_2 \cdot 2H_2O$ 中的 H^+。

结构水在晶格中占据固定的位置，在组成上具有确定的比例，与晶体中其他质点以较强的键相联系，晶格结合很牢，所需的破坏温度也较高，一般在 600~1000℃ 才能逸出，结构水逸出后，晶体结构完全被破坏。

第八节　矿物的晶体化学式

矿物的化学元素组成是影响矿物性质的主要因素之一，一般可用实验式和晶体化学式来表示。

一、实验式

实验式是指只表示组成矿物的元素种类及原子数之比的化学式，如黄铜矿 $CuFeS_2$、方解石 $CaCO_3$ 等。对于含氧盐矿物，也可用各种简单氧化物组合形式来表示，如：

磁铁矿　$FeO \cdot Fe_2O_3$

石　膏　$CaO \cdot SO_3 \cdot 2H_2O$

白云母　$K_2O \cdot 3Al_2O_3 \cdot 6SiO_2 \cdot 2H_2O$

这种表示方法的特点是，各组分含量清楚，在考虑矿物间反应关系时计算方便，但不能反映矿物的结构类型、各组分在晶体化学中的作用，忽略了矿物中的一些微量元素。

二、晶体化学式

晶体化学式不但能表示组成矿物的元素种类和数量比，还能以一定的规则表示元素在晶体结构中的配置关系，又称结构式。在矿物学中被普遍采用。

晶体化学式的写法主要遵循以下规则：

(1)阳离子写在前，阴离子或络阴离子在后；呈类质同象的各阳离子用圆括号括起来，依前多后少次序排列并用逗号隔开；络阴离子用方括号括起来。如橄榄石 $(Mg,Fe)_2$ $[SiO_4]$、硅灰石 $Ca_3[Si_3O_9]$。

(2)对于复盐矿物，其阳离子按碱性由强至弱顺序书写；若碱性相同时，按离子电价由低至高顺序书写。如白云石 $CaMg[CO_3]_2$ (Ca^{2+} 碱性强于 Mg^{2+})、磁铁矿 $FeFe_2O_4$ (前面 Fe 为二价，后为三价)。

(3)如存在附加阴离子，将其写在主阴离子或主络阴离子之后，如氟磷灰石 Ca_5 $[PO_4]F$；如果附加阴离子存在类质同象，则用圆括号括起来，按前多后少顺序排列并用逗号分隔，如黄玉 $Al_2[SiO_4](F,OH)_2$。

(4)矿物中的水按不同情况书写：

结构水按附加阴离子对待，如高岭石 $Al_4[Si_4O_{10}](OH)_8$。

结晶水、沸石水及层间水也写在化学式最后，并用圆点与前面的组分隔开，如石膏 $Ca[SO_4] \cdot 2H_2O$、方沸石 $Na_2[AlSi_2O_6]_2 \cdot 2H_2O$。

胶体水含水量不定，可写为 nH_2O 或直接用 aq 表示，如蛋白石 $SiO_2 \cdot nH_2O$ 或 $SiO_2 \cdot aq$。

⑤若结构比较复杂，结构较为紧密的成分用大括号括在一起，以示结构的层次。如白云母 $K\{Al_2[AlSi_3O_{10}](OH)_2\}$，其中，[ ]中的成分构成络阴离子，{ }中的成分构成结构单元层。

复习思考题

1. 离子类型划分的依据是什么？3 种类型离子各有何特点？

2. 4 种晶格类型中，每种晶格中的质点做何种紧密排列，为什么？

3. 石墨具有导电性和金属光泽、不透明、高熔点、化学稳定性及低硬度，这些性质与成分、化学键、晶格有何关系？

4. 为何两种质点半径相差越大，配位数越少？当阳离子位于立方体、八面体、四面体或正三角形配位多面体中时，此阳离子分别被几个阴离子包围？

5. 什么是类质同象？受哪些因素影响？

6. 什么是同质多象？C、SiO_2、$Ca[CO_3]$、TiO_2 各有哪些同质多象变体？

7. 什么是有序结构、无序结构、有序度、有序化？

8. 胶体矿物是如何形成的，胶体矿物有何特征？

9. 矿物中的水有几种类型，它们在矿物中的存在形式与赋存状态如何？

10. 以蛭石 $(Mg, Ca)_{0.7}(Mg, Fe^{2+}, Al)_6[(Si, Al)_8O_{20}](OH)_4 \cdot 8(H_2O)$ 的化学式为例，说明其每种离子或分子的晶体化学式书写规则。

第二篇 晶体光学

第七章 晶体光学基础

> 本章重点叙述光的本质、光的类型、光的性质、光率体的概念、光率体主要切面及其特征和矿物的光性方位。要求掌握常光、非常光、光轴、光率体、光性方位的概念和光率体切面的特征；熟悉光的本质、光的类型、光的折射与反射及双折射，理解光率体主轴与晶体结晶轴之间的关系，了解光的色散效应。

第一节 光的本质

光是什么？光在物质中是怎样传播的？这些问题对晶体光学研究来说至关重要。对于光的学说，有牛顿的微粒说、惠更斯的波动说、麦克斯韦和赫兹的电磁说、爱因斯坦的光子假说。目前，大家公认光是一种电磁波（光波），且既具有波动性，又具有粒子性。在本书中，我们只研究与光的波动性相关的现象，即光波的频率和波长的变化。

电磁波是由方向相同且互相垂直的电场与磁场在空间中衍生发射的振荡粒子波，是以波动的形式传播的(图7-1)。在晶体光学中我们只考虑电场产生的电波，因为人眼对电波敏感。电磁波的振动方向与传播方向互相垂直，即电磁波是横波，光波属于电磁波，故光波亦是横波。

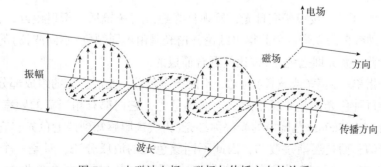

图7-1 电磁波电场、磁场与传播方向的关系

电磁波的频率范围可以从无限接近于 0Hz(波长接近于无穷长),到普朗克频率 1.85×10^{43}Hz,其中人类技术所能探测到的频率范围在 $10^{-2}\sim10^{35}$Hz。电磁波按频率从低到高(波长从长到短)可分为无线电波、红外线、可见光、紫外线、X 射线和 γ 射线,人眼所能见到的电磁波,即可见光,只是其中很小的一部分(图 7-2)。

人们通常用纳米(nm)来表示光波的波长单位。它与常用长度单位的换算关系为: $1nm = 10^{-3}\mu m = 10^{-6}mm = 10^{-7}cm = 10^{-9}m$。

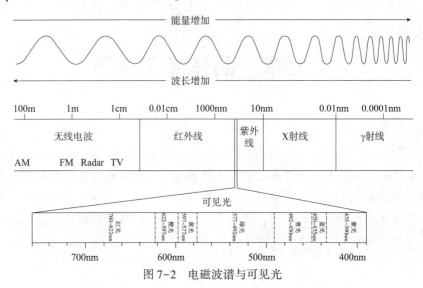

图 7-2　电磁波谱与可见光

第二节　光的类型

一、可见光、白光与单色光

可见光是电磁波谱中人眼可以感知的部分,可见光没有精确的范围。一般人的眼睛可以感知的电磁波的波长在 400~760nm,但还有一些人能够感知到波长在 380~780nm 的电磁波。可见光经过三棱镜分光后,成为一条由红、橙、黄、绿、青、蓝、紫 7 种颜色组成的光带,这种光带被称为光谱。其中红光波长最长,紫光波长最短,其他各色光的波长依次介于二者之间。

1666 年,牛顿用三棱镜研究日光,发现日光经过三棱镜后,折射出红、橙、黄、绿、青、蓝、紫 7 种颜色的光带,因此得出结论,白光是由不同颜色(不同波长)的光(红、橙、黄、绿、青、蓝、紫光即七色光)按比例混合而成的。

单色光是指单一频率(或波长)的光,不能产生色散,是混合光的组成部分。由红到紫的 7 色光中的每种色光,并非真正意义上的单色光,它们都有相当宽的频率(或波长)范围,如波长为 625~760nm 范围内的光都称红光(人类肉眼感知到的七色光,它们的颜色并不是截然分开的,而是逐渐过渡的,因此不同颜色光的波段分法,只是一个大概数字)。想要获得单色光,可以通过氦氖激光器辐射得到,其光波的单色性最好,波长为

632.8nm，可认为是一种单色光。用三棱镜将白光分解为各种颜色，然后用一个可调节的长形狭缝，只允许某一波段的光通过，而阻挡其他波段的光，通过的这一波段的光即为单色光。

二、自然光与偏振光

根据光波振动特点的不同，可以把其分为自然光和偏振光（或偏光）两种。

自然光（又称"天然光"）是指直接由光源发出的光，其振动特点是，在垂直光波传播方向的平面内，各个方向上都有等振幅的光振动（图7-3A）。天然光源和一般人造光源直接发出的光都是自然光，如太阳光、烛光、灯光等。

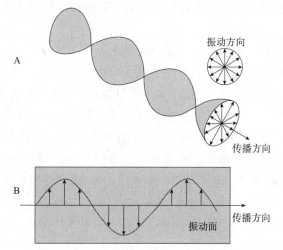

图7-3　自然光（A）和偏振光（B）的传播方向与振动方向的示意图

在垂直光波传播方向的某一固定方向上振动的光波，称平面偏振光（或线偏振光），简称偏振光或偏光（图7-3B）。自然光通过反射、多次折射、双折射和选择性吸收的作用后，可以转变为偏振光，使自然光转变为偏光的作用称为偏光化作用（图7-4）。

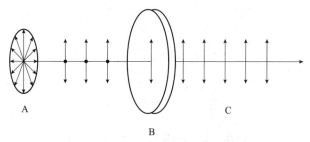

图7-4　自然光（A）通过偏光镜（B）转变为偏振光（C）

晶体光学研究主要通过偏光显微镜，将自然光转变为偏光，偏光通过不同的矿物，会产生不同的现象，通过观察这些现象，人们便可以鉴定出矿物。在偏光显微镜中，可以使自然光转变为偏光的装置叫偏光镜（或起偏镜），它通常是根据双折射作用（尼科尔棱镜）或选择性吸收作用（偏光片）产生偏光的原理制成的。

第三节　光的折射和全反射

一、折射及折射率

光从一种透明介质斜射入另一种透明介质时，传播方向一般会发生变化，这种现象叫光的折射。光的折射与光的反射都是发生在两种介质的交界处，反射光会返回到原介质中。而折射光则进入到另一种介质中，由于光在两种不同的物质中传播速度不同，故在两种介质的交界处传播方向发生变化，这就是光的折射。透明矿物光学性质的研究，主要涉及折射光波，因此，我们着重介绍光波所遵循的折射定律。根据惠更斯原理可以证明光的折射定律。

在图7-5中，垂直纸面的平面是光疏介质与光密介质的分界面，垂直于分界面的线称为法线。让一平行光束在光疏介质内倾斜射向分界面，L_1、L_2为该光束中两条代表光线。设i为入射角（入射光线与法线的夹角），r为折射角（折射光与法线的夹角）。设光波在入射介质中的传播速度为v_i，光波在折射介质中的传播速度为v_r，L_1光在入射介质（光疏介质）中传播的时间为t_1，L_2光在入射介质中的传播时间为t_2。根据惠更斯原理，AB面上的每一点均可视为发射子波的新波源。当光线L_1从A点进入折射介质（光密介质）时，光线L_2仍在入射介质中传播，t_2时，L_2到达AC界面上的C点，此时L_1在折射介质中行进的距离为AD，$AD=v_r(t_2-t_1)$，即L_1从A点发出的子波，已经在折射介质中形成了一个以AD为半径的半圆波面。从C点向此半圆波面作切线，与波面相切于D点，AD为L_1进入折射介质后的传播方向。

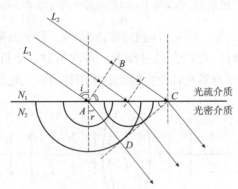

图7-5　折射定律示意图

在图7-5中，

$$\triangle ABC \text{ 中} \angle BAC=i \quad BC=AC \cdot \sin i \tag{7-1}$$

$$\triangle ADC \text{ 中} \angle ACD=r \quad AD=AC \cdot \sin r \tag{7-2}$$

用式（7-2）除以式（7-1）：

$$\frac{BC}{AD}=\frac{AC \cdot \sin i}{AC \cdot \sin r}$$

因 $BC=v_i(t_2-t_1)$，$AD=v_r(t_2-t_1)$

代入上式得：

$$\frac{v_i(t_2-t_1)}{v_r(t_2-t_1)}=\frac{\sin i}{\sin r}$$

即 $$\frac{v_i}{v_r} = \frac{\sin i}{\sin r} = N \tag{7-3}$$

式(7-3)即为折射定律。当两个介质一定时，N 为常数，称为折射介质对入射介质的相对折射率。如果入射介质为真空(或空气)，则 N 值为折射介质的绝对折射率(简称折射率)，用公式 $N = \dfrac{c}{v}$ 表示。

目前认为，光在真空中的传播速度最大，真空的折射率为 1。空气的折射率为 1.0003，但是在应用过程中，通常把空气的折射率视为 1，因为光在空气中的传播速度，与其在真空中的传播速度几乎相等。光在其他介质中的传播速度总是小于其在真空中的传播速度，因此，其他介质的折射率总是大于 1。

从式(7-3)中可以看出，光波在折射介质中的传播速度越大，该折射介质的折射率越小；反之，光波在折射介质中的传播速度越小，其折射率越大，即介质的折射率值与光波在该介质中的传播速度成反比($v_i/v_r = N_r/N_i$)。

介质的折射率大小取决于光波在其中的传播速度。光波的传播速度还取决于光波与介质的相互作用。一定特征(振动方向、波长等)的某种光波在介质中的传播速度则取决于该介质的组成成分及其微观结构(离子排列、键性及堆积的紧密程度)。因此，折射率值是反映介质成分和晶体结构的重要常数。实验证明，折射率值是鉴定透明矿物较可靠的光学常数之一。

二、全反射及全反射临界角

由折射定律可知，当光波由光疏介质(折射率较小的介质)射入光密介质(折射率较大的介质)时，光波在光疏介质中的传播速度 v_i 大于光波在光密介质中的传播速度 v_r，相对折射率大于 1，即 $\sin i/\sin r > 1$，$i > r$，其折射光线更靠近法线。反之，光波由光密介质射入光疏介质时，光波在光密介质中的传播速度 v_r 大于光波在光疏介质中的传播速度 v_i，相对折射率小于 1，即 $\sin i/\sin r < 1$，$i < r$，其折射光线更远离法线。

设一光由光密介质射向光疏介质(图 7-6)，由光密介质上的 O 点向各个方向发出一系列光波，其中 OA 光垂直界面入射，即 $i = 0°$，故 $r = 0°$，不发生折射，AA' 光沿 OA 的原方向射入空气中。OB、OC、OD、OE 光倾斜界面入射且入射角逐渐增大，设 OB 入射角为 i_b，OC 入射角为 i_c，OD 入射角为 i_d，OE 入射角为 i_e，$i_b < i_c < i_d < i_e$。当入射角为 i_d 时，折射角为 90°，折射光沿分界面传播；当入射角为 i_e 时，没有折射光在光疏介质中传播，入射光反射回光密介质中。这种当光线从较高折射率的介质进入较低折射率的介质时，如果入射角大于某一临界角 θ，折射光线消失，所有的入射

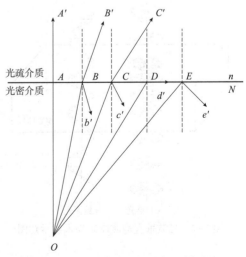

图 7-6　全反射及其临界角示意图

光线全部被反射而不进入低折射率介质的现象，称为全反射。入射角的临界值 θ 称为全反射临界角。设图中光疏介质的折射率值为 n，光密介质的折射率值为 $N(N>n)$，以 θ 角代表全反射临界角，得出下式：

$$\sin\theta/\sin90° = n/N \qquad n = N \cdot \sin\theta \qquad (7-4)$$

由式(7-4)可知，如果折射率较大的介质的折射率 N 值已知，则可根据全反射临界角公式计算出较小折射率介质的折射率 n 值。如果已知两个介质的 N 值和 n 值，根据式(7-4)则可计算出全反射临界角。

不透明矿物的反射率很大，比如自然银的反射率为95%，当光照射其上时，主要发生反射。不透明矿物的吸收率很大，即折射光波在很短的距离内会被全部吸收，即使是标准的岩石薄片(厚度0.03mm)也不能透过。因此，不透明矿物(一般是金属矿物)在单偏光镜下是黑色的，偏光显微镜无法鉴定其光学特征。透明矿物的反射率很小，光照射其上时，主要发生折射。透明矿物的吸收率小，故折射光波能透出矿物薄片，在单偏光镜下是明亮的，所以偏光显微镜可以鉴定透明矿物的光学特征。

第四节　光在介质中的传播规律

根据不同介质的光学性质的不同，可以把透明矿物分为光性均质体和光性非均质体两大类。一般的气体、液体、非结晶的固体(玻璃质)和等轴晶系的晶体(如石榴子石、尖晶石、萤石等)都是光性均质体。中级晶族和低级晶族矿物都是光性非均质体，如石英、长石、黑云母、角闪石、橄榄石等。

一、光性均质体

介质的折射率不因光波在介质中的振动方向的不同而发生改变(各向同性)，其折射率只有一个，此类介质称光性均质体，简称均质体。光波在均质体中的传播特点如下。

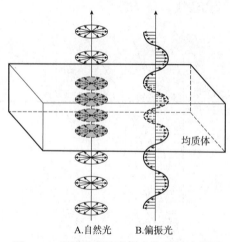

A.自然光　　B.偏振光

图7-7　光波垂直均质体矿物入射示意图

1. 入射光波的振动特点和振动方向基本不变

自然光射入均质体后，基本上仍为自然光，偏光射入均质体后，仍为偏光，其振动方向基本不改变(图7-7)。

2. 不同振动方向光波的传播速度不变

因为均质体各向同性，即均质体介质各个方向的性质相同，所以各个方向的折射率值也相同，光波在均质体中传播时，不同振动方向光波的传播速度不会改变。

3. 只发生单折射现象，只有一个折射率值

光波射入均质体时，其传播速度与相应的折射率值不会因为光波在介质中的振动方向不同而发生改变，所以只有一个折射率值，只发生单折

射，不发生双折射。

均质体矿物包括非晶质体和高级晶族的等轴晶系，非晶质体包括火山玻璃、树胶、蛋白石等，等轴晶系包括石榴子石、萤石、尖晶石、金刚石等。

二、光性非均质体

光的传播速度随光波振动方向不同而发生变化的介质（各向异性介质），称为光性非均质体，简称非均质体。当光波射入非均质体时，除特殊方向外，都发生双折射，产生振动方向互相垂直而折射率不等的两个偏光（图7-8）。两种偏光的折射率值之差称为双折率。透过具有相当厚度的透明非均质晶体（如冰洲石），可以看见双折射的现象（图7-9）。光波在非均质体中的传播特点如下。

1. 入射光波的振动特点和振动方向发生变化

当入射光为自然光时，非均质体能改变入射光波的振动特点和振动方向（图7-8）。当入射光波为偏振光时，也可以改变入射偏光的振动特点和振动方向。

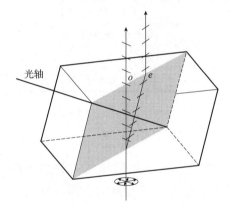

图7-8 矿物的双折射现象

图7-9 晶体的双折射现象

2. 光波的传播速度一般都随光波振动方向不同而发生变化

非均质体具有各向异性的特征，即非均质体介质的性质随方向不同而改变，所以不同方向的折射率值不同，光波在非均质体中传播时，不同振动方向光波的传播速度发生改变。

3. 除特殊方向外，都发生双折射

光波射入非均质体中时，除特殊方向外，都要分解成振动方向互相垂直、传播速度不同、相应折射率值不等的两种偏光，即双折射现象。

4. 非均质体中都有一个或两个特殊方向，光波沿其传播，不发生双折射

实验证明，光波沿非均质体的特殊方向入射时（如中级晶族晶体的 Z 轴方向），不发生双折射，光波沿这种特殊的方向入射，基本不改变其振动特点和振动方向。在非均质体中，这种不发生双折射的特殊方向称为光轴，以符号"OA"表示。中级晶族（六方晶系、四方晶系、三方晶系）的晶体只有一个光轴方向，故称为一轴晶。低级晶族（斜方晶系、单斜晶系、三斜晶系）的晶体有两个光轴方向，故称为二轴晶。通常说的矿物的轴性，就是指

该矿物是一轴晶还是二轴晶。

非均质体矿物包括中级晶族晶体(一轴晶)和低级晶族晶体(二轴晶)。中级晶族晶体包括六方晶系的β-石英、霞石、绿柱石、磷灰石等，四方晶系的金红石、锆石等，三方晶系的α-石英(通常说的石英即α-石英)、电气石、方解石等。低级晶族晶体包括斜方晶系的橄榄石、紫苏辉石、红柱石等，单斜晶系的普通辉石、普通角闪石、黑云母等，三斜晶系的斜长石、微斜长石、蓝晶石等。

自然界中的物质，其光学性质与结晶物质晶系的关系见表7-1。

表7-1 光性均质体与光性非均质体(据曾广策，2017)

介质类型		晶系	实例
光性均质体	非晶质物质		火山玻璃、树胶、浸油
	高级晶族矿物	等轴晶系	石榴子石、萤石、金刚石
光性非均质体	中级晶族矿物 (一轴晶)	六方晶系	磷灰石、霞石、绿柱石
		四方晶系	金红石、锆石、锡石
		三方晶系	方解石、刚玉、水晶
	低级晶族矿物 (二轴晶)	斜方晶系	橄榄石、重晶石、黄玉
		单斜晶系	普通辉石、黑云母、绿帘石
		三斜晶系	斜长石、蓝晶石、硅灰石

三、双折射、常光与非常光

自然界中的大部分矿物都是光性非均质体，双折射是所有非均质体具有的共同特征，且许多光学性质都与双折射有关。双折射后，光波的振动特点和振动方向均发生变化，如自然光变为偏光。需要特别指出的是，光波在非均质体中传播时，决定光波传播速度及相应折射率值大小的是光波在晶体中的振动方向，而不是传播方向。

光波射入一轴晶矿物时，会发生双折射现象，使入射光波分解形成两种偏光(图7-8)。一种偏光的振动方向垂直光轴，传播速度及相应折射率值保持不变，称为常光，以符号"o"表示，也称o光。另一种偏光的振动方向，平行于光轴与光波传播方向所构成的平面，其传播速度及相应的折射率值随光波的振动方向不同而改变，称为非常光，以符号"e"表示，也称e光。

第五节 光率体

光率体是表示光波在晶体中传播时，光波振动方向与相应折射率值之间关系的一种几何图形，又称光性指示体。

光率体的制作是设想自晶体的中心起，沿光波各个振动方向，以线段的方向表示光波的振动方向，以线段的长度按比例表示折射率值的大小，然后将各线段的端点连接起来，便构成了一个立体图形，即为光率体。

关于光率体，我们要清楚它的几个特性。①光率体并不是真实存在于矿物中心的球体，它只是人们为了便于研究矿物而假想的几何图形；②晶体中有无数个光率体。由于晶体具有格子构造，是由许多具有规律性的、重复的晶胞组成的，晶体具有对称性和均一性，因此光率体可以想象成位于晶体的每一个点上，可以在任何部位都存在（图7-10），不要误以为晶体中只有一个光率体；③晶体的任何切面都必须通过光率体的中心。这是因为晶体具有均一性，同一晶体各部分的物理性质与化学性质都是相同的，而光率体是用于表示不同方向上折射率与双折射率的变化的，在实际晶体中，相互平行的切面的光学性质都是相同的，所以这些切面都可以利用过中心的一个光率体的定向切面来表示。

光率体反映了晶体光学性质中最本质的特点，其形状简单、应用方便，由光率体可以导出一系列光学常数和一些光学现象。不同矿物有不同的光学性质和光学常数，光率体在每一种透明矿物中的位置是鉴定透明矿物的主要依据之一。

一、均质体光率体

光波在均质体矿物内传播时，向任何方向振动，其传播速度都相同，折射率值也相同。因此，根据光率体的制作方法可知，均质体的光率体是一个圆球体（图7-11）。其特点为：①过球心的任何方向的球面都是一个圆切面；②圆切面的半径代表均质体的折射率值。

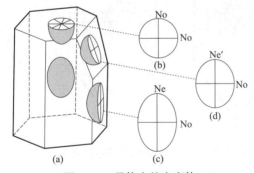

图7-10　晶体中的光率体

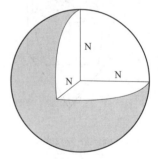

图7-11　均质体的光率体

二、一轴晶光率体

1. 一轴晶光率体构成

一轴晶矿物是指中级晶族矿物，包括三方晶系、四方晶系和六方晶系，它们的晶体常数特点是，$a=b\neq c$，即水平结晶轴轴单位相等，在水平方向上的光学性质相同，四方晶系的$\alpha=\beta=\gamma=90°$，三方晶系和六方晶系则是$\alpha=\beta=90°$，$\gamma=120°$。根据测定，光波在中级晶族晶体中传播时，当光波的振动方向沿水平方向振动（垂直Z轴方向）时，相应的折射率值相等，该折射率值为常光的折射率值，以符号"N_o"表示。当光波的振动方向平行Z轴时，相应的折射率值与N_o相差最大，此时为非常光的折射率值，以符号"N_e"表示。当光波的振动方向与Z轴斜交时，相应的折射率值介于N_o与N_e之间，也是非常光的折射率，用符号"$N_e{}'$"表示。$N_e{}'$值的大小与光波振动方向和 Z 轴的夹角大小有关，光波的振动方向与 Z 轴夹角小时，$N_e{}'$值更接近于 N_e 值；光波的振动方向与 Z 轴夹角大时，$N_e{}'$值更接近于 N_o 值；当光波的振动方向与 Z 轴夹角为 90° 时，$N_e{}'$值与 N_o 值相等。下面以石英和方解石为例，说明一轴晶光率体的构成。

当光波平行石英 Z 轴入射时［图 7-12（a）］，光波通过光率体不发生双折射，光波的振动方向垂直 Z 轴，且向各个方向振动，折射率值均为 1.544，即 $N_o = 1.544$。以此数值为半径，构成一个垂直 Z 轴（入射光波）的圆切面。

当光波垂直石英 Z 轴入射时［图 7-12（b）］，光波通过光率体发生双折射，分解成两种偏光。其中一种偏光的振动方向垂直 Z 轴（常光），测得其折射率值为 1.544，即 $N_o = 1.544$。另一种偏光的振动方向，平行于 Z 轴与其传播方向所构成的平面（非常光），测得其折射率值为 1.553，即 $N_e = 1.553$。在 Z 轴方向上，从中心向两边按一定比例截取 N_e 值（1.553），在垂直 Z 轴方向上，从中心向两边按相同的比例截取 N_o 值（1.544）。以此两个线段分别为长短半径，便构成了平行 Z 轴（垂直入射光波）的椭圆切面。

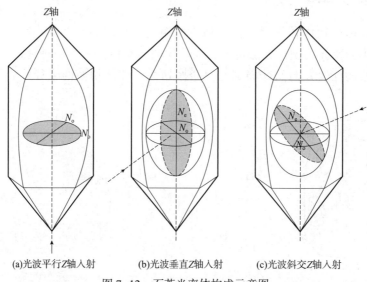

(a)光波平行Z轴入射　　　　(b)光波垂直Z轴入射　　　　(c)光波斜交Z轴入射

图 7-12　石英光率体构成示意图

当光波斜交石英 Z 轴入射时［图 7-12（c）］，光波通过光率体发生双折射，分解成两种偏光。其中一种偏光的振动方向垂直 Z 轴（常光），测得其折射率值为 1.544，即 $N_o = 1.544$。另一种偏光的振动方向与 Z 轴形成夹角（非常光），测得其折射率值介于 1.544 与 1.553 之间，为 $N_e{}'$。在斜交 Z 轴方向上，从中心向两边按一定比例截取 $N_e{}'$ 值，在垂直 Z 轴方向上，从中心向两边按相同的比例截取 N_o 值（1.544）。以此两个线段分别为长短半径，便构成了斜交 Z 轴的椭圆切面。将 3 个切面按其空间位置联系起来，便构成了石英的光率体，它是以 Z 轴为旋转轴的一个长形旋转椭球体，其旋转轴为光轴，也是 N_e 轴、Z 轴。

当光波平行方解石 Z 轴入射时［图 7-13（a）］，光波通过光率体不发生双折射，光波的振动方向垂直 Z 轴，且向各个方向振动，折射率值均为 1.658，即 $N_o = 1.658$。以此数值为半径，构成一个垂直 Z 轴（入射光波）的圆切面。

当光波垂直方解石 Z 轴入射时[图7-13(b)]，光波通过光率体发生双折射，分解成两种偏光。其中一种偏光的振动方向垂直 Z 轴(常光)，测得其折射率值为 1.658，即 N_o = 1.658。另一种偏光的振动方向，平行于 Z 轴与其传播方向所构成的平面(非常光)，测得其折射率值为 1.486，即 N_e = 1.486。在 Z 轴方向上，从中心向两边按一定比例截取 N_e 值(1.486)，在垂直 Z 轴方向上，从中心向两边按相同的比例截取 N_o 值(1.658)。以此两个线段分别为长短半径，便构成了平行 Z 轴(垂直入射光波)的椭圆切面。

当光波斜交方解石 Z 轴入射时[图7-13(c)]，光波通过光率体发生双折射，分解成两种偏光。其中一种偏光的振动方向垂直 Z 轴(常光)，测得其折射率值为 1.658，即 N_o = 1.658。另一种偏光的振动方向与 Z 轴形成夹角(非常光)，测得其折射率值介于 1.486 与 1.658 之间，为 N_e'。在斜交 Z 轴方向上，从中心向两边按一定比例截取 N_e' 值，在垂直 Z 轴方向上，从中心向两边按相同的比例截取 N_o 值(1.658)。以此两个线段分别为长短半径，便构成了斜交 Z 轴的椭圆切面。将3个切面按其空间位置联系起来，便构成了方解石的光率体，它是以 Z 轴为旋转轴的一个扁形旋转椭球体，其旋转轴为光轴，也是 N_e 轴、Z 轴。

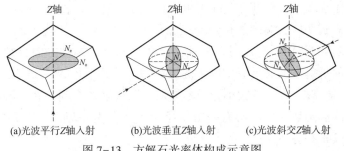

(a)光波平行Z轴入射　　(b)光波垂直Z轴入射　　(c)光波斜交Z轴入射

图7-13　方解石光率体构成示意图

由上可知，一轴晶的光率体是以 N_e 轴(光轴、Z 轴)为旋转轴(直立轴)的旋转椭球体，水平轴为 N_o 轴(图7-14)。通过一轴晶光率体中心，只能切出一个圆切面。当光波垂直圆切面入射时，不发生双折射，入射光波的振动特点和振动方向基本不发生改变，因而这个方向为光轴，一轴晶光率体只有一个光轴，故称一轴晶。如石英这种光率体特征为长形旋转椭球体的光率体，即 $N_e > N_o$，称为一轴晶正光性光率体[图7-14(a)]，相应的晶体称为一轴

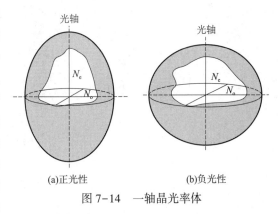

(a)正光性　　　　(b)负光性

图7-14　一轴晶光率体

晶正光性晶体(或矿物)，简称一轴正晶，记作"一轴(+)"。如方解石这种光率体特征为扁形旋转椭球体的光率体，即 $N_e < N_o$，称为一轴晶负光性光率体[图7-14(b)]，相应的晶体称为一轴晶负光性晶体(或矿物)，简称一轴负晶，记作"一轴(-)"。

N_e 与 N_o 代表一轴晶矿物折射率的最大值和最小值，称主折射率。N_e 与 N_o 的相对大小决定一轴晶矿物的光性符号。当 $N_e > N_o$ 时，为正光性；当 $N_e < N_o$ 时，为负光性(图7-14)。N_e 与 N_o 的差值为一轴晶矿物的最大双折射率(双折率)。

2. 一轴晶光率体主要切面

偏光显微镜下鉴定透明矿物(岩石薄片内的透明矿物)时,见到的都是矿物晶体不同方向的切面(不同方向的光率体切面)。一轴晶光率体主要有3种切面类型。

(1)垂直光轴切面($\perp OA$切面)[图7-15(a)、图7-16(a)]。

该切面为圆切面,半径为N_o。当光波沿着光轴(垂直该切面)入射时,不发生双折射,入射光波的振动特点和振动方向基本不变,相应的折射率值为N_o,双折率为零。通过光率体中心,有且只有一个这样的圆切面。

(2)平行光轴的切面($/\!/ OA$切面)[图7-15(b)、图7-16(b)]。

该切面为椭圆切面,长短半径分别为N_o与N_e,当光性为正时,长半径为N_e,短半径为N_o;当光性为负时,长半径为N_o,短半径为N_e。光波垂直光轴(垂直这种切面)入射时,发生双折射,分解形成两种偏光,两种偏光的振动方向必分别平行于椭圆切面的长短半径;相应的折射率值必定分别等于圆切面的长短半径值,即N_o与N_e。双折率等于椭圆切面长短半径之差($N_双 = |N_o - N_e|$),亦是一轴晶矿物的最大双折率。

(3)斜交光轴切面($\angle OA$切面或$/\!\!\!\!\!/ OA$切面)[图7-15(c)、图7-16(c)]。

该切面仍为椭圆切面,椭圆的长短半径分别为N_o与N_e'。当光波斜交光轴(垂直这种切面)入射时,发生双折射,分解成两种偏光,两种偏光的振动方向分别平行椭圆切面的长短半径,相应的折射率值必定分别等于椭圆切面的长短半径N_o与N_e'。双折率等于长短半径之差($N_双 = |N_o - N_e'|$),其大小介于零与最大双折射率之间。在一轴晶光率体中,所有斜交光轴切面的椭圆切面中,必有一个半径为N_o,如为一轴正晶,则短半径为N_o;如为一轴负晶,则长半径为N_o。

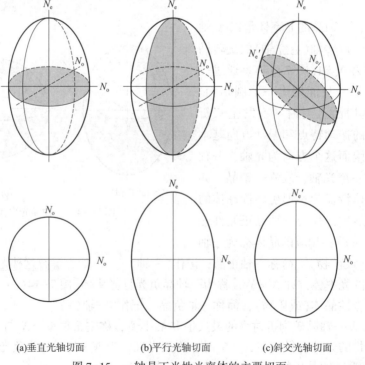

(a)垂直光轴切面   (b)平行光轴切面   (c)斜交光轴切面

图7-15　一轴晶正光性光率体的主要切面

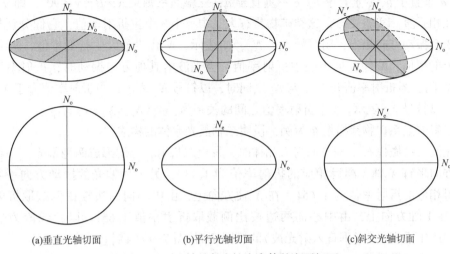

(a)垂直光轴切面   (b)平行光轴切面   (c)斜交光轴切面

图7-16　一轴晶负性光性光率体的主要切面

根据上述描述，可总结出一轴晶光率体的以下结论。

（1）形态：旋转椭球体（或两轴椭球体）。

（2）主轴：具有两个主轴，分别为 N_o 轴和 N_e 轴。N_e 轴亦是直立轴、Z 轴、光轴、高次对称轴、旋转轴；N_o 轴是水平轴。

（3）主折射率：N_e、N_o。

（4）光性符号：当 $N_e > N_o$ 时，为正光性；当 $N_e < N_o$ 时，为负光性。

（5）最大双折射率（双折率）：$N_{双} = |N_o - N_e|$。

（6）主轴面：包含两个主轴的切面，即平行光轴的切面，为椭圆切面，有无数个，具有最大双折率。

（7）主要切面类型：①⊥OA 切面，为圆切面，有且只有一个，双折率为 0；②∥OA 切面，即主轴面，为椭圆切面，有无数个，双折率最大；③∠OA 切面（∦OA 切面），为椭圆切面，有无数个，双折率介于 0 与最大双折率之间。

应用光率体，可以确定光波在晶体中传播方向、振动方向与相应折射率值之间的关系。当光波沿光轴方向入射到晶体内部时，垂直入射光波的光率体切面为圆切面，不发生双折射，入射光波的振动特点和振动方向基本不变，双折率为零。光波沿其他方向射入晶体时，垂直入射光波的光率体切面均为椭圆切面，其长短半径分别代表入射光波发生双折射，分解形成两种偏光的振动方向，半径的长短分别对应两种偏光的折射率值，长短半径之差代表双折率值。

三、二轴晶光率体

1. 二轴晶光率体构成

二轴晶矿物是指低级晶族矿物，包括斜方晶系、单斜晶系和三斜晶系，它们的晶体常数特点是，$a \neq b \neq c$，即三轴不等，表明它们在三维空间上内部结构和光学性质具有不均一性，斜方晶系的 $\alpha = \beta = \gamma = 90°$，即 a、b、c 三轴互相垂直；单斜晶系的 $\alpha = \gamma = 90°$，$\beta \neq$

90°，即 a 垂直于 b，c 垂直于 b，c 不垂直于 a；三斜晶系则是 $\alpha \neq \beta \neq \gamma \neq 90°$，即 a、b、c 轴均不互相垂直。实验测得，这类矿物具有大、中、小 3 个主折射率值，它们分别与互相垂直的 3 个振动方向相当，用符号 N_g，N_m，N_p 表示，N_g 代表最大主折射率值，N_m 代表中等的主折射率值，N_p 代表最小的主折射率值。当光波沿其他方向振动时，折射率值介于 N_g 与 N_p 之间；当折射率值介于 N_g 与 N_m 之间时，以符号 $N_g{'}$ 表示；当折射率值介于 N_m 与 N_p 之间时，以符号 $N_p{'}$ 表示。5 个折射率值之间的关系为：$N_g > N_g{'} > N_m > N_p{'} > N_p$。

现以斜方晶系矿物镁橄榄石为例，说明二轴晶光率体的构成。

当光波沿镁橄榄石 Z 轴方向射入晶体时，发生双折射，分解形成两种偏光。一种偏光的振动方向平行 X 轴，测得相应的折射率值为 1.715；另一种偏光的振动方向平行于 Y 轴，测得相应的折射率值为 1.651。在 X 轴方向上，由中心向两边按比例截取折射率值 1.715；在 Y 轴方向上，由中心向两边按比例截取折射率值 1.651。以两线段为长短半径，便构成了垂直 Z 轴（垂直入射光波）的椭圆切面[图 7-17(a)]。

当光波沿镁橄榄石 X 轴方向射入晶体时，发生双折射，分解形成两种偏光。一种偏光的振动方向平行 Z 轴，测得相应的折射率值为 1.680；另一种偏光的振动方向平行于 Y 轴，测得相应的折射率值为 1.651。在 Z 轴方向上，由中心向两边按比例截取折射率值 1.680；在 Y 轴方向上，由中心向两边按比例截取折射率值 1.651。以两线段为长短半径，便构成了垂直 X 轴（垂直入射光波）的椭圆切面[图 7-17(b)]。

当光波沿镁橄榄石 Y 轴方向射入晶体时，发生双折射，分解形成两种偏光。一种偏光的振动方向平行 X 轴，测得相应的折射率值为 1.715；另一种偏光的振动方向平行于 Z 轴，测得相应的折射率值为 1.680。在 X 轴方向上，由中心向两边按比例截取折射率值 1.715；在 Z 轴方向上，由中心向两边按比例截取折射率值 1.680。以两线段为长短半径，便构成了垂直 Z 轴（垂直入射光波）的椭圆切面[图 7-17(c)]。

把这 3 个椭圆切面，按照它们的空间位置联系起来，便构成了镁橄榄石的光率体[图 7-17(d)]。

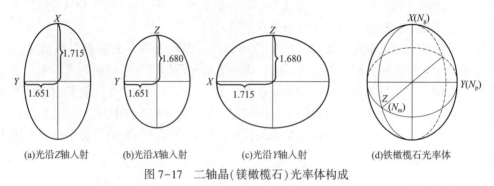

(a)光沿Z轴入射　　(b)光沿X轴入射　　(c)光沿Y轴入射　　(d)铁橄榄石光率体

图 7-17　二轴晶（镁橄榄石）光率体构成

从镁橄榄石 3 个主要方向切面上所测得的折射率值可以看出，它具有大（1.715）、中（1.680）、小（1.651）三个主折射率值，与它们相应的振动方向分别为平行于 X 轴、Z 轴和 Y 轴。实验证明，其他二轴晶（低级晶族矿物）都具有大（N_g）、中（N_m）、小（N_p）3 个主折射率值，它们分别与互相垂直的 3 个振动方向相当，但 N_g、N_m、N_p 的大小及其与 3 个互相垂直的振动方向的关系，会因矿物不同而不同。但是，不论何种低级晶族矿物（二轴晶），其光率体形状均是一个三轴不等的椭球体，即三轴椭球体。

在二轴晶光率体中，3个互相垂直的轴（3个互相垂直的振动方向）代表二轴晶矿物的3个主要光学方向，称为光学主轴，简称主轴，即N_g轴、N_m轴和N_p轴。

包括两个主轴的面称为主轴面（主切面）。二轴晶光率体有3个互相垂直的主轴面，即N_gN_m面、N_gN_p面和N_mN_p面。

因为二轴晶光率体是一个三轴不等椭球体，所以通过中等轴N_m轴，在光率体一侧的N_g轴与N_p轴之间，可以连续切出一系列椭圆切面［图7-18(a)］。这些切面的半径之一必定是N_m，另一半径的长短则介于N_g与N_p之间。因为是连续变化，所以在N_g与N_p之间必定有一半径值为N_m，此时便为一个半径为N_m的圆切面。在光率体的另一侧，通过N_m轴，同样可以切出另一个圆切面［图7-18(b)］。光波垂直这两个圆切面入射时，不发生双折射，入射光波的振动特点和振动方向基本不发生改变，因而这两个方向为光轴，用符号"OA"表示［图7-18(b)］。通过二轴晶光率体的中心，只能切出两个圆切面，即只有两个光轴方向，故称为二轴晶。

包含两个光轴的面称为光轴面，用符号"AP"或"OAP"表示。光轴面与主轴面N_gN_p面重合。通过光率体中心，垂直光轴面的方向称光学法线，与N_m轴一致。两个光轴之间的锐角称为光轴角，用符号"$2V$"表示［图7-18(b)］。两个光轴之间锐角的平分线（光轴角平分线）称锐角等分线，用符号"Bxa"表示。两个光轴之间钝角的平分线称钝角等分线，用符号"Bxo"表示。

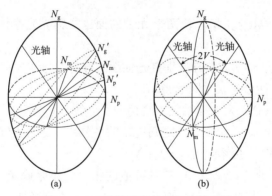

图7-18　二轴晶光率体圆切面及光轴

根据N_g、N_m、N_p值的相对大小，可以确定二轴晶矿物的光性符号。当$N_g-N_m>N_m-N_p$时，为正光性，简称二轴正晶，记作"二轴(+)"。此时，N_m值更接近于N_p值，以N_m为半径，在N_g轴与N_p轴之间作圆切面，必然更靠近N_p轴，所以垂直于圆切面的光轴会更靠近N_g轴。因此，两个光轴之间的锐角等分线（Bxa）必定为N_g轴［图7-19(a)］。当$N_g-N_m<N_m-N_p$时，为负光性，简称二轴负晶，记作"二轴(-)"。此时，N_m值更接近N_g值，以N_m为半径，在N_g轴与N_p轴之间作圆切面，必然更靠近N_g轴，所以垂直于圆切面的光轴会更靠近N_p轴。因此，两个光轴之间的锐角等分线（Bxa）必定为N_p轴［图7-19(b)］。故也可根据Bxa是N_g轴还是N_p轴来判断二轴晶矿物的光性符号，当Bxa＝N_g时，为正光性；当Bxa＝N_p时，为负光性。

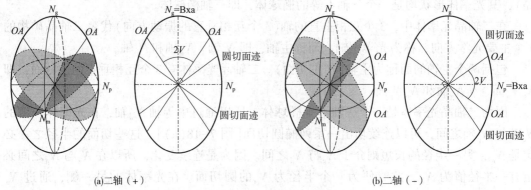

(a)二轴（＋）　　　　　　　　　　　　　　　(b)二轴（－）

图 7-19　二轴晶光率体

综上所述，二轴晶光率体的要素可以总结如下。

（1）形态：三轴不等椭球体(或三轴椭球体)。

（2）主轴：N_g 轴、N_m 轴和 N_p 轴，三者互相垂直，且 $N_g > N_m > N_p$。

（3）主折射率：N_g、N_m、N_p。

（4）主轴面：即包含任意两个主轴的切面，二轴晶光率体有 3 个主轴面，即 $N_g N_m$ 面、$N_g N_p$ 面和 $N_m N_p$ 面，3 个主轴面互相垂直，均为椭圆切面。

（5）光轴(OA)：二轴晶光率体有两个光轴，过光率体中心垂直光轴作切面，为圆切面，圆的半径为 N_m。

（6）光轴面(AP 或 OAP)：指包含两个光轴的面，二轴晶光率体只有一个光轴面，且与 $N_g N_p$ 面重合。

（7）光学法线：指过光率体中心且垂直光轴面的方向，与 N_m 轴一致。

（8）光轴角($2V$)：两个光轴之间的锐角。

（9）锐角等分线(Bxa)：两个光轴之间锐角的平分线，必与主轴 N_g 或 N_p 一致。

（10）钝角等分线(Bxo)：两个光轴之间钝角的平分线，必与主轴 N_p 或 N_g 一致。

（11）最大双折射率(双折率)：$N_{双} = N_g - N_p$。

（12）光性符号：根据 N_g、N_m、N_p 三者数值的相对大小来确定，当 $N_g - N_m > N_m - N_p$ 时（$N_g = $Bxa），为正光性；当 $N_g - N_m < N_m - N_p$ 时（$N_p = $Bxa），为负光性。

光轴角的大小可以用晶体光学鉴定方法在偏光显微镜下实测，也可以用主折射率值计算。根据主折射率值计算光轴角的大小，可以按下列简化公式近似计算光轴角的一半值，即 V 值：

当光性为正时，
$$\tan V = \sqrt{\frac{N_m - N_p}{N_g - N_m}} \tag{7-5}$$

因为 $N_g - N_m > N_m - N_p$ 时，$\tan V < 1$，$V < 45°$，$2V < 90°$，Bxa $= N_g$。

当光性为负时，
$$\tan V = \sqrt{\frac{N_g - N_m}{N_m - N_p}} \tag{7-6}$$

因为 $N_g - N_m < N_m - N_p$ 时，$\tan V < 1$，$V < 45°$，$2V < 90°$，Bxa $= N_p$。

将已知的 N_g、N_m、N_p 值代入到上述公式中，即可算出 V 值，乘以 2 便可得出光轴角。

如果 $2V=90°$，则光轴之间的夹角没有锐角、钝角之分。根据光轴角的定义可知，该种矿物没有光性正负之分。

对于不同的二轴晶矿物，光轴角的大小是重要的鉴定特征；对于同一种矿物，光轴角则是重要的光性常数之一。若已知 N_g、N_m、N_p 值，便可知二轴晶的光性符号，还可进行光轴角值的计算。

2. 二轴晶光率体主要切面

二轴晶光率体主要有五种切面类型。

（1）垂直光轴切面（$\perp OA$ 切面，见图 7-20）。

该切面为圆切面，圆的半径值为 N_m 值，垂直圆切面入射的光不发生双折射，圆切面内任何方向上振动的光的折射率值均为 N_m，双折率等于 0。在 N_g 值与 N_p 值相等的情况下，二轴正晶的 N_m 值[图 7-20(a)]要小于二轴负晶的 N_m 值[图 7-20(b)]。

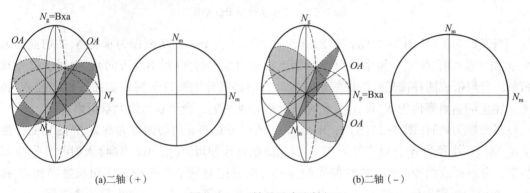

图 7-20　二轴晶垂直光轴切面

（2）平行光轴面切面（$/\!/AP$ 切面，见图 7-21）。

该切面为椭圆切面，长短半径值分别为 N_g 和 N_p。光垂直这种切面（光沿 N_m 轴）入射时，发生双折射，分解成两种偏光，两种偏光的振动方向分别平行于椭圆切面的长短半径 N_g 轴和 N_p 轴，相应的折射率值分别为 N_g 值与 N_p 值。双折率等于椭圆的长短半径之差，即 $N_双=N_g-N_p$，是二轴晶矿物的最大双折率。在 N_g 值与 N_p 值相等的情况下，二轴正晶平行光轴面的切面[图 7-21(a)]与二轴负晶平行光轴面的切面[图 7-21(b)]相同。

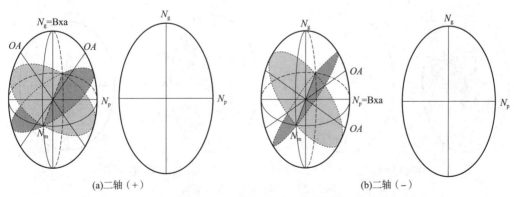

图 7-21　二轴晶平行光轴面切面

（3）垂直 Bxa 切面（⊥Bxa 切面，见图 7-22）。

该切面为椭圆切面，根据二轴晶的光性正负不同，椭圆切面的长短半径有所不同。

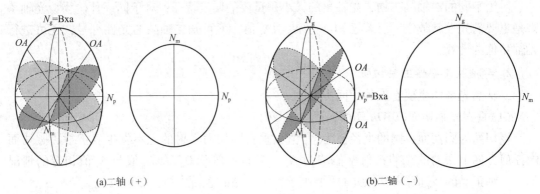

(a)二轴（+）　　　　　　　　　　　(b)二轴（-）

图 7-22　二轴晶垂直 Bxa 切面

当光性为正时［图 7-22(a)］，Bxa=N_g，所以垂直 Bxa 的切面即为垂直 N_g 的切面，为 $N_m N_p$ 面，长半径为 N_m，短半径为 N_p。当光波垂直这种切面（沿 Bxa 方向）入射时，发生双折射，分解形成两种偏光。两种偏光的振动方向必定分别平行于椭圆切面长短半径 N_m 和 N_p，相应的折射率值为 N_m 和 N_p，此时双折率为 N_m-N_p，介于 0 与最大双折率之间。

当光性为负时［图 7-22(b)］，Bxa=N_p，所以垂直 Bxa 的切面即为垂直 N_p 的切面，为 $N_g N_m$ 面，长半径为 N_g，短半径为 N_m。当光波垂直这种切面（沿 Bxa 方向）入射时，发生双折射，分解形成两种偏光。两种偏光的振动方向必定分别平行于椭圆切面长短半径 N_g 和 N_m，相应的折射率值为 N_g 和 N_m，此时双折率为 N_g-N_m，介于 0 与最大双折率之间。

（4）垂直 Bxo 切面（⊥Bxo 切面，见图 7-23）。

该切面为椭圆切面，根据二轴晶的光性正负不同，椭圆切面的长短半径有所不同。

当光性为正时［图 7-23(a)］，Bxo=N_p，所以垂直 Bxo 的切面即为垂直 N_p 的切面，为 $N_g N_m$ 面，长半径为 N_g，短半径为 N_m。当光波垂直这种切面（沿 Bxo 方向）入射时，发生双折射，分解形成两种偏光。两种偏光的振动方向必定分别平行于椭圆切面长短半径 N_g 和 N_m，相应的折射率值为 N_g 和 N_m，此时双折率为 N_g-N_m，介于 0 与最大双折率之间。

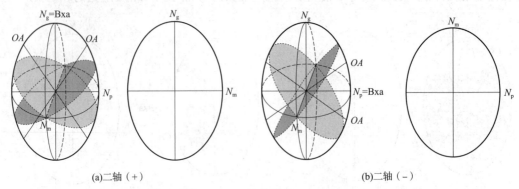

(a)二轴（+）　　　　　　　　　　　(b)二轴（-）

图 7-23　二轴晶垂直 Bxo 切面

当光性为负时[图7-23(b)]，Bxo=N_g，所以垂直Bxo的切面即为垂直N_g的切面，为$N_m N_p$面，长半径为N_m，短半径为N_p。当光波垂直这种切面(沿Bxo方向)入射时，发生双折射，分解形成两种偏光。两种偏光的振动方向必定分别平行于椭圆切面长短半径N_m和N_p，相应的折射率值为N_m和N_p，此时双折率为$N_m - N_p$，介于0与最大双折率之间。

(5)斜交切面(图7-24、图7-25)。

该切面既不垂直于光轴，也不垂直于主轴的切面为斜交切面，切面形状为椭圆形，有无数个。斜交切面可以大致分为两类。

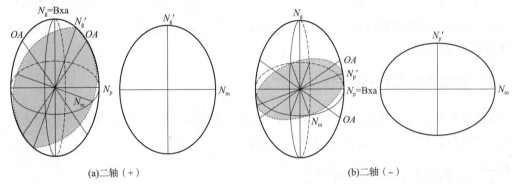

(a)二轴(+)　　　　　　　　　　　　　　　　　　(b)二轴(-)

图7-24　垂直光轴面的半任意斜交切面

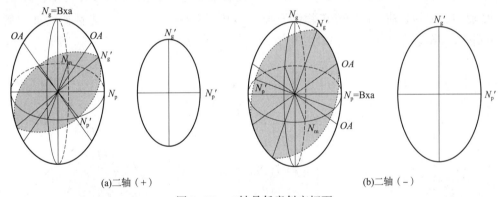

(a)二轴(+)　　　　　　　　　　　　　　　　　　(b)二轴(-)

图7-25　二轴晶任意斜交切面

① 垂直主轴面的斜交切面，即垂直$N_g N_m$面、$N_g N_p$面和$N_m N_p$面的斜交切面，称半任意斜交切面。这类斜交切面的椭圆长短半径之一，必定为主轴(N_g轴、N_m轴和N_p轴)之一，另一个半径为N_g'或N_p'。以垂直$N_g N_p$面(光轴面)的半任意斜交切面为例(图7-24)，因为光率体切面必过光率体中心，该种半任意斜交切面又垂直$N_g N_p$面，因此必有一个半径为N_m，另一个半径值介于N_g与N_p之间，且不等于N_g、N_p值，即N_g'或N_p'。在垂直$N_g N_p$面的半任意斜交切面位于光轴角内的前提下，当二轴晶光率体为正光性时，椭圆切面的长短半径分别为N_g'和N_m[图7-24(a)]；当二轴晶光率体为负光性时，椭圆切面的长短半径分别为N_m和N_p'[图7-24(b)]。同理可证，垂直$N_g N_m$面的半任意斜交切面，因为光率体切面必过光率体中心，该种半任意斜交切面又垂直$N_g N_m$面，因此必有一个半径为N_p，另一个半径值介于N_g与N_m之间，且不等于N_g、N_m值，即N_g'。垂直$N_m N_p$面的半

任意斜交切面，因为光率体切面必过光率体中心，该种半任意斜交切面又垂直 $N_m N_p$ 面，因此必有一个半径为 N_g，另一个半径值介于 N_m 与 N_p 之间，且不等于 N_m、N_p 值，即 N_p'。

② 任意斜交切面(图 7-25)，为椭圆切面，长短半径分别为 N_g' 和 N_p'。

第六节　光性方位

光率体主轴与晶体结晶轴之间的关系称光性方位，也可以理解为光率体在晶体中的摆放位置。光性方位是偏光显微镜下研究矿物晶体光学性质的重要依据，矿物的光性方位因所属晶系不同而不同。

一、高级晶族晶体光性方位

高级晶族晶体为均质体矿物，其光率体形态是圆球体，通过圆球体中心的任何 3 个互相垂直的直径，都可与等轴晶系的 3 个结晶轴相当[图 7-26(a)]。

二、中级晶族晶体的光性方位

中级晶族晶体(一轴晶)的光率体是一个旋转椭球体，其直立轴为旋转轴，亦是 N_e 轴，光轴和晶体的 c 轴。正光性矿物如石英 $N_e > N_o$[图 7-26(b)]，负光性矿物如方解石 $N_e < N_o$[图 7-26(c)]。

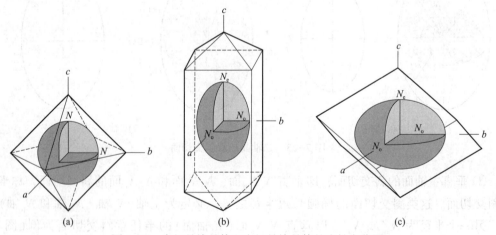

图 7-26　高级晶族晶体和中级晶族晶体的光性方位图

三、低级晶族晶体的光性方位

低级晶族包括斜方晶系、单斜晶系和三斜晶系，为二轴晶，其光率体形态为三轴不等椭球体(三轴椭球体)。低级晶族晶体的光率体有 3 个互相垂直的主轴，即 $N_g \neq N_m \neq N_p$ 且 N_g 与 N_m 的夹角为 90°，N_g 与 N_p 的夹角为 90°，N_m 与 N_p 的夹角为 90°。

1. 斜方晶系的光性方位

斜方晶系的晶体常数关系为 $a \neq b \neq c$，$\alpha = \beta = \gamma = 90°$，即三轴不等长，但互相垂直，其光性方位是光率体的 3 个主轴与晶体的 3 个结晶轴一致，但是究竟哪个主轴与哪一个结晶轴一致，则因矿物的不同而不同，这是矿物的鉴定特征之一[图 7-27(a)]。

2. 单斜晶系的光性方位

单斜晶系的晶体常数关系为 $a \neq b \neq c$，$\alpha = \gamma = 90°$，$\beta \neq 90°$。其光性方位是光率体的 3 个主轴之一与晶体的 b 晶轴重合，其余两个主轴与另外两个结晶轴斜交，究竟是哪一个主轴与 b 轴一致，则因矿物而异[图 7-27(b)]。

3. 三斜晶系的光性方位

三斜晶系的晶体常数关系为 $a \neq b \neq c$，$\alpha \neq \beta \neq \gamma \neq 90°$，其光性方位是光率体的 3 个主轴与晶体的 3 个结晶轴均斜交，斜交角度则因矿物而异[图 7-27(c)]。

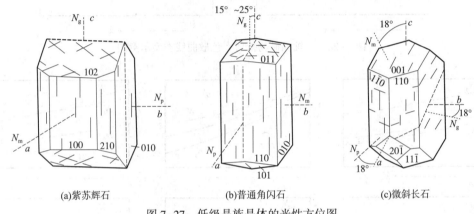

(a)紫苏辉石　　　　　　(b)普通角闪石　　　　　　(c)微斜长石

图 7-27　低级晶族晶体的光性方位图

第七节　色　散

色散是指白光(复色光)通过透明物质后，分解为单色光而形成红、橙、黄、绿、青、蓝、紫连续光谱的现象。色散现象说明白光是由多种单色光组成的，同时也说明透明物质对不同波长光波的折射率是不同的。折射率不同。折射角也不同，因此白光经过透明物质后可以分散开形成连续光谱。

介质的折射率值随单色光波波长不同而发生改变的现象称折射率色散。以光波的波长作为横坐标，相应的折射率值为纵坐标，做成的折射率值随单色光波波长发生改变的曲线称为折射率色散曲线(图 7-28)。非均质体矿物的双折率随单色光波波长不同而发生改变的现象称双折率色散。二轴晶光率体的色散较为复杂，3 个主折射率 N_g、N_m、N_p 均随入射光波波长改变而发生变化(图 7-29)。根据一轴晶和二轴晶的色散曲线示意图，我们可以看出，介质的折射率值随入射光波波长增大而减小，即介质折射率值与入射光波波长成反比。折射率色散曲线倾斜角度越大，表明该介质的折射率色散强；反之，色散弱。

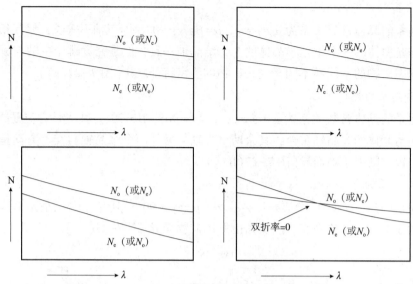

图 7-28　一轴晶矿物折射率色散曲线类型示意图

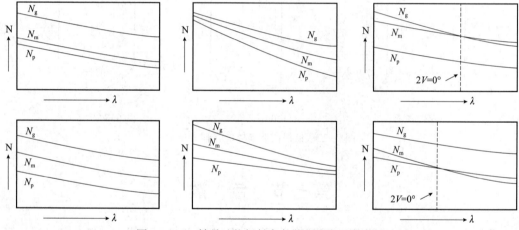

图 7-29　二轴晶矿物折射率色散曲线类型示意图

复习思考题

1. 光波在均质体和非均质体中的传播特点有何不同？为什么？

2. 什么叫光率体？它有几种类型？各有几种切面类型及切面特点？

3. 什么叫光性方位？高级晶族、中级晶族和低级晶族晶体的光性方位有何不同？试举一些代表性矿物。

4. 简述主轴、主轴面、主折射率、光轴、光轴面、光学法线、光轴角、Bxa 及 Bxo 的含义。

5. 为什么说垂直 Bxo 的双折率永远大于垂直 Bxa 的双折率？

6. 怎样定义一轴晶、二轴晶光率体的光性符号？

第八章 偏光显微镜

知识要点

　　本章重点叙述偏光显微镜的构造、调节与校正，以及岩石薄片磨制方法简介。要求掌握偏光显微镜的一些基本操作，如调节照明、调节焦距、校正物镜中心等；熟悉偏光显微镜的构造与装置，了解偏光显微镜维护保养的注意事项和方法。

　　偏光显微镜是装有偏光镜的显微镜，地质学中用于鉴定岩石和矿石。偏光镜分别装在显微镜物台下或垂直照明器中（前偏光镜或下偏光镜）及物镜与目镜间（分析镜或上偏光镜），用来观察偏光通过晶体时或从晶体表面反射时产生的各种光学现象。若单独使用下（前）偏光镜，简称单偏光，可观察矿物的晶形、解理、突起、吸收性、多色性、反射率、双反射等。若上、下偏光镜同时使用，并使二者振动面互相垂直，简称正交偏光，可观察晶体的消光、干涉色、偏光色及旋转性等。正交偏光时，若再加上聚光镜和勃氏镜，简称锥光，可在高倍物镜下观察晶体的干涉图或偏光图，用以测定其轴性、光性符号、光轴角和各种色散特征等。偏光显微镜的基本附件有不同倍数的物镜、目镜、各种补色器及光源等，如附有垂直照明器及矿相专用物镜，则成为偏、反两用显微镜。

第一节 偏光显微镜的构造

　　偏光显微镜的型号较多，但各种型号的主要构造大体相同，整个偏光显微镜由机械系统组件、光学系统组件和附件三部分组成。图 8-1 为目前使用较多的奥林巴斯 CX31P 偏光显微镜。

一、机械系统组件

　　镜座：为一矩形底座，其后方装有卤素光源灯，中部圆孔上装有视场光阑，它支撑显微镜的全部质量。

　　镜架：下端连接镜座，上端连接镜筒，固定不动。

　　载物台：可水平旋转的圆形平台，简

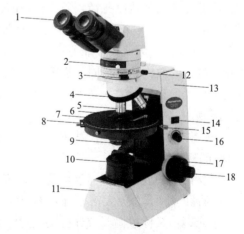

图 8-1　奥林巴斯 CX31P 偏光显微镜
1—目镜；2—勃氏镜；3—试板孔；4—物镜转盘；
5—物镜；6—薄片夹；7—载物台；8—载物台固定螺丝；
9—下偏光镜；10—视场光阑；11—镜座；12—上偏光镜；
13—镜架；14—电源开关；15—校正螺丝；
16—亮度调节钮；17—粗动螺旋；18—微动螺旋

称物台，用以放置薄片。圆周边缘刻有 0~360° 的刻度，左下角附有游标尺，可直接读出转动角度。物台中央有圆孔，用以通过单偏光。圆孔旁有两个弹簧夹，用以固定薄片位置。物台边缘有一个固定螺丝，可以固定物台，两个校正螺丝，用以校正中心。

镜筒：为双管镜筒，上接目镜，下端装物镜。镜筒中间装有勃氏镜、上偏光镜，并设有试板孔，试板孔在 45° 方向。

二、光学系统组件

光源：早期的偏光显微镜使用的是自然光，依靠反光镜反射和聚焦光源。新型的偏光显微镜配备了内置光源(卤素光源灯)，通过蓝色滤波片将人工光源改变为近似自然光的光源。

下偏光镜：又称起偏器，用偏光片制成，位于卤素灯光源(或反光镜)之上、载物台下方。由灯光源(或反光镜反射)来的自然光波，通过下偏光镜后，变成振动方向固定的偏光，一般以符号"PP"来表示其振动方向。使用螺旋环可以转动下偏光镜，用以调整下偏光的振动方法。

锁光圈：又称孔径光阑，位于下偏光镜之上，移动其调节手柄，可以控制光线的通过量，使视域内的亮度降低。缩小锁光圈，会使视域光度减弱，即亮度降低。

聚光镜：由一组透镜组成，位于锁光圈之上、载物台之下；可以把下偏光镜透出的平行偏光束会聚成锥形偏光束；不使用聚光镜时，可以推向侧面或下降。

物镜：是决定显微镜成像性能的重要因素，一般说来，镜头愈长，其放大倍率愈大。每台偏光显微镜附有数个放大倍数不同的物镜，如低倍镜(4×)、中倍镜(10×)、高倍镜(40×)及油浸物镜(100×)。使用时将物镜安装在物镜转盘上，并将选用的物镜转到光学系统中。

物镜的光孔角及数值孔径：通过物镜前透镜最边缘光线与前焦点所构成的夹角称光孔角(镜口角、开角)。当物镜与物体之间为空气时，物镜的数值孔径(镜口率、开口率、计量光孔)等于 $\sin\theta$。数值孔径缩写为 N.A. 或 A.。从设计上看，通常是放大倍率越高，其数值孔径越大。放大倍率相同的物镜，其数值孔径越大，性能越好。欲使物镜性能充分发挥其数值孔径的相应效力，必须配合使用数值孔径相当的聚光镜，否则物镜的性能将受聚光镜的限制。

目镜：位于镜筒最上端，其中一个目镜中装分度尺和十字丝。新型偏光显微镜为 10 倍(10×)的双目镜。

注：显微镜的放大倍率等于目镜放大倍率与物镜放大倍率的乘积。例如使用 4× 的物镜和 10× 的目镜，其总放大倍率应为 4×10＝40 倍。

上偏光镜：又称检偏器或分析镜，同样由偏光片制成，装在物镜的镜筒内，其振动方向与下偏光的振动方向垂直，一般以符号"AA"表示其振动方向。上偏光镜可以推入或拉出光学系统。

勃氏镜：位于目镜与上偏光镜之间，是一个小的凸透镜，可以转入和转出(或推入和推出)光学系统。有的勃氏镜还可以上、下和左、右移动。只有在锥光系统中才使用勃氏镜。

三、附件

物台微尺：用以测定颗粒大小及矿物百分含量。

试板：又称补色器，常用的为石膏试板、云母试板和石英楔，用于测定薄片中矿物的光率体椭圆半径及光程差。

有的偏光显微镜还有专门的附件，如灯光源、垂直照明器、旋转台、显微数码成像设备等。

第二节 偏光显微镜的调节与校正

在使用偏光显微镜之前，应将显微镜各系统调节至标准状态，否则不仅浪费时间，还达不到观察目的，影响学习和工作效率。

一、镜头的装卸

1. 装目镜

将选用的目镜插入镜筒，并使目镜十字丝横丝(带刻度)位于东西方向，纵丝位于南北方向。双目镜筒还需调节两个目镜间的距离，使眼睛间距与目镜双筒视域一致。

2. 装卸物镜

因显微镜型号不同，物镜的装卸有下列几种情况：

(1)弹簧夹型：将物镜上的小钉夹于镜筒下端弹簧夹的凹陷处，即可卡住物镜。

(2)转盘型：将物镜安装在镜筒下端的物镜旋转盘上，再将需用的物镜转到镜筒正下方(光学系统中)，转至弹簧卡住为止(有轻微响声，似有阻碍)。转过头或未到应有位置都会使物镜过分偏离目镜中轴而不能校正中心。

(3)螺丝口型：将选用的物镜安装在镜筒下方的螺丝口上，拧紧为止。

二、调节照明(对光)

装上目镜及低倍物镜(4×)以后，轻轻推出上偏光镜并转出勃氏镜，打开锁光圈和视场光阑。使镜座右侧的电压调节旋钮处于低压方向。打开电源开关，向后移动电压调节旋钮(向高压方向移动)，使视域亮度增大至适合的亮度为止。

三、调节焦距(准焦)

为了使薄片中的物像清晰，必须调节焦距，即调节物镜与薄片的距离，使薄片中的矿物清晰可见。调节步骤如下：

(1)将薄片置于物台中心，盖玻片朝上，用薄片夹夹紧。

(2)从侧面观察，转动粗动调焦螺旋，使镜筒下降或使载物台上升，直至镜筒下端的物镜与载物台上的薄片比较靠近为止。若使用高倍物镜，必须使物镜几乎与薄片接触为止。

(3)从目镜中观察，转动粗动调焦螺旋，使镜筒缓缓上升，或使载物台缓缓下降，直至视域内物像基本清楚，再转动微动调焦螺旋，直至视域内物像完全清晰为止。

(4)中倍物镜准焦。可以直接按步骤(1)~(3)调节，也可从低倍物镜的准焦位上旋到中倍物镜。此时会在中倍物镜的准焦位附近，只需调节微动螺旋使物台或镜筒升降，直至视域内物像完全清晰为止。

(5)高倍物镜准焦。可以直接按步骤(1)~(3)调节，也可从中倍物镜的准焦位上旋到高倍物镜(旋转到高倍物镜前，一定要确定盖玻片是否朝上)。此时在高倍物镜的准焦位附近，只需调节微动螺旋(一般只能调节微动螺旋)使物台或镜筒升降，直至视域内物像完全清晰为止。

四、校正中心

在偏光显微镜的光学系统中，目镜中轴、物镜中轴及载物台的旋转轴应当严格在一条直线上。此时，转动载物台，视域中心(目镜十字丝交点)的物像不动，其余物象绕视域中心做圆周运动[图 8-2(a)]。如果三轴不在一条直线上，当转动载物台时，视域中心的物象将离开十字丝交点位置，连同其他部分的物像绕另一中心旋转[图 8-2(b)、图 8-2(c)]中的 O 点。这个中心(O 点)代表载物台的旋转轴出露点位置。在这种情况下，不仅可能把视域内的某些物象转出视域之外，妨碍观察，而且会影响某些光学数据测定的精度。特别是使用高倍物镜时，根本无法观察。因此，必须进行校正，使目镜中轴、物镜中轴与载物台旋转轴在一条直线上。这就是校正中心。

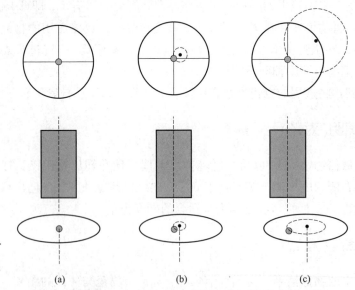

(a)   (b)   (c)

图 8-2　物镜中轴、目镜中轴与载物台旋转轴之间的关系

[(a)中三轴在一条直线上，(b)、(c)中三轴不在一条直线上]

在偏光显微镜的光学系统中，目镜中轴是固定的，在一般情况下，只需校正载物台旋转轴。校正载物台旋转轴是用安装在载物台上的两个定心螺丝进行校正。校正中心的步骤

如下：

（1）将物镜安装在正确位置上。准焦后，在薄片中选一质点 a（足够小的质点或较大矿物的一个角）。移动薄片，使质点 a 位于视域中心的十字丝交点处［图 8-3(a)］。

（2）将薄片固定，旋转载物台，若目镜中轴、物镜中轴与载物台旋转轴不一致，则质点 a 围绕另一中心（O 点）做圆周运动［图 8-3(b)］，其圆心 O 点为载物台旋转轴出露点。

（3）旋转载物台 180°，使质点 a 由十字丝交点移至 a' 处［图 8-3(c)］。

（4）旋转载物台上的定心校正螺丝，使质点由 a' 处移至偏心圆的圆心 O 点处［图 8-3(d)］。

（5）移动薄片，使质点由 O 点移至十字丝交点处［图 8-3(e)］。旋转载物台，如果该质点不偏离十字丝交点处［图 8-3(f)］，则中心已经校正好。如果该质点仍离开十字丝交点，绕较小偏心圆移动，则必须按上述方法重复校正，直至完全校正好为止。

（6）如果中心偏离很大，转动载物台，质点 a 由十字丝交点移至视域之外［图 8-3(g)］。根据质点移动情况，估计偏心圆圆心 O 点在视域外的位置及偏心圆半径长短。然后将质点转回十字丝交点。旋转载物台上的定心校正螺丝，使质点由十字丝交点，向偏心圆圆心 O 点相反方向移动大约相当于偏心圆半径的距离［图 8-3(g)］。再移动薄片，使质点回移至十字丝交点处。转动载物台，该质点可能在视域内呈小圆圈移动，此时可按上述中心偏离较小的方法进行校正。如果中心仍偏离较大，旋转时质点仍移出视域之外，再按偏心大的方法校正。经过 3~4 次校正之后，中心仍然偏离较大，则应当检查原因或报告指导老师。

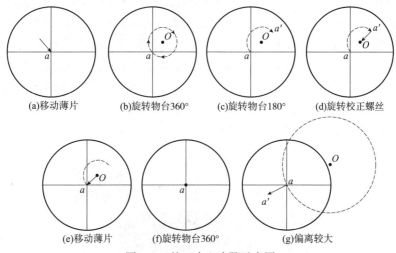

(a)移动薄片　　(b)旋转物台360°　　(c)旋转物台180°　　(d)旋转校正螺丝

(e)移动薄片　　(f)旋转物台360°　　(g)偏离较大

图 8-3　校正中心步骤示意图

五、视域直径的测定

（1）测量低倍或中倍物镜的视域直径，可以直接使用有刻度的透明尺进行测定。测定时，将透明尺置于载物台中心部位；准焦后，观察视域直径的长度值，记录该数值以备后续查用。

（2）测量高倍物镜的视域直径，可以使用物台微尺进行测定。物台微尺是嵌在玻璃片中心的一个小微尺。微尺的总长度为 1~2mm，其中刻有 100~200 个小格，每小格等于 0.01mm。测量时将物台微尺置于载物台中心，先用低倍物镜准焦，然后低倍物镜转中倍物镜准焦，最后中倍物镜转高倍物镜准焦，观察视域直径相当于物台微尺的多少个小格，若为 50 格，则视域直径等于 50×0.01＝0.5mm。初学者用物台微尺测量高倍物镜视域直径时，切忌直接使用高倍物镜准焦。

六、目镜十字丝的检查

测定某些光学性质时，目镜十字丝是否正交较为重要。检查时，先将具有直边的矿物颗粒置于视域中心，使矿物的直边与目镜十字丝横丝平行，记录载物台读数，然后转动载物台 90°，观察矿物直边是否与目镜十字丝纵丝平行。如果平行，说明十字丝是正交的；如果不平行，说明目镜十字丝不正交，需做专门修理。

七、偏光镜的校正

在偏光显微镜的光学系统中，下、上偏光镜的振动方向应当正交，而且下偏光镜的振动方向是东西向，上偏光镜的振动方向是南北向，并分别与目镜十字平行。

其校正方法如下：

1. 确定及校正下偏光镜的振动方向

在岩石薄片中找一个具有极完全解理缝的黑云母置于视域中心，使用低倍或中倍物镜准焦。转动载物台，观察黑云母的颜色变化，将黑云母的颜色转到最深为止。此时，黑云母解理缝方向代表下偏光镜的振动方向（因为光波沿黑云母解理缝方向振动时，吸收最强，颜色最深）。如果黑云母解理缝方向与目镜十字丝的横丝（东西方向、带刻度）平行，则下偏光镜位置正确，不需要校正（图 8-4）。如果不平行，则需转动载物台，使黑云母解理缝方向与目镜十字丝的横丝平行，然后旋转下偏光镜，直至黑云母的颜色变到最深为止。此时，下偏光镜振动方向为东西方向。

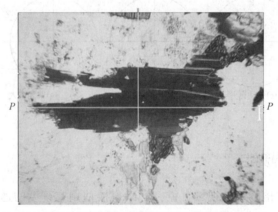

图 8-4 黑云母解理缝平行十字丝横丝

2. 检查上、下偏光镜的振动方向是否正交

在单偏光系统中，未放置薄片时，使用低倍物镜，调节照明使视域最亮。推入上偏光镜，如果视域变黑(全黑)，证明上、下偏光镜的振动方向正交；若视域不黑暗，说明上、下偏光镜的振动方向不正交。在下偏光镜的振动方向已经校正至东西方向的情况下，只需校正上偏光镜的振动方向。转动上偏光镜至视域黑暗为止(相对黑暗)。如果显微镜中的上偏光镜不能转动，则需要做专门修理。

经过上述校正之后，目镜十字丝应当严格与上、下偏光镜的振动方向一致。但有些显微镜的目镜没有定位螺丝，使用过程中或更换目镜时，可能使目镜十字丝位置改变，因此，需要校正目镜十字丝的位置。

若上偏光镜的振动方向已经校正好，而上下偏光不正交，则需调节下偏光镜振动方向至视域内完全黑暗，则上下偏光已正交。

3. 检查目镜十字丝是否严格与上、下偏光镜的振动方向一致

(1)在岩石薄片中选一个具有极完全解理缝的黑云母颗粒，置于视域中心，转动载物台，使黑云母解理缝与目镜十字丝之一平行。

(2)推入上偏光镜，如果黑云母变黑暗(消光)，证明目镜十字丝分别与上、下偏光镜的振动方向一致。如果黑云母不全黑暗(未达消光位)，转动载物台，使黑云母变黑暗(达消光位)。推出上偏光镜，旋转目镜，使十字丝之一与黑云母解理缝平行。此时，目镜十字丝与上、下偏光镜的振动方向一致。

第三节 偏光显微镜的保养及使用守则

偏光显微镜是精密而贵重的光学仪器，又是教学和科研工作中必不可少的常用工具，如有损坏，将直接影响教学和科研工作，并使国家财产受到损失，因此，应该注意保养、爱护，使用时应当自觉遵守使用守则。

(1)使用前应进行检查。

(2)搬动和放置显微镜时，动作要轻，严防震动，以免损坏光学系统。移动显微镜时，必须手握镜架，并托住镜座。

(3)镜头必须保持清洁，如有尘土，需用笔刷或镜头纸轻轻地将灰尘清除，切勿用手或其他物品擦拭，以防损坏镜头。

(4)显微镜镜头及其他附件，需置于原附件盒中，并放在固定位置，严防坠地，附件用毕后放回原处。

(5)切勿随便自行拆卸显微镜或将附件调换使用。

(6)薄片置于载物台上时，薄片的盖玻片必须向上，并用弹簧夹夹住薄片。

(7)用高倍物镜准焦时，需眼睛旁观，切忌眼睛在目镜中观察，以免造成薄片压碎，损坏物镜。

(8)更换物镜时，一定要用手握住物镜转盘转动，切忌用手直接握住物镜转动，以免物镜损坏。

(9)使用上偏光镜及勃氏镜时，切忌猛力推送，以免震坏。

（10）仪器损坏或调节失灵时，应及时与管理人员联系，切勿强力扭动或擅自处理。

（11）显微镜使用完毕，需将上偏光镜及勃氏镜推入，以免落入尘土，镜筒上要留一目镜，并罩上仪器罩。

（12）仪器使用完毕，将亮度调节到最暗，关闭电源，进行登记，并放在指定地点。

第四节　岩石薄片磨制方法简介

在偏光显微镜下研究岩石和矿物时，需要将岩石或矿物磨制成薄片才能进行观察。磨制方法如下：

（1）用切片机从岩石标本上切下一个小岩块（定向或不定向）。

（2）在磨片机上把该岩块的一面磨平。

（3）用加拿大树胶把这一平面粘在载玻片中部（其大小为 25mm×80mm，厚约 1mm）。

（4）再磨另一面，磨至厚度 0.03mm 为止。

（5）用加拿大树胶把盖玻片粘在岩石薄片上（盖玻片大小为 15mm×15mm 至 20mm×20mm，厚度 0.1~0.2mm）。

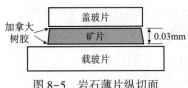

图 8-5　岩石薄片纵切面

因此，岩石薄片是由载玻片、矿片与盖玻片组成的（图 8-5）。矿片的上、下部都有一层薄的加拿大树胶。

在磨制岩石薄片时使用金刚砂。无论金刚砂有多细，矿片表面总会被磨划出显微沟痕。因此，矿片表面并非绝对平滑。

为了某些鉴定需要，如观察长石的解理缝、薄片染色等，对某些薄片不加盖玻片或部分不加盖玻片。疏松岩石在磨制薄片时，则需先浸在加拿大树胶中煮过以后再磨制薄片。

复习思考题

1. 偏光显微镜由哪些主要部件组成？
2. 为什么要校正偏光显微镜的中心？试述校正偏光显微镜中心的步骤。
3. 怎样确定偏光显微镜的下偏光振动方向？如何调节上、下偏光镜的振动方向？

第九章　单偏光镜下的晶体光学性质

本章重点叙述单偏光镜的装置及光学特点，矿物的形态、解理、颜色、多色性、吸收性、边缘、贝克线、糙面及突起。要求掌握解理、多色性、吸收性、光的混合-互补原理、贝克线、糙面及突起的概念，多色性、吸收性公式以及各突起等级的特征；熟悉不同矿物单偏光镜下的形态、解理、多色性、吸收性、糙面及突起的特征，理解不同性质矿物切面之间的关系，了解影响薄片中矿物颜色的有关因素和洛多契尼可夫色散效应。

第一节　单偏光镜的装置及光学特点

单偏光镜(简称单偏光)是指单独使用下偏光镜，在单偏光镜下可观察矿物的晶形、解理、突起、多色性、吸收性、折射等现象。

由灯光源射出的自然光波，在通过下偏光镜后，变成振动方向平行于下偏光镜振动方向 PP 的偏光[图9-1(a)]。如果载物台上放置的为均质体或非均质体垂直光轴的矿物薄片，那么其光率体切面为圆切面，各方向半径相同，由下偏光镜透出的振动方向平行 PP 的偏光，进入薄片后，沿任一圆半径方向振动通过矿物，振动方向基本不改变[图9-1(b)]，此时矿物的折射率值等于圆切面的半径。如果载物台上放置的为非均质体非垂直光轴的矿物薄片，那么其光率体切面为椭圆切面。当矿物的光率体椭圆的长短半径之一平行于 PP 方向时，由下偏光镜透出的振动方向平行 PP 的偏光，进入薄片后，沿该半径方向振动通过矿物，振动方向不变[图9-1(c)]，此时矿物的折射率值等于该半径的长短；当矿物的光率体椭圆的长短半径与 PP 方向斜交时[图9-1(d)]，由下偏光镜透出的振动方向平行 PP 的偏光，进入薄片后，发生双折射，分解成两种偏光，其振动方向分别平行于矿物光率体椭圆的长短半径方向，折射率值则分别等于光率体椭圆的长短半径，光率体椭圆长短半径之差为该切面的双折率，两种偏光在薄片中的传播速度不同。

单偏光镜下观察、测定的主要特征有：①矿物的外表特征，如矿物的形态、解理等；②与矿物对光波选择性吸收有关的光学性质，如矿物的颜色、多色性和吸收性；③与矿物折射率值大小有关的光学性质，如边缘、贝克线、糙面和突起等。

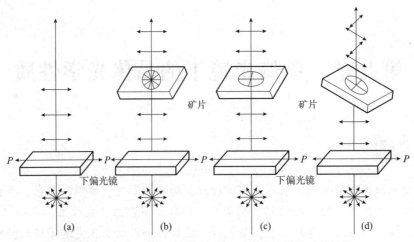

图 9-1 单偏光镜装置及光波通过下偏光镜及薄片的情况

第二节 矿物的形态及解理

一、矿物的形态

矿物具有一定的结晶习性，会构成一定的外表形态，如角闪石常呈单斜柱状，石榴子石常呈菱形十二面体。此外，矿物的粒度大小、形态及晶形的完整程度等，常与矿物形成的条件、晶出顺序有密切联系。所以研究矿物的形态，不仅有助于鉴定矿物，还可帮助我们推断出它们的形成条件及生成顺序。

岩石薄片中所见的矿物形态，只是晶体某一方向的切面轮廓，并不是矿物的立体形态。同一晶体不同方向的切面，其外形轮廓可以截然不同（图 9-2）。因此，在薄片鉴定工作中，必须仔细观察晶体各个方向的切面形状，并结合晶面夹角、解理性质等特征，运用矿物学及结晶学知识综合判断矿物的形态。

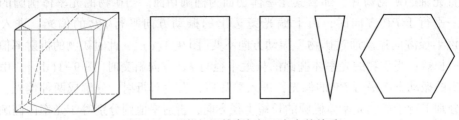

图 9-2 矿物切面轮廓与切面方向的关系

常见的矿物形态有粒状、柱状、板状、片状、纤维状、放射状等，如图 9-3 所示。

矿物形态还与它结晶的顺序、形成的空间密切相关，矿物的自形程度可分为 3 个等级：

（1）自形，矿物边界全为晶面，表现为切面边界平直，所有的切面形态均为多边形 ［图 9-4(a)］，如磷灰石。在岩浆作用中，一般结晶早的矿物自形程度较高。

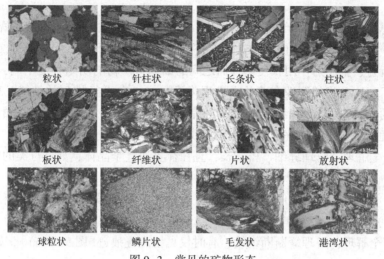

扫码查看
高清原图

粒状	针柱状	长条状	柱状
板状	纤维状	片状	放射状
球粒状	鳞片状	毛发状	港湾状

图9-3 常见的矿物形态

（2）他形，矿物边界无完整晶面，表现为切面边界为不规则的曲线多边形[图9-4(b)]，如石英。在岩浆作用中，一般结晶晚的矿物更容易呈他形。

（3）介于二者之间的半自形，矿物边界部分为晶面，切面边界部分平直，部分呈不规则状[图9-4(c)]，如角闪石。在岩浆作用中，一般半自形矿物多形成于岩浆活动的中期。

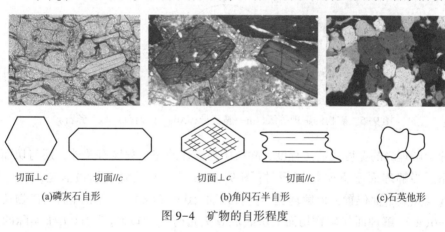

扫码查看
高清原图

切面⊥c　　　切面//c　　　　切面⊥c　　　切面//c

(a)磷灰石自形　　　　　　　(b)角闪石半自形　　　　　(c)石英他形

图9-4 矿物的自形程度

在岩石薄片鉴定中，切不可凭矿物的个别切面外形来判定该矿物的整体外形。必须多观察一些不同方向的切面形态，综合分析并结合手标本上矿物的形态，才能做出符合实际的判断。

二、解理

解理是指晶体或晶粒在外力打击下，总是沿一定的结晶方向裂成平面的固有性质。所裂成的平面称为解理面。许多矿物都具有解理，不同矿物所具有的解理方向、组数、完全程度及解理夹角往往不相同，所以解理是鉴定矿物的特征之一。同时，解理面的方向还往往与晶面、晶轴有一定联系。因此，解理还可以作为测定某些光学常数的辅助条件或依据。

在磨制薄片过程中，由于机械力的影响，使解理面之间张开形成细缝，黏合时加拿大树胶充填其中。由于矿物的折射率与加拿大树胶的折射率值不同，光波通过二者之间的界面时会发生折射、全反射作用，使解理面之间的细缝与矿物的明暗程度不同，因此细缝会显示出来。所以，矿物的解理在薄片中表现为沿一定方向平行排列的细缝，称为解理缝。解理缝之间的间距往往大致相等。当解理的完全程度不同时，薄片中解理缝的特征亦不相同。根据解理的完全程度，解理缝的特征大致可划分为 3 个等级。

（1）极完全解理：解理缝细、密、长，且往往贯通整个晶体，如云母类的解理［图 9-5（a）］。

（2）完全解理：解理缝之间的间距较宽，一般不完全连续。如角闪石类和辉石类的解理［图 9-5（b）］。

（3）不完全解理：解理缝断断续续，有时仅见解理缝痕迹［图 9-5（c）］，如斧石。

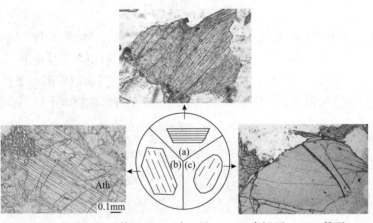

扫码查看
高清原图

图 9-5　矿物的解理等级（Clt—脆云母；Ath—直闪石；Ax—斧石）

薄片中解理缝的宽度及清楚程度，除与矿物解理的完全程度有关外，还与切面方向有密切关系。当解理面垂直矿物切面时［图 9-6（a）］，解理缝最细最清楚，当升降镜筒时，虽改变焦点平面位置，但解理缝不左右移动［图 9-6（b）］。当解理面与矿物切面斜交时［图 9-6（a），解理面与矿物切面的法线成 α 夹角时］，解理缝变宽（大于实际的宽度）。若在该种情况下升降镜筒，解理缝向左右移动［图 9-6（c）］。当解理面与切面法线间的夹角逐渐变大时，解理缝逐渐变宽，且越来越不清晰。当解理面与切面法线间的夹角到一定角度时，解理缝就看不见了。此时，解理面与矿物切面法线之间的夹角（α 角），称为解理缝可见临界角。其大小取决于矿物折射率与加拿大树胶折射率的差值，其差值越大；解理缝可见临界角越大，反之，差值越小。解理缝可见临界角越小。当矿物与加拿大树胶折射率值相近时，在薄片中则不易见到矿物的解理。

В. Н. 洛多奇尼可夫（В. Н. Лодочников）列出部分矿物解理缝可见临界角的近似值；

$N \approx 1.70 \pm$（与加拿大树胶折射率差值约 0.16），如辉石类，解理缝可见临界角约为 30°。

$N \approx 1.65 \pm$，如角闪石类，解理缝可见临界角约等于 25°。

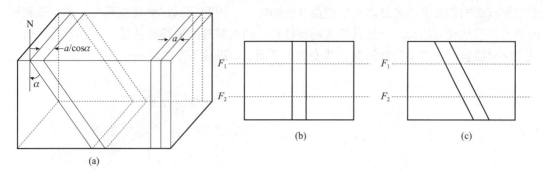

图 9-6　解理缝能见度与切面方向的关系

$N \approx 1.60 \sim 1.55\pm$，如云母类和长石类，解理缝可见临界角等于 $20° \sim 10°$。

由上可知，同一矿物，不同方向切面上解理缝的可见性、宽度、清晰程度及组数不完全相同。例如角闪石类矿物，虽具有两组解理，但在薄片中，有些切面上可见一组解理缝，有些切面上看不见解理缝，只有垂直 Z 晶轴或近于垂直 Z 晶轴的切面才可见到两组解理缝。因此，在显微镜下观察矿物的解理时，切不可凭个别或少数切面判断解理的有无及解理的组数，而必须多观察一些切面，综合判断。

不同的矿物，由于折射率值不同，所以解理缝可见临界角大小不同，在薄片中能见到解理缝的机会就不同。例如辉石类和长石类矿物都具有两组解理，辉石类矿物的折射率值大于长石类矿物，且二者的折射率值均大于加拿大树胶的折射率值。所以，辉石类矿物的解理缝可见临界角大于长石类矿物。因此，在岩石薄片中，辉石类矿物见到解理缝的颗粒较多，而长石类矿物见到解理缝的颗粒较少。

此外，晶体或晶粒在外力打击下有时可沿一定的结晶方向裂成平面的性质称为裂理。裂理与解理在现象上极为相似，但解理是由内因决定的，是一种晶体固有不变的特性；裂理则是由外因引起的，对于同种晶体而言，可能出现，也可能不出现，出现时的方向也可以不同。产生裂理的原因主要是：沿晶体结构中一定方向的面网上分布有他种物质的夹层，或具有机械双晶。在磨制薄片时，矿物受外力作用形成裂理后被加拿大树胶填充，由于矿物与加拿大树胶折射率值不同，光波通过二者之间的界面时发生折射和全反射作用，使裂理面之间的细缝与矿物的明暗程度不同，而使细缝显示出来，这些细缝称为裂纹。在薄片中，裂纹一般表现为弯曲或不规则细缝，有的也可以是平直而贯穿整个颗粒，但缝与缝之间的距离往往不等。观察时应结合矿物学及结晶学知识区分裂纹与解理。

三、解理夹角的测定

不同矿物所具有的解理夹角往往不相同，所以解理夹角是鉴定矿物的特征之一，当矿物具有两组解理时，则需要测定其解理夹角。例如，角闪石类和辉石类矿物垂直 c 轴切面，均可见两组解理，这两组解理缝在结晶上同属 $\{110\}$ 单形，故称为 $\{110\}$ 解理。但它们的解理夹角是不同的，角闪石类矿物的解理夹角为 $56°$（或 $124°$），辉石类矿物的解理夹角为 $87°$（或 $93°$），如图 9-7 所示。晶体中解理面之间的夹角本来是固定的，但由于切面的方向不同，同种矿物切面上解理缝之间的夹角大小会有所不同（图 9-8）。只有同时垂直两组解理面的切面上，才是两组解理面真正的夹角。因此，测定解理夹角时，必须选择同时垂直两组解理面的切面。这种切面的特征是：两组解理缝最细最清楚，当解理缝平行目镜十字*丝纵丝*时，微微升降镜筒，改变焦点平面，解理缝不左右移动。

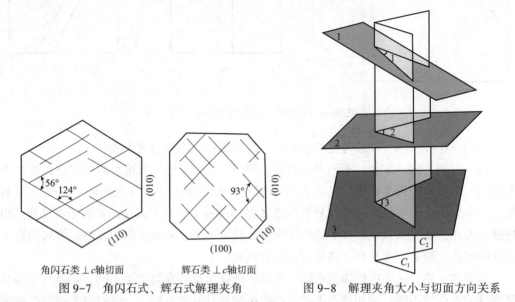

角闪石类⊥c轴切面   辉石类⊥c轴切面

图9-7　角闪石式、辉石式解理夹角　　　图9-8　解理夹角大小与切面方向关系

解理夹角的测定方法如下：

（1）选择两组最细最清楚的解理缝，当解理缝平行目镜十字*丝纵丝*时，微微升降镜筒，改变焦点平面，将解理缝不左右移动的矿物切面置于视域中心。

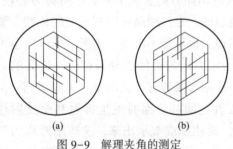

(a)　　　　　　(b)

图9-9　解理夹角的测定

（2）转动载物台，使一组解理缝平行目镜十字*丝纵丝*（或横丝）[图9-9(a)]，在载物台刻度盘上读数为a。

（3）转动载物台，使另一组解理缝平行目镜十字*丝纵丝*（或横丝）[图9-9(b)]，在载物台刻度盘上读数为b。两次读数之差（$|a-b|$）为所测的解理夹角。

（4）记录格式为：解理1∧解理2 = $|a-b|$，如普通角闪石的解理夹角$(110)∧(1\overline{1}0)=56°$。

第三节　矿物的颜色、多色性和吸收性

一、矿物的颜色

矿物在薄片中呈现的颜色与手标本上的颜色会有所不同，前者是矿物在透射光下所呈现的颜色，而后者是矿物在反射光、散射光下所呈现的颜色。有些矿物手标本上有色，在薄片中不一定有色，如橄榄石；有些矿物手标本上颜色较深，但薄片中颜色很浅，如绿帘石；有些矿物手标本是一种颜色，而薄片中是另一种颜色，如角闪石。晶体光学中主要研究矿物在薄片中的颜色。

当光波透过薄片中的矿物时，不管矿物如何透明，总是会吸收一部分光波。如果薄片中的矿物对白光中各种单色光波的吸收程度都相等，则透过薄片后仍为白光，只是光的强度有所减弱，此时薄片中的矿物不显示颜色，称为无色矿物。如果薄片中的矿物对白光中各种单色光波的吸收程度不同，则透出薄片的各种单色光波的强度比例会发生改变。透出薄片的各种单色光混合起来使薄片中的矿物呈现特定的颜色。薄片中的矿物对白光中各单色光波的不等量吸收，称选择吸收。因此，在单偏光镜下，薄片中的矿物呈现的颜色是矿物对白光中各单色光波选择吸收的结果。

薄片中的矿物对白光中各单色光波选择吸收后所呈现的颜色，遵循各单色光的混合-互补原理。如图9-10(a)所示，红、绿、蓝3种单色光称原色光，3种原色光按不同比例混合，可得到白光中的其他主要单色光，如橙、黄、青、紫等单色光。例如3种原色光中，红光与绿光，红光与蓝光，绿光与蓝光，以等比例混合，则分别生成黄光、品红光及青光[图9-10(a)]。如果改变3种原色光的混合比例(不等比例混合)，则可产生其他颜色的单色光[图9-10(b)]。例如红光多于绿光混合形成橙光，蓝光多于红光混合形成紫光等。根据光的混合-互补原理，对顶象限的两种颜色为互补色[图9-10(b)]，例如红光与青光、橙光与靛光、黄光与蓝光、黄绿光与紫光两者等量混合，就会相互抵消呈白色。

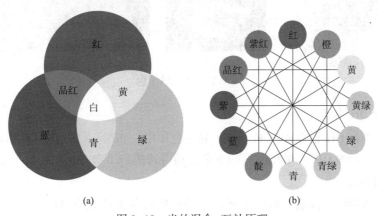

扫码查看
高清原图

(a)　　　　　　　　　　(b)

图9-10　光的混合-互补原理

因此，薄片中矿物呈现的颜色，是透出薄片的单色光按混合-互补原理混合形成的颜色。例如薄片中的矿物对白光中的黄光全吸收，对其他单色光吸收程度相近，则薄片中的矿物呈现蓝色，因为黄光与蓝光为互补光。

影响薄片中矿物颜色的因素，主要为以下3种。

1. 矿物的化学成分

矿物在薄片中呈现的颜色，主要取决于矿物的化学成分，特别是矿物晶格中存在的过渡元素Fe、Mn、Cr、Ni、Co、Cu、Zn等或镧族元素。也取决于晶体的原子排列状态、晶体缺陷状态、杂质及超显微包体。例如含Fe^{2+}常呈浅绿色，如橄榄石、阳起石、钙铁辉石等；有时也呈浅蓝色，如蓝宝石、堇青石。含Fe^{3+}常显红色色调，如玄武角闪石、黑云母、铁铝榴石。含 Mn^{3+} 常呈浅红色，如红帘石；含 Mn^{2+} 常呈粉红色，如蔷薇辉石；含 Cr^{3+} 呈浅绿色，如翡翠、铬透辉石。含 Cu^{2+} 常呈绿色或蓝绿色，如电气石、孔雀石。含 Ni^{2+} 常呈黄绿色，如绿泥石(图 9-11)。

橄榄石　　　　　　　董青石　　　　　　　铁铝榴石

红帘石　　　　　　　蔷薇辉石　　　　　　铬透辉石

电气石　　　　　　　孔雀石　　　　　　　绿泥石

图 9-11　矿物的颜色

2. 是否含 OH⁻ 离子

矿物中是否含 OH^- 也会影响 Fe^{2+} 离子的呈色作用。如黑云母、角闪石和普通辉石都含有 Fe^{2+}，但前二者含 OH^-，呈现明显的颜色，而普通辉石不含 OH^-，则近于无色。

3. 薄片的厚度

薄片中矿物颜色的深浅，取决于薄片中的矿物对各单色光波吸收的总强度(吸收光波的绝对量)。吸收总强度越大，薄片中矿物的颜色越深，反之，颜色越浅。薄片中的矿物对光波的吸收总强度取决于矿物本身的性质(对光波的吸收能力)和薄片的厚度。同一矿物，薄片越厚，光波在矿物中经历的路程越长，吸收越多，颜色越深。

均质体矿物的光学性质各方向相同，对白光的选择吸收和吸收总强度不会因光波在晶体中的振动方向不同而发生改变。因此，均质体矿物的颜色及颜色深浅，不因光波在晶体中的振动方向不同而发生改变。

二、多色性和吸收性

非均质体矿物的光学性质随方向不同而异，对光波的选择吸收及吸收总强度随光波在晶体中的振动方向不同而发生改变。因此，在单偏光镜下转动载物台时，许多有色非均质体矿物的颜色及颜色深浅会发生变化。其中非均质体矿物颜色发生改变、呈现多种色彩的现象称为多色性（Pleochroism），颜色深浅发生改变的现象称为吸收性（Absorption）。多色性明显，是指矿物颜色的变化明显。吸收性明显，是指颜色的深浅（或明暗）变化大，如高温型褐云母垂直解理面的切面，颜色为暗褐色–淡褐色，虽然颜色变化不大，但是颜色的深浅变化大，即吸收性强。

矿物的多色性和吸收性是由矿物的本性决定的，不同矿物有不同的多色性和吸收性。多色性和吸收性是鉴定有色非均质体矿物的重要特征，是单偏光镜下研究和描述的重要光性特征。此外，薄片中矿物的切面方向、薄片的厚度及视域的亮度等也会影响矿物的多色性和吸收性。

同种矿物的不同切面，所见到的多色性和吸收性会有所不同：

（1）$\perp OA$ 切面，无多色性和吸收性。

（2）一轴晶∥OA 切面和二轴晶∥AP 切面，多色性和吸收性最强。

（3）其他方向切面，多色性和吸收性介于无和最强之间。

薄片的厚度越大，总的吸收率越大，颜色越深；反之，颜色越浅。视域越暗，多色性和吸收性越容易被观察到。综上所述，观察研究多色性和吸收性时，需要在标准厚度的薄片、中等亮度条件下，选择合适的切面进行。

一轴晶矿物有两种主要的颜色，通常与 N_e 和 N_o 方向相当。本书以黑电气石为例说明一轴晶矿物的多色性现象（图9-12）。

黑电气石平行 OA 切面的光率体椭圆长短半径分别为 N_o 和 N_e，因电气石为负光性矿物，所以 $N_o > N_e$。将黑电气石平行 OA 切面置于单偏光镜下，当薄片中矿物的光率体椭圆的短半径 N_e 平行下偏光镜振动方向 PP 时［图9-12（a）］，由下偏光镜透出的振动方向平行 PP 的偏光，进入薄片后，沿 N_e 方向振动（N_o 方向的振幅为零），此时薄片中的矿物呈现浅紫色。这种颜色是光波在矿物中沿 N_e 方向振动时，矿物对光波选择吸收形成的。

转动载物台90°，此时薄片中矿物的光率体椭圆的长半径 N_o 平行下偏光镜振动方向 PP［图9-12（b）］，由下偏光镜透出的振动方向平行 PP 的偏光，进入薄片后，沿 N_o 方向振动（N_e 方向的振幅为零），此时薄片中的矿物呈现深蓝色。这种颜色是光波在矿物中沿 N_o 方向振动时，矿物对光波选择吸收形成的。

当薄片中矿物的光率体椭圆半径（N_o 和 N_e）与下偏光镜振动方向 PP 斜交时［图9-12（c）］，由下偏光镜透出的振动方向平行 PP 的偏光，进入薄片后，发生双折射，分解成两种偏光，一种偏光的振动方向平行 N_o，另一种偏光的振动方向平行 N_e。此时，矿物的颜色为浅紫色与深蓝色的混合色。

一轴晶的多色性公式为：N_e = XX 色，N_o = XX 色。

一轴晶的吸收性公式为：$N_e > N_o$（正吸收）或 $N_e < N_o$（反吸收）。

所以，黑电气石的多色性公式为：N_e = 浅紫色，N_o = 深蓝色；吸收性公式为：$N_e < N_o$。

二轴晶矿物有 3 个主要颜色，通常与光率体 3 个主轴 N_g、N_m 和 N_p 相当。平行光轴面的切面显示 N_g、N_p 的颜色，其多色性最明显；垂直光轴的切面，显示 N_m 的颜色，不具有多色性；垂直 Bxa 的切面显示 N_m、N_p（正光性）或 N_g、N_m（负光性）的颜色，其多色性明显程度介于前两种切面之间。所以，测定二轴晶矿物的多色性，需要两个方向的切面，最好

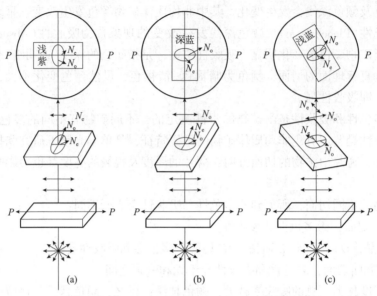

图 9-12　黑电气石平行 OA 切面的多色性

选择平行光轴面的切面和垂直光轴的切面。

二轴晶的多色性公式为：N_g=XX 色，N_m=XX 色，N_p=XX 色。

二轴晶的吸收性公式为：$N_g>N_m>N_p$（正吸收）或 $N_g<N_m<N_p$（反吸收）。

例如，普通角闪石的多色性公式为：N_g=深绿色，N_m=绿色，N_p=浅黄绿色；吸收性公式为：$N_g>N_m>N_p$（正吸收）。锂辉石的多色性公式为：N_g=无色，N_m=淡绿色，N_p=绿色；吸收性公式为：$N_g<N_m<N_p$（反吸收）。正、反吸收性也是鉴定有色非均质体矿物的重要特征之一，反吸收是碱性角闪石、碱性辉石的鉴定特征之一。

矿物在薄片中多色性的明显程度除与矿物本身的性质有关外，还与切面方向及薄片厚度密切相关。同一矿物，切面方向不同，多色性明显程度会有所不同。一轴晶平行光轴或二轴晶平行光轴面的切面多色性最明显，垂直光轴切面则不具有多色性，其他方向切面的多色性明显程度递变于二者之间。当切面方向相同时，薄片越厚，多色性越明显。因此，观察薄片中矿物的多色性时，不能仅凭个别切面下结论。测定多色性公式必须在定向切面上进行。

第四节　矿物的边缘、贝克线、糙面和突起

一、矿物的边缘和贝克线

岩石薄片中，在两个折射率不同的物质接触处，可以看到一条比较黑暗的边缘，称矿物的边缘。在边缘的邻近处，可见到一条比较明亮的细线，称为贝克线（becke line）或亮带。

边缘和贝克线产生的主要原因是，相邻两物质折射率不等，光波通过二者的接触界面时，发生折射、全反射作用导致光线分布不均引起的。根据两种物质接触关系不同可以分为下列几种情况：

（1）当相邻两物质的接触界面倾斜时，如果折射率大的物质盖在折射率小的物质之上[图9-13（a）]，无论接触界面的倾斜度如何，光线在接触界面上均向折射率大的物质方向折射。

（2）当折射率小的物质盖在折射率大的物质之上时，且接触界面倾斜较缓[图9-13（b）]，光线在接触界面上仍向折射率大的物质方向折射。

（3）当折射率小的物质盖在折射率大的物质之上时，且接触界面倾斜较陡[图9-13（c）]，有部分入射光的入射角大于全反射临界角，在接触界面上发生全反射，全反射方向为折射率大的物质方向。

（4）当两种物质的接触界面直立时[图9-13（d）]，垂直薄片的入射光不发生折射，但略为倾斜的光线发生折射和全反射，光线仍在折射率大的物质边缘集中。

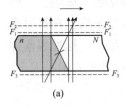 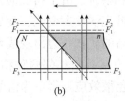 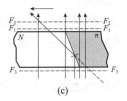 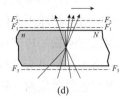

（a）　　　　　　　（b）　　　　　　　（c）　　　　　　　（d）

图9-13　边缘和贝克线的成因

综上所述，无论两种物质的接触关系如何，光线通过两种物质接触界面发生折射或全反射作用时，总是使接触界面的一边光线相对减少，形成较暗的边缘。边缘的粗细和黑暗程度与两种物质折射率差值的大小有关，差值越大，边缘越粗越黑暗，反之，越细越不清楚。在接触界面的另一边，光线相对增多，形成比较明亮的贝克线。如果缓慢提升镜筒（或下降物台），从焦点平面 F_1F_1 上升至 F_2F_2（图9-13），所观察的光线增多部分（贝克线）向折射率大的物质方向移动；降低镜筒（或上升物台）至焦点平面 F_3F_3，光线增多部分（贝克线）向折射率小的物质方向移动。因此，贝克线的移动规律（图9-14）是：

（1）提升镜筒（或下降物台），贝克线向折射率大的物质移动。

（2）下降镜筒（或上升物台），贝克线向折射率小的物质移动。

根据贝克线的移动规律，可以确定相邻两种物质折射率的相对大小。贝克线的灵敏度较高，两种物质折射率相差在0.001时，贝克线仍然清楚可见。如果用单色光，其灵敏度可达0.0005，这样的精度在岩石薄片鉴定中已经够用了。观察贝克线时，需把两种物质的接触界线置于视域中心，适当缩小锁光圈以挡去倾斜度较大的光线，使视域变暗，这样贝克线将显得更清楚。

 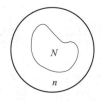 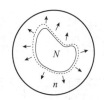

提升镜筒　　　　　　准焦在颗粒上　　　　　　下降镜筒

图9-14　贝克线的移动规律

二、假贝克线

当矿物折射率与相邻物质折射率相差很大时，在薄片较厚或矿物解理发育的情况下，在矿物边缘附近有时还可能见到另一条亮线。提升镜筒时，该亮线的移动方向与贝克线相反，这条亮线称假贝克线（false becke line），它是由于两种物质接触面上光的反射或内反射作用形成的。当入射光高度会聚，物镜光孔角很大时，假贝克线特别明显。因此，消除或减弱假贝克线的方法是，换用光孔角小的物镜，使入射光近于平行。

三、色散效应

当两种物质折射率相差很小，且在白光下观察时，由于物质的折射率色散影响，在两种折射率相差不大的无色矿物界线附近，有时贝克线发生变化，变成有色细线。在折射率较低的矿物一边出现橙黄色细线，在折射率较高的矿物一边出现浅蓝色细线。这种现象称为洛多契尼可夫色散效应。利用色散效应可以直接判断相邻两种物质折射率的相对大小。观察色散效应时，应适当缩小光圈，这样可使色散效应显得更为清楚。

四、矿物的糙面

在单偏光镜下观察时，可以看到岩石薄片中各个矿物表面的光滑程度不同，如某些矿物表面较为光滑，而某些矿物表面会显得较为粗糙，呈麻点状，好像粗糙的皮革一样。薄片中矿物表面光滑程度不同的现象称为糙面。

产生糙面的原因主要是：

（1）矿物表面具有一些显微状的凹凸不平，覆盖在矿物上的加拿大树胶折射率与矿物折射率不同。光线通过二者之间的界面时，发生折射作用，使矿物表面的光线集散不均一［图9-15（a）、图9-15（b）］，因而显得矿物表面上明暗程度不同，光亮不均一，给人以粗糙不平的感觉。

糙面的显著程度主要由矿物的折射率（$N_{矿}$）与树胶的折射率（$N_{树}$）的差值决定，差值越大，糙面越显著，反之，糙面越不显著。糙面的显著程度，还与矿物表面的磨光程度有关，矿物表面的磨光程度越差，其糙面越明显。糙面的粗糙程度一般用"很显著、显著、不显著"或"很粗糙、粗糙、光滑"等词来描述。

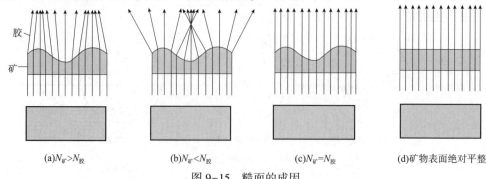

胶			
矿			
(a)$N_{矿}>N_{胶}$	(b)$N_{矿}<N_{胶}$	(c)$N_{矿}=N_{胶}$	(d)矿物表面绝对平整

图9-15　糙面的成因

当 $N_{矿} = N_{树}$ 时，不发生折射，光线不发生分散或聚敛，所以此时不会产生糙面[图9-15(c)]。

假若矿物表面绝对平整，光线通过薄片中的矿物时，也不发生分散或聚敛，就不会产生糙面[图9-15(d)]。

五、矿物的突起

在单偏光镜下观察岩石薄片中的某一矿物颗粒时，由于它与周围介质（其他矿物或树胶）的折射率有差异，二者交界处透过的光发生折射，使得该矿物颗粒看起来凸出或凹入的现象称为突起。折射率大于周围介质的矿物具有凸出的感觉，称正突起；折射率小于周围介质的矿物看来是凹入的，称负突起；折射率同周围介质近于相等的矿物具有平坦的感觉，突起不明显。在显微镜下正、负突起可借助于光带（贝克线）或色散效应来区别。突起为显微镜下鉴定矿物的特征之一。矿物表面的突起现象仅仅是人们视力的一种感觉，在同一岩石薄片中，各个矿物表面实际上是在同一水平面上的。为什么人们会觉得有高低不同的感觉呢？主要是因为矿物折射率与加拿大树胶折射率不同，当光波通过两者之间的界面时，发生折射、全反射作用，形成矿物的边缘和糙面。糙面和边缘的综合反映，让人们觉得矿物表面有突起的感觉。边缘越宽，糙面越明显，矿物的突起显得越高；反之，边缘越细，糙面越不明显，矿物的突起显得越低。矿物的边缘粗细和糙面的明显程度主要取决于矿物折射率与加拿大树胶折射率的差值大小。因此，矿物突起的高低取决于矿物折射率与加拿大树胶折射率的差值大小，差值越大，矿物的突起越高；反之，差值越小，矿物的突起越低。

加拿大树胶折射率值为1.54，折射率大于1.54的矿物为正突起，折射率小于1.54的矿物为负突起。无论是正突起或是负突起，矿物表面看起来都是突起来的。区分矿物突起的正负，必须借助贝克线或色散效应。当矿物与加拿大树胶接触时，提升镜筒（或下降载物台），贝克线向矿物内移动时为正突起，贝克线向加拿大树胶移动时为负突起。浅蓝色细线在矿物一边，橙黄色细线在加拿大树胶一边为正突起；反之，橙黄色细线在矿物一边，浅蓝色细线在加拿大树胶一边为负突起。

根据矿物的边缘、糙面明显程度及突起高低，可以将矿物划分为6个突起等级（表9-1和图9-16）。

由表9-1可以看出，矿物的边缘、糙面明显程度及突起高低，都与矿物折射率与加拿大树胶折射率的差值大小有关。差值越大，矿物的边缘和糙面越明显，突起越高，反之，差值越小，矿物的边缘和糙面越不明显，突起越低。根据矿物的突起等级，可以估计矿物折射率值的大致范围。

表9-1 突起等级及其特征

突起等级	折射率	特征	实例
负高突起	<1.48	边缘粗黑，糙面显著；提升镜筒，贝克线向树胶移动	萤石
负低突起	1.48~1.54	边缘很细，糙面不显著；提升镜筒，贝克线向树胶移动 折射率接近1.54的矿物，边缘不显著，表面光滑；贝克线色散，提升镜筒，浅蓝带向树胶移动	白榴石 钾长石

续表

突起等级	折射率	特 征	实例
正低突起	1.54~1.60	边缘很细，糙面不显著；提升镜筒，贝克线向矿物移动 折射率接近1.54的矿物，边缘不显著，表面光滑；贝克线色散，提升镜筒，浅蓝带向矿物移动	基性斜长石 石英
正中突起	1.60~1.66	边缘较粗，糙面较显著；提升镜筒，贝克线向矿物移动	磷灰石、透闪石
正高突起	1.66~1.78	边缘粗黑，糙面显著；提升镜筒，贝克线向矿物移动	橄榄石、辉石
正极高突起	>1.78	边缘很宽、很黑，糙面极显著；提升镜筒，贝克线向矿物移动	石榴子石、榍石

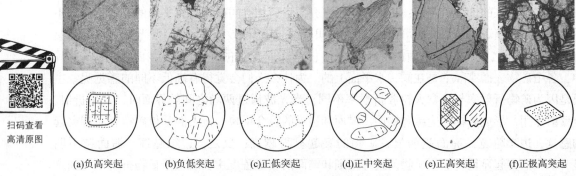

扫码查看
高清原图

(a)负高突起　　(b)负低突起　　(c)正低突起　　(d)正中突起　　(e)正高突起　　(f)正极高突起

图 9-16　矿物的突起等级及其示意图

六、闪突起

在单偏光镜下，转动载物台，非均质体矿物的边缘、糙面及突起高低发生明显改变的现象称为闪突起。突起高低为什么发生改变呢？

矿物的边缘、糙面明显程度及突起高低，主要取决于矿物折射率与加拿大树胶折射率的差值大小。非均质体矿物的折射率随光波在晶体中的振动方向不同而有所改变。以一轴晶矿物晶体为例，当薄片中矿物的光率体椭圆短半径 N_e 与下偏光镜的振动方向 PP 平行时，由下偏光镜透出的振动方向平行 PP 的偏光进入薄片后，沿 N_e 方向振动，此时矿物的折射率值等于 N_e。转动载物台90°，使薄片中矿物的光率体椭圆长半径 N_o 与 PP 平行，由下偏光镜透出的振动方向平行 PP 的偏光进入薄片后，沿 N_o 方向振动，此时矿物的折射率值等于 N_o。N_e 和 N_o 值与加拿大树胶折射率的差值不同，其边缘、糙面及突起应当有差异。但一般矿物的双折率（$|N_o-N_e|$）不大，突起变化不易看出。只有当矿物的双折率很大，而且其中有一个折射率值与加拿大树胶相近，或者一个方向为正突起而另一个方向为负突起时，才具有明显的闪突起现象，例如方解石平行 Z 轴切面（图 9-17）。

同一矿物，切面方向不同，闪突起的明显程度不同。平行光轴或光轴面的切面闪突起最明显，垂直光轴的切面无闪突起现象，其他方向的切面闪突起明显程度介于上述二者之间。

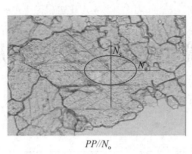

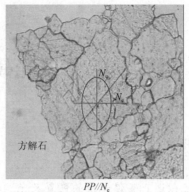

图 9-17 方解石闪突起

复习思考题

1. 单偏光镜下能观察到晶体的哪些光学性质？

2. 单偏光镜下如何研究矿物的单体形态？

3. 角闪石具有两组解理，在岩石薄片中，为什么有不具解理缝的切面？

4. 贝克线的移动规律是什么？如何利用贝克线的移动规律来判断矿物折射率的相对大小？

5. 岩石薄片中，矿物的突起高低取决于什么因素？如何区分突起的正负？

6. 矿物的多色性在什么方向的切面上最明显，为什么？测定一轴晶和二轴晶矿物的多色性公式，需要选择什么方向的切面？

7. 突起一般划分为几个等级？各等级的折射率范围和镜下鉴定特征是什么？如何确定未知矿物的突起等级？

第十章 正交偏光镜下的晶体光学性质

本章重点叙述正交偏光镜的装置及光学特点、消光和干涉的成因，干涉色、补色法则及正交偏光镜下主要光学性质的观察与测定方法。要求掌握干涉色的级序，消光、消光位及延性的概念，学会光率体椭圆半径的方向及名称、干涉色级序、消光类型及延性符号的测定方法；熟悉常用的补色器及双晶类型，理解正交偏光系统下晶体的光学现象及测定原理，了解干涉现象的成因。

第一节 正交偏光镜的装置及光学特点

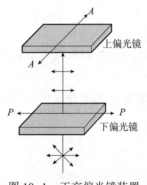

图 10-1 正交偏光镜装置

正交偏光镜，就是除了用下偏光镜之外，再推入上偏光镜，而且上、下偏光镜的振动方向需互相垂直（图 10-1）。由于入射光波是近于平行的光束，所以又称为平行光下的正交偏光镜。一般以符号"PP"代表下偏光镜的振动方向，以符号"AA"代表上偏光镜的振动方向。

当正交偏光镜间不放置薄片时，视域完全黑暗。因为自然光波通过下偏光镜后，变成振动方向平行 PP 方向振动的偏光（图 10-1），到达上偏光镜时，该偏光与上偏光镜允许透过的振动方向 AA 垂直，因此被吸收而不能透出上偏光镜，所以视域黑暗。

在正交偏光镜间的载物台上放置薄片时，因为矿物性质及切面方向不同，会显示不同的光学现象。

第二节 消光现象及消光位

薄片中的矿物在正交偏光镜间变黑暗的现象，称为消光现象。薄片中的矿物在什么情况下会变黑暗呢？在正交偏光镜间，载物台上放置均质体或非均质体垂直光轴的矿物薄片 [图 10-2(a)] 时。这两种矿物的光率体切面都是圆切面，光波垂直这种切面入射时，不发生双折射，也不改变入射光波的振动方向。因此，由下偏光镜透出的振动方向平行 PP 的偏光，通过薄片中的矿物后，其振动方向不会改变，仍然与上偏光镜的振动方向 AA 垂直，不能透出上偏光镜，所以薄片中的矿物会变黑暗而消光。转动载物台360°，薄片中矿物的消光现象不改变，故称全消光。

在正交偏光镜间的载物台上，放置非均质体非垂直光轴方向的矿物薄片，这类薄片中矿物的光率体切面为椭圆切面。由下偏光镜透出的振动方向平行 PP 的偏光垂直射入薄片中的矿物后，其振动方向是否改变，取决于薄片中矿物的光率体椭圆半径与上、下偏光镜振动方向 AA 和 PP 之间的关系。当薄片中矿物的光率体椭圆半径与 AA 和 PP 平行时〔图10-2(b)〕，由下偏光镜透出的振动方向平行 PP 的偏光垂直射入薄片中的矿物后，因其振动方向与薄片中矿物的光率体椭圆半径之一平行，在薄片中的矿物内沿该半径方向振动通过，透出薄片后，不改变其振动方向，仍然与上偏光镜允许通过的振动方向 AA 垂直，所以不能透出上偏光镜，故使薄片中的矿物消光。转动载物台360°，薄片中矿物的光率体椭圆长短半径与上、下偏光镜的振动方向 AA 和 PP 有 4 次平行的机会，故这类矿物有 4 次消光。

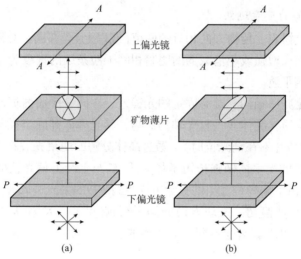

图 10-2　矿物在正交偏光镜间的消光现象

当非均质体非垂直光轴方向切面上的光率体椭圆半径，与上、下偏光镜的振动方向 AA 和 PP 斜交时，薄片中的矿物不消光，发生干涉作用，生成干涉色。

非均质体矿物的集合体，如多晶质的翡翠、软玉、玛瑙等，它们在正交偏光镜间时，有的矿物颗粒的光率体椭圆半径与 PP 和 AA 一致，呈消光状态，而同时大部分矿物颗粒的光率体椭圆半径与 PP 和 AA 斜交，因此整个集合体的视域明亮而不消光。

非均质体非垂直光轴方向的切面，在正交偏光镜间处于消光时的位置称消光位。当这类矿物在消光位时，其光率体椭圆半径必定分别与上、下偏光镜的振动方向 AA 和 PP 平行。偏光显微镜中的上、下偏光镜的振动方向一般是已知的，下偏光镜的振动方位为东西向，上偏光镜的振动方向为南北向，上、下偏光镜的振动方向通常以目镜十字丝方向代表。综上所述，当矿物处于消光位时，可以确定薄片中矿物的光率体椭圆半径的方向。具体来说，即非均质体非垂直光轴方向的任意切面在消光位时，目镜十字丝的方向是薄片中矿物的光率体椭圆半径的方向。

某些单斜晶系或三斜晶系矿物，由于其光率体色散较强，薄片中矿物的紫光光率体椭圆半径与红光光率体椭圆半径的方位不同，紫光与红光的消光位不一致，因此，这种矿物在正交偏光镜间，用白光照射时，转动载物台360°，不会出现全黑位置，而是在消光位附近出现暗褐红色至暗蓝紫色的变化，它们分别代表紫光的消光位和红光的消光位。当薄片中矿物的紫光光率体椭圆半径平行于上、下偏光镜的振动方向 AA 和 PP 时，紫光消光而呈现暗褐红色；当薄片中矿物的红光光率体椭圆半径平行于上、下偏光镜的振动方向 AA 和 PP 时，红光消光而呈现暗蓝紫色。

第三节　干涉现象、干涉色及干涉色色谱表

一、干涉现象

1. 正交偏光镜间的干涉现象

波长相同，相差恒定、传播方向相近的两束（或以上）光在同一介质中相遇时，在重叠区相互作用而产生相长增强或相消减弱的明暗相间干涉条纹的现象为干涉现象。产生干涉作用的光波被称为相干波。

当两束光波满足频率相同、具有固定的光程差、在同一平面内振动这3个条件时，会发生干涉作用。非均质体晶体非垂直光轴的矿物，其光率体椭圆半径与上、下偏光镜的振动方向斜交时（矿物薄片不在消光位时），透过晶体分解的两束光波将发生干涉作用。

当非均质体矿物的光率体椭圆长短半径 K_1 和 K_2 与上、下偏光镜的振动方向 AA 和 PP 斜交时（图10-3），由下偏光镜透出的振动方向平行 PP 的偏光进入薄片中的矿物后，发生双折射，分解形成两种偏光，振动方向分别平行 K_1 和 K_2。K_1 和 K_2 的折射率不等（$N_{K_1} >$ N_{K_2}），二者在薄片中的传播速度不同，K_1 为慢光，K_2 为快光。K_1 和 K_2 在通过薄片中矿物

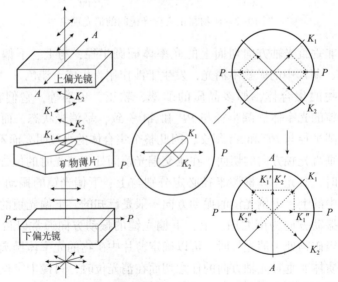

图10-3　薄片中矿物的光率体椭圆半径与 AA 和 PP 斜交时，
偏光通过矿物到达上偏光镜的分解情况

的过程中，必然产生光程差(以符号 R 表示)。当 K_1 和 K_2 透出薄片后，二者在空气中的传播速度相同，因此它们在到达上偏光镜之前，其光程差保持不变。

K_1 和 K_2 两种偏光的振动方向与上偏光镜振动方向 AA 斜交，当 K_1 和 K_2 先后进入上偏光镜时，再度发生双折射，分解形成 4 种偏光，K_1 分解形成 K_1' 和 K_1''；K_2 分解形成 K_2' 和 K_2''。其中 K_1'' 和 K_2'' 的振动方向与上偏光镜允许透过的振动方向 AA 垂直，不能透出上偏光镜，可以不做考虑。K_1' 和 K_2' 的振动方向与上偏光镜振动方向 AA 平行，可以透出上偏光镜。透出上偏光镜后的 K_1' 和 K_2' 这两种偏光具有以下特点：

(1) K_1' 和 K_2' 由同一偏光束经过两次分解(通过矿物薄片和上偏光镜)而成，故其频率相同。

(2) K_1' 和 K_2' 之间有固定的光程差(由 K_1 和 K_2 继承的光程差)。

(3) K_1' 和 K_2' 在同一平面内(平行上偏光镜振动方向 AA 的平面)振动。

因此，K_1' 和 K_2' 两种偏光具备了光波发生干涉作用的条件，透出上偏光镜后必将发生干涉作用。干涉的结果取决于 K_1' 和 K_2' 两种偏光之间的光程差 R。

如果光源为单色光波，当光程差 $R = 2n\dfrac{\lambda}{2} = n\lambda$ (半波长的偶数倍)时，K_1' 和 K_2' 的振动方向相反，振幅相等，干涉结果是二者互相抵消变黑暗[图 10-4(a)]。当光程差 $R = (2n+1)\dfrac{\lambda}{2}$ (半波长的奇数倍)时，K_1' 和 K_2' 的振动方向相同，振幅依然相等，干涉结果是二者互相叠加，其亮度增加一倍(最亮)[图 10-4(b)]。当光程差 R 介于 $2n\dfrac{\lambda}{2}$ 和 $(2n+1)\dfrac{\lambda}{2}$ 之间时，K_1' 和 K_2' 的干涉结果是其亮度介于黑暗与最亮之间。

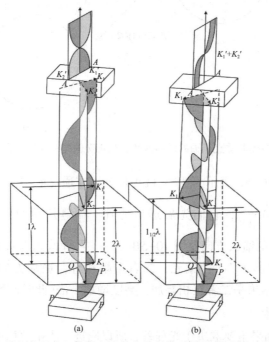

图 10-4　单色光波通过正交偏光镜间非均质体矿物薄片时的干涉情况示意图

从图 10-4(a)及图 10-5(1)、图 10-5(2)中可以看出，由下偏光镜透出的振动方向平行 PP 的单色偏光进入薄片中的矿物后，会发生双折射，分解形成振动方向与薄片中矿物的光率体椭圆半径 K_1 和 K_2 平行的两种偏光[图 10-4(a)中薄片底面上的 OK_1 和 OK_2，图 10-5(2)中的 K_1 和 K_2]。K_1 和 K_2 的折射率不等，$N_{K_1} > N_{K_2}$，在矿物薄片中的传播速度不同（K_1 为慢光，K_2 为快光）。这两种偏光在通过矿物薄片的过程中，会产生一个波长的光程差（$R = 2n\dfrac{\lambda}{2}$），它们先后透出薄片，在薄片顶部，二者的振动位相相同[图 10-4(a)薄片顶面的箭头方向及图 10-5A(3)]，这两种偏光在空气中的传播速度相同，故光程差保持不变。当它们先后到达上偏光镜时，仍保持原来的振动位相[图 10-4(a)上偏光镜底面的箭头方向及图 10-5A(4)]。由于 K_1 和 K_2 与上偏光的振动方向 AA 斜交，它们再度发生双折射，分解形成与 AA 方向平行的 K_1' 和 K_2' 及垂直 AA 方向的 K_1'' 和 K_2''，后二者不能透出上偏光镜，故不考虑(图中未表示)。K_1' 和 K_2' 两种偏光的振幅相等，振动方向相反[图 10-4及图 10-5A(4)]，干涉结果是二者互相抵消变黑暗。

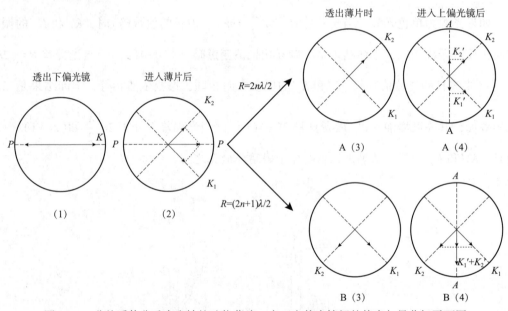

图 10-5　非均质体非垂直光轴的矿物薄片，在正交偏光镜间的偏光矢量分解平面图

图 10-4(b)及图 10-5B 表示 K_1 和 K_2 两种偏光，在通过矿物薄片过程中产生半个波长的光程差[$R = (2n+1)\dfrac{\lambda}{2}$]，它们先后透出薄片，在薄片顶面上，二者振动位相相反[图 10-4(b)薄片顶面的箭头方向及图 10-5B(3)]。两种偏光进入上偏光镜时，发生双折射，再度分解形成 K_1' 和 K_2' 两种偏光，二者振幅相等，振动方向相同[图 10-4(b)及图 10-5B(4)]，干涉结果是二者互相叠加，亮度增加一倍(此时矿物最亮)。

2. 影响干涉的因素

由上可知，干涉结果主要取决于光程差，所以应进一步了解影响光程差的因素。根据物理学中"光程"和"光程差"的概念可知，K_1 和 K_2 通过薄片的"光程"应为 $d \cdot N_1$ 和 $d \cdot N_2$

（d 为薄片厚度，是两种偏光通过薄片的几何路程，N_1 为 K_1 的折射率，N_2 为 K_2 的折射率）。K_1 和 K_2 两种偏光的光程差 $R=d \cdot N_1-d \cdot N_2=d \cdot (N_1-N_2)$。$N_1-N_2$ 为 K_1 与 K_2 两种偏光的双折率，即光程差与薄片厚度和双折率成正比。双折率大小与矿物性质和切面方向有关。因此，影响光程差大小的因素有：①矿物性质；②矿物的切面方向；③薄片厚度。这 3 个方面因素必须综合考虑。特别应当注意的是，同一种矿物，不同方向切面的双折率值不同，平行光轴或光轴面的切面，双折率最大，垂直光轴切面的双折率为零，其他方向切面的双折率递变于零与最大双折率之间。不同矿物的最大双折率值不同。

此外，薄片中矿物干涉结果的明亮程度，还与透出上偏光镜的两种偏光 K_1' 和 K_2' 的振幅大小有关，其振幅越大亮度越强。K_1' 和 K_2' 的振幅大小与薄片中矿物的光率体椭圆半径 K_1 和 K_2 与上、下偏光镜的振动方向 AA 和 PP 之间的夹角有关（图 10-6）。当薄片中矿物的光率体椭圆半径与 AA 和 PP 成 45° 夹角时，K_1' 和 K_2' 的振幅最大（图 10-6 中的 45° 位置），此时薄片中的矿物最明亮，这时薄片中矿物的位置称 45° 位置。在偏光矢量分解平面图中（图 10-6 中的 45° 位置），OF 代表 K_1' 和 K_2' 的振幅。

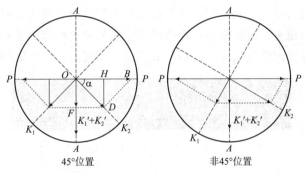

图 10-6　矿物薄片上 K_1 和 K_2 与 AA 和 PP 之间夹角对 K_1' 和 K_2' 振幅大小的影响

在四边形 $OFDH$ 中，$OF=HD$

在 $\triangle ODH$ 中，$HD=OD\sin\alpha$

在 $\triangle ODB$ 中，$OD=OB\cos\alpha$

因此，$OF=OB\cos\alpha \cdot \sin\alpha = \dfrac{1}{2} \cdot OB \cdot \sin2\alpha$

当且仅当 $\alpha=45°$ 时，OF 值最大，即 K_1' 和 K_2' 的振幅最大，此时薄片中的矿物最亮。

3. 光程差

光通过薄片中的矿物时，发生双折射形成慢光和快光，当慢光离开薄片时，快光已经在空气中进行了一段距离，并在它们到达上偏光镜前保持不变，这段距离称光程差。光程差 $R=d \cdot (N_1-N_2)$，其中 d 为薄片厚度，N_1-N_2 为双折射率。

光程差公式证明如下：

当慢光 K_1 离开薄片时，快光 K_2 在空气中传播的时间为 (t_1-t_2)（t_1 为慢光在薄片中行进的时间，t_2 为快光在薄片中行进的时间）。当慢光 K_1 离开薄片时，快光 K_2 已经在空气中行进了一段距离 R，即光程差。当快光 K_2 和慢光 K_1 均进入空气中时，两者的传播速度相等，且快光比慢光先行进的距离为 $v_0(t_1-t_2)$，即 $R=v_0(t_1-t_2)$。假设慢光 K_1 和快光 K_2 在矿物中的传播速度分别为 v_1 和 v_2，则通过薄片所用的时间分别为 $t_1=d/v_1$，$t_2=d/v_2$，所以 $R=v_0(d/v_1-d/v_2)=d(v_0/v_1-v_0/v_2)=d(N_1-N_2)$。

二、干涉色

1. 干涉色及其成因

沿石英平行 Z 轴方向，由薄至厚磨成楔形，称为石英楔。石英的最大双折率 $N_e-N_o=0.009$，是固定常数。石英楔的厚度由薄至厚逐渐增加，其光程差 R 亦随之增加。

当光源为单色光时，在正交偏光镜间 45° 位置插入石英楔，随着石英楔的缓慢推入，视域内依次出现明暗相间的干涉条带(图 10-7)。在光程差 $R=2n\dfrac{\lambda}{2}$ 处，出现黑暗条带；在光程差 $R=(2n+1)\dfrac{\lambda}{2}$ 处，出现该单色光的最亮条带；当光程差介于上述二者之间时，其亮度介于最亮与最暗之间。明亮条带与黑暗条带之间的距离，取决于单色光波的波长；波长越长，距离越大，波长越小；距离越小。可见光内红光的波长最长，故明暗条带间的距离最长，可见光内紫光的波长最短，故明暗条带间的距离最短(图 10-8)。

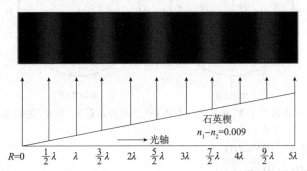

图 10-7　单色光照射时，石英楔在正交偏光镜间出现的干涉色条带

扫码查看
高清原图

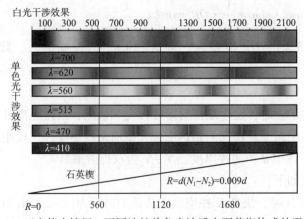

图 10-8　正交偏光镜间，不同波长单色光波透出石英楔构成的干涉条带

当光源为白光(白光是由 7 种不同波长的单色光波组成的)时，除 $R=0$ 以外，任何一个光程差都不可能同时等于各个单色光波半波长的偶数倍($2n\dfrac{\lambda}{2}$)，也就是说，不可能使 7 种单色光波同时抵消而出现黑带。某一定的光程差，只可能相当或接近于部分单色光波半波长的偶数倍($2n\dfrac{\lambda}{2}$)，使这一部分单色光波抵消或减弱，同时，该光程差又可能相当或接近于另一部分单色光波半波长的奇数倍$[(2n+1)\dfrac{\lambda}{2}]$，而使另一部分单色光波不同程度地加强。不同程度加强的单色光波混合起来，便构成与该光程差相应的混合颜色，这种颜色是由白光通过正交偏光镜间的矿物薄片后，经干涉作用形成的，故称为干涉色。它与单偏光镜下薄片中矿物显示的颜色不同，切不可混淆。

2. 干涉色级序及其特征

当光源为白光时，在正交偏光镜间 45°位置插入石英楔，随着石英楔的缓慢推入，光程差由小到大逐渐增加，视域内将依次出现以下的干涉色。

第一级序干涉色：①当光程差在 100～150nm 以下时，各单色光不同程度地减弱，呈现暗灰或蓝灰色；②当光程差在 200～250nm 时，接近于各单色光波的半波长，各单色光不同程度地加强，呈现灰白色；③当光程差在 300～350mm 时，黄光最强，红、橙光较强，呈现亮黄色；④当光程差在 400～450nm 时，青光接近于抵消，黄、绿、蓝、紫光减弱，红、橙光加强，呈现橙色；⑤当光程差在 500～550nm 时，红光最强，紫、青光不同程度地加强，其余各色光减弱，呈现紫红色。依以上顺序出现的暗灰、灰白、黄、橙、紫红诸色，构成了第一级序干涉色。其光程差范围为 0～550nm。第一级序干涉色的特征是具有暗灰、灰白色而无蓝、绿色。

第二级序干涉色：①当光程差在 550～650nm 左右时，蓝、青、紫光不同程度加强，其余色光减弱，呈现深蓝色；②当光程差在 750～800nm 时，接近绿色光的 $1\dfrac{1}{2}$ 波长，绿光最强，黄、橙色光不同程度加强，其余各色光减弱，呈现绿色；③当光程差在 850～950nm 时，接近于黄、橙色光的 $1\dfrac{1}{2}$ 波长，黄、橙色光最强，绿、蓝、青、紫色光不同程度减弱，因而呈现黄橙色；④当光程差在 1000～1100nm 时，接近红光的 $1\dfrac{1}{2}$ 波长，红光最强，紫光也较强，其余各色光减弱，故呈现紫红色。依以上顺序出现的蓝、绿、黄橙、紫红色，构成了第二级序干涉色。其光程差范围为 550～1100nm。第二级序干涉色的特征是色调浓而纯，比较鲜艳，干涉色条带间的界线较清楚，尤其是二级蓝色最清晰。

第三级序干涉色：当光程差为 1100～1200nm、1300～1350nm、1450nm 及 1500～1650nm 时，依次出现蓝、绿、黄、橙、红色，构成了第三级序干涉色。其光程差范围为 1100～1650nm。第三级序出现的干涉色顺序与第二级序一致，但其干涉色色调比第二级序浅，干涉色条带间的界线不如第二级序清楚，其中三级绿色最鲜艳。

第四级序干涉色：依次出现浅蓝、浅绿、浅橙、浅红，构成了第四级序干涉色。其光程差范围为 1650~2200nm。干涉色的颜色更浅，颜色混杂不纯，干涉色条带间的界线模糊不清。

以上各级序干涉色之末，均为紫红色或红色，这种干涉色对光程差增减反应灵敏，故称灵视色。

第五级序及以上的干涉色：称为高级白色，其光程差大于 2200nm。当光程差增加到很大时，几乎接近于各色光波半波长的偶数倍，同时又接近于它们半波长的奇数倍。各种单色光波都有不等量的出现，它们互相混杂的结果，形成一种与珍珠表面相似的亮白色，称为高级白色。高级白与一般灰白干涉色的区别是，加入试板后，高级白干涉色基本不变化。薄片厚度一般在 0.03mm 左右。如果薄片中的矿物呈现高级白干涉色，表明该矿物的双折率很大。

上述干涉色级序及其特征，可总结为表 10-1。

表 10-1 干涉色级序及其特征

级 序	主要干涉色	特 征	光程差/nm
第一级序	暗灰、灰白、黄、橙、紫红	具有暗灰、灰白色而无蓝、绿色	0~550
第二级序	蓝、绿、黄、橙、紫红	色调浓而纯，比较鲜艳，干涉色条带间的界线较清楚，尤其是二级蓝色最清晰	550~1100
第三级序	蓝、绿、黄、橙、红	色调比第二级序浅，干涉色条带间的界线不如第二级序清楚，其中三级绿色最鲜艳	1100~1650
第四级序	浅蓝、浅绿、浅橙、浅红	颜色更浅，颜色混杂不纯，干涉色条带间的界线模糊不清	1650~2200
第五级序及以上	高级白	珍珠表面相似的亮白色	>2200

由上可知，干涉色级序的高低，取决于光程差的大小，一定的光程差出现一定的干涉色。而光程差的大小又由双折率大小和薄片厚度决定。双折率大小与矿物本身的性质和切面方向有关。所以薄片中矿物显示的干涉色级序取决于矿物本身的性质、切面方向及薄片厚度。同一岩石薄片中，各种矿物切面的厚度基本相同。同一种矿物，切面方向不同，可显示不同的干涉色；平行光轴或光轴面的切面，双折率最大，呈现的干涉色最高；垂直光轴切面的双折率为零，呈现全消光；其他方向切面的双折率，递变在零与最大双折率之间，其干涉色变化在全黑与最高干涉色之间。不同矿物的最大双折率不同，所以它们显示的最高干涉色不同。每一种矿物的最高干涉色是一定的，在鉴定矿物时，只有测定其最高干涉色才有鉴定意义。因此，在观察测定矿物的干涉色时，切不可凭任意方向切面确定干涉色级序，一般是多观察一些矿物颗粒，用统计方法确定其最高干涉色。精确测定时，必须在平行光轴或光轴面的定向切面上测定矿物的最高干涉色。

矿物薄片中各种干涉色可参考图 10-9。

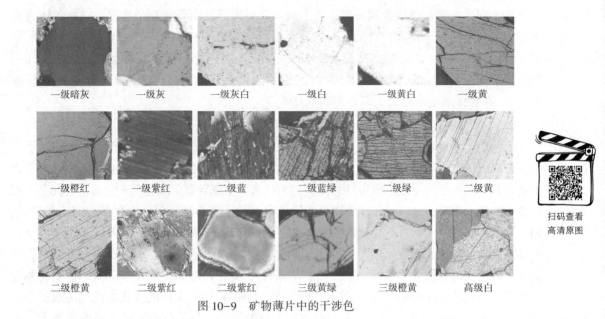

一级暗灰	一级灰	一级灰白	一级白	一级黄白	一级黄
一级橙红	一级紫红	二级蓝	二级蓝绿	二级绿	二级黄
二级橙黄	二级紫红	二级紫红	三级黄绿	三级橙黄	高级白

扫码查看
高清原图

图 10-9　矿物薄片中的干涉色

三、干涉色色谱表

1. 干涉色色谱表

干涉色色谱表是表示干涉色级序、双折率及薄片厚度之间关系的图表(图 10-10)，它是根据光程差公式 $R=d(N_1-N_2)$ 做成的图表。

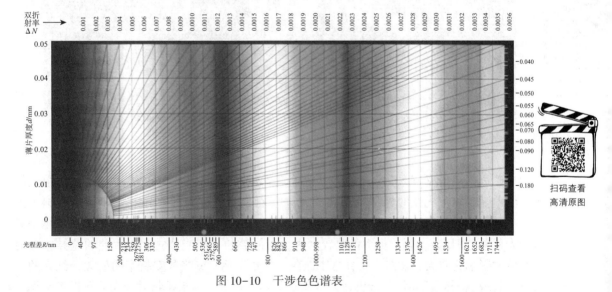

扫码查看
高清原图

图 10-10　干涉色色谱表

色谱表的横坐标方向表示光程差 R 的大小，以纳米(nm)为单位；纵坐标方向表示薄片中的矿物厚度(与薄片厚度相当)，其单位为毫米(mm)，斜线表示双折率大小。在各光程差的位置上，填上相应的干涉色，便构成了干涉色色谱表。

在光程差、薄片厚度及双折率三者之间，只要知道其中任意两个数据，应用色谱表即可求出第三个数据。例如：已知石英的最大双折率为 0.009，在正交偏光镜间，石英的最高干涉色为一级黄色(光程差 R 约为 350nm)，根据色谱表求得薄片厚度约为 0.04mm(稍厚)；已知白云母最高干涉色为二级红(光程差 R 约为 1100nm)，薄片厚度 0.03mm(标准厚度)，在色谱表上求得最大双折率为 0.037。

2. 异常干涉色

有些矿物呈现不同于色谱表上的反常干涉色，称为异常干涉色。例如绿泥石的正常干涉色应为一级灰，却显示与蓝墨水相似的亮蓝色或与铁锈相似的锈褐色干涉色(图 10-11)，人们把与蓝墨水相似的亮蓝色称为"柏林蓝"。为什么会出现异常干涉色呢？在通常情况下，在讨论干涉色成因时，是以同一种矿物对不同单色光波的双折率相等、光程差相同为基础的。但实际上，同一种矿物对不同波长单色光波的双折率不完全相等。只有当 N_e、N_o 或 N_g、N_m、N_p 值随光波波长加大而变化幅度相同时，即色散曲线平行(见第七章图 7-28 及图 7-29)，不同波长单色光的双折率才相等。如果 N_e、N_o 或 N_g、N_m、N_p 值随光波波长加大，但变化幅度不相同，即色散曲线不平行(同见第七章图 7-28 及图 7-29)，则不同波长单色光的双折率不等，即具有双折率色散。大多数矿物的双折率色散很小，各单色光的光程差差异不大，不足以引起干涉色的变异，可忽略不计，但有少数矿物的双折率色散较大，不同波长单色光波的光程差相差较大，就可能会影响干涉色，从而出现异常干涉色。

扫码查看高清原图

正常干涉色　　　　　　　　　　　　　异常干涉色

图 10-11　绿泥石的干涉色

当矿物的双折率较大时，虽其双折率色散较强，不同波长单色光波的光程差相差较大，但由于各单色光波的光程差都比较大，它们之间光程差的差异对干涉色的影响不太大，不易产生异常干涉色。只有当矿物的双折率小，各单色光波的光程差都较小(在一级灰的光程差范围内)，其双折率色散较大时，不同波长单色光波之间光程差的差异才会对干涉色的影响比较大，才能产生异常干涉色。如果矿物对紫光的双折率明显大于红光的双折率，呈现"柏林蓝"异常干涉色，如绿泥石和黝帘石等。如果矿物对红光的双折率明显大于紫光的双折率，呈现"锈褐色"异常干涉色，如符山石和绿泥石等。有极少数矿物，对某一种单色光波的双折率为零，而对其余各单色光波的双折率不相等，干涉的结果是形成与该单色光互补的异常干涉色。例如黄长石，对黄光的双折率为零，对其他单色光的双折率不等，从而呈现蓝色的异常干涉色。

除此之外，某些矿物的颜色较深，如黑云母、普通角闪石等，其干涉色常易受到本身颜色的干扰或掩盖，而使它们应有的干涉色不易被看清。

第四节 补色法则及补色器

在正交偏光镜间测定一些矿物的光学性质时，需要借助于一些补色器。应用补色器时，需遵循补色法则。

一、补色法则

两个非均质体非垂直光轴的任意方向切面，在正交偏光镜间45°位置重叠时，光波通过这两个矿物后，总光程差的增减法则称补色法则。总光程差的增减具体表现为干涉色级序的升降变化。

假设一个非均质体矿物切面的光率体椭圆长短半径分别为N_{g_1}和N_{p_1}，光波射入该矿物后，发生双折射，从而分解形成两种偏光，它们在通过矿物过程中所产生的光程差为R_1。另一矿物的光率体椭圆长短半径分别为N_{g_2}和N_{p_2}，产生的光程差为R_2。

将两个矿物薄片在正交偏光镜间45°位置重叠时，光波通过两个矿物薄片后，其总的光程差R是增加还是减少，取决于两个矿物薄片的重叠方式，即重叠时两个薄片中矿物的光率体椭圆长短半径的相对位置。

当两个薄片中矿物的光率体椭圆长短半径为同名半径平行时，即$N_{g_1} /\!/ N_{g_2}$、$N_{p_1} /\!/ N_{p_2}$时（图10-12），光波通过两个矿物薄片后，总的光程差$R_总 = R_1 + R_2$，$R_总$比R_1和R_2都大，具体表现为干涉色级序升高（比两个薄片中矿物各自原来的干涉色级序都高）。

当两个薄片中矿物的光率体椭圆长短半径为异名半径平行时，即$N_{g_1} /\!/ N_{p_2}$、$N_{p_1} /\!/ N_{g_2}$时（图10-12），光波通过两个矿物薄片后，总的光程差$R_总 = | R_1 - R_2 |$。总的光程差$R_总$必小于原光程差较大矿物的光程差，但不一定小于原光程差较小矿物的光程差，具体表现为干涉色级序降低（与原来干涉色级序高的矿物比，干涉色降低，与原来干涉色级序低的矿物比，干涉色不一定降低）。

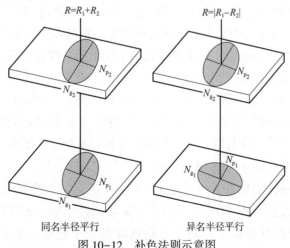

图 10-12 补色法则示意图

由上可知，两个非均质体非垂直光轴的任意方向矿物薄片，在正交偏光镜间45°位置重叠时，当两个矿物的同名半径平行时，总的光程差等于两个矿物的光程差之和，表现为干涉色级序升高，当两个矿物的异名半径平行时，总的光程差等于两个矿物的光程差之差，其干涉色级序比原来干涉色高的矿物降低，比原来干涉色低的矿物不一定降低。若 $R_1=R_2$，则总的光程差 $R_{总}=0$，此时矿物消色而变黑暗。

这两个矿物薄片中，如果有一个薄片中矿物的光率体椭圆半径名称及光程差为已知，当它们在正交偏光镜间45°位置重叠时，观察干涉色级序的升降变化，根据补色法则，则能确定另一个未知薄片中矿物的光率体椭圆半径名称及光程差。偏光显微镜中所附的一些补色器，就是已知光率体椭圆半径名称和光程差的矿物所制作而成的。

二、几种常用的补色器

把已知光率体椭圆半径方位、名称和光程差的矿物用特制的金属框架镶嵌起来，称为补色器。补色器又称试板、检板、补偿器、消色器。

1. 石膏试板(标记为 λ 或 IR)[图10-13(a)]

光程差约为550nm(近似地相当于汞绿光的一个波长)。在正交偏光镜间45°位置时，呈现一级紫红干涉色。试板上注明了 N_g 和 N_p 的方向。这种试板的光程差相当于一个级序干涉色的光程差。在矿物薄片上加入石膏试板，可以使薄片中矿物的干涉色整整升高或降低一个级序。

如果薄片中矿物的干涉色为二级黄色，加入石膏试板后，当同名半径平行时，干涉色级序升高变为三级黄；当异名半径平行时，干涉色级序降低变为一级黄。一级黄与三级黄不易区别，难以确定干涉色级序的升降变化。如果薄片中的矿物为二级蓝干涉色，加入石膏试板后，干涉色级序升高变为三级蓝，干涉色级序降低变为一级灰，这两种干涉色可以区分。因此，石膏试板一般适用于干涉色为二级黄以下的矿物。

现以干涉色为一级灰的矿物为例，说明在正交偏光镜间加入石膏试板的变化。当薄片中矿物的干涉色为一级灰($R=150nm\pm$)时，其光程差小于石膏试板($R=550nm\pm$)。加入石膏试板后，同名半径平行时，总光程差 $R=550+150=700(nm)$左右，矿物的干涉色由一级灰变为二级蓝绿(比矿物的一级灰及石膏试板的一级紫红都高)；异名半径平行时，总光程差 $R=550-150=400(nm)$(这个光程差小于石膏试板的光程差，但大于矿物的光程差)，矿物的干涉色由一级灰变为一级橙。这个干涉色对于矿物的一级灰是升高的，但对于石膏试板的一级紫红是降低的。因此，在这种情况下，判断干涉色的升降变化，应该以原来干涉色高的矿物为准，即以石膏试板的干涉色(一级紫红)为准。必须记住，当薄片中矿物的干涉色为一级灰时，加入石膏试板后，同名半径平行时，干涉色级序升高，矿物干涉色由一级灰变为二级蓝；异名半径平行时，干涉色级序降低，矿物干涉色由一级灰变为一级黄。

2. 云母试板(标记为 $\lambda/4$)[图10-13(b)]

光程差约为147nm，约相当于钠黄光的 $\lambda/4$。在正交偏光镜间45°位置时，呈现一级灰白干涉色。试板上注明了 N_g 和 N_p 的方向。在矿物薄片上加入云母试板后，可以使矿物的干涉色级序按干涉色色谱表上的顺序升高或降低一个色序。如矿物干涉色为一级紫红，加入云母试板后，当同名半径平行时，干涉色升高变为二级蓝；当异名半径平行时，干涉色降低变为一级橙黄。这种试板一般比较适用于干涉色较高的矿物。

3. 石英楔[图 10-13(c)]

沿石英光轴（Z 晶轴）方向，由薄至厚磨成楔形，用加拿大树胶粘在两块玻璃之间，即制成石英楔。其光程差一般是 0 ~ 1680nm，在正交偏光镜间 45°位置时，由薄至厚，可以依次产生一级至三级的干涉色。在矿物薄片上由薄至厚推入石英楔，同名半径平行时，薄片中矿物的干涉色级序逐渐升高；异名半径平行时，薄片中矿物的干涉色逐渐降低；当推到石英楔光程差与薄片中矿物的光程差相等时，薄片中的矿物消色而出现黑暗。有的厂家生产具有光程差刻度的石英楔，由于测定时，在视域内必须同时看到石英楔的刻度和被测矿物薄片的影像，因此不能把这种石英楔插在一般试板孔中，必须配合穿孔目镜，把石英楔插于穿孔目镜的试板孔中。

(a)石膏试板　　(b)云母试板　　(c)石英楔

图 10-13　常用补色器

第五节　正交偏光镜间主要光学性质的观察与测定方法

在观察测定正交偏光镜间的光学性质之前，必须检查上、下偏光镜的振动方向是否正交，目镜十字丝是否严格与上、下偏光镜的振动方向一致。如果上、下偏光镜不正交，目镜十字丝不严格与上、下偏光镜的振动方向一致，则需要校正。检查和校正的方法参看第八章偏光显微镜的检查和校正部分。

一、非均质体矿物切面的光率体椭圆半径方向及名称的测定

偏光显微镜下观察和研究矿物的许多光学性质，都需要在正交偏光镜间测定矿物切面的光率体椭圆半径的方向和名称。

其测定方法如下：

（1）将欲测矿物薄片置于视域中心，转动载物台使矿物消光（到达消光位），如图 10-14(a)所示。此时矿物切面的光率体椭圆半径方向必定与上、下偏光镜的振动方向 AA 和 PP（目镜十字丝方向）平行。

（2）转动载物台 45°，矿物的干涉色最亮，此时矿物切面的光率体椭圆半径与目镜十字丝成 45°夹角[图 10-14(b)]。

（3）从试板孔(45°位置)插入试板，观察干涉色级序的升降变化。如果干涉色级序升高，说明试板与矿物切面的光率体椭圆切面的同名半径平行[图 10-14(c)]；如果干涉色级序降低，表明试板与矿物切面的光率体椭圆切面的异名半径平行[图 10-14(d)]。试板上光率体椭圆半径的名称是已知的，据此即可确定矿物切面的光率体椭圆半径的名称。当

矿物的干涉色在二级黄以上时，加入石膏试板，难以判断出矿物干涉色的升降变化，可以观察矿物楔形边缘的一级灰处，如果该处由一级灰变为二级蓝，证明干涉色级序升高；如果由一级灰变为一级黄，说明干涉色级序降低。

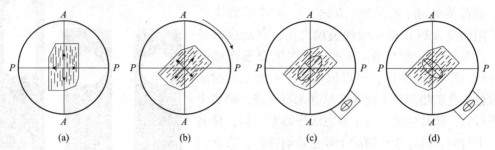

图 10-14　非均质体矿物切面的光率体椭圆半径方向及名称的测定

测出的光率体椭圆长短半径是否为光率体主轴，取决于矿物的切面方向。如果矿物平行主轴面，则测出的光率体椭圆长短半径为 N_e 和 N_o（一轴晶），或 N_g、N_m、N_p 中任意二主轴（二轴晶）。如果矿物不平行主轴面，则光率体椭圆半径为 N_e' 和 N_o（一轴晶）或 N_g' 和 N_p'（二轴晶）。切面方向的确定将在第十一章中介绍。

二、干涉色级序的观察与测定

根据光程差公式 $R = d(N_1 - N_2)$，在标准厚度（0.03mm）的岩石薄片中，同一种矿物，不同方向切面的双折率值大小不同，故其干涉色级序的高低亦不同。观察测定矿物的干涉色级序时，必须选择干涉色最高的切面，即平行光轴（一轴晶）或平行光轴面（二轴晶）的切面。一般鉴定时，采用统计方法，多测定几个矿物颗粒，取其中的最高干涉色。精确测定时，必须选择平行光轴（一轴晶）或平行光轴面（二轴晶）的切面，这种切面需要在锥光镜下检查确定。

干涉色级序的测定方法有以下 4 种方法。

（一）目估法

各级干涉色都具有其特征，了解它们的特点，凭实际经验可确定其干涉色级序，如一级灰、二级蓝和三级绿等特征干涉色。

（二）楔形边法

利用薄片中矿物的楔形边缘的干涉色圈，判断矿物的干涉色级序，是比较简单的方法。在岩石薄片中，矿物切面往往具有楔形边缘，其边缘薄，向中部逐渐加厚（图 10-15），因而矿物的干涉色级序边缘较低，向中部逐渐升高。如果最边缘从一级灰白开始，向中部干涉色逐渐升高而构成细小干涉色圈或干涉色细条带，其中经过一条红带，则矿物的干涉色为二级；经过 n 条红带，矿物的干涉色为 $(n+1)$ 级。如果矿物边缘最外圈不是从一级灰白开始的，则不能应用这种方法来判断干涉色级序。

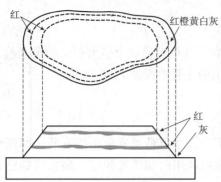
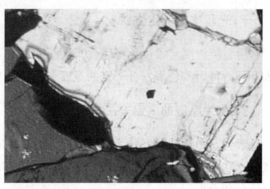

扫码查看
高清原图

图 10-15　薄片中矿物楔形边缘的干涉色圈

（三）利用石英楔测定干涉色级序

（1）将选定的薄片中的矿物置于视域中心，转动载物台，使矿物消光（到达消光位）。

（2）转动载物台 45°，使矿物至 45°位置，此时矿物的干涉色最亮。

（3）从试板孔由薄至厚端缓慢插入石英楔，观察矿物干涉色级序的变化，可能出现下列两种情况：

①随着石英楔的缓慢插入，矿物的干涉色级序逐渐升高，说明石英楔与矿物切面的光率体椭圆同名半径平行，不可能出现消色位。该种情况下达不到测定干涉色级序的目的，必须转动载物台 90°，使二者异名半径平行，再进行测定。

②随着石英楔的缓慢插入，矿物的干涉色逐渐降低，说明石英楔与矿物切面的光率体椭圆异名半径平行。当石英楔插入到与矿物的光程差相等时，矿物消色而变黑暗（往往不是全黑，而是暗灰或混有矿物本身颜色）。再缓慢抽出石英楔，矿物的干涉色又逐渐升高，直至石英楔全部抽出，此时矿物显示出本身的干涉色。在抽出石英楔的过程中，仔细观察矿物干涉色的变化，如果其间经过一次红色，则矿物的干涉色为二级；经过 n 次红色，那么矿物的干涉色为（$n+1$）级。如果一次观察不清楚，可以反复操作。

（四）高级白干涉色的鉴别方法

将薄片中的矿物颗粒置于视域中心，转动载物台使矿物至 45°位置（矿物最亮），加入石膏试板或云母试板后，矿物的干涉色仍为白色不变，即为高级白干涉色。

三、双折率的测定

同一种矿物的切面方向不同，双折率大小会有所不同，所以只有测定最大双折率才有鉴定意义。因此，必须选择平行光轴（一轴晶）或平行光轴面（二轴面）的切面测定矿物的最大双折率。这种切面的特征是，在正交偏光镜间具有最高干涉色；如果矿物本身有颜色，则单偏光镜下具有最明显的多色性；锥光镜下显示平行光轴或平行光轴面的干涉图（其图像特征在第十一章中介绍）。

根据光程差公式 $R=d(N_1-N_2)$，测出光程差及矿物薄片厚度后，即能确定双折率值。

矿物学基础

(一)光程差的测定方法

利用石英楔测定干涉色级序(方法见上)后,在干涉色色谱表上估出相应的光程差。色谱表上每一种干涉色都占有一定的宽度,所以估出的光程差误差为 20~40nm。

(二)薄片厚度的测定方法

一般岩石薄片的厚度约为 0.03mm,如果测定双折率值精度要求不高,薄片厚度可以直接用 0.03mm。如果精度要求较高,薄片厚度则可利用已知矿物测定,最常用的已知矿物有长石和石英。

石英最大双折率为 0.009,在岩石薄片中选一个石英平行光轴切面,该切面在正交偏光镜间的干涉色为一级灰白至浅黄,在锥光镜下观察其干涉图(其图像特征在第十一章中介绍),检查是否为平行光轴切面。当确定为平行光轴切面时,根据干涉色级序在色谱表上估出光程差。

利用所得的光程差及最大双折率,可求出薄片厚度。

(三)根据所测光程差及薄片厚度求双折率

(1)根据所测光程差和薄片厚度,在干涉色色谱表上查双折率。

(2)根据 $R=d(N_1-N_2)$ 计算双折率。

四、消光类型及消光角的测定

(一)消光类型

前文已经讲过,当非均质体非垂直光轴的任意方向矿物切面的光率体椭圆半径平行于上、下偏光镜的振动方向时,矿物消光。一般以目镜十字丝方向代表上、下偏光镜的振动方向。因此,当非均质体非垂直光轴任意方向切面在消光位时,目镜十字丝方向代表薄片中矿物的光率体椭圆半径方向。矿物的解理缝、双晶缝及晶面迹线等与矿物晶体的结晶轴有一定联系。因此,非均质体非垂直光轴任意方向切面的消光类型是根据薄片中的矿物在消光位时,解理缝、双晶缝及晶面迹线等与目镜十字丝之间的关系进行分类的,根据它们之间的关系可分为下列三种类型。

1. 平行消光

薄片中的矿物在消光位时,矿物的解理缝或晶面迹线与目镜十字丝之一平行,即矿物切面的光率体椭圆半径之一与解理缝或晶面迹线平行[图10-16(a)]。

2. 对称消光

薄片中的矿物在消光位时,目镜十字丝是两组解理缝或两个晶面迹线夹角的平分线,即矿物切面的光率体椭圆半径是两组解理缝或两个晶面迹线夹角的平分线,如角闪石垂直两组解理的切面[图10-16(b)]。

3. 斜消光

薄片中的矿物在消光位时，矿物的解理缝或双晶缝、晶面迹线等与目镜十字丝斜交，即矿物切面的光率体椭圆半径与解理缝或双晶缝、晶面迹线斜交[图10-16(c)]。此时，光率体椭圆半径与解理缝、双晶缝或晶面迹线之间的夹角称消光角，具体表现为薄片中的矿物在消光位时，目镜十字丝与解理缝或双晶缝、晶面迹线之间的夹角。

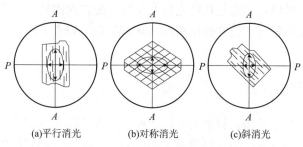

图10-16　消光类型示意图

有些矿物的光率体色散较强，薄片中矿物的紫光和红光的光率体椭圆半径方向不同，紫光与红光的消光角有所差异，相差可达10°～20°。当薄片中的矿物呈现暗褐色时，为紫光的消光位，此时目镜十字丝与矿物的解理缝的夹角为紫光的消光角；当薄片中的矿物呈现暗蓝色时，为红光的消光位，此时目镜十字丝与矿物的解理缝的夹角为红光的消光角。

矿物的消光类型与矿物的光性方位及切面方向都有密切联系。不同晶系的矿物，不同方向切面的消光类型，大致具有一定的规律。

(二)各晶系矿物的消光类型

1. 中级晶族矿物的消光类型

中级晶族矿物的光性方位是光率体的 N_e 轴即光轴，与晶体的 Z 晶轴一致。这类矿物的消光类型以平行消光和对称消光为主，斜消光的切面非常稀少。

2. 斜方晶系矿物的消光类型

斜方晶系矿物的光性方位是光率体的3个主轴与晶体的3个结晶轴一致。在[100]、[010]和[001]3个晶带中的所有切面都是平行消光或对称消光(这些切面平行于3个结晶轴)。但与3个结晶轴斜交，而且斜交角度较大的切面可能出现斜消光，其消光角一般较小，极少数可达40°左右。在这种切面上，解理缝、双晶缝或晶面迹线不代表晶体的结晶轴方向。

在斜方晶系矿物中，具轴面解理的矿物平行消光的切面通常比具柱面解理的矿物多，而且具轴面解理的矿物即使有斜消光的切面，其消光角一般不大。

3. 单斜晶系矿物的消光类型

单斜晶系矿物的光性方位是晶体的 Y 晶轴与光率体3个主轴之一重合，其余2个主轴与 X、Z 晶轴斜交。这类矿物的消光类型随切面方向不同而有所变化。各种消光类型都有，但以斜消光为主。在斜消光的切面中，消光角的大小随切面方向不同而有差异，多数情况下，只有平行(010)切面上的消光角才是光率体主轴与晶体结晶轴的真正夹角。如单斜角闪石和单斜辉石类矿物，(010)切面上可见 N_g 或 N_p 与 Z 晶轴的真正夹角，它是平行 Z 晶轴切面中([001]晶带中)消光角最大的切面。

4. 三斜晶系矿物的消光类型

三斜晶系矿物的光性方位是光率体 3 个主轴与晶体的 3 个结晶轴斜交。因此，这类矿物的绝大多数切面是斜消光，而且其消光角大小随切面方向而异。一般是选择某些特殊方向测定消光角。例如斜长石，通常选择垂直(010)的切面或同时垂直(010)和(001)的切面测定消光角。

(三)消光角的测定方法

中级晶族及斜方晶系矿物，斜消光的切面稀少，而且没有鉴定意义，一般不测定消光角。单斜晶系和三斜晶系的矿物，以斜消光切面为主，但同一种矿物的切面方向不同，消光角大小会有所不同。因此，只有在定向切面上测定消光角，才具有鉴定意义。单斜晶系的矿物通常选择平行(010)的切面。单斜辉石和单斜角闪石的(010)通常与光轴面平行，这类矿物通常选择干涉色最高的切面测定消光角。三斜晶系的矿物一般选择某些特殊方向切面测定其消光角。例如，斜长石选择垂直(010)切面或同时垂直(010)和(001)切面测定其消光角。

测定的具体步骤如下：

(1)根据上述原则，选择符合要求的定向切面。

(2)将选定的薄片中的矿物颗粒置于视域中心，并使矿物的解理缝或双晶缝、晶面迹线与目镜十字丝的纵丝平行[图 10-17(a)]，记录载物台上的刻度数 a。

(3)转动载物台使矿物颗粒到消光位[图 10-17(b)]，此时矿物的光率体椭圆半径与目镜十字丝一致。记录载物台上的刻度数 b，两次读数 a 与 b 之差即为该矿物的消光角。这个角度代表矿物的光率体椭圆半径之一与解理缝或双晶缝、晶面迹线之间的夹角。究竟是光率体椭圆半径中的长半径还是短半径，则需要进一步确定该半径的名称。

必须注意的是，矿物的消光位常有一定范围，特别是双折率较低的矿物，其干涉色低，难以准确确定其消光位。为了尽可能准确判断消光位，最好在矿物的消光范围内反复慢慢转动载物台，直至最黑暗为止。

(4)测定光率体椭圆半径的名称。从消光位顺时针转动载物台 45°，矿物干涉色最亮，此时矿物的光率体椭圆半径与目镜十字丝成 45° 夹角[图 10-17(c)]，需要测定的光率体半径(原与纵丝平行的半径)在一、三象限方向。加入试板，根据矿物干涉色级序的升降变化，确定所测光率体椭圆半径的名称。当矿物的干涉色级序降低时，说明异名半径平行[图 10-17(c)]，所测半径为短半径；当矿物的干涉色级序升高时[图 10-17(d)]，表明同名半径平行，则所测半径为长半径。如果所测切面为平行光轴面的切面，则其长短半径分别为 N_g 和 N_p；如果所测切面不是主轴面，则其长短半径分别为 N_g' 和 N_p'。

(5)根据解理缝、双晶缝的性质，确定它们所代表的结晶方向。例如单斜辉石、单斜角闪石具{110}解理，平行 Z 晶轴的切面上，解理缝方向代表 Z 晶轴方向。如果在普通角闪石平行（010）切面（与光轴面平行）上，测定的解理缝与光率体椭圆长半径的夹角为30°，即 N_g 与 Z 晶轴的夹角为30°，其记录方式为：$N_g \wedge Z = 30°$。在斜长石垂直（010）切面上，平行（010）的解理缝或双晶缝，不代表结晶轴的方向，只能代表（010）晶面。因此，在垂直（010）切面上，测定的短半径与双晶缝之间的夹角为20°时，其记录方式为：$N_p' \wedge (010) = 20°$（该切面不是主轴面）。

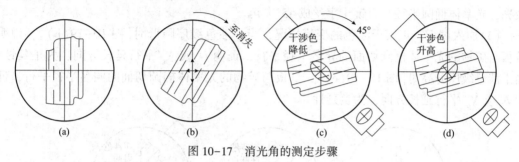

图 10-17　消光角的测定步骤

五、晶体延性符号的测定

长条状矿物切面延长方向与光率体椭圆半径之间的关系，称为晶体的延性。晶体的延长方向与光率体椭圆长半径 N_g 或 N_g' 平行或其夹角小于45°时，称正延性，晶体的延长方向与光率体椭圆短半径 N_p 或 N_p' 平行或其夹角小于45°时，称为负延性。

薄片中矿物的延性符号与柱状或板状矿物的光性方位有密切联系。如果柱状矿物的光性方位是 $N_g /\!/ Z$ 晶轴［图 10-18（a）］，则平行 Z 晶轴的切面均具有正延性；如果 $N_p /\!/ Z$ 晶轴［图 10-18（b）］，则平行 Z 晶轴的切面均为负延性；如果 $N_m /\!/ Z$ 晶轴［图 10-18（c）］，则平行 Z 晶轴的切面中有正延性，也有负延性。

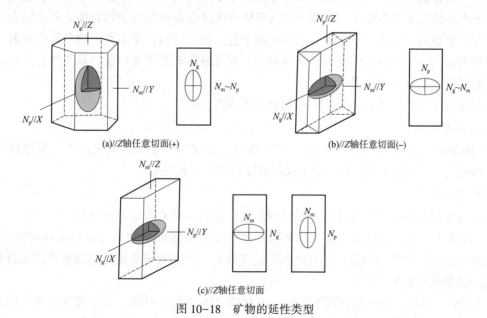

图 10-18　矿物的延性类型

对于斜消光的矿物，只要测定了消光角就能判断其延性符号。因此，一般只需测定平行消光矿物的延性符号，其测定方法如下：

（1）将欲测矿物颗粒置于视域中心，使矿物的延长方向平行目镜十字丝纵丝［图10-19（a）］，此时矿物消光（因是平行消光矿物），矿物的光率体椭圆半径与目镜十字丝平行。

（2）转动载物台45°，使矿物的延长方向与目镜十字丝成45°夹角，此时矿物的干涉色最亮，光率体椭圆半径与目镜十字丝成45°夹角。

（3）加入试板，观察干涉色的变化情况，当干涉色级序降低时［图10-19（b）］，说明试板与矿物的光率体椭圆切面的异名半径平行，证明 N_g 或 N_g' 平行延长方向，为正延性；当干涉色级序升高时［图10-19（c）］，试板与矿物的光率体椭圆切面的同名半径平行，证明 N_p 或 N_p' 平行延长方向，为负延性。

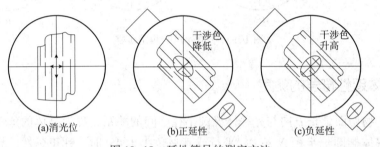

图10-19　延性符号的测定方法

六、双晶的观察

矿物的双晶在正交偏光镜间，表现为相邻两个双晶单体的消光不一致，呈现一明一暗的现象。这是由于构成双晶的两个单体中，一个单体绕另一个单体旋转了180°，使两个单体的光率体椭圆半径方位不同。两个双晶单体间的结合面称为双晶结合面。双晶结合面与矿物薄片平面的交线称为双晶缝，一般比较平直。当双晶结合面垂直矿物薄片平面时，双晶缝最细最清楚；当双晶结合面逐渐倾斜时，双晶缝逐渐变宽变模糊；双晶结合面倾斜至一定程度时，则看不见双晶缝。

根据双晶单体的数目，可将双晶划分为下列两种类型。

1. 简单双晶

仅由两个双晶单体组成。在正交偏光镜间，表现为一个单体消光，另一个单体明亮［图10-20（a）］。转动载物台，两个双晶单体的明暗互相更换。

2. 复式双晶

由两个以上的双晶单体组成。根据双晶结合面的相互关系又可划分为：

（1）聚片双晶。双晶结合面互相平行，在正交偏光镜间呈现聚片状［图10-20（b）］。转动载物台时，奇数与偶数两组双晶单体轮换消光，而呈现明暗相间的细条带，如斜长石亚族中的钠长石聚片双晶。

（2）联合双晶。双晶结合面不平行。按双晶单体的数目不同，可分为三连晶、四连晶和六连晶［图10-20（c）、图10-20（d）］。

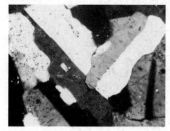

(a)简单双晶

(b)聚片双晶

(c)三连晶

(d)六连晶

图 10-20 双晶的几种类型

复习思考题

1. 光程差公式及影响干涉色高低的因素有哪些？
2. 消光与消色有何本质区别？
3. 测定消光角时，为什么必须测定光率体椭圆的半径名称？
4. 一级灰白与高级白有何区别？
5. 消光类型分为哪几种？各种消光类型的特点是什么？
6. 延性、正延性、负延性的定义是什么？延性对什么样的矿物具有鉴定意义？

第十一章　锥光镜下的光学性质

　　本章重点叙述锥光镜的装置及光学特点，一轴晶干涉图和二轴晶干涉图。要求掌握波向图的概念、一轴晶和二轴晶矿物不同切面干涉图的图像类型、特征、成因及应用；熟悉一轴晶和二轴晶的干涉图，理解干涉图的成因及应用，了解锥光系统的构成。结合单偏光镜、正交偏光镜和锥光镜下的晶体光学性质，掌握透明矿物系统鉴定的方法。

第一节　锥光镜的装置及光学特点

　　在正交偏光镜（$PP \perp AA$）的基础上，在下偏光镜之上，载物台之下，加入一个聚光镜（或把聚光镜升到最高位置），换用高倍物镜（40×），加入勃氏镜或去掉目镜，便完成了锥光镜的装置。

　　1. 聚光镜（也称锥光镜）

　　加入聚光镜的作用，是使由下偏光镜透出的平行偏光束高度会聚变成锥形偏光束。锥形偏光束与平行偏光束的重要区别是，平行偏光束基本沿同一方向垂直射入薄片中［图11-1（a）］，而锥形偏光束则是沿不同方向同时射入薄片中［图11-1（b）］，每一条光线代表一个切面，锥形偏光束具有以下3个特点。

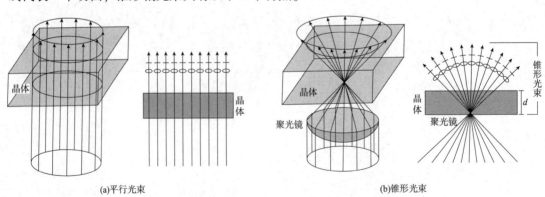

(a)平行光束　　　　　　　　　　　　　(b)锥形光束

图 11-1　平行偏光束与锥形偏光束的立体和剖面示意图

　　（1）只有中央一条光波垂直射入薄片中，其余各光波都倾斜射入薄片中。

　　（2）光波越向外侧倾斜角度越大，所以在薄片中所经历的距离越向外侧越长，故只有中央入射的光线经过的薄片厚度最小。

（3）与光轴夹角相等的入射光线，构成一个圆锥，同一圆锥上的入射光线与薄片的倾角一致，通过薄片的厚度也一样，所以光程差大小相等，因此形成同心圆状的干涉色色圈。

2. 正交偏光镜

正交偏光镜的作用是产生消光和干涉效应。

非均质体矿物的光学性质随方向而异（具有方向性），垂直锥形偏光束中不同方向入射的光波的光率体切面不相同，其长短半径在薄片平面上的方位不完全相同；它们与上、下偏光镜的振动方向 AA 和 PP 之间的关系不完全相同。这些不同方向入射的光波通过薄片后，到达上偏光镜所发生的消光与干涉效应也不完全相同。因此，锥光镜下所观察的，应当是锥形偏光束中，各个不同方向的入射偏光通过薄片后，到达上偏光镜所产生的消光与干涉效应的总和。它们构成的特殊图像，称为干涉图。

3. 高倍物镜

换用高倍物镜的作用，是为了能够接纳较大范围倾斜入射的光波（图 11-2）。低倍物镜的数值孔径小、工作距离长，一般只能接纳与薄片法线成 5° 夹角以内倾斜入射的光波，与平行薄片法线入射的光波相近（基本上相当于平行入射的光波），显示的干涉图不完整而且不清楚。高倍物镜的数值孔径较大、工作距离较短，能够接纳与薄片法线成 60° 夹角以内倾斜入射的光波，显示的干涉图较完整而且清楚。一般说来，放大倍率相同的高倍物镜，其数值孔径愈大，显示的干涉图愈完整，其范围愈大。

4. 勃氏镜

观察干涉图时，为什么必须去掉目镜或加入勃氏镜？因为锥光镜下所观察的不是矿物本身的影像，而是观察锥形偏光束中各个不同方向入射的偏光通过矿物后，到达上偏光镜所产生的消光与干涉效应的总和，即观察的是干涉图（光源像）。干涉图的成像位置不在矿物薄片平面上，而是在物镜的后焦平面上（图 11-3）。去掉目镜可直接观察镜筒内物镜后焦平面上的干涉图实像，图形虽小，但很清晰。如果镜筒中装有针孔光阑或针孔目镜，观察细小矿物颗粒的干涉图时，其效果会更佳。如不去掉目镜，则必须加入勃氏镜才能看到干涉图。此时，勃氏镜与目镜联合组成一个宽角度的望远镜式的放大系统，其前焦平面刚好在干涉图成像位置（图 11-3），能看到一个放大的干涉图。其图像虽大，但清晰程度较去掉目镜观察的图像稍差。在观察细小矿物的干涉图时，如果勃氏镜上附有锁光圈，缩小锁光圈，观察的效果会更好。

此外，在锥光镜下观察时，必须严格校正中心，如果中心不准确，当转动载物台时，所测矿物会离开原来的位置，这种情况下则看不见所测矿物的干涉图。

均质体矿物的光学性质各方向一致，当光波沿任何方向射入薄片中时，都不会发生双折射，在正交偏光镜间全消光，锥光镜下不显干涉图。非均质体矿物的光学性质随方向而异，在锥光镜下能形成干涉图，其干涉图的图像特点随矿物的轴性和切面方向而有所不同。

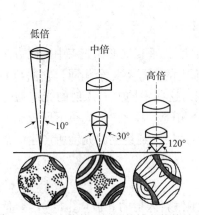

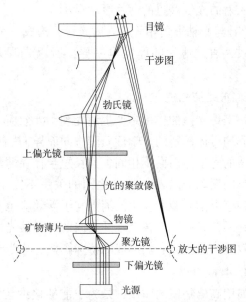

图 11-2 放大倍数不同的物镜，能接纳的 图 11-3 锥光镜的光路及干涉图成像位置示意图
倾斜光锥范围及显示的干涉图

第二节 一轴晶干涉图

一轴晶干涉图，因切面方向不同而有所不同，有 3 种主要类型，即垂直光轴切面、斜交光轴切面和平行光轴切面的干涉图。

一、垂直光轴切面的干涉图

该切面在单偏光镜下无多色性，正交偏光镜下全消光，在锥光镜下的干涉图特点如下。

(一)图像特点

由一个黑十字和同心圆干涉色圈组成[图 11-4(b)]。

黑十字由两个互相垂直的黑带组成。黑带即消光影。两个黑带分别与上、下偏光镜的振动方向 AA 和 PP 平行，两个黑带中心部分往往较窄、边缘较宽。黑十字交点则位于视域中心(与目镜十字丝交点重合)，为光轴出露点。干涉色圈以黑十字交点为中心，成同心圆状，其干涉色级序由中心向外逐渐升高，干涉色圈越向外越密。干涉色圈的多少，取决于矿物的双折率大小及薄片的厚度。矿物的双折率越大，则干涉色圈越多[图 11-4(b)]；反之，双折率越小，干涉色圈越少，甚至在黑十字的 4 个象限内仅出现一级灰干涉色[图 11-4(a)]。同一种矿物，薄片越厚，干涉色圈越多；反之，薄片越薄，干涉色圈越少。转动载物台 360°，干涉图不发生变化。

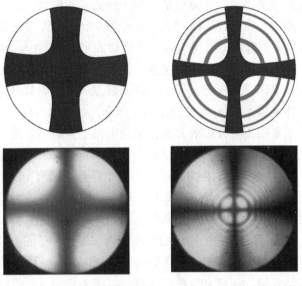

(a)石英（双折率较小的矿物）　　(b)方解石（双折率较大的矿物）

图 11-4　一轴晶垂直光轴切面干涉图

(二) 成因

在垂直光轴的矿物薄片中，光轴方向垂直于薄片平面。锥形光束的特点是，除中央一条光波垂直薄片入射外，其余各个光波都倾斜射入薄片中（图 11-1），而且越向外侧倾斜角度越大。因此，在锥形光束中，只有中央一条光波是平行光轴入射的，其余各个光波都是斜交光轴射入的，而且越向外侧斜交角度越大。根据第七章所述的光率体及不同方向切面的特征，除垂直中央一条光波的光率体切面为圆切面之外，垂直其余各个斜交光轴入射光波的光率体切面均是椭圆切面，而且椭圆切面长短半径的大小及在薄片平面上的分布方位不完全相同，它们与上、下偏光镜的振动方向（AA 和 PP）之间的关系亦不完全相同。因此，它们在正交偏光镜间所发生的消光与干涉效应不完全相同。

垂直光轴切面在锥光镜下所显示的干涉图，就是锥形偏光束中各光波通过薄片后，到达上偏光镜所发生的消光与干涉效应的总和。黑十字代表消光部分（消光影），干涉色圈代表发生干涉作用的部分。因此，想要了解干涉图的成因，必须首先了解垂直锥形光束中各入射光波的光率体椭圆半径在薄片平面上的分布方位（常光与非常光的振动方向分布方位图）。这种分布方位图，通常称为波向图。因为光率体椭圆切面半径方向代表光波垂直该切面入射时发生双折射而分解成的两种偏光的振动方向，因此，波向图是表示光波振动方向的图解。

一轴晶光率体各个椭圆切面半径在空间的分布方

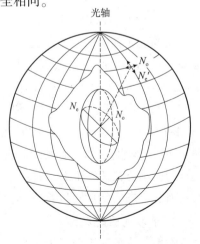

图 11-5　一轴晶常光与非常光的振动方向在球面上的分布方位

位，可用赤射球面投影方法作出。其做法是，在一轴晶光率体之外，套上一个圆球体，并使圆球体中心与光率体中心重合(图11-5)。把垂直各个方向入射光波的光率体椭圆切面半径(N_e、N_o和N_e')投影到球面上，得出各个椭圆切面半径(常光与非常光的振动方向)在球面上的分布方位。球面上经线与纬线的交点，代表各个入射光波在球面上的出露点。经线的切线方向，代表光率体椭圆半径N_e和N_e'的投影方向，即非常光的振动方向。纬线的切线方向，代表光率体椭圆半径N_o的投影方向，即常光的振动方向。

把球面上的投影结果用正射投影的方法投影到平面上，即可得出一轴晶不同方向切面的光率体椭圆半径(常光和非常光)的分布方位图，即波向图。一轴晶垂直光轴切面的波向图[图11-6(a)]中，其中心为光轴在薄片平面上的出露点，围绕中心的同心圆与放射线的各个交点代表锥形光束中各个入射光波在薄片平面上的出露点，放射线方向代表光率体椭圆半径N_e'的方向(非常光的振动方向)，同心圆的切线方向代表光率体椭圆半径N_o的方向(常光的振动方向)。知道了垂直光轴切面的光率体椭圆半径的分布方位之后，根据正交偏光镜间的消光与干涉原理，很容易理解干涉图的形成原因。薄片中矿物的光率体椭圆半径与上、下偏光镜的振动方向(AA和PP)平行的部位，消光而构成黑带。薄片中矿物的光率体椭圆半径与上、下偏光镜的振动方向(AA和PP)斜交的部位，发生干涉作用而产生干涉色。

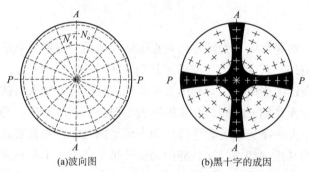

(a)波向图　　　　　　(b)黑十字的成因

图11-6　一轴晶垂直光轴切面的波向图和黑十字的成因

1. 黑十字的成因

在垂直光轴切面的波向图中，东西、南北方向上的光率体椭圆半径与下、上偏光镜的振动方向PP和AA平行或近于平行[图11-6(b)]，因此，在正交偏光间消光或近于消光。所以，形成与PP和AA平行的两个黑带，它们互相垂直构成黑十字。由于光率体椭圆半径N_e'的方向呈放射线，与PP和AA夹角相等的部位[图11-6(b)]，其消光效应相同。由图11-6(b)中可看出，N_e'与PP和AA的夹角相等的部位是中间窄边缘宽，因而黑带中部较窄而边部较宽。如果矿物的双折率低，则这种现象不明显。如果偏光显微镜中下、上偏光镜的振动方向PP和AA的位置不在东西、南北方向上，则干涉图中的黑十字也不在东西、南北方向。借此可以检查和校正上、下偏光镜振动方向的位置。

2. 干涉色圈的成因

在黑十字的4个象限内，光率体椭圆半径方向与上、下偏光镜的振动方向AA和PP斜交[图11-6(b)]，在正交偏光镜间发生干涉作用，如果光源为白光则产生干涉色。

为什么干涉色呈同心圆状，而且越向外侧干涉色级序越高？这是因为入射光波是以光轴为中心的锥形偏光束。中央一条光波平行光轴射入矿物内，不发生双折射，其双折率为零，光程差则等于零，其余各个光波都斜交光轴射入矿物内，而且从中央向外，入射光波与光轴的夹角逐渐加大，其双折率逐渐增大，光波在薄片中经历的距离也是越向外侧越长（相当于薄片厚度逐渐增加）。因此，其光程差由中心向外侧逐渐增加（图11-7），相应的干涉色级序也随之逐渐升高。锥形偏光束中与光轴夹角相等的各个入射光波，在薄片平面上的出露点是以光轴出露点为中心的同心圆（图11-7），它们所产生的光程差相等，相应的干涉色相同，因而构成以光轴出露点（黑十字交点）为中心的同心圆状干涉色圈，而且越向外侧干涉色级序越高。

　　由图11-7可知，中央一束光波垂直薄片入射，光率体切面为圆切面，其双折率为零。其他光线斜交薄片入射，光率体切面为椭圆切面，与光轴斜交，双折率为 $\Delta N = |N_o - N_e'|$。越向外，光率体椭圆切面的法线与光轴的交角越大，双折率 $|N_o - N_e'|$ 越接近矿物最大双折率 $|N_o - N_e|$，即从中心向边缘，双折率 ΔN 是逐渐增大的。同时，越向外，光线越倾斜，光线穿过薄片中矿物的距离由 d 变为 s，也是逐渐增大的。因此，从中心向边缘，光程差 $R = d \cdot \Delta N$ 中的 d 和 ΔN 都是逐渐增大的，所以干涉色逐渐升高，且越向外，变化速率越大，光程差 R 增大越快，因而干涉色圈越密。与中心距离相等的部位，ΔN 都相等，光线透过薄片的距离也相等，因而光程差 R 相等，干涉色相同，呈同心圆状。

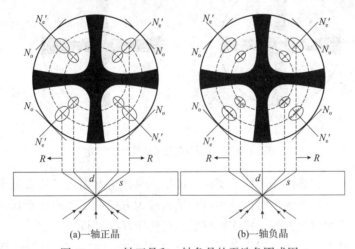

(a) 一轴正晶　　　　　　　　　　(b) 一轴负晶

图11-7　一轴正晶和一轴负晶的干涉色圈成因

　　垂直光轴切面的波向图中，光率体椭圆半径呈放射状对称分布。无论如何转动矿物薄片，总是东西、南北方向上的光率体椭圆半径与 PP 和 AA 平行，其余的椭圆半径与 PP 和 AA 斜交。因此，转动载物台360°，干涉图不发生变化。

（三）应用

1. 确定轴性和切面方向

　　根据干涉图的图像特点，可确定为一轴晶垂直光轴切面。一轴晶其他方向切面及二轴晶矿物不具有这种特征的干涉图。

2. 测定光性符号

一轴晶矿物的光性符号是根据主折射率值 N_e 与 N_o 的相对大小来确定的。当 $N_e > N_o$ 时，为正光性；当 $N_e < N_o$ 时，为负光性。所以，只要确定了 N_e 与 N_o 的相对大小，就可以确定一轴晶矿物的光性符号。

一轴晶垂直光轴切面的干涉图中，在黑十字的 4 个象限内，放射线方向代表 N_e' 的方向；同心圆的切线方向代表 N_o 的方向（图 11-7）。在 N_e' 和 N_o 在干涉图中的分布方位已知的情况下，加入试板，观察干涉图中黑十字 4 个象限内干涉色级序的升降变化，根据补色法则，就可以确定 N_e' 与 N_o 的相对大小，即可以确定一轴晶矿物的光性符号。在图 11-8（a）中，试板短边方向为 N_g，长边方向为 N_p，加入试板之后，干涉图中黑十字的一、三象限内干涉色级序升高，表明这两个象限内的光率体椭圆半径 N_e' 和 N_o 与试板上的同名半径平行，证明 $N_e' > N_o$，为正光性；二、四象限内的干涉色级序降低，表明此二象限内光率体椭圆半径 N_e' 和 N_o 与试板上的异名半径平行，仍然证明 $N_e' > N_o$，为正光性。负光性矿物干涉图中黑十字 4 个象限内的干涉色级序的升降变化与正光性相反［图 11-8（b）］。如果试板上的 N_g 与 N_p 方向更换，或者插入试板的方向改变，则干涉图中黑十字 4 个象限内的干涉色级序升降变化与上述情况相反。因此，在实际工作中，切不可死记，必须弄清原理。

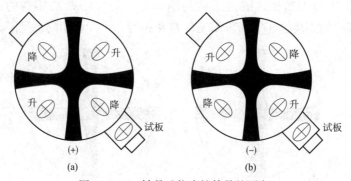

图 11-8 一轴晶矿物光性符号的测定

测定光性符号时，具体使用什么试板，可根据具体情况而定。通常是干涉图中的干涉色圈较少或只具一级灰干涉色时，使用石膏试板较为方便。干涉图中干涉色圈较多时，使用云母试板或石英楔较为方便。操作熟练后，可使用任何试板。

当干涉图中黑十字 4 个象限内仅见一级灰干涉色时，加入石膏试板（图 11-9）后，黑十字变为一级紫红。4 个象限内，干涉色级序升高的两个象限，干涉色由一级灰变为二级蓝［图 11-9（a）中一、三象限，图 11-9（b）中二、四象限］；干涉色降低的两个象限内，干涉色由一级灰变为一级橙黄［图 11-9（a）中二、四象限，图 11-9（b）中一、三象限］。也可以使用云母试板，加入云母试板后，黑十字变为一级灰。干涉色升高的两个象限内，干涉色由一级灰变为一级橙黄；干涉色降低的两个象限内，干涉色由一级灰变为黑色。

当干涉图中干涉色圈较多时，加入云母试板后（图 11-10），黑十字变为一级灰白。干涉色级序升高的两个象限内，靠近黑十字交点处，原为一级灰的位置上，干涉色级序升高由一级灰变一级黄，表现为黄色圈向内移动占据原灰色圈的位置；原为一级黄的干涉色圈干涉色级序升高变为一级红，表现为红色圈向内移动占据原黄色圈位置；原为一级红的

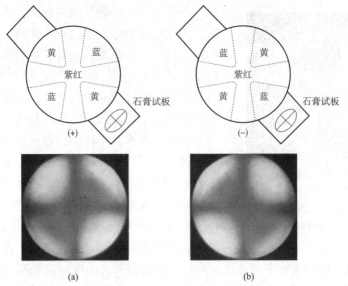

图 11-9　干涉图中黑十字 4 个象限内仅见一级灰干涉色时，加入石膏试板后的变化情况

色圈，干涉色级序升高变为二级蓝，表现为蓝色圈向内移动占据原红色圈的位置。同样的道理，每一个干涉色圈都升高一个色序，因而显示出这两个象限内的整个干涉色圈向内移动[图 11-10(a)中一、三象限，图 11-10(b)中二、四象限]。在干涉色级序降低的两个象限内[图 11-10(a)中二、四象限，图 11-10(b)中一、三象限]。靠近黑十字交点，原为一级灰的位置，干涉色级序降低为黑色，在靠近黑十字交点处出现对称的两个黑点，原为一级黄的色圈、干涉色级序降低变为一级灰，表现为灰色圈向外移动占据原黄色圈的位置；原为一级红的色圈，干涉色级序降低变为一级黄，表现为黄色圈向外移动占据原红色圈位置。同样的道理，每一个干涉色圈都降低一个色序，因而显示出这两个象限内的整个干涉色圈向外移动。

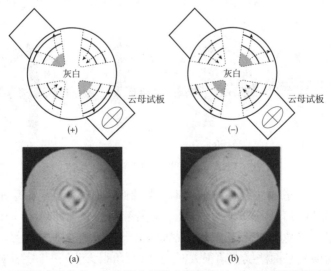

图 11-10　干涉图中黑十字 4 个象限内干涉色圈较多时，加入云母试板后的变化情况

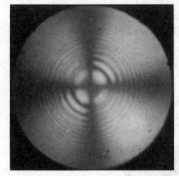

图 11-11　干涉图中黑十字 4 个象限
内干涉色圈较多时，加入石膏试板
后的变化情况

如果干涉图中的干涉色圈多而密，那么加入云母试板后，干涉色圈的移动情况看不清楚，此时可以使用石英楔或贝瑞克补色器。随着石英楔的逐渐插入或逐渐转动贝瑞克补色器，在干涉色级序升高的两个象限内，干涉色圈连续向内移动；在干涉色级序降低的两个象限内，干涉色圈连续向外移动。

干涉色圈多的干涉图，也可以使用石膏试板。加入石膏试板后（图 11-11），黑十字变为一级紫红。在干涉色级序升高的两个象限内，靠近黑十字交点处，原为一级灰的位置，干涉色级序升高变为二级蓝，出现对称的两个蓝点，其他干涉色圈的颜色不变。在干涉色级序降低的两个象限内，靠近黑十字交点处，原为一级灰的位置，干涉色级序降低为一级橙黄，出现对称的两个黄点，第一个红色圈变为黑色圈，其他干涉色圈的颜色不变。

二、斜交光轴切面的干涉图

(一)图像特点

在斜交光轴的切片中，光轴在矿物薄片中的位置是倾斜的。光轴在薄片平面上的出露点即黑十字的交点不在视域中心。所以斜交光轴切面的干涉图是由不完整的黑十字和不完整的干涉色圈组成的（图 11-12 及图 11-13）。

当光轴方向与薄片平面法线的夹角不大时（光轴倾角不大），黑十字的交点（光轴出露点）虽不在视域中心，但仍在视域内（图 11-12）。旋转载物台时，黑十字的交点绕视域中心做圆周移动，其黑带做上下、左右平行移动，干涉色圈随黑十字的交点移动（图 11-12）。

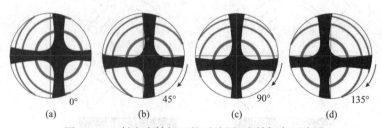

(a) 0°　　(b) 45°　　(c) 90°　　(d) 135°

图 11-12　斜交光轴切面的干涉图（光轴倾角不大）

当光轴方向与薄片平面法线夹角较大时（光轴倾角较大），黑十字的交点（光轴出露点）在视域之外（图 11-13），视域内可见到一条黑带及部分干涉色圈。转动载物台时，黑带做上下、左右平行移动，并交替出现在视域内，干涉色圈亦随之移动（图 11-13）。

当光轴方向与薄片平面法线夹角很大时（光轴倾角很大），黑十字较宽大。转动载物台时，黑带呈弯曲状扫过视域。这种切面的干涉图不能判断轴性，因为它与二轴晶干涉图不易区分。

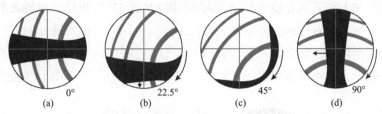

图 11-13　斜交光轴切面的干涉图(光轴倾角较大)

(二)斜交光轴切面干涉图的应用

(1)当光轴倾角不是很大时,可以确定轴性及切面方向。

(2)测定光性符号。

当黑十字的交点在视域内时,测定光性符号的方法与垂直光轴切面干涉图的方法相同。

如果黑十字的交点在视域之外,转动载物台,根据黑带的移动情况,可以确定黑十字的交点在视域外的位置。当视域内只见一条横的黑带时,顺时针转动载物台,如果黑带向下移动[图 11-14(a)],证明黑十字的交点必在视域外的右方;如果黑带向上移动[图 11-14(b)],证明黑十字的交点必在视域外的左方。当视域内只见一条直立的黑带时,顺时针转动载物台,如果黑带向左移动[图 11-14(c)],证明黑十字的交点必在视域外的下方,如果黑带向右移动[图 11-14(d)],证明黑十字的交点必在视域外的上方。如果视域内看不见黑带,转动载物台,视域内将出现一条横向或直立黑带,再按上述方法确定黑十字的交点在视域外的位置。

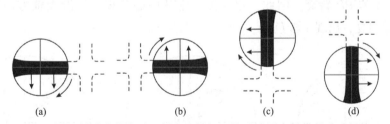

图 11-14　转动载物台时,斜交光轴切面的干涉图中黑带的移动规律

三、平行光轴切面的干涉图

(一)图像特点

当光轴方向与上、下偏光镜的振动方向之一平行时,为一个粗大模糊的黑十字,几乎占据整个视域[图 11-15(a)]。转动载物台,粗大黑十字从中心分裂,并迅速沿光轴方向退出视域(转动 12°～15°),这个转角称明亮角。因为变化迅速,故称为瞬变干涉图或闪图。

当光轴方向与上、下偏光镜的振动方向 AA 和 PP 成45°夹角时，视域最亮。如果矿物的双折率较大，则出现对称的弧形干涉色带[图11-15(b)]。在光轴方向上，干涉色级序由中心向两边逐渐降低，在垂直光轴的方向上，干涉色级序由中心向两边逐渐升高。如果矿物的双折率较低，则不出现弧形干涉色带，整个视域均为一级灰白干涉色。

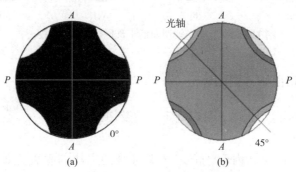

图11-15　一轴晶平行光轴切面的干涉图

(二)成因

在平行光轴切面的波向图中[图11-16(a)]，当光轴方向与上、下偏光镜的振动方向之一平行时，绝大部分光率体椭圆半径与上、下偏光镜的振动方向平行或近于平行[图11-16(a)中小圆圈以内]，在正交偏光镜间消光或近于消光，形成粗大模糊的黑十字。稍微转动载物台，大部分光率体的椭圆半径与上、下偏光镜的振动方向 AA 和 PP 斜交，而且是中心部位的光率体椭圆半径首先与 AA 和 PP 斜交，光轴方向边缘部位的光率体椭圆半径最后与 AA 和 PP 斜交。因此，粗大黑十字从中心分裂，并沿光轴方向迅速退出视域，而使视域明亮，出现干涉色。

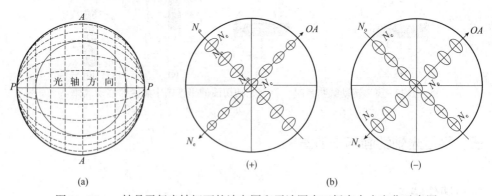

图11-16　一轴晶平行光轴切面的波向图和干涉图中双折率大小变化示意图

当光轴方向与上、下偏光镜的振动方向成45°夹角时，如果矿物的双折率较大，为什么会出现对称的弧形干涉色带？而且在光轴方向上，干涉色级序从中心向两边逐渐降低，在垂直光轴的方向上，干涉色级序由中心向两边逐渐升高。由图11-16(b)(正光性)中可看出，在光轴方向，由中心向两边，光率体椭圆切面短半径 N_o 的长短不变，而长半

径 $N_e{}'$ 逐渐变短，因而其双折率逐渐变小。虽然倾斜入射的光波在矿物薄片中所经历的距离越向外越长，但薄片本身厚度不大(0.03mm)，且视域范围较小，在此小范围内光波通过薄片距离的加大，不足以抵消双折率减小的影响。因此，在光轴方向上，由中心向两边的光程差仍然是逐渐减小的，相应的干涉色级序逐渐降低。在垂直光轴的方向上，由中心向两边的各个点上，光率体椭圆半径 N_e 与 N_o 的长短不变，其双折率相等，但由于倾斜入射光波在薄片中经历的距离越向外越长，相当于薄片厚度向外增加，引起光程差向外逐渐增大，相应的干涉色级序由中心向两边逐渐升高。当矿物为一轴晶负光性时[图11-16(b)]，道理同一轴晶正光性矿物。

（三）一轴晶平行光轴切面干涉图的应用

（1）当轴性已知时，可以确定切面方向；当轴性未知时，不能确定轴性，因为它与二轴晶平行光轴面切面的干涉图很难区分。

（2）当轴性已知时，也可以测定光性符号。

微微转动载物台，黑十字迅速分裂退出视域的方向即为光轴方向。使光轴方向与上、下偏光镜的振动方向成45°夹角，此时视域最亮。在这种干涉图中，N_e 平行光轴方向，N_o 垂直光轴方向。加入试板后，观察整个视域内干涉色的升降变化，根据补色法则可以确定 N_o 与 N_e 的相对大小，就能确定光性符号。

第三节　二轴晶干涉图

二轴晶光率体的对称程度低于一轴晶光率体，锥光镜下二轴晶的干涉图比一轴晶的干涉图复杂。主要有5种类型的干涉图，即垂直锐角等分线切面、垂直一个光轴切面、斜交光轴切面、垂直钝角等分线切面及平行光轴面切面的干涉图。

一、垂直锐角等分线(⊥Bxa)切面的干涉图

（一）图像特点

当光轴面(AP)与上、下偏光镜的振动方向之一(AA 或 PP)平行时，干涉图由一个黑十字及"∞"字形干涉色圈组成[图11-17(a)、图11-17(c)]。黑十字的交点位于视域中心，为Bxa的出露点，黑十字的两个黑带分别与上、下偏光镜的振动方向(AA 和 PP)平行，其粗细不等。在光轴面迹线方向的黑带较细，两个光轴出露点上更细，垂直光轴面方向(N_m方向)的黑带较宽。"∞"字形干涉色圈以两个光轴出露点为中心，干涉色级序由光轴出露点向外逐渐升高，而且越向外干涉色圈越密。干涉色圈的多少取决于矿物的双折率大小及薄片的厚度。矿物的双折率越大，薄片越厚，干涉色圈越多[图11-17(a)、图11-17(c)]；双折率越小，薄片越薄，干涉色圈越少，甚至在黑十字的4个象限内仅出现一级灰干涉色[图11-18(a)、图11-18(c)]，此时干涉图中两个黑带的宽度近于相等。

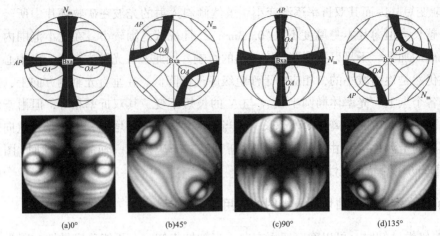

(a)0°　　(b)45°　　(c)90°　　(d)135°

图 11-17　二轴晶垂直 Bxa 切面的干涉图(干涉色较高)

转动载物台,黑十字从中心分裂形成两个弯曲黑带。当光轴面(AP)与上、下偏光镜的振动方向(AA 和 PP)成 45°夹角时(转动载物台 45°),两个弯曲黑带的顶点间的距离最远[图 11-17(b)、图 11-17(d)及图 11-18(b)、图 11-18(d)]。弯曲黑带的顶点凸向 Bxa 出露点(视域中心)。两个弯曲黑带的顶点为两个光轴的出露点,两者之间的距离与光轴角(2V)大小成正比,其连线为光轴面迹线方向(光轴面与薄片平面的交线),通过 Bxa 的出露点(视域中心),垂直光轴面迹线的方向为 N_m 方向。

继续转动载物台,弯曲黑带逐渐向视域中心移动,当转至 90°时,弯曲黑带又合成黑十字,但其粗细黑带已经更换了位置[图 11-17(c)及图 11-18(c)]。继续转动载物台,黑十字又从中心分裂,当转至 135°时,弯曲黑带特点与 45°位置时相同,但弯曲黑带的顶点(光轴出露点)更换了 90°的位置[图 11-17(d)及图 11-18(d)]。再继续转动载物台,弯曲黑带又向视域中心移动,至 180°时,恢复原来黑十字的特征。

在转动载物台的过程中,"∞"字形干涉色圈随光轴出露点而移动,其形状不改变。

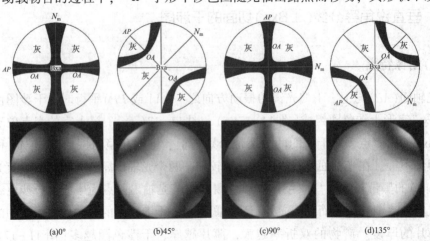

(a)0°　　(b)45°　　(c)90°　　(d)135°

图 11-18　二轴晶垂直 Bxa 切面的干涉图(干涉色低)

(二)成因

二轴晶干涉图的成因，仍然可用波向图解释。二轴晶的波向图可应用拜阿特–弗伦涅尔定律(Biot-Fresnel law)作出。

拜阿特–弗伦涅尔定律：沿任意方向射入二轴晶矿物的光波，其波法线与两个光轴构成相交的两个平面，其夹角的两个平分面迹线方向，就是垂直该光波的光率体椭圆切面长短半径方向(该光波分解形成两种偏光的振动方向，见图11–19)。再通过正射投影，可得出二轴晶不同方向切面上光率体椭圆切面半径的分布方位图(波向图)。垂直 Bxa 切面的波向图也可以应用拜阿特–弗伦涅尔定律在平面上直接作出。在垂直 Bxa 切面上，入射光波出露点与两个光轴出露点连线夹角的两个角分线方向，代表垂直该入射光波(波法线)的光率体椭圆半径方向[图11–19(b)]。

黑十字及弯曲黑带的成因：在垂直 Bxa 切面的波向图中(图11–20)，当光轴面(AP)迹线方向与上、下偏光镜的振动方向(AA 和 PP)之一平行时[图11–21(a)]。在光轴面迹线方向及 N_m 方向上，光率体椭圆半径与 PP 和 AA 平行或近于平行，所以在正交偏光镜间消光或近于消光，因而构成黑十字。在 N_m 方向上，光率体椭圆半径与 PP 和 AA 平行或近于平行的范围较宽，故其黑带较宽；在光轴面迹线的方向上，光率体椭圆半径与 PP 和 AA 平行或近于平行的范围较窄，在光轴出露点处更窄，故光轴面迹线方向的黑带较窄，光轴出露点处更窄。

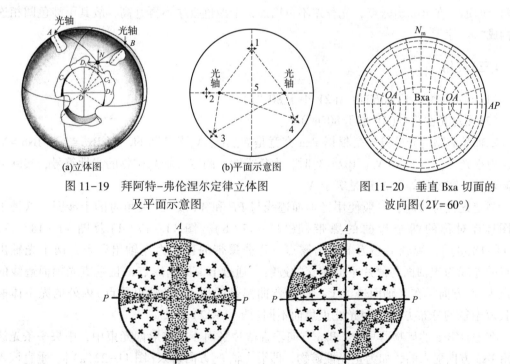

图 11–19　拜阿特–弗伦涅尔定律立体图及平面示意图

(a)立体图　　(b)平面示意图

图 11–20　垂直 Bxa 切面的波向图($2V=60°$)

(a)黑十字　　(b)弯曲黑带

图 11–21　二轴晶垂直 Bxa 切面干涉图中黑十字及弯曲黑带的成因

转动载物台，波向图中心部分的光率体椭圆半径首先与 *PP* 和 *AA* 斜交而变亮，所以黑十字从中心分裂。当光轴面与 *PP* 和 *AA* 成 45°夹角时［图 11-21(b)］，只有两个弯曲黑带范围内的光率体椭圆半径与 *PP* 和 *AA* 平行或近于平行，该范围内的光率体椭圆在正交偏光镜间消光或近于消光，构成对称的两个弯曲的黑带。

干涉色圈的成因：在黑十字或弯曲黑带范围以外，光率体椭圆半径与 *PP* 和 *AA* 斜交（图 11-21），在正交偏光镜间发生干涉作用，如为白光光源，形成干涉色。

为什么构成"∞"字形干涉色圈，而且干涉色级序越向外越高？这是因为二轴晶矿物有两个光轴。在垂直 Bxa 的矿物薄片中，Bxa 方向垂直薄片平面，两个光轴方向是倾斜的。光波沿两个光轴方向射入时，不发生双折射，其光程差等于零。斜交光轴射入的光波，则发生双折射，且其光程差从光轴出露点的零起，向外逐渐增加，因而相应的干涉色以两个光轴出露点为中心，向外干涉色级序逐渐升高，越向外干涉色级序越高。光轴出露点的两侧，光程差增加的速度不相等。在光轴与 Bxo 之间，斜交光轴入射的光波随着入射光与光轴斜交角度的加大，其双折率和光波在薄片中经历的距离(薄片厚度)都是逐渐增加的，故其光程增加速度较快。在光轴的另一侧，即光轴与 Bxa 之间，斜交光轴入射的光波随着入射光波与光轴斜交角度的加大，虽其双折率逐渐加大，但光波通过薄片的距离(薄片厚度)在逐渐减小，故其光程差增速度较慢，而且到达 Bxa 出露点时，达到最大值不再增加。所以在光轴出露点的两侧，光程差 *R* 相等的点与光轴出露点间的距离不相等，在 Bxa 出露点一侧的距离较长(因其光程差增加速度较慢)，在 Bxo 出露点一侧的距离较短(因其光程差增加速度较快)。因此，在两个光轴出露点的周围，光程差相等、干涉色相同的点，构成两个卵形。在 Bxa 出露点，光程差不再增加，干涉色级序不再升高，故其干涉色圈相连而构成"∞"字形。

(三)应用

(1)确定轴性及切面方向(当 2*V* 小于 80°时)。

(2)测定光性符号(2*V* 小于 80°时)。

二轴晶矿物的光性符号是根据 Bxa 究竟是 N_g 还是 N_p 来判断的。当 Bxa = N_g，Bxo = N_p 时，为正光性；当 Bxa = N_p，Bxo = N_g 时，为负光性。测定二轴晶矿物的光性符号，实际上是测定 Bxa 究竟是等于 N_g 还是等于 N_p。

测定光性符号时，一般使用光轴面迹线与 *PP* 和 *AA* 成 45°夹角时的干涉图。这种干涉图具有对称的两个弯曲的黑带［图 11-17(b)、图 11-17(d)及图 11-18(b)、图 11-18(d)］，视域中心为 Bxa 出露点，弯曲黑带的顶点为光轴出露点，两个光轴出露点的连线为光轴面与薄片平面相交的迹线，通过 Bxa 的出露点，且垂直光轴面迹线的方向为 N_m 方向。在光轴面迹线上，两个弯曲黑带的顶点(光轴出露点)内外的光率体椭圆长短半径的分布方位，因光性正负而不同(图 11-22)。

在垂直 Bxa 的矿物薄片中，Bxa 方向垂直薄片平面。在锥形偏光束中，中央一条光波是沿 Bxa 方向射入的，如为正光性矿物，即沿主轴 N_g 方向射入［图 11-22(a)］。垂直该入射光波的光率体椭圆切面为 $N_m N_p$ 主轴面，其长半径为 N_m，短半径为 N_p［图 11-22(a)］。锥形偏光束中其他方向的光波，都是斜交 Bxa 方向入射的。在光轴面迹线上，Bxa 的出露点与两个光轴出露点之间，垂直斜交 Bxa 入射光波的光率体椭圆切面长短半径分别为 N_m 和 N_p'［图 11-22（a）中，平面图中光轴面迹线上 Bxa 出露点与两个弯曲黑带的顶点之间的光率体椭圆切面］。因此，在两个弯曲黑带的顶点之间，与光轴面迹线一致的是 Bxo 的投影方向（正光性是 N_p 和 N_p'）。光波沿光轴方向入射时［图 11-22（a）］，垂直入射光波的光率体切面为圆切面，半径等于 N_m［图 11-22（a），平面图中两个弯曲黑带的顶点上的圆切面］。在光轴与 Bxo 之间，垂直入射光波的光率体椭圆切面的长短半径分别为 N_m 和 N_g'［图 11-22（a），平面图中光轴面迹线上，两个弯曲黑带的顶点之外的椭圆切面］。此时，椭圆切面的长短半径方位已更换。在两个弯曲黑带的顶点之外（凹方），与光轴面迹线一致的方向，相当于 Bxa 的投影方向（正光性是 N_g'）。

如为负光性矿物［图 11-22（b）］，垂直沿 Bxa 入射光波的光率体椭圆切面长短半径分别为 N_g 和 N_m。光波斜交 Bxa 入射时，在光轴面迹线上，Bxa 与两个光轴之间，垂直入射光波的光率体椭圆切面长短半径分别为 N_g' 和 N_m。因此，在两个弯曲黑带的顶点之间，与光轴面迹线一致的方向相当于 Bxo 的投影方向（N_g 和 N_g'）。垂直沿光轴入射光波的光率体切面为圆切面，其半径等于 N_m。在光轴与 Bxo 之间，垂直入射光波的光率体椭圆切面长短半径分别为 N_m 和 N_p'。此时，椭圆切面长短半径方位已经更换，在两个弯曲黑带的顶点之外（凹方），与光轴面迹线一致的方向相当于 Bxa 的投影方向（N_p'）。

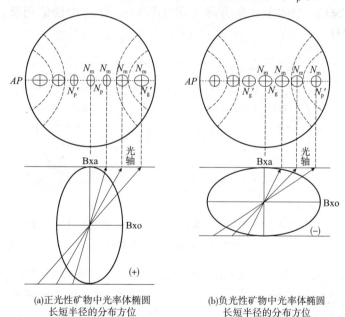

(a)正光性矿物中光率体椭圆　　　　(b)负光性矿物中光率体椭圆
长短半径的分布方位　　　　　　长短半径的分布方位

图 11-22　二轴晶正光性矿物和负光性矿物，垂直 Bxa 切面干涉图中，
光轴面迹线上，光率体椭圆长短半径的分布方位

由上述情况可以看出，无论光性是正或者是负，在光轴面迹线上，两个弯曲黑带顶点内外的光率体椭圆切面长短半径的方位都是相反的。在两个弯曲黑带的顶点之间，与光轴面迹线一致的是 Bxo 的投影方向（图 11-23）；在两个弯曲黑带的顶点之外（凹方），与光轴面迹线一致的是 Bxa 的投影方向，垂直光轴面迹线的方向，弯曲黑带顶点的内外都是 N_m 的方向。知道了干涉图中 Bxa、Bxo 及 N_m 的方位之后，加入试板，根据弯曲黑带的顶点内

外(凸方和凹方)干涉色级序的升降变化，就可以确定 Bxa 是 N_g 还是 N_p，即可得出二轴晶的光性符号。

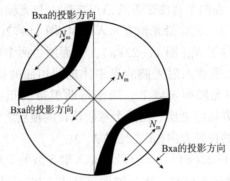

图 11-23　垂直 Bxa 切面的干涉图中，N_m、Bxa 及 Bxo 的投影方向

当干涉图中弯曲黑带的范围以外仅具一级灰干涉色时，加入石膏试板后[图 11-24(a)]，弯曲黑带变为一级紫红，在两个弯曲黑带的顶点之间，干涉色由一级灰变为二级蓝，干涉色级序升高，即同名半径平行，证明 $Bxo = N_p$；在两个弯曲黑带的顶点之外(凹方)，干涉色由一级灰变为一级黄，干涉色级序降低，即异名半径平行，证明 $Bxa = N_g$，为正光性。图 11-24(b) 中的干涉色升降变化与图 11-24(a) 中恰恰相反，证明 $Bxa = N_p$，$Bxo = N_g$，为负光性。

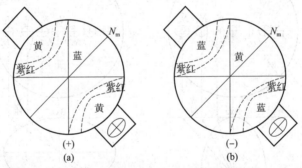

图 11-24　垂直 Bxa 切面的干涉图中，弯曲黑带范围以外仅见一级灰干涉色，
加入石膏试板后的变化情况

干涉色圈多的干涉图加入云母试板后[图 11-25(a)]，弯曲黑带变为一级灰白，两个弯曲黑带的顶点之间，干涉色圈向内移动，干涉色级序升高，即同名半径平行，证明 $Bxo = N_p$；弯曲黑带的顶点之外(凹方)，在靠近弯曲黑带的顶点处，原为一级灰的位置出现两个黑色团，干涉色圈向外移动，干涉色级序降低，即异名半径平行，证明 $Bxa = N_g$，为正光性。图 11-25(b) 中干涉色升降变化与图 11-25(a) 相反，证明 $Bxa = N_p$，$Bxo = N_g$，为负光性。

当干涉图中干涉色圈较多时，加入石膏试板后，干涉色级序降低的部位，原为一级灰的位置变为一级黄，第一个红色圈变为黑色圈，其余的干涉色圈的颜色基本不发生改变；干涉色级序升高的部位，原为一级灰的位置变为二级蓝，其余的干涉色圈的颜色基本不变。

当矿物的 2V 较大时，垂直 Bxa 切面的干涉图与垂直 Bxo 切面的干涉图不易区分，不宜用于测定光性符号。

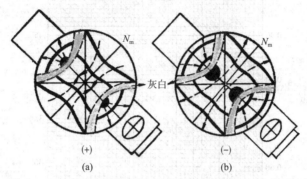

图 11-25　垂直 Bxa 切面的干涉图中，干涉色圈多，加入云母试板后的变化情况

（3）测定以及估计光轴角大小。

①测定光轴角大小。托比（Tobi，A. C. 1956）在马拉德法的基础上提出，根据两个光轴出露点之间的距离（2D）与干涉图视域直径（2R）的比值（图 11-26），可以测定 2V 大小。根据马拉德法、2D 与 2V 的关系为：

$$D = K \cdot N_m \cdot \sin V \tag{11-1}$$

干涉图视域直径（2R）大小与光孔角（2θ）成正比。以 N 代表物镜与薄片间介质（空气或浸油）的折射率，可得下式：

$$R = K \cdot N \cdot \sin\theta \tag{11-2}$$

物镜的数值孔径（NA）为：

$$NA = N \cdot \sin\theta \tag{11-3}$$

因此，

$$R = K \cdot NA \tag{11-4}$$

将式（11-1）和式（11-4）各乘以 2 之后，用式（11-4）除以式（11-1）即得：

$$\frac{2D}{2R} = \frac{2K \cdot N_m \cdot \sin V}{2K \cdot NA} = \frac{N_m \cdot \sin V}{NA} \tag{11-5}$$

式中，2D 与 2R 可用目镜分度尺在干涉图中直接测出（图 11-26）；NA 在每个物镜上已注明；N 值可以用油浸法测定或根据矿物突起等级估计。用这些数据代入到式（11-5）中，即可计算出 V 值，再乘以 2 即得 2V。也可以在专门图解（图 11-27）中查得 2V 值。这个图解适用于物镜的数值孔径（NA）为 0.85。如果所用物镜的 NA 不是 0.85，则必须将 2R 乘以所用物镜的 NA/0.85 之后再查图表。

②估计光轴角大小。根据两个弯曲黑带之间的距离，可以估计 2V 的大小（图 11-28）。当垂直 Bxa 干涉图处于 45°位置时，根据两个光轴出露点之间的距离，即可估计光轴角的相对大小。在岩矿鉴定中，就常用垂直 Bxa 切面的干涉图来区分黑云母和金云母。因为金云母光轴角较小，两个光轴出露点之间的距离较近；而黑云母的光轴角较大，两个光轴出露点间的距离较大。

图 11-26　2D 与 2R 值示意图

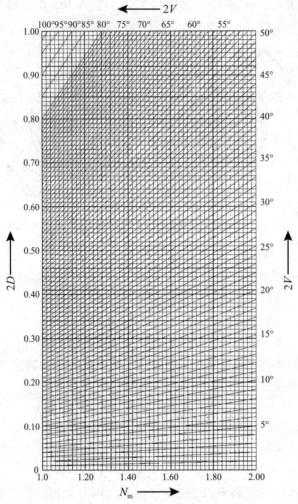

图 11-27　2V 鉴定表及其用法

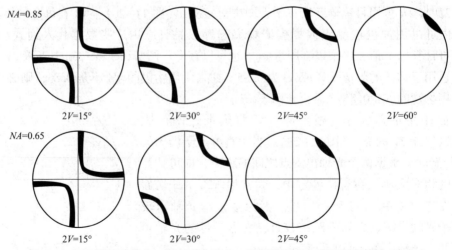

图 11-28　二轴晶垂直 Bxa 切面干涉图上，根据消光影之间的距离估计 2V 大小

二、垂直一个光轴(OA)切面的干涉图

(一)图像特点

二轴晶垂直一个光轴切面的干涉图，在图像特点上，相当于垂直 Bxa 切面干涉图的一半，其光轴出露点位于视域中心。当光轴面(AP)与上、下偏光镜的振动方向之一平行时，为一个直的黑带及卵形干涉色圈组成(双折率较大时)。转动载物台，黑带弯曲，当光轴面与上、下偏光镜的振动方向成45°夹角时，黑带弯曲度最大(图11-29)。弯曲黑带的顶点为光轴出露点，位于视域中心。弯曲黑带的顶点凸向 Bxa 出露点。继续转动载物台，弯曲黑带逐渐变直，转至90°时，又成为一个直的黑带，但其方向已经改变(图11-29)。继续转动载物台，黑带再度弯曲，至135°时弯曲度最大，但弯曲黑带的顶点凸出方向已改变(图11-29、图11-30)，但弯曲黑带的顶点仍位于视域中心。

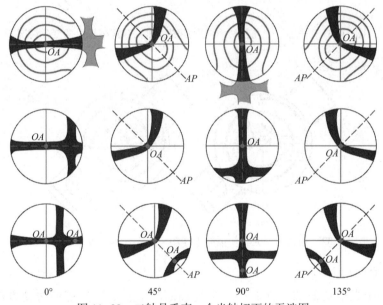

0°   45°   90°   135°

图 11-29 二轴晶垂直一个光轴切面的干涉图

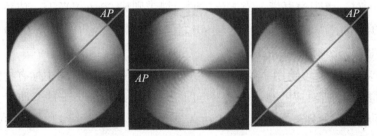

图 11-30 二轴晶垂直一个光轴切面的干涉图(干涉色低及干涉色高)

（二）应用

（1）确定轴性和切面方向。

（2）测定光性符号。

根据光轴面与上、下偏光镜的振动方向成45°夹角时，干涉图中弯曲黑带的顶点凸向Bxa的出露点，找出Bxa出露点及另一个弯曲黑带在视域外的方位之后，按垂直Bxa切面干涉图的测定方法测定光性符号（图11-31、图11-32）。

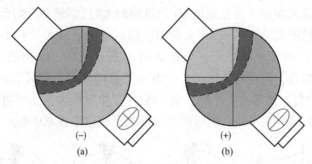

图 11-31　垂直一个光轴切面的干涉图，加入石膏试板后的变化情况

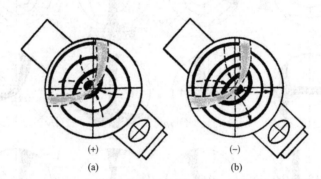

图 11-32　垂直一个光轴切面的干涉图，加入云母试板后的变化情况

（3）估计光轴角大小。

在垂直一个光轴切面的干涉图中，当光轴面与上、下偏光镜的振动方向成45°夹角时，黑带的弯曲程度与光轴角大小成反比（图11-33左）。光轴角越大，黑带的弯曲度越小。当$2V=90°$时，黑带为直带，当$2V=0°$时，黑带则成90°（相当于一轴晶垂直光轴切面的干涉图中的黑十字）；当$2V$介于0°与90°之间时，黑带弯曲度则介于90°与直带之间。用这种方法估计的光轴角不太精确。

温切尔（Winchell H.）绘制了新的估计$2V$图（图11-33右），图中标有物镜的数值孔径（NA）及与不同N_m值所对应的视域界限，有助于较精确地判断黑带的弯曲度，从而得出光轴角大小。图中所标的视域半径度数，指的是射到视域边缘的光线与物镜中轴之间的夹角（物镜光孔角的二分之一）。图的右上方标有$2V$角及相应弧度方位角。

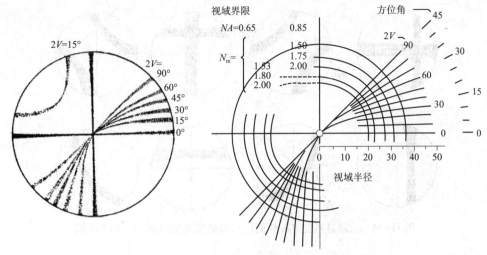

图 11-33   垂直一个光轴切面干涉图中，估计 2V 图解

三、斜交光轴切面的干涉图

(一)图像特点

不垂直光轴，也不垂直 Bxa，但较接近于它们的斜交切面，属斜交光轴的切面。这种切面的干涉图，在图像特点上，相当于垂直 Bxa 切面干涉图的一部分(图 11-34)。其黑带和干涉色圈不完整。转动载物台时，黑带弯曲移动，在 45°位置时，弯曲黑带的顶点(光轴出露点)不在视域中心。斜交光轴切面的干涉图有两种类型。一种是垂直光轴面的斜交光轴切面干涉图(图 11-35)。其特点是当光轴面(AP)与上、下偏光镜的振动方向之一平行时，直黑带通过视域中心且平分视域[图 11-35(a)、图 11-35(c)、图 11-35(e)、图 11-35(g)]。此时，与直黑带垂直的方向为 N_m 方向。转动载物台时，黑带弯曲，当光轴面(AP)与上、下偏光镜的振动方向成 45°夹角时，弯曲黑带的顶点不在视域中心。当光轴倾角不大，弯曲黑带的顶点仍位于视域之内[图 11-35(b)、图 11-35(d)]；如果光轴倾角较大，则弯曲黑带的顶点在视域之外[图 11-35(f)、图 11-35(h)]。这种类型的斜交光轴切面，在某些情况下，可代替垂直光轴切面(因为其光率体椭圆半径中有一个是 N_m)。另一种类型的斜交光轴面的斜交光轴切面干涉图(图 11-36)，当光轴面(AP)与上、下偏光镜的振动方向之一平行时，直黑带不通过视域中心，而偏在视域的一侧[图 11-36(a)、图 11-36(c)、图 11-36(e)、图 11-36(g)]。转动载物台时，黑带弯曲，当光轴面(AP)与上、下偏光镜的振动方向成 45°夹角时，弯曲黑带的顶点不在视域中心。当光轴倾角不大时，弯曲黑带的顶点在视域之内[图 11-36(b)、图 11-36(d)]；如果光轴倾角较大，则弯曲黑带的顶点在视域之外[图 11-36(f)、图 11-36(h)]。

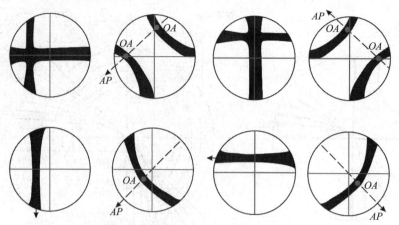

图 11-34　二轴晶斜交 Bxa 切面(上)和斜交光轴切面(下)的干涉图

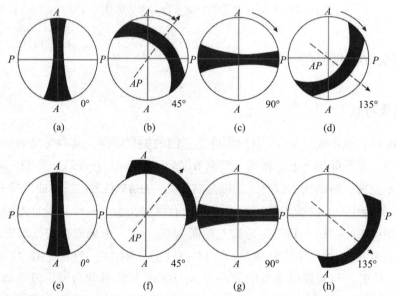

图 11-35　二轴晶垂直光轴面的斜交光轴切面的干涉图(箭头指向 Bxa 出露点)

(二)应用

(1)确定轴性及切面方向。

(2)测定光性符号。

　　斜交光轴切面干涉图,可视为垂直 Bxa 切面干涉图的一部分。转动载物台时,根据黑带弯曲的移动情况,找出弯曲黑带的顶点的凸方及 Bxa 在视域外的方位之后,即可按垂直 Bxa 切面干涉图的方法测定光性符号。

　　在实际鉴定工作中,斜交光轴切面最常见,因此必须熟练掌握弯曲黑带的移动变化规律。

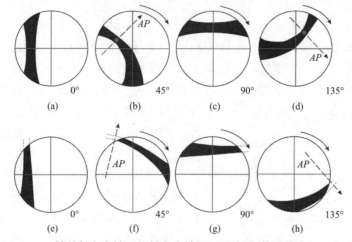

图 11-36　二轴晶斜交光轴面的斜交光轴切面干涉图(箭头指向 Bxa 出露点)

四、垂直钝角等分线(⊥ Bxo)切面的干涉图

(一)图像特点

当光轴面与上、下偏光镜的振动方向之一平行时,干涉图为一个粗大的黑十字[图 11-37(a)],黑十字的交点为 Bxo 的出露点,光轴出露点在视域之外。黑十字的 4 个象限仅出现一级灰干涉色。如果矿物的双折率较大,则会出现稀疏的干涉色圈。如果把视域理想地扩大,其干涉图的图像特点与垂直 Bxa 切面的干涉图相似。不同的是,两个光轴出露点之间的距离较大,视域中所看到的只是干涉图的中心部分,所以黑十字显得粗大,干涉色圈不太明显。

转动载物台,黑十字较快地分裂成两个弯曲的黑带[图 11-37(b)],沿光轴面迹线方向退出视域(转角一般为 12°～35°)。当光轴面与上、下偏光镜的振动方向成 45°夹角时,弯曲黑带的顶点之间的距离最远,其顶点仍为光轴出露点,但都在视域之外[图 11-37(c)]。继续转动载物台,弯曲黑带逐渐靠近,转至 90°时,又出现一个粗大的黑十字。继续转动载物台,黑十字又分裂。

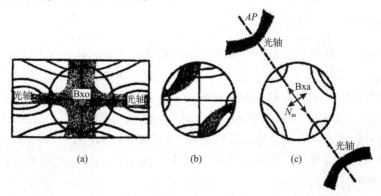

图 11-37　二轴晶垂直 Bxo 切面的干涉图

(二)成因

在垂直 Bxo 切面的波向图中(图 11-38),当光轴面(AP)与上、下偏光镜的振动方向之一平行时,比较多的光率体椭圆半径与上、下偏光镜的振动方向平行或近于平行,在正交偏光镜间消光或近于消光,因此构成粗大的黑十字。稍转动载物台,大多数光率体椭圆半径与 AA 和 PP 斜交,而且是中心部位首先斜交,AP 方向边部最后斜交。因此,粗大的黑十字较快地从中心分裂,沿 AP 方向退出视域。

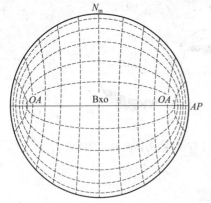

图 11-38　垂直 Bxo 切面的波向图($2V=60°$)

当矿物的 $2V$ 很大时,两个光轴间的钝角与锐角大小相近时,垂直 Bxo 切面的干涉图与垂直 Bxa 切面的干涉图不易区分。当矿物的 $2V$ 很小时,两个光轴间的钝角很大,垂直 Bxo 切面的干涉图中,两个光轴出露点之间的距离很长。转动载物台时,黑十字分裂退出视域的速度很快(逸出角小),此时垂直 Bxo 切面的干涉图难以与平行光轴面切面的干涉图区别。

(三)应用

应用逸出角法,确定属于垂直 Bxo 切面的干涉图后,可用于确定矿物的切面方向和测定光性符号。

当光轴面与上、下偏光镜的振动方向成 45°夹角时,视域中心为 Bxo 的出露点[图 11-37(c)],在两个弯曲黑带的顶点之间,与光轴面迹线一致的方向是 Bxa 的投影方向,垂直光轴面迹线的方向为 N_m 方向。加入试板后,根据视域内干涉色的升降变化,即可确定光性符号。但一般不用这种切面测定光性符号。应当注意的是,在这种切面的干涉图中,Bxa 与 Bxo 的投影方向与垂直 Bxa 切面干涉图中的位置恰好互换。加入试板后,其干涉色级序的升降变化与垂直 Bxa 切面干涉图中干涉色级序的升降变化恰好相反。

五、平行光轴面(AP)切面的干涉图

(一)图像特点

其图像特点与一轴晶平行光轴切面的干涉图相似。当 Bxa 和 Bxo 方向分别平行 PP 和 AA 时,为一个粗大模糊的黑十字,几乎占据整个视域[图 11-39(a)]。转动载物台时,粗大的黑十字分裂并沿 Bxa 方向迅速退出视域,一般转角为 7°~12°。因变化迅速,又称瞬变干涉图或闪图。当 Bxa 方向与 PP 和 AA 成 45°夹角时,视域最亮。如果薄片中矿物的双折率较大或薄片较厚,可看到对称的弧形干涉色带[图 11-39(b)]。在 Bxa 方向上,从中心向两边干涉色级序降低,在 Bxo 方向上,从中心向两边干涉色级序稍升高或相近,即 Bxa 方向的干涉色低于 Bxo 方向。

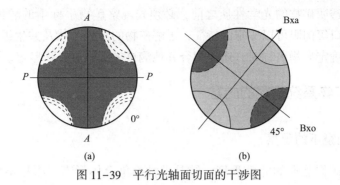

图 11-39　平行光轴面切面的干涉图

（二）成因

在平行光轴面切面的波向图中（图 11-40），当 Bxa 和 Bxo 分别与 AA 和 PP 平行时，几乎所有的光率体椭圆半径均与 AA 和 PP 平行或近于平行，在正交偏光镜间消光或近于消光，所以构成粗大模糊的黑十字。稍转动载物台，几乎所有的光率体椭圆半径都与 AA 和 PP 斜交，而且是中央部位首先斜交，故粗大的黑十字从中心分裂，并迅速退出视域，整个视域明亮。为什么 Bxa 方向上的干涉色级序低于 Bxo 方向上的干涉色级序？这是因为 Bxa 方向的双折率总是小于 Bxo 方向的双折率（第七章光率体切面部分已经证明）。

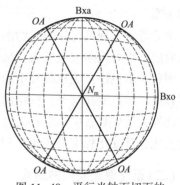

图 11-40　平行光轴面切面的波向图（$2V=60°$）

（三）应用

（1）在轴性已知的情况下，可用以确定切面方向。但在轴性未知的情况下，不能用以确定轴性，因为这种切面的干涉图与一轴晶平行光轴切面的干涉图难以区分。

（2）在轴性已知的情况下，可用以测定光性符号。根据黑带退出视域的方向或 45°位置时干涉色级序较低的方向为 Bxa 方向，找出 Bxa 在干涉图中的方位后，［图 11-39（b）］，加入试板，根据整个视域内干涉色级序的升降变化，确定 Bxa 是 N_g 或是 N_p，从而确定光性符号。或取消锥光装置，使 Bxa 方向在 45°位置加入试板后，观察薄片中矿物干涉色的升降变化，确定 Bxa 是 N_g 或是 N_p，从而确定光性符号，但一般不用这种切面测定光性符号。

第四节　透明矿物的系统鉴定

透明矿物的系统鉴定是指在偏光显微镜下，系统地测定透明矿物的光学性质，通常用于鉴定未知矿物或已知矿物的精确定名。

在系统测定透明矿物的光学性质之前，必须先观察矿物手标本的颜色、晶形、光泽、解理、硬度和断口等肉眼可以鉴定的特征，了解矿物的野外产状及共生组合。经过系统鉴定之后，仍不能确定矿物名称时，还需配合其他测试方法做进一步鉴定。

一、透明矿物系统鉴定的内容

(一)单偏光镜下的观察

晶形：观察矿物晶形的完整程度、结晶习性、集合体形态，根据不同方向的切面轮廓，判断矿物的晶形及可能属于哪一个晶系。

解理：观察矿物解理的完全程度。根据不同方向的切面上显示的解理缝情况，综合判断解理方向及组数。如果具有两组解理，则需测定解理夹角。尽可能确定解理与结晶轴之间的关系。

突起等级：观察薄片中矿物的边缘、糙面的明显程度，突起高低及贝克线移动方向与色散效应。综合判断突起等级，估计矿物折射率的大致范围。观察闪突起现象。

颜色、多色性：观察薄片中的矿物有无颜色，如有颜色，观察有无多色性，多色性的明显程度，颜色变化情况。在定向切面上测定多色性公式及吸收性公式。

此外，还应观察矿物中有无包裹体，以及它们在矿物中的排列和分布情况；矿物有无次生变化，其变化程度及变化产物。

(二)正交偏光镜间的观察

干涉色：观察薄片中矿物的最高干涉色级序，有无异常干涉色，在平行光轴或平行光轴面的切面上测定干涉色级序。

测定双折率：根据平行光轴或平行光轴面的切面上测定的干涉色级序，确定光程差；根据已知矿物确定薄片厚度；由光程差和薄片厚度计算双折率，或从干涉色色谱表上查双折率。

消光类型：根据不同方向切面的消光情况，确定矿物的消光类型。

测定消光角：对斜消光的矿物，在定向切面上测定消光角。

测定延性符号：对沿一个方向延伸的矿物，测定与延长方向一致的光率体椭圆半径名称，确定延性符号。

双晶：观察矿物有无双晶，确定双晶类型。

(三)锥光镜下的观察

根据有无干涉图区分均质体与非均质体。根据干涉图特征确定轴性(区分一轴晶与二轴晶)及切面方向。测定光性符号，估计或测定光轴角大小。

在以上所述的光学性质中，如多色性及吸收性公式、干涉色级序、双折率大小、消光角大小及光轴角大小等，一般需要在定向切面上测定。常用的定向切面有垂直光轴切面及平行光轴或平行光轴面的切面。

二、常用的定向切面及其特征

（一）垂直光轴切面

光率体切面为圆切面，其半径等于 N_o（一轴晶）或 N_m（二轴晶）。单偏光镜下，如为有色矿物，则不显多色性。正交偏光镜间全消光（有时呈暗灰色，但转动载物台时，其明暗程度度变化不明显）。锥光镜下显示一轴晶或二轴晶垂直光轴切面的干涉图。在这种切面上，可以测定下列光学数据：

（1）确定轴性（区分一轴晶和二轴晶），测定光性符号。如为二轴晶，可以估计 $2V$ 大小。

（2）测定 N_o（一轴晶）或 N_m（二轴晶）的颜色，测定主折射率 N_o 值（一轴晶）或 N_m 值（二轴晶）。

在岩石薄片中，往往不易找到严格垂直光轴的切面。一轴晶矿物可以用斜交光轴（光轴倾角不大）的切面代替。这种切面的光率体椭圆半径中总有一个半径是 N_o，切面多色性较弱、干涉色级序较低，显一轴晶斜交光轴切面的干涉图（黑十字的交点在视域内或靠近视域边缘）。二轴晶矿物可以用垂直光轴面的斜交光轴（最好光轴倾角不大）切面代替。这种切面的光率体椭圆半径中总有一个是 N_m，该切面多色性较弱，干涉色较低。显二轴晶垂直光轴面的斜交光轴切面干涉图。

（二）平行光轴（一轴晶）或平行光轴面（二轴晶）的切面

光率体切面为椭圆切面，其长短半径分别为 N_e 和 N_o（一轴晶）或 N_g 和 N_p（二轴晶）。多色性最明显（具有多色性的矿物），干涉色级序最高，显示瞬变干涉图。在这种切面上可以测定下列光学数据：

（1）观察多色性的明显程度，测定 N_e 和 N_o（一轴晶）或 N_g 和 N_p（二轴晶）的颜色。

（2）观察闪突起现象，测定 N_e 和 N_o 值（一轴晶）或 N_g 和 N_p 值（二轴晶）。

（3）测定最高干涉色级序及最大双折率值。

（4）单斜晶系矿物中，当 N_m 与 Y 晶轴一致时，如角闪石及辉石类矿物，可以用这种切面测定消光角。

三、透明矿物系统鉴定的一般程序

1. 判断均质体或非均质体

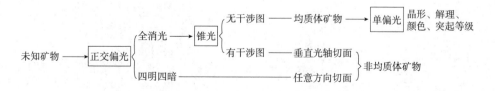

2. 判断轴性、光性符号

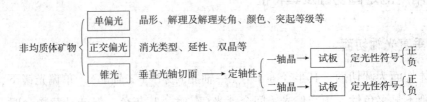

3. 测定有关光性数据

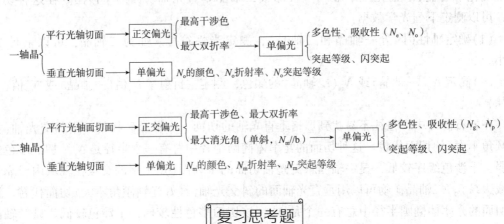

复习思考题

1. 分析锥光镜的装置及光学特点与正交偏光镜的装置及光学特点的异同。

2. 矿物垂直光轴切面，在单偏光镜下、正交偏光镜下和锥光镜下有何特征？该切面上能测定哪些光学常数？

3. 矿物平行光轴（或光轴面），在单偏光镜下、正交偏光镜下和锥光镜下有何特征？该切面上能测定哪些光学常数？

4. 测定角闪石的消光角时，应选择什么样的切面？这种切面在单偏光镜下、正交偏光镜下和锥光镜下有何特点？写出测量步骤和表示方法。

5. 如何鉴定一个未知矿物？

第三篇　矿物学

第十二章　矿物形态和物性

　　本章应掌握结晶习性、晶面条纹、蚀象的概念，熟悉结晶习性的分类和矿物集合体形态的描述方法，理解形态的成因意义。掌握矿物的颜色、条痕、光泽和透明度等光学性质，掌握矿物的硬度、解理、断口、弹性、挠性、脆性、延展性等力学性质的概念，熟悉各自的分类及特征，理解产生的原因；了解诸如磁性、电性、放射性、吸水性、膨胀性等其他物理性质。

第一节　矿物的形态

　　所有矿物晶体受其内部结构的影响，在理想条件下都可形成规则的几何多面体形态；而在自然界中，受成因环境的影响，同一种矿物还可形成多种不同形态的歪晶。因此矿物的形态特征既可用于识别矿物，也可用于推断还原矿物形成的地质条件。

　　矿物的形态可表现为单体形态和集合体形态，其中单体形态是研究的基础。

一、矿物单体的形态

　　1. 结晶习性

　　在相同的生长条件下，一定成分的同种矿物，总是有它自己的晶体形态，矿物晶体的这种性质，就叫作该矿物的结晶习性（简称晶习）。矿物的结晶习性可以根据晶体在空间 3 个互相垂直的方向上发育的程度分为 3 种类型（图 12-1）。

　　一向延长：晶体沿一个方向特别发育，包括柱状、针状等，如柱状电气石，针状水锰矿、金红石等。

　　二向延展：晶体沿两个方向特别发育，包括板状、片状等。前者如重晶石，后者如云母、石墨等。

　　三向等长：晶体沿三个方向大致相等发育，呈等轴状或粒状，如石榴石、黄铁矿等。

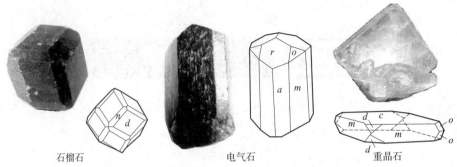

石榴石　　　　　　　　　　电气石　　　　　　　　重晶石

图 12-1　石榴石、电气石和重晶石的结晶习性

矿物晶体之所以具有结晶习性，主要是由它的内部结构和形成条件所决定的。首先，矿物的成分、结构对矿物晶体延伸习性起制约作用，一般成分简单、对称程度高的矿物多形成粒状，如金、石盐、方铅矿等；结构中一个方向有强键形成的链的晶体，易发育成柱状，如辉石；结构中有强键形成的层的晶体，易发育成片状，如云母、石墨等。其次，生长环境对延伸习性也具有较大影响，表现在结晶温度、结晶速度、介质酸碱度和杂质的存在、介质的流动方向和形成晶体的空间等都对晶体形态有一定的影响。

总之，矿物晶体的实际外形是以晶体的内部结构为依据，以形成时的外部环境为条件的综合反映。晶体的内部结构决定着在晶体上可能出现的或出现概率最大的单形种类，形成条件则十分具体地确定了在可能出现的单形种类中实际形成的单形应是哪些。

2. 矿物晶体表面的微形貌特征

在实际晶体中，晶体常长成歪晶，晶面也往往不是简单光滑的平面，常可见到各种条纹、台阶、突起(生长丘)或凹坑(蚀象)等，这种现象称为矿物的微形貌。微形貌的出现主要是由于晶体生长过程中介质条件变化而使不同单形交替生长，或由于地应力变化发生位错，或晶体形成后又遭受到溶解作用。

(1)晶面条纹：晶面上由一系列所谓的邻接面构成的直线状条纹。它是在晶体生长过程中，由相互邻接的两个单形的狭长晶面交替发育而形成的。例如黄铁矿的晶面条纹是由立方体与五角十二面体两种单形的晶面交替发育形成的；石英柱面上的横纹是六方柱与菱面体晶面交替发育的结果；电气石表面的纵纹则是三方柱和六方柱交替发育的结果(图 12-2)。所以晶面条纹也称生长条纹或聚形条纹。

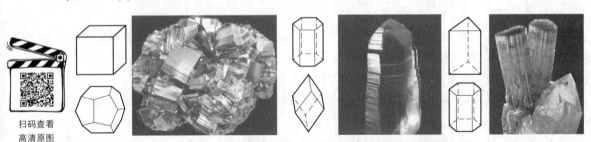

扫码查看
高清原图

图 12-2　黄铁矿(左)、石英(中)、电气石表面的聚形纹

在某些晶体表面还可出现聚片双晶纹，如斜长石。在观察晶面的表面特征时，应该注意区分聚形条纹与聚片双晶条纹。双晶条纹实际上是一系列聚片双晶的结合面与晶面或解

理面的交线，因此，它不仅在某种晶面上可以见到，而且在某些方向的解理面上也清晰可见。然而，聚形条纹只出现在某种晶面上，在解理面上是看不到的。此外，双晶条纹粗细均匀，而聚形条纹一般粗细不均匀。

在一个晶体上，同一单形的各晶面，只要有条纹出现，它的样式和分布状况总是相同的。因此，利用晶面条纹的特征，不仅可以鉴定矿物，而且还有助于做单形分析和对称分析。

(2)蚀象：晶面因受溶蚀而遗留下来的一种具有一定形状的凹斑。蚀象的形状和分布主要受晶面内质点排列方式的控制，所以，不仅不同种类的晶体，其蚀象的形状和位向一般不同，就是同一晶体不同单形的晶面上，蚀象的形状和位向一般也是不相同的；反之，晶体上性质相同的晶面上的蚀象相同，而且同一晶体上属于一种单形的晶面蚀象也必然相同。因此，蚀象也可用来鉴定矿物、分析单形和对称。图 12-3 中显示了磷灰石和 α-石英表面的蚀象，磷灰石对称为 L^6PC；α-石英的对称为 L^33L^2，并且 α-石英晶体上的蚀象还显示出石英的左形和右形。

磷灰石　　　　　石英左形　　　石英右形

图 12-3　磷灰石和 α-石英表面的蚀像

(3)晶面台阶和螺旋纹：晶体按层生长机制发育时，晶面上保留的一些阶梯状形貌称晶面台阶，如图 12-4 中的黄铁矿表面的晶面台阶；晶体按螺旋机制生长时形成的晶面形貌为晶面螺旋纹，如图 12-4 中的黑钨矿表面的螺旋纹。借助光学立体显微镜、扫描电子显微镜或像衬显微镜都可观察到。

(4)生长丘：生长丘是晶体生长过程中，在晶面上形成的具有一定几何形态的小突起，如图 12-4 中绿柱石表面的生长丘。同一晶面上的生长丘具有相同的规则外形。生长丘是原子(或离子)沿晶面上局部晶格缺陷堆积生长而成的，其坡面也是由晶面台阶组成的。

图 12-4　黄铁矿的晶面台阶(左)、黑钨矿的螺旋纹(中)和绿柱石的生长丘(右)

二、矿物集合体的形态

同种矿物的许多个体聚集在一起的群体叫作矿物集合体。自然界的矿物大多是以集合体的形式出现的，对于结晶质矿物来说，集合体形态主要取决于单体的形态和它们集合的方式；而对于胶体矿物来说，其集合体形态则依形成条件而定。

对矿物集合体做描述时，可分两种情况。

1. 显晶集合体

用肉眼或放大镜可以分辨出各个矿物颗粒界限的集合体叫显晶集合体（图12-5）。当集合体中各单体排列无特殊规律时，一般仍用描述晶体习性的术语描述集合体。由各方向发育大致相等的颗粒组成的，叫作粒状集合体。按颗粒大小，又可分为粗粒状（直径>5mm）、中粒状（1~5mm）和细粒状（<1mm）集合体。如果单体呈片状，则按片的大小，分别叫作片状或鳞片状集合体。如果单体为一向延长的，则按其粗细及排列情况，分别叫作柱状集合体、针状集合体、纤维状集合体及放射状集合体等。

如果一群发育完好的晶体，一端固着在一共同的基底上，而另一端向空间自由发育，则叫作晶簇。有些矿物具有较弱的一向延伸倾向，也能形成垂直裂隙壁面而平行排列的集合体，但个体较粗，这种集合体称为梳状集合体，如矿脉中的石英常呈梳状集合体产出，也被称为马牙石。还有某些晶体，由一个晶芽开始长大，在棱角处不断分支，形成树枝状的集合体，这种集合体常形成于岩石裂隙中，形如植物化石，故有"假化石"之称，如软锰矿形成的"假化石"。此外，还有一些由于晶面、解理均不发育的同种矿物多个单体紧密镶嵌不易分辨形态的显晶集合体称为块状集合体。

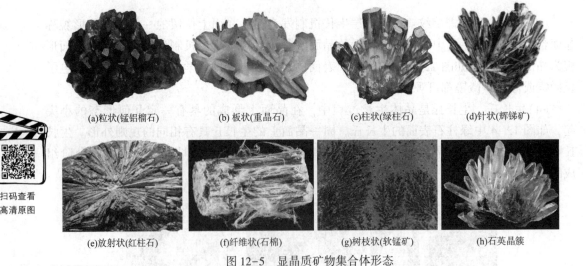

(a)粒状(锰铝榴石)　　(b)板状(重晶石)　　(c)柱状(绿柱石)　　(d)针状(辉锑矿)

(e)放射状(红柱石)　　(f)纤维状(石棉)　　(g)树枝状(软锰矿)　　(h)石英晶簇

图12-5　显晶质矿物集合体形态

扫码查看
高清原图

2. 隐晶及胶态集合体

隐晶质集合体只能在显微镜的高倍镜下才能分辨出它的单体，而胶态集合体因不存在什么单体，故笼统地称为集合体。

隐晶质集合体可以由溶（熔）液直接凝结而成，也可以由胶体矿物老化而成。胶体由于表面张力的作用，常使集合体趋向于形成浑圆状外貌，胶体老化后，常变成隐晶质或显晶质，其内部形成放射状或纤维状构造，按其外形和成因可分为如下几种(图 12-6)。

(1)分泌体：在岩石中的球状或不规则形状的空洞中，热液中的化学质点从洞壁开始逐层向中心渗透沉淀充填而成，常具同心环带构造，中心经常留有空腔，有时其中还长有晶簇。按分泌体直径的大小可进一步分为晶腺(大于 1cm)和杏仁体(一般小于 1cm)，前者如玛瑙，后者如火山岩中的杏仁体。

(2)结核体：隐晶质或凝胶物质围绕某一核心自内向外逐渐生长而成的球状、凸镜状、瘤状或不规则状的矿物集合体。结核的大小通常直径在 1cm 以上，多存在于沉积岩中。内部常具同心层状构造或致密状构造，胶体老化后可见放射状构造，如黄铁矿结核等。结核也可出现在疏松的沉积物中，如我国北方黄土中的钙质结核。

(3)鲕状及豆状体：由许多形状如同鱼卵大小的球粒所组成的集合体，称为鲕状集合体(直径<2mm)，形状、大小如豆的称豆状集合体(直径≥2mm)。

它们通常是在水介质中，胶体物质开始围绕悬浮状态的细沙、有机质碎屑或气泡等逐层沉淀，当到一定大小时，便沉于水底。由于水体的流动，鲕粒还可在水下不断滚动而继续增大。两者都具有明显的同心层状构造。

(4)钟乳状集合体：在某一基底上由真溶液蒸发或胶体失水而逐渐凝聚、逐层向外生长而形成的集合体。将其形状与常见物体类比而给予不同的名称，如葡萄状、肾状、钟乳状等。附着于洞穴顶部形成下垂的钟乳状集合体称为石钟乳；而溶液滴到洞穴底部自下而上生长的称为石笋；石钟乳和石笋连接起来则称为石柱。

钟乳状集合体内部常具同心层状、放射状、致密状或结晶粒状构造，这是凝胶再结晶的结果。

(a)晶腺(玛瑙)　　(b)杏仁状　　(c)豆状(赤铁矿)　　(d)鲕状(赤铁矿)

(e)结核(黄铁矿)　　(f)钟乳状　　(g)被膜状(蓝铜矿)　　(h)土状(高岭石)

图 12-6　矿物隐晶及其他集合体形态

扫码查看
高清原图

(5)其他类型。

粉末状矿物集合体：矿物附着于其他矿物或岩石表面上的粉末状集合体。

被膜状集合体：呈薄膜状沉淀于矿物或岩石表面的矿物集合体称为被膜状集合体，被膜较厚者又叫作皮壳，而由可溶性盐类形成的被膜称为"盐华"等。

块状集合体：不具独特外貌的块状非显晶集合体，如三水铝石块状集合体等。

一定的矿物常呈现某种集合体形态并具有一定的成因意义，因此，研究矿物集合体的形态，既可作为鉴定矿物的依据之一，也可作为矿物的成因标志之一。

第二节　矿物的物理性质

矿物的物理性质是矿物化学组成和晶体结构的外在表现，是鉴定矿物的主要依据。同时，矿物的某些特殊物理性质可直接应用于生产、生活中，如金刚石的高硬度、石英的压电性、白云母的绝缘性等。可见，矿物的物理性质对认识矿物、研究矿物和利用矿物都具有重要意义。

矿物的物理性质，包括光学、力学、电学及磁学等方面的性质。本节主要介绍凭肉眼或仅借助简单工具就可以鉴定的一些基本性质。

一、矿物的光学性质

矿物的光学性质是指矿物对自然光的反射、折射和吸收等所表现出来的各种性质，包括矿物的颜色、透明度、条痕色和光泽。

1. 颜色

(1)颜色的类型。矿物的颜色，分为体色和表面色，主要是矿物对入射光波选择吸收后，透射和反射的各色光波的混合色。透明矿物的颜色一般为体色，主要取决于矿物对入射光波的吸收程度，如果矿物对不同波长光线表现为选择吸收，则矿物呈现被吸收色光的补色(图12-7)；如果矿物对各种波长的色光均匀吸收，视其吸收程度的不同，可以呈黑色或不同浓度的灰色；如果对各种波长的色光基本上都不吸收时，则为无色或白色。不透明矿物的颜色一般为表面色，主要取决于矿物对入射光的反射情况。另外，当矿物对光波多次反射或散射时，由于光波之间发生的干涉，也可使矿物呈色。

矿物的颜色，根据产生的原因与矿物本身的关系，可分为自色、他色和假色三种。

①自色：矿物本身固有的化学成分和内部结构所决定的颜色。对同一种矿物来说，一般是比较固定的，如黄铜矿的铜黄色、孔雀石的翠绿色、磁铁矿的铁黑色等。

图12-7　不同色光间的互补关系

②他色：矿物因含外来带色杂质的机械混入物而引起的一种颜色。他色随机械混入物的不同而异，而与构成矿物本身晶格的成分无关。如紫水晶、烟水晶的颜色都是混入杂质造成的他色。机械混入物的成分，有时也与矿物本身的结构和成因有关，因此，他色也可作为鉴定某些矿物的辅助依据。

③假色：矿物因内部裂隙或表面氧化膜引起光线干涉所呈现的颜色。这种物理过程的

发生，不是直接由矿物本身所固有的成分或结构所决定的。主要可包括以下几种类型（图 12-8）。

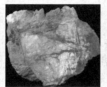

(a)锖色(斑铜矿)　　(b)晕色(白云母)　　(c)变彩(拉长石)　　(d)乳光(蛋白石)

扫码查看
高清原图

图 12-8　矿物的假色

锖色：不透明矿物表面氧化膜引起反射光干涉而呈现出的斑驳陆离的彩色，如黄铜矿表面的蓝紫混杂的斑驳颜色。

晕色：某些透明矿物内部平行密集的解理面或裂隙面对光连续反射，引起光的干涉，使矿物表面出现如彩虹般的色带，如白云母表面的颜色。

变彩：指从不同方向观察某些透明矿物时颜色不同的现象，这是由于矿物内部存在有许多微细叶片状或层状结构，引起光的衍射、干涉作用所致。如拉长石因内部存在密集的聚片双晶面，被光照射时可产生反射及干涉从而形成变彩。

乳光（蛋白光）：指在矿物中见到的一种类似于蛋清般略带柔和淡蓝色调的乳白色浮光。它是由于矿物内部含有许多远比可见光波长为小的其他矿物或胶体微粒，使入射光发生漫反射而引起的，如某些蛋白石可呈现出乳光。

假色中只有锖色具有较大的鉴定意义。

（2）颜色的成因。一般矿物的颜色是指自色，而自色与矿物的化学组成和晶体结构有关，所以是鉴定矿物的主要依据。其形成机理与可见光的作用及其引起的矿物内部电子跃迁有关，主要有以下 4 种情况。

①过渡型离子内部的电子跃迁。过渡金属元素具有未填满的外电子层（d 或 f）结构，它们在晶体结构的配位阴离子作用下，这些轨道发生能级分裂，形成两组或几组不同能级的轨道，各组间的能量差（晶体场分裂能）与可见光的能量相当，故被可见光照射时，位于低能级轨道上的电子就能吸收与晶体分裂能相当的色光，跃迁到较高能级的轨道上。由于部分色光被吸收，矿物便呈现出其补色。如刚玉中以类质同象方式进入的 Cr^{3+}，其 3 个 d 电子位于能量较低的轨道上，吸收了绿光后发生电子跃迁，晶体即呈现出绿色的补色——红色。

由于过渡型金属阳离子具有未满的 d、f 轨道，这些离子常使矿物呈色，所以这些离子习惯上被称为色素离子。主要的色素离子有 Ti、V、Cr、Mn、Fe、Co、Ni、Cu 以及 U、Tr 等元素的离子。某些离子在不同矿物中可以呈现不同的颜色，这是由于晶体场分裂能不仅取决于过渡型离子的种类，还与周围阴离子的种类以及阴离子组成的配位多面体形状有关。

②离子间的电子转移。在具有变价元素离子的晶体结构中，相邻离子间因受入射光波的能量激发，可使相邻变价离子之间发生电子转移。在这个过程中，由于选择吸收了某些可见光波导致矿物呈现出被吸收光波的补色。在同一矿物的晶体结构中，当有两种或两种以上价态的同种元素的离子共存时，电子转移的这种过程最容易发生。许多深色硅酸盐矿

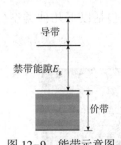

图 12-9　能带示意图

物的呈色原因被认为与 Fe^{2+} 和 Fe^{3+}、Mn^{2+} 和 Mn^{3+}、Ti^{3+} 和 Ti^{4+} 之间的电子转移有关。

③带隙跃迁。自然金属和硫化物一类矿物的呈色，一般用带隙电子跃迁来说明。根据能带理论，矿物中原子或离子的外层电子均处于一定的能带。被电子占满的能带能量较低，称满带或价带；未被电子占满的能带能量较高，称为导带；能带间的能量间隙称为禁带能隙（图 12-9）；当色光能量超过禁带能隙宽度时，电子可吸收能量由满带跃迁至导带，使矿物呈色。一般自然金属和硫化物晶体中，这一禁带宽度很小，因此能吸收可见光而产生颜色。禁带宽小于 1.7V（如方铅矿、黄铁矿等）甚至为 0（如自然铜等）者，可吸收大量各色光波，因而透明度极低。跃迁后位于激发态的电子不稳定，又极易退回到基态，以可见光的形式释放出大部分能量，使这类矿物经常具有很强的反射能力，呈现出金属光泽和金属色。

由于不同矿物中的原子或离子的禁带宽度不同，它们中的电子吸收光波和释放光波的波长、吸收强度、反射强度均有所不同，从而使不同矿物呈现出不同的颜色。一般金属禁带窄，非金属禁带宽。此外，许多铜型离子的硫化物显示金属色，而这些离子在氯化物、含氧盐等一些其他化合物中显示无色透明，主要是由于硫化物中存在离子极化，造成禁带能隙变窄所致。

④色心。在无色透明晶体中，原子内部禁带能隙的宽度，即它的能量差，要比可见光所具有的能量大。因此，在正常情况下，可见光不足以激发电子使它们向较高的能带跃迁。但是，当晶体结构中存在晶格缺陷时，这些部位原子内部禁带的宽度可能变小，这些地方就可能产生对可见光的选择吸收，使矿物呈色，这种对可见光产生选择性吸收的晶格缺陷部位就叫色心，是能够吸收可见光的一种晶格缺陷。

矿物中当某种元素的含量过剩或因存在杂质离子以及晶格的机械变形等，均可形成色心。例如 NaCl 晶体中，如果存在 Cl^- 缺位时，缺少 Cl^- 的位置正电荷过剩，当用电子束照射时，电子会被缺陷处的正电荷吸引，代替 Cl^- 停在缺陷中，被可见光照射后可被激发，呈现出天蓝色。当加热逐出电子后，蓝色即消失。大部分碱金属和碱土金属的化合物的呈色现象，主要与色心的存在有关。

引起矿物呈色的原因是极其复杂的，其中最普遍的是色素离子和色心的存在。

（3）颜色的描述。矿物的颜色多种多样，通常采用标准色谱法来描述矿物的颜色。表 12-1 中的矿物的颜色比较稳定，常用作比较的标准。

表 12-1　矿物的标准色（据李胜荣，2008）

非金属色	紫色	蓝色	绿色	黄色	橙色	红色	褐色
标准矿物	紫水晶	蓝铜矿	孔雀石	雌黄	铬酸铅矿	辰砂	褐铁矿
金属色	锡白色	铅灰色	钢灰色	铁黑色	铜红色	铜黄色	金黄色
标准矿物	毒砂	方铅矿	镜铁矿	磁铁矿	自然铜	黄铜矿	自然金

由于自然界矿物的颜色千变万化，类型多样，可采用复合词来描述，即加以最常见的物体做比喻，如铅灰、铁黑、天蓝、樱红、乳白等；当矿物的色彩是由多种色调构成时便

采用双重命名法，一般主色在后，如黄绿、橙黄等；如同一种颜色，但在色调上有深浅、浓淡之分，则在色别之前加上适当的形容词，如深蓝、暗绿、虾红等。此外应注意区分新鲜面的颜色和风化面的颜色。

2. 透明度

透明度是矿物允许光线透过的程度，根据厚0.03mm矿物的边缘透明程度，将矿物的透明度分为透明、半透明和不透明三级。

①透明：能允许绝大部分光透过，透过矿物边缘能看清对面物体的轮廓，如石英、方解石和普通角闪石等。

②半透明：可允许部分光透过，透过矿物边缘能看到对面物体的模糊轮廓，如辰砂、雄黄和黑钨矿等。

③不透明：基本不允许光透过，矿物在肉眼感觉中再薄也看不到对面物体的轮廓，如方铅矿、磁铁矿和石墨等。

透明度取决于矿物对光的吸收率和矿物的薄厚等因素。金属矿物吸收率高，一般都不透明，非金属矿物吸收率低，一般都是透明的。在观察矿物的透明度时，为了消除厚度的影响，通常是隔着矿物的破碎刃边（或薄片）观察光源一侧的物体，并结合颜色、条痕、光泽等综合判断。但应注意，矿物中存在裂隙、包裹体、气泡等时，对透明度影响较大。

3. 条痕色(粉末色)

矿物在无釉的条痕板(粗白瓷板)上擦划后留下的粉末的颜色称为矿物的条痕色。由于粉末表面凹凸不平、缝隙多、反射能力很弱，因此条痕色主要不是矿物的表面色，而是光线透过极细的颗粒后呈现的透射光的颜色。它消除了假色，减低了他色，因而比矿物的颜色更为固定，更有鉴定意义。如黄铜矿与黄铁矿，外表颜色近似，但黄铜矿的条痕色为带绿的黑色，而黄铁矿的条痕色为黑色，据此，可以区别它们。另外，同种矿物，有时可出现不同的颜色。如块状赤铁矿，有的为黑色，有的为红色，但它们的条痕色都是樱红色(或鲜猪肝色)。

透明度高的矿物，其微粒基本不吸收光线，条痕色为白色或很浅的颜色，如普通辉石、角闪石。半透明矿物的微粒对透过光明显吸收，条痕呈各种彩色，如辰砂，孔雀石等。不透明矿物的微粒也透不过可见光，其表面反射消失后就呈现出黑色条痕色，如黄铁矿、黄铜矿、方铅矿等。自然金属延展性好，其条痕即为其薄片，故条痕色呈金属色。由此可见，条痕色对不透明、半透明矿物才有明显鉴定意义。

4. 光泽

矿物的光泽是指矿物表面对可见光的反射能力。通常根据矿物新鲜光滑表面反射光由强到弱的次序，可分为：

(1)金属光泽：犹如一般的金属磨光面那样的光泽。呈金属光泽的矿物一般具有金属色、条痕黑色、深彩色或金属色，不透明，如自然铜、方铅矿等。

(2)半金属光泽：如同一般未经磨光的金属表面的那种光泽。呈半金属光泽的矿物一般具有金属色、条痕黑色或深彩色，不透明，如磁铁矿、铁闪锌矿物。

(3)金刚光泽：像钻石所呈现的耀眼反光的光泽。具金刚光泽的矿物多具有非金属色、彩色至白色条痕，半透明至透明，如金刚石、浅色闪锌矿等。肉眼鉴定中，金刚光泽可视为金属光泽与玻璃光泽的过渡光泽。

（4）玻璃光泽：像普通平板玻璃所呈现的那种光泽。具玻璃光泽的矿物多具有非金属色、白色条痕，透明，如方解石、石英、正长石、普通角闪石等绝大部分造岩矿物。

金刚光泽与玻璃光泽的差异主要在反射光和透射光的能力，金刚光泽反射光能力强于玻璃光泽，而透射光的能力弱于玻璃光泽。

此外，由于反射光受到矿物的颜色、表面平坦程度及集合方式等的影响，常常呈现出一些特殊的变异光泽，如表12-2所示。

表12-2　矿物的特殊光泽类型及特征

特殊光泽	原矿物特征	发育位置	光泽特点	实　例
油脂光泽	具玻璃、金刚光泽 浅色透明矿物 解理不发育	断口	油脂状	石英、磷灰石、石榴子石、霞石
树脂光泽	金刚光泽 黄褐棕色透明矿物	断口	松香状	浅色闪锌矿雄黄
沥青光泽	黑色半透不透明 解理不发育	断口	乌亮沥青状	沥青铀矿富 Ta 的锡石
珍珠光泽	浅色透明矿物	极完全解理面上	珍珠、蚌壳内壁	白云母、透石膏
丝绢光泽	玻璃光泽 无色浅色透明矿物	纤维状集合体	蚕丝、丝织品	纤维石膏、石棉
土状光泽	土状、疏松多孔状矿物	集合体	土状、粉末	高岭石、褐铁矿
蜡状光泽	透明矿物	隐晶非晶致密块体	蜡烛表面	叶蜡石、蛇纹石

矿物的光泽主要决定于矿物所具有的化学键的性质。具有金属键的矿物，一般呈现金属或半金属光泽；具有共价键或离子键的矿物，一般呈现金刚光泽或玻璃光泽。因此，矿物的光泽也是矿物的重要鉴定特征。除此之外，应注意矿物中裂隙、包裹体及矿物集合方式、表面风化、光滑程度等，对矿物的光学性质也有一定的影响。

矿物的颜色、条痕色、光泽和透明度，都是可见光作用于矿物时所表现的性质，它们之间是彼此关联的（表12-3），掌握其间的关系，将有助于对上述各项性质做出正确的判断。

表12-3　矿物光学性质关系表

颜　色	非金属色（透射色为主）		金属色（反射色为主）	
透明度	透明	透明-半透明	不透明	不透明
条痕色	白色	白-彩色	深彩色	黑色
光泽	玻璃	金刚	半金属	金属
反射率/%	2~10	10~29	9~20（30）	20~95

二、矿物的力学性质

矿物的力学性质，是指矿物在外力作用下表现出来的各种物理性质，包括解理、裂理（裂开）、断口、硬度、脆性、延展性、弹性和挠性等。其中以解理和硬度对矿物的鉴定最有意义。

1. 解理、裂理和断口

(1)解理：矿物晶体在外力作用下，沿着一定的结晶学方向破裂成一系列光滑平面的性质，叫作解理。裂成的光滑平面，叫解理面。相互平行的解理面一般成因相同，视为一组解理。

①解理的类型。根据形成解理的难易、解理片的厚薄、解理面的大小及平整光滑程度，将解理分成五级。

极完全解理：极易获得解理，解理面大而平坦，极光滑，解理面极薄，如云母、石墨等的解理。

完全解理：易获得解理，常裂成规则的解理块，解理面较大，光滑而平坦，如方解石、方铅矿等的解理。

中等解理：较易得到解理，但解理面不大，平坦和光滑程度也较差，碎块上既有解理面又有断口，如普通辉石等矿物的解理。

不完全解理：较难得到解理，解理面小且不光滑平坦，碎块上主要是断口，如磷灰石、绿柱石等的解理。

极不完全解理：很难得到解理，仅在显微镜下偶尔可见零星的解理缝，如石英的$\{10\bar{1}1\}$菱面体解理，一般谓之没有解理。

不同矿物解理特征不同，有的无解理，有的有一组解理或发育程度不同的几组解理。如斜方晶系的重晶石发育 3 组解理：其中平行$\{001\}$的一组为完全解理；平行$\{210\}$的为一组中等解理；平行$\{010\}$的为一组不完全解理。解理是结晶质矿物的一种稳定的物理性质，它不因外界因素的影响而改变，因此，它是鉴定矿物的重要依据之一。

由于解理总是平行于晶体结构中的面网发生的，所以，如果晶体中平行于某种面网有解理存在的话，那么与该面网构成对称重复的其他方向的面网也应该同样存在性质相同的解理。因此，晶体上的解理面可以用单形符号来表示。如方铅矿具有平行于$\{100\}$的解理，就代表发育平行于(100)、(010)和(001) 3 个方向上的解理。由对称关系可知，这 3 个方向上的解理性质是完全相同的，它们应属同一种解理。

②解理的成因。只有结晶质矿物才具有解理。解理面发育的方向和类型主要受晶体结构控制。解理常于垂直面网间结合力较弱的方向发生。

面网密度大的面网间距大，质点间联系力较弱。如金刚石结构中，$\{111\}$面网间距最大$(0.154nm)$，故而易形成$\{111\}$解理(图 12-10)。

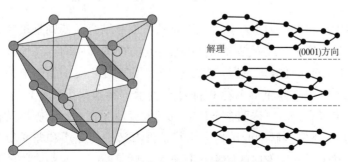

图 12-10 金刚石和石墨的晶体结构与解理

当晶体结构中存在由分子键联结的构造层时，层间结合力弱，也易形成解理。如石墨具有层状结构，层内以共价键相连，层间以分子键相连，故层间结合力弱，易形成{0001}的解理。

质点平面间静电引力小的面网联系力弱，易形成解理面。因此，离子晶体中电性中和的质点平面间联系力(静电引力)较弱。如 NaCl 晶体{001}面网由阴阳两种离子组成，为电性中和的质点平面，面网间联系力小；{111}面网中只有一种离子，面网间联系力大，因此石盐晶体易形成{100}解理。

此外，相邻质点平面由同号离子组成时，同号离子平面间易形成解理。如萤石晶体 CaF_2 中，平行{111}方向的质点平面是一层 Ca^{2+}、两层 F^- 交替排列，解理就发生于两层 F^- 中(图 12-11)。

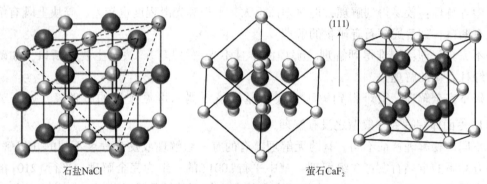

石盐NaCl　　　　　　　　　　　萤石 CaF_2

图 12-11　石盐和萤石的解理

闪锌矿 ZnS 的晶格中垂直{111}方向上的面网间距最大(为 0.236nm)，但闪锌矿的解理不平行{111}，而却沿{110}发生，这是因为在垂直{111}方向上锌离子的面网与硫离子的面网相间成层，相邻面网为异号离子，吸引力大；而{110}面网间距虽较短(0.19nm)，但每层面网内同时分布有锌、硫两种离子导致电性中和，面网之间联结力较弱。在这种情况下，几何因素退居次要地位，而静电因素则起主导作用，故垂直{110}方向出现{110}解理。

有些晶体几乎没有解理，主要是由于其内部质点间联系力分布均匀，没有明显的薄弱方向。如分子晶体自然硫，尽管分子结合力较弱，但是没有解理。

(2)裂理：矿物受外力作用有时可沿一定的结晶学方向裂成平面的性质，称为裂理或裂开。

裂理的方向主要与两个因素有关，或者是沿着双晶结合面特别是聚片双晶的结合面发生，如刚玉的{10$\bar{1}$}裂理；或者是因晶格中某一定方向的面网间存在他种物质的夹层而造成定向破裂，如磁铁矿的{111}裂理。显然，裂理不直接取决于晶体结构，但与结构存在一定关系，故也可以用晶体单形名称和符号来表示。裂理只出现在同种矿物的某些个体上，不如解理稳定可靠，但可说明含杂质或双晶发育情况，对鉴定矿物只有辅助意义。

(3)断口：具极不完全解理的矿物，尤其是没有解理的晶质和非晶质矿物，它们受外力打击后，都会发生无一定方向的破裂，其破裂面就是断口。这些矿物的断口，常各自有着固定的形状，因此也能作为鉴定矿物的辅助依据。

根据断口的形状特征，断口可分为以下几类。

贝壳状断口：呈椭圆形的光滑曲面，并具同心圆纹，和贝壳相似，如石英和一些非晶质矿物断口。

锯齿状断口：呈尖锐锯齿状，如自然铜的断口。

纤维状断口：呈纤维丝状，如石棉的断口。

参差状断口：呈参差不平的形状，如磷灰石的断口。大多数矿物具有此类断口。

平坦状断口：断面平坦，如块状高岭石的断口。

2. 硬度

矿物的硬度是指矿物抵抗刻画、压入或研磨能力的大小，它是矿物物理性质中比较固定的性质之一，因而也是矿物的一个重要鉴定特征。

在矿物的肉眼鉴定工作中，通常用刻画的方法，来测定被鉴定矿物的硬度。度量时，用摩氏硬度计作为硬度等级的标准（表 12-4）。其他矿物的硬度是利用摩氏硬度计中的标准矿物互相刻画，相比较来确定的。例如黄铁矿，它能轻微刻伤正长石，但不能刻伤石英，而本身却能被石英刻伤，因此，黄铁矿的摩氏硬度为 6~6.5。矿物学中一般所列的硬度都是摩氏硬度。

表 12-4　摩氏硬度计

硬度	1	2	3	4	5	6	7	8	9	10
矿物	滑石	石膏	方解石	萤石	磷灰石	正长石	石英	黄玉	刚玉	金刚石

在测矿物硬度时，必须在纯净、新鲜的单个矿物晶体（晶粒）上进行。刻画时，用力要缓而均匀，如有打滑感，表明被刻矿物的硬度大；若有阻涩感，表明被刻矿物的硬度小。

在野外工作中，常借用指甲（硬度 2.5）、小刀（5.5）、瓷器碎片（6）、玻璃（7）等代替标准硬度的矿物来帮助测定被鉴定矿物的硬度。

摩氏硬度是一种相对硬度，应用时极其方便，但较粗略。因此在对矿物做详细研究时，常需测定矿物的绝对硬度。通常采用的绝对硬度值是维克，一般用压入方法测定的，即用金刚石角锥作为压入头，在矿物磨光面压入一定深度，据所施压力与压痕面积之比确定矿物硬度的方法，测出的硬度称为维氏硬度（HV）。

矿物硬度的大小，主要决定于晶体结构中联结质点间的键力强弱。键力强，矿物抵抗外力作用的强度就大，相应的矿物的硬度就高。具典型共价键的矿物，硬度最高；具分子键的矿物，硬度最低；具金属键的矿物，硬度一般也是比较低的；具有离子键的矿物，在结构类型相同时，其硬度的高低主要取决于组成矿物的离子电位（电价/离子半径），离子电位越高，硬度越高（表 12-5）。

在离子的电价和半径相近的情况下，堆积密度越高（阳离子配位数越高）的矿物，其硬度越大。如方解石和文石，成分相同，但方解石的密度为 2.72（Ca^{2+} 的配位数为 6），文石的密度为 2.95（Ca^{2+} 的配位数为 9）；与此相应，方解石的硬度为 3，而文石的硬度为 4。此外，在矿物晶体结构中如有（OH）$^-$ 或 H_2O 分子存在时，矿物的硬度就会显著降低，例如硬石膏 $Ca[SO_4]$ 的硬度为 3~3.5，而石膏 $Ca[SO_4] \cdot 2H_2O$ 的硬度为 2。

表 12-5　矿物组成的离子电位与矿物硬度大小的关系(据刘显凡，2010)

矿物名称及化学式	离子电位		摩氏硬度	压入硬度/ (kg/mm^2)
	阳离子	阴离子		
石盐　NaCl	−0.55	1.03	2	35
萤石　CaF_2	−0.75	2.02	4	248
方镁石　MgO	−1.51	3.03	5.5	660
刚玉　Al_2O_3	−1.51	5.88	9	2100

矿物的硬度，不仅不同矿物有所不同，即使在同一矿物晶体的不同方位上，也有差异。蓝晶石是最突出的例子，在它的(100)晶面上，平行于晶体延长方向的硬度为4.5，而垂直于晶体延长方向的硬度则为 6.5~7。显然，这是晶体各向异性的一种表现。所有矿物的硬度部都应该是随方向而异的，只不过一般不明显罢了。

3. 其他力学性质

(1)脆性和延展性。脆性是指矿物受外力作用时易破碎的性质。大多数离子晶格的矿物具有此种性质；延展性是指矿物在锤击或拉伸下，容易成为薄片或细丝的性质。这是具有金属晶格矿物的一种特性。

自然界中的绝大多数非金属晶格矿物都具有脆性，如自然硫、萤石、黄铁矿、石榴子石和金刚石等。自然金属元素矿物，如自然金、自然银和自然铜等均具强延展性；某些硫化物矿物，如辉铜矿等也表现出一定的延展性，这是矿物受外力作用发生晶格滑移形变的一种表现，是金属键矿物的一种特性。

(2)弹性和挠性。弹性是指矿物在外力作用下发生弯曲形变，当外力解除后又恢复原状的性质。挠性是指矿物受外力作用发生弯曲形变，当外力作用取消后不能恢复原状的性质。

矿物的弹性和挠性取决于晶格内结构层间或链间键力的强弱。如果键力很微弱，受力时基本上不产生内应力，故形变后内部无力促使晶格恢复到原状而表现出挠性；反之则表现出弹性。例如：白云母 $K\{Al_2[AlSi_3O_{10}](OH)_2\}$ 中，单元层间有 K^+ 存在，层间离子键作用力较强，表现为弹性；而滑石 $Mg_3[Si_4O_{10}](OH)_2$ 单元层间无物，层间为分子键相连，故而作用力弱，表现为挠性。

三、矿物的相对密度

矿物的相对密度是指矿物(纯净的单矿物)的质量与4℃时同体积水的质量之比，由于4℃时水的密度是1g/cm，因此相对密度数值与密度的数值相同。

矿物相对密度的变化范围很大，可从小于 1(如琥珀)到 23(铂族矿物)。实际肉眼鉴定矿物过程中，一般可分为 3 级。

(1)低相对密度：2.5 以下，如石膏。

(2)中等相对密度：2.5~4，大多数矿物，如石英、方解石、正长石等。

(3)重相对密度：大于 4，如重晶石、方铅矿等。

据统计，大多数非金属矿物的相对密度在 2~3.5。卤化物和含氧盐类矿物普遍较轻，而氧化物、硫化物及自然金属矿物通常具有较大的相对密度。

矿物的相对密度主要取决于它的化学组成和晶体结构。当矿物晶体结构类型相同而化学组成不同时，其相对密度主要决定于所含元素的原子量及其原子或离子的半径。一般说来，矿物的相对密度随所含元素的原子量的增加而增大，随原子或离子半径的增大而减小。如重晶石($BaSO_4$)、方铅矿(PbS)、黑钨矿$[(Mn, Fe)WO_4]$的相对密度均较大，就是由于其中含有大原子量的阳离子。此外，类质同象混入的杂质的原子量也会对相对密度造成影响，如闪锌矿(Zn，原子量65)中Fe^{2+}(原子量56)的混入致使其相对密度降低。

在原子量和原子或离子半径相同或相近的情况下，晶体结构越紧密的矿物，其相对密度也越大。这在同质多象变体间表现最为明显，如文石的相对密度(2.95)就高于方解石的相对密度(2.71)，这是由于Ca^{2+}的配位数在文石中为9，而在方解石中为6，即文石的结构较方解石紧密之故。此外，晶格缺陷，如晶体生长过快，形成较多晶格缺陷时也会使相对密度降低。

矿物的相对密度对鉴定矿物有实际意义，同时对矿物的分离和选矿工作也起着重要的作用。

四、矿物的磁性

矿物的磁性是指矿物可被外磁场吸引或排斥的性质。矿物在外磁场的作用下所表现的性质是不相同的，有的矿物可被普通的磁铁吸起，如磁铁矿、磁黄铁矿等，这些矿物通常称为磁性矿物或铁磁性矿物；有的不能被普通磁铁吸起，但能被强的电磁铁吸起，如赤铁矿、黑云母等，这类矿物一般称为电磁性矿物；而有些矿物则能被磁场所排斥，如自然铋、黄铁矿等，这类矿物称为逆磁性矿物或抗磁性矿物。

在矿物的手标本鉴定中，通常只使用普通的磁铁来测试矿物的磁性，主要可分为3级。

(1)强磁性矿物：矿物的大块或碎屑能被永久磁铁吸引，如磁铁矿、磁黄铁矿等。

(2)弱磁性(电磁性)：矿物粉末能被永久磁铁吸引，如赤铁矿、黄铜矿。

(3)无磁性矿物：矿物粉末也不能被永久磁铁吸引的矿物，如石英、方解石等。

矿物的磁性主要是由组成矿物的原子或离子的未成对电子的自旋磁矩产生的。因此，组成矿物的原子或离子，具有的未成对电子越多，矿物的磁性就越强，反之则弱或不显示磁性。一般来说，由惰性气体型离子和铜型离子组成的矿物，因这些离子具有饱和的外电子层构型，所以一般不显磁性；而由过渡型离子组成的矿物，因这类离子具有未填满的外电子层结构，这就为不成对电子的出现提供了条件，有可能显示磁性。

矿物的磁性，对于鉴定矿物、分离矿物、选矿及磁法找矿都具有重要的意义。

五、矿物的电性

(1)导电性：矿物对电流的传导能力，称为矿物的导电性。矿物的导电能力差别很大，有些矿物几乎完全不导电，如石棉、云母等是绝缘体；有些极易导电，如自然金属矿物和某些金属硫化物，是电的良导体；某些矿物当温度增高时导电性增强，温度降低时具有绝缘体性质，导电性介于导体与绝缘体之间的叫作半导体，如闪锌矿等。

矿物的导电性主要取决于化学键的性质，具金属键的矿物因其结构中有自由电子存在，所以导电性强；具离子键或共价键的矿物结构中一般不存在自由电子，所以导电性弱或不导电。

（2）介电性：指不导电或导电弱的矿物，在外电场作用下被极化产生感应电荷而削弱外电场的性质。具有离子键或共价键的非金属矿物介电性强，多属非导体或绝缘体。

（3）压电性：是指某些矿物晶体，当受到定向压力或张力作用时，能激起晶体表面荷电的现象。如 α-石英（对称型 L^33L^2），如图 12-12 所示，垂直晶体的一个 L^2 切下一块晶片，在平行于该 L^2 的方向对晶片施加压力，晶片的两个侧面上就出现数量相等而符号相反的电荷；如果以张力代替压力，则电荷变号。这是由于当晶体受应力作用时，引起晶格变形，使晶体总的电偶极矩发生改变，从而激起晶体表面荷电。矿物的压电性只发生在无对称中心、具有极性轴的各晶类矿物中。

（4）热电性：是指某些矿物晶体，当受热或冷却时，能激起矿物晶体表面荷电的现象。例如，当加热电气石晶体（对称型 L^33P）时，在晶体的 L^3 两端，就出现数量相等符号相反的电荷（图 12-13）。矿物的热电性主要存在于无对称中心、具有极轴的电介质矿物晶体中。

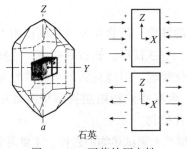

石英

图 12-12　石英的压电性

电气石

图 12-13　电气石的热电性

矿物的热电性主要受其结构中杂质元素的种类、赋存状态和晶格缺陷等因素影响。因此，矿物热电性的研究能提示其成因信息，成为许多矿床规模大小、剥蚀程度和深部远景判别的重要依据。

六、矿物的发光性

矿物受到外界能量的激发时，能发出可见光的性质，称为矿物的发光性。能激发矿物发光的因素有很多。例如加热、摩擦以及阴极射线、紫外线、X 射线等的照射，都可使某些矿物发出一定颜色的可见光。例如萤石、磷灰石等矿物在加热时，即可出现热发光现象。

矿物发光的实质是，矿物晶体结构中的质点受外界能量的激发，发生电子跃迁，当电子由激发态回到基态的过程中，便将吸收的部分能量以可见光的形式释放出来。随着波长的不同，发光时间的长短决定了发出光的颜色和性质。按发光的性质不同，发光性分为以下几类。

萤光：矿物在受外界能量激发时发光，激发源撤除后发光立即停止的叫萤光，如金刚石、白钨矿等在紫外光照射下的发光现象。

磷光：矿物在受外界能量激发时发光，激发源撤除后仍能继续发光一段时间的叫磷光，如磷灰石的热发光等。

矿物的发光性对一些矿物的鉴定、找矿和选矿都具有很大的实际意义。值得指出的是，近年来热发光技术在地质学中得到广泛应用，如地质年龄测定、地层对比、岩相古地理及地质温度计等方面的研究和应用。特别是在石油地质方面，利用某些矿物或岩石的热发光效应进行地层对比、岩相古地理分析及碳酸盐岩的相对年龄测定等早已引起人们的重视，和其他方法配合应用，可取得满意的结果。

七、矿物的其他物理性质

1. 矿物的放射性

某些矿物中含有放射性元素（铀、钍、镭等），这些元素在蜕变过程中放出 α、β、γ 射线的性质称为放射性。放射性可利用专门的仪器来测定。利用矿物的放射性，可以鉴定矿物，还可以测算岩石的年龄数据，对研究矿物和岩石的成因具有重要作用。

2. 矿物的吸水性、挥发性、易燃性、酸蚀性

某些矿物能吸收水分的能力称为吸水性，如光卤石在空气中易潮解、高岭石会黏舌头、蒙脱石吸水后体积迅速膨胀等。

某些矿物在燃烧、加热过程中，某些化学成分易于挥发，如雄黄、雌黄等；某些矿物加热时易燃烧，如自然硫等。

某些矿物遇稀 HCl 可反应形成气泡，根据气泡形成的剧烈程度可鉴定矿物，如方解石遇稀 HCl 可剧烈起泡，白云石遇稀 HCl 可微弱起泡等。

3. 矿物的嗅觉、味觉和触觉

矿物受打击、灼烧及湿润等作用下而发生特殊的气味，如含砷矿物以锤击之有蒜臭，自然硫燃烧和硫化物摩擦时有硫黄味，高岭石水湿后的土气味等。

有些矿物溶于水或唾液中显示出一定的味觉，如石盐有咸味、明矾有甜涩味等。

还有些矿物用手抚摩时，表现出一定的触觉，如滑石、叶蜡石有滑腻感，硝石有冷感，等等。矿物的以上这些性质也都可以用来鉴定矿物。

复习思考题

1. 研究矿物的形态有何意义？
2. 常见的显晶质、隐晶质及胶态集合体有哪些？
3. 结核体与分泌体在形成方式和特点上有何不同？
4. 致密块状、结核状、皮壳状集合体中，矿物的单体各为何种形态？
5. 为什么等轴晶系矿物晶体习性常呈三向延伸型？
6. 试述晶面条纹的种类、成因及其识别特征。
7. 粒状集合体与鲕粒有何不同？

8. 试述晶簇、分泌体、结核、鲕粒和豆粒、钟乳状体的成因及其构成的常见矿物。

9. 影响晶体结晶习性的内因有哪些？矿物成分和晶体结构类型与矿物的结晶习性有什么关系？

10. 在不同温度条件下，链状结构矿物的形态呈现什么特点？其原因是什么？

11. 为什么矿物晶面上的生长丘和蚀象呈多面体而不是球形？

12. 含铁闪锌矿(Zn，Fe)S的黑褐色、含有细分散赤铁矿的红色石英以及透明方解石在裂隙附近呈现的五颜六色分别属于自色、他色还是假色？

13. 条痕色与透明度、光泽有什么关系？

14. 晶格类型如何影响矿物的光学性质？

15. 说出下列解理的组数：立方体、八面体、菱面体$\{0001\}$ $\{001\}$ $\{010\}$、四方柱$\{100\}$、斜方柱$\{110\}$。

16. 说明解理产生的原因。

第十三章　矿物的成因

知识要点

本章要求掌握矿物的组合、共生组合、伴生组合等概念，了解矿物的成因及相应的矿物组合，掌握标型矿物及矿物的标型特征，了解矿物世代和生成顺序及矿物的变化。

第一节　矿物的成因及共生组合

矿物是地质作用的产物，它的形成必然受一定地质作用过程所处的物理化学条件的控制，所以，矿物的成因通常是根据地质作用的类型来划分的。形成矿物的地质作用，根据作用的性质和能量来源的不同，一般可分为内生作用、外生作用和变质作用。

不同的地质作用，以及相同地质作用的不同阶段，都会形成不同的矿物类型，因此，在同一空间范围内，经常可见到多种矿物同时存在，这些矿物的总和称为矿物组合。其中，属于相同时空、同一成因、同一物理化学条件下形成的矿物组合称为共生组合，该组合中各矿物间的关系称为共生，如在基性岩浆冷凝时可同时形成的基性斜长石和辉石即为共生组合。而属于不同成因、不同物理化学条件下形成的矿物组合称为伴生组合，该组合中各矿物的关系称为伴生，如热液成因的黄铜矿与其表面风化成因的孔雀石就属于伴生组合。

一、内生作用及矿物共生组合

内生作用一般系指与地球内部热能有关的各种地质作用，包括岩浆作用、伟晶作用、热液作用及火山作用。除火山作用可达到地表外，其他各种作用都是在地壳内部，即在较高的温度和压力下发生并进行的。

1. 岩浆作用及矿物共生组合

岩浆是成分极为复杂的硅酸盐熔体，它主要由 O、Si、Fe、Mg、Al、Ca、Na、K 等造岩元素组成，其中还含有少量的挥发分和重金属元素（Ti、V、Cr、Mn、Fe、Co、Ni 等）。岩浆作用指地下深处高温高压的熔浆从形成、向上运移直到冷凝过程中岩浆和围岩的全部变化过程。岩浆在壳幔处形成，向地壳浅部运移过程中，随着温度、压力的逐渐减小，依次形成了不同的硅酸盐矿物。

岩浆作用中元素析出的顺序，主要受质量作用定律和能量状态的支配，一般按 Mg—Fe—Ca—Na—K 的顺序析出。与此同时，岩浆成分发生变化从而形成不同类型的岩浆

岩，因此不同岩浆岩的矿物共生组合不同。早期形成的超基性岩（$SiO_2 < 45\%$）以铁镁矿物组合为主，主要矿物为橄榄石、斜方辉石等，副矿物有铬铁矿、自然铂、金刚石等；中期形成的岩浆岩以含钙矿物组合为主，包括基性岩（$45\% < SiO_2 < 52\%$）和中性岩（$52\% < SiO_2 < 65\%$），主要矿物为辉石、基性斜长石、角闪石、中性斜长石，副矿物有钛铁矿、磁铁矿、磁黄铁矿、镍黄铁矿、黄铜矿、磷灰石等；晚期形成酸性岩（$65\% < SiO_2 < 75\%$）则主要是富钾和钠的矿物，主要矿物包括酸性斜长石、钾长石、白云母、石英等，副矿物则有铌钽矿物、放射性及稀土元素矿物等。

2. 伟晶作用及矿物的共生组合

伟晶作用是指在地表下 3～8km 的高温（400～700℃）、高压（围岩压力大于内部压力），富含挥发分（F、Cl、B、OH 等）和稀有、放射性元素（Li、Be、Cs、Rb、Nb、Ta、U、Th 等）的残余岩浆体系中，形成伟晶岩及与其有关矿物的作用；或是富含挥发分的残浆与已形成的矿物或矿物集合体发生交代作用和重结晶作用形成。

伟晶作用中多形成结晶粗大的长石、石英、云母等矿物，还可形成富含挥发分和稀有元素的矿物，如绿柱石、电气石、黄玉、锆石、铌钽铁矿、褐钇铌矿等。其中富集的稀有元素、稀土元素和放射性元素矿物可以构成重要矿产。

3. 热液作用及矿物的共生组合

热液作用是指温度在 500～50℃ 的汽水或热水溶液逐渐冷却或与围岩相互作用过程中形成矿物的地质作用。按温度不同可分为汽化-高温热液、中温热液和低温热液 3 种类型。

汽化-高温热液一般指岩浆期后热液，是在岩浆侵入并冷却的过程中，从中分泌出来的以 H_2O 为主的含有许多金属元素的挥发性组分的高温液体，温度一般分布在 500～300℃，温度高于 374℃ 时称汽化作用。在这个阶段中主要形成由高电价、小半径的阳离子组成的氧化物和含氧盐矿物，形成的矿物富含 W-Sn-Mo-Bi-Be-Fe 等元素，非金属矿物包括石英、云母、黄玉、电气石、绿柱石等，金属矿物则有黑钨矿、辉钼矿、辉铋矿、磁黄铁矿、毒砂等。

中温热液多指变质热液，由沉积岩在变质作用过程中所释放出来的孔隙水以及矿物中的吸附水、结晶水和结构水等构成，温度一般在 300～200℃。此阶段常形成以 Cu、Pb、Zn 为主的硫化物矿物组合，一些分散元素（Ga、In、Tl、Ge、Se、Te 等）则以类质同象的方式进入硫化物的晶格中。主要形成的非金属矿物包括石英、方解石、白云石、菱镁矿、重晶石等，金属矿物则有黄铜矿、闪锌矿、方铅矿、黄铁矿、自然金等。

低温热液多为地下热水，由地表下渗水渗透到地壳的深部受地热等影响而形成的，温度一般在 200～50℃，主要形成富含 As-Sb-Hg-Ag 等元素的硫化物矿物。主要形成的非金属矿物包括石英、玉髓、方解石、蛋白石、重晶石、高岭石、明矾、绢云母、沸石等，金属矿物则有雄黄、雌黄、辉锑矿、辰砂、自然银等。

4. 火山作用及矿物的共生组合

火山作用是地下熔浆喷出地表冷凝的作用。这种作用的产物为各种类型的火山熔岩和火山碎屑岩。

火山熔岩是炽热岩浆在陆地或水下快速冷却而形成的岩石。在原生期，形成以高温、淬火、低压、高氧、缺少挥发分的矿物组合为特征。例如，常见高温矿物 β-石英、透长石、正长石等；含挥发分的矿物如白云母、电气石等都不出现，角闪石、黑云母虽见于斑晶内但极易变成辉石和磁铁矿的细粒集合体，并在矿物边缘常出现因低压、高温、氧化、脱水等原因而形成的暗化边；可见强氧化矿物赤铁矿等。此外，在某些火山岩中，特别是酸性火山岩中常有火山玻璃出现。火山岩中由于挥发分逸出所造成的气孔，常被火山后期热液作用形成的一系列矿物如沸石、方解石、蛋白石等充填，在火山喷气孔周围则常有经凝华作用形成的自然硫、雄黄、石盐等的产出。

二、外生作用及矿物的共生组合

外生作用是指在太阳能影响下，在大气圈、岩石圈、水圈、生物圈相互作用过程中发生的地质作用。主要特点是常温常压条件，有 H_2O、O_2、CO_2 及有机质的参与，在这样的条件下形成的矿物主要是氧化物、氢氧化物、含氧盐等。外生作用按其性质的不同，可分为风化作用和沉积作用。

(1)风化作用：是指在地表或近地表条件下，受大气、水和水溶液以及生物的生命活动等因素的影响，使地壳表层的岩石、矿物在原地发生物理的或化学的变化，从而形成松散堆积物的过程。

在风化作用过程中，原岩石矿物中含 Ca、Na、Mg 的盐类则常呈真溶液搬运；而富含 Si、Al、Fe、Mn 等元素的难溶物质在风化作用过程中，在 H_2O、O_2、CO_2 等的作用下形成了新的矿物，主要为层状硅酸盐、金属氧化物和氢氧化物等。如富 K、Na、Ca 的铝硅酸盐矿物，在风化作用下可分解出 K、Na、Ca 等阳离子，其余部分水化分解形成层状硅酸盐矿物高岭石，在温热条件下可继续分解，形成氢氧化铝(一般所称的铝土矿)和蛋白石。

$$4K(AlSi_3O_8)(钾长石)+2CO_2+4H_2O \longrightarrow Al_4(Si_4O_{10})(OH)_8(高岭石)+8SiO_2+2K_2CO_3$$

$$Al_4(Si_4O_{10})(OH)_8(高岭石)+2H_2O \longrightarrow 4Al(OH)_3+4SiO_2(蛋白石)$$

而金属硫化物则在水和氧的作用下变为硫酸盐，其中溶解度大的被水带走，剩余部分与 H_2O、O_2、CO_2 或围岩发生作用，而形成难溶的氢氧化物或含氧盐等表生矿物。如金属硫化物矿床中的黄铜矿 $CuFeS_2$，在风化作用过程中可形成氢氧化物：

$$CuFeS_2(黄铜矿)+O_2 \longrightarrow CuSO_4+FeSO_4$$

$$2CuSO_4+CO_2+3H_2O \longrightarrow Cu_2[CO_3](OH)_2(孔雀石)+2H_2SO_4$$

$$或 3CuSO_4+2CO_2+4H_2O \longrightarrow Cu_3[CO_3]_2(OH)_2(蓝铜矿)+3H_2SO_4$$

在风化作用中，生物的活动对原生矿物的破坏和次生矿物的形成具有重要的影响。自然界中，铁的生物氧化数量远远超过了化学氧化数量，许多风化成因的铁锰矿床和微生物作用有关。

(2)沉积作用：指风化作用产物及部分火山喷出物质、生物物质等，经风、流水等介质搬运后再在适当的场所沉积下来的作用。根据沉积方式不同，分为机械沉积、化学沉积和生物化学沉积。

机械沉积作用造成矿物按颗粒大小、比重高低发生再沉积，除石英、长石等相对稳定矿物外，也可造成部分有用矿物的集中，形成各种砂矿，如砂金、金刚石、锡石、锆石、独居石等。化学沉积作用主要包括易溶组分和难溶组分的沉积。易溶组分在干热条件下可形成过饱和沉积，形成卤化物、硫酸盐、硝酸盐、硼酸盐等一系列易溶盐类矿物；而难溶

的金属氧化物和氢氧化物，常可成为胶体溶液，并在适当的场所形成铁、锰、铝、硅等胶体成因的氧化物或氢氧化物矿物。生物、生物化学沉积则指生物在生命活动过程中从周围介质中吸收有关元素和物质，这些生物死亡后其遗体可直接堆积起来形成矿物，如硅藻土、方解石等。此外，煤、石油、天然气的形成也直接与生物、生物化学沉积作用密切相关。

三、变质作用及矿物的共生组合

变质作用是指在地表以下一定深度内，原来的岩石、矿物由于物理化学条件的改变，使原结构或组分改变形成新岩石、矿物的地质作用。根据产生条件的不同可分为接触变质作用和区域变质作用。

1. 接触变质作用及其矿物共生组合

接触变质作用是岩浆侵入体与围岩接触时，岩浆释放的热能或岩浆所含的挥发组分对围岩作用使其发生改变的作用。按侵入体与围岩之间有无元素之间的交换，又分热接触变质和接触交代变质两种类型。

(1)热接触变质作用及矿物共生组合。当岩浆侵入体与围岩接触时，围岩受岩浆热力烘烤作用，造成围岩中矿物重结晶或生成与围岩成分有关的另一些矿物。前者如石灰岩中的方解石发生重结晶，颗粒变大而形成大理岩；后者如泥质岩石中形成的红柱石、堇青石等富铝矿物。

(2)接触交代变质及矿物共生组合。当岩浆侵入体与围岩接触时，侵入体中的某些组分与围岩发生成分置换从而形成新矿物。所形成矿物的种类随侵入体与围岩成分的不同而异，如中酸性侵入体与碳酸盐岩的接触交代结果是形成矽卡岩。石灰岩通过形成钙质矽卡岩，早期阶段主要形成钙铝榴石、钙铁榴石、透辉石、钙铁辉石、硅灰石、方柱石、符山石等矿物共生组合；晚期阶段，因热液作用的叠加主要形成链状、层状结构的含水硅酸盐矿物，如透闪石、阳起石、绿帘石、绿泥石等矿物组合。

2. 区域变质作用及矿物共生组合

区域变质作用是指由于大规模的构造运动，导致区域范围内原有岩石和矿物在高温、高压、化学活动性流体等综合作用下，使原来岩石、矿物的结构、成分发生变化的一种地质作用，通常会形成一些分子体积小、密度大和富含$(OH)^-$的矿物。

区域变质作用中的温度、压力条件变化较大，按温压条件可分为低、中、高级区域变质作用。受原岩化学成分和变质条件影响，一般在低级区域变质岩中主要出现绢云母、绿帘石、绿泥石、阳起石、蛇纹石、滑石等含$(OH)^-$的矿物；而在中级区域变质岩中主要出现普通角闪石、斜长石、石英、石榴子石、透辉石、白云母、黑云母、蓝晶石等矿物；高级区域变质岩中主要出现正长石、斜长石、紫苏辉石、橄榄石、石榴子石、刚玉、矽线石等不含$(OH)^-$的矿物。

第二节　矿物形成条件的判断

矿物在形成过程中，其物理化学特征除与其自身的成分和结构密切相关外，还受环境条件的影响,这些环境条件包括温度、压力、组分的浓度、介质的酸碱度(pH 值)和氧化还原电位(E_h 值)等。每种矿物的形成都受上述环境因素的影响,并体现在矿物的某些特征上,因此虽然人们不能直接观察到矿物形成时的具体条件,但可以根据矿物的某些特征去分析、推断它的形成条件。

一、矿物形成的时空关系

矿物形成的时空关系指矿物种属在地质历史过程中的演化和在地球空间或某地质体上的分布特点。

1. 矿物的世代

在一个矿床中,同种矿物在不同时间多次形成,其先后关系称为矿物的世代。一个矿床的形成往往要经历漫长的时间,其间成矿溶液可以多次作用,从而形成多个成矿阶段,不同成矿阶段形成的同种矿物即属于不同的时代。按其形成时间的先后顺序,依次称之为第一世代、第二世代等。不同世代之间具有一定的时间间隔,成矿介质和形成条件也发生了一定的变化,因此不同时代的矿物在形态、成分、结构、物理性质等方面会存在一些差异,与其他矿物的共生关系也不相同。因此确定一种矿物的世代,除根据矿物本身的化学成分、物理性质和晶体形态外,还必须考虑其产状及其与其他矿物的共生关系,才能得到正确划分结果。

例如我国某热液矿床中的萤石,可区分为 3 个不同的时代:第一世代的萤石为八面体和菱形十二面体的聚形,且两种单形发育程度相似,颜色为暗紫色或烟紫色,发萤光,气液包裹体的均一化温度为 330℃;第二世代的萤石为菱形十二面体与八面体的聚形,但以前者发育为主,晶体中心为浅绿色或浅紫色,边缘为暗紫色,具环带构造,包裹体均一化温度为 300~330℃;第三世代的萤石为立方体或立方体与菱形十二面体的聚形,以立方体为主,浅绿色、白色或无色,包裹体的均一化温度为 300℃。分析、确定矿物的世代,有助于了解矿物形成过程的阶段性以及各成矿阶段矿物的共生关系。

2. 矿物的形成顺序

矿物在形成时间上有先后顺序,通常是按晶格能由高到低的顺序依次晶出,共生的矿物晶格能大体相近。判断矿物形成顺序的依据主要包括以下几个方面。

(1)矿物的空间位置关系。若某一矿物以另一矿物为基底生长,则前者生成较晚,后者较早;具对称带状构造的岩脉、矿脉或晶洞中,脉壁或外带矿物生成在先,而中心或内带矿物生成在后。在环带构造中,结核体外圈矿物形成晚于内圈矿物,而分泌体恰好相反;皮壳状构造中外层矿物形成晚于内层矿物等。

(2)矿物自形程度。在同期岩浆结晶作用或热液作用过程中,先结晶的矿物自形程度高,后结晶的矿物自形程度低;但应注意,当后期发生变质作用时,矿物能够重结晶或发生变质反应,使后生成的矿物自形程度更高。

(3)矿物的成因关系。不同形成次序还与矿物成因有关。在岩浆结晶过程中,岩浆与已结晶的矿物发生作用可生成新的矿物,这种反应不彻底时,原有残余矿物与反应矿物同时存在,残余矿物早于反应矿物。而两种矿物呈交代关系时,交代作用首先沿颗粒边缘或裂隙进行，被交代的矿物形成早。一种矿物穿过或充填另一种矿物时，则被穿过或被充填的矿物形成较早；一种矿物包围另一种矿物时，则被包围的矿物形成较早。

二、矿物标型

矿物标型是指能够反映一定形成条件的矿物学现象，包括矿物标型组合、矿物标型种属和矿物标型特征3个方面。

1. 矿物标型组合

矿物标型组合是指在特定的自然环境中形成的专属性矿物组合，能够作为判定某一特定形成条件的标志，如含金刚石的金伯利岩的原生矿物组合为镁橄榄石、金云母、铬镁铝榴石、铬透辉石、顽火辉石、钛铁矿、尖晶石、金红石。

矿物标型组合与通常描述某一地质作用或某一地质体的矿物共生组合没有本质上的区别，只是强调了这一共生组合必须是特定的成岩成矿作用条件下形成的特征性矿物组合。

划分矿物标型组合，对于岩石、矿石建造分析，对于表达各种岩相的岩石特征，确定矿床的建造属性，以及评价矿体的可能规模和空间分布特点等，都有重要作用。

2. 矿物标型种属

只限于某种特定的成岩、成矿作用中才能形成的矿物种即标型矿物，为单成因矿物。如白榴石只产于碱性火山岩和次火山岩中，可指示碱性岩浆的高温浅成结晶条件；辰砂、辉锑矿只生成在低温热液矿床中；蓝闪石是低温高压变质带产物；柯石英是超高压变质（>2.8GPa）条件的产物；等等。

标型矿物或标型矿物共生组合强调矿物或矿物组合的单成因性，其本身即是成因上的标志。

3. 矿物标型特征

同一矿物的成分、形态、物性、结构等方面常因生成条件不同而异，此种能反映生成条件的特征称为矿物标型特征。常见标型特征包括以下5种。

（1）形态标型。主要指矿物形状、习性、大小、双晶、集合体形态等特征随形成条件的变化。如黄铁矿的立方体{100}多指示低温条件，而八面体{111}则为高温下形成；又如伟晶岩中的锡石为扁平状的四方双锥，含 Nb、Ta、Mn 较多；而热液环境形成的锡石，细长的四方柱形态更为发育，含 Nb、Ta、Mn 少而含 W 较多，颜色也更浅，其形态随着温度升高发生规律性的变化（图 13-1）。

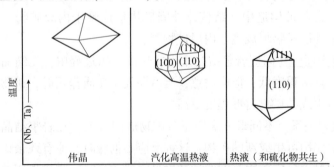

图 13-1　不同条件下锡石的形态(引自赵珊茸，2017)

（2）成分标型。主要指矿物化学成分中主要元素、微量元素比例上的差异特征，往往是不同成因条件下由于类质同象替代、含水状况发生变化所致。如黄铜矿 $CuFeS_2$，形成温度低于 200℃ 时（Cu+Fe）/S＝1；但形成温度高于 200℃ 时，（Cu+Fe）/S＞1，S 的含量相对减少，温度越高，该比值越大。

（3）物性标型。不同成因环境下形成的矿物，在颜色、条痕、光泽、硬度等物理性质也显示出的差异特征。如黑色电气石一般形成温度高于 300℃，当温度在 290℃ 左右时形成绿色的电气石，而温度在 150℃ 左右时则主要形成红色电气石。再如变质岩中的角闪石，随着温度的升高，颜色由蓝绿逐渐变成褐色。

（4）结构标型。当环境物理化学条件变化时，矿物的内部结构特征，如多型变体的晶胞参数、矿物结构有序度、阳离子配位数等方面显示出的差异特征即为结构标型。例如，在压力近似的条件下，普通角闪石（Ca，Na）$_{2-3}$（Mg，Fe，Al^{VI}）$_5$［（Si，Al^{IV}）$_4O_{11}$］$_2$（OH）$_2$ 中，四次配位的 Al^{IV} 含量随结晶温度增高而增加；在温度近似的条件下，六次配位的 Al^{VI} 随压力的增高而增大。在花岗岩和喷出岩中的白云母为 1M 型，伟晶岩中的白云母为 2M 型，而在低温高压地质作用条件下则形成 3T 型多硅白云母。总体上，随温度增加，矿物结构将发生离子配位数降低、有序度变差、对称性变好等一系列变化。

（5）同位素组成的标型特征。矿物中稳定同位素（非放射性同位素）组成也能反映矿物的形成条件或物质来源。矿物中的 $^{32}S/^{34}S$、$^2D/^1H$、$^{13}C/^{12}C$、$^{18}O/^{16}O$ 在不同成因条件下都会发生相应的变化，都可以提供成因信息。如内生作用下形成的硫化物中的 $^{32}S/^{34}S$ 就接近于标准值 22.22（一般以铁陨石中陨硫铁 FeS 的 S 同位素组成作为标准值），其变化一般不超过 0.5%；沉积作用中形成的含硫矿物中，该比值经常高于标准值，最高可达 23.256，高于标准值 5%。残留在海水中的 ［SO_4］$^{2-}$，其 $^{32}S/^{34}S$ 则低于标准值，最低可达 20.408，低于标准值 8%。

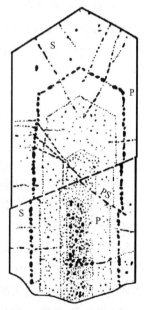

图 13-2 水晶中的包裹体
（转引自刘显凡，2010）
P—原生包裹体；S—次生包裹体；
PS—假次生包裹体

三、矿物中的包裹体

矿物在生长过程中捕获并包裹于晶体内部的外来物质，称为包裹体。包裹体可以是固态晶体或非晶体、也可以是液体或气体，其大小、形状不一。

矿物中的包裹体较为常见，按成因可分为原生、次生、假次生 3 种类型（图 13-2）。原生包裹体是指在主矿物（含有包裹体的矿物）生长过程中所捕获的包裹体，多平行于主矿物的某个结晶方向呈条带、环带状分布。次生包裹体是矿物形成后，后期热液沿矿物的微裂隙贯入，引起矿物局部溶解并发生重结晶，之后又为主矿物所封闭形成的定向排列的包裹体，多沿切穿矿物颗粒的裂隙分布。假次生包裹体是在矿物生长过程中，由于构造应力作用，使矿物晶体产生局部破裂或蚀坑,成矿流体进入其中,并使这些部位发生重结晶而被继续生长的晶体封存形成的包裹体。这种包裹体只局限于矿物内部,不切穿矿物颗粒。

对矿物成因最有指示意义的是原生或假次生的气、液包裹体,因为这些气液包裹体物质是作为形成主矿物时的成矿溶液被保留在主矿物中的,因此,反映了主矿物形成时的化学环境和物理化学条件,也是矿物重要的标型特征,可用于还原成矿作用条件;次生包裹体则反映成矿期热液活动的物理化学作用的温度、压力、介质成分和性质,对这些包裹体的物理化学性质和成分的测定,能为主矿物的形成条件(温度、压力、pH 值、盐度等)提供一定的证据。

对包裹体的研究方法可分为均一法、爆裂法、淬火法、冷冻法等,其中以均一法最为常用。均一法主要原理是:成矿介质被包裹到晶体中时是均一单相的,只是在后来冷却时,才分成气相、液相、固相。当把晶体加热达到形成时的温度时,包裹体应能恢复为均一单相,这个温度即为均一温度,指示了晶体形成的最低温度。由于成矿作用是在一定压力条件下进行的,而均一温度则是在常压条件下测定的,基于温度和压力有一定的函数关系,可以将测得的均一温度进行压力校正才更准确。

第三节 矿物的变化

矿物形成之后,随着所处地质环境的变化,当新的环境物理化学条件超出原矿物的稳定范围时,原来的矿物就会发生某种变化。矿物最常见的变化现象有以下几种。

1. 矿物成分的变化

矿物形成后,经过岩浆作用、热液作用、变质作用、风化作用等地质作用,都可以改变原矿物的化学成分,形成新矿物。如橄榄石的蛇纹石化、长石的高岭石化、方解石的白云石化等。

$$2Ca[Al_2Si_2O_8](钙长石)+2CO_2+4H_2O \rightleftharpoons Al_4(Si_4O_{10})(OH)_8(高岭石)+2Ca[CO_3]$$

$$2Ca[CO_3](方解石)+Fe^{2+}+Mg^{2+} \rightleftharpoons Ca(Fe,Mg)[CO_3]_2(白云石)+Ca^{2+}$$

2. 矿物结构的变化

(1)同质多象转变。在矿物所处体系中只有环境有足够的能量交换而无物质交换时,矿物晶体结构变化而化学成分不变的现象。

(2)晶质化和非晶质化。原已形成的非晶质矿物,在漫长的地质年代中逐渐变为结晶质,从而形成另一种矿物的现象,称为晶化或脱玻化。火山玻璃脱玻化、蛋白石变成石英、胶体的老化等都属于晶质化。与晶化现象相反,一些原已形成的晶质矿物,因获得某种能量而使晶格遭受破坏,转变为非晶质矿物,称为非晶质化或玻璃化作用。如晶质锆石吸收放射性元素蜕变放出的能量形成水锆石、曲晶石,此即为非晶质化。

(3)假象和副象。交代作用常沿矿物的边缘、裂隙、解理开始进行,若交代强烈时,原来的矿物可全部被新形成的矿物代替,当交代后矿物成分已完全转变为新矿物,但仍保留原矿物的外表,此现象称为假象;矿物发生同质多象转变后,新的矿物仍保留原矿物的外形,称为副象。例如:高温 β-石英在低温时转变为 α-石英,但仍保留有 β-石英的六方双锥外形，则称 α-石英具有 β-石英的副象；而黄铁矿在风化作用中被氧化成褐铁矿，但仍保留了黄铁矿的立方体外形，即称褐铁矿具有黄铁矿假象。

3. 晶体形态、粒度等的变化

矿物形成后，受后来温度、压力、溶液或熔浆的作用，可发生次生长大而由细变粗；也可发生韧性变形而呈眼球状、拉丝状或细晶化；还可发生溶蚀而使矿物边界变圆滑形成港湾状蚀象；由于机械作用而引起的矿物晶格破坏或机械变形，等等。例如：由于变质作用物理化学条件的变化，方解石重结晶后晶粒长大，使石灰岩变成大理岩；金刚石晶体被溶蚀之后常呈球状晶形；等等。

矿物的变化方式是多种多样的，在矿物形成的过程中或形成之后，由于机械作用而引起的晶格破坏和机械变形也应属于矿物的变化范畴。矿物的形成和变化是物质运动的一种形式，具体的某个矿物只不过是物质在一定的物理化学条件下，在特定的空间和时间内处于暂时平衡状态的一种存在形式而已，它将随外界物理化学条件的不断变化而变化。通常，某些新矿物的形成过程往往也就是某些原有矿物遭受破坏和变化的过程。因此，对矿物各种变化现象的研究，不仅可以了解矿物形成的历史过程，而且可以提供有关矿物成因的某些信息。

复习思考题

1. 为什么说矿物学是地质学最重要的专业基础之一？
2. 简述矿物形成的主要地质作用及影响因素。
3. 区分矿物的共生组合和伴生组合、矿物的形成顺序和世代、假象和副象等概念。
4. 简述高温、中温和低温热液矿床的温度区间和主要矿物组合。
5. 岩浆成因的正长石与其表层的风化产物——高岭石是共生还是伴生关系？
6. 矿物的共生组合有何意义？
7. 风化作用只能破坏矿物而不能形成矿物吗？
8. 矿物的变化有哪几种方式？
9. 如何判别矿物的形成顺序？
10. 矿物的标型特征有哪些？
11. 包裹体分为哪几类？
12. 在一块手标本上有孔雀石和蓝铜矿，还有黄铜矿，它们之间的共生、伴生关系如何？

第十四章 矿物的命名和分类

知识要点

　　本章要求了解矿物命名的依据，能够根据矿物名称推测矿物性质；掌握矿物的分类体系，包括不同级别类型的名称、分类依据等。

第一节 矿物的命名

　　人们通常所说的不同的矿物，通常是按矿物种划分的。矿物种是矿物分类的基本单位，一个矿物种是指具有一定晶体结构和一定化学成分的矿物。

一、矿物的命名

　　矿物种类众多，目前已发现 4000 余种，为了区分它们，人们对矿物都给予了一定的名称。从现有的矿物名称上看，常见矿物的命名主要考虑了矿物形态、物理性质、化学成分、发现地或研究者等方面特点。

　　(1)以化学成分命名的：如自然金、硼砂。这两种矿物分别以金和硼作为主要成分。

　　(2)以物理性质命名的：如电气石、橄榄石。前者具有显著的热电性；后者的颜色呈橄榄绿色。

　　(3)以形态特点命名的：如方柱石、石榴子石。前者的晶形常呈四方柱状；后者常呈四角三八面体或菱形十二面体的粒状集合体而形同一团石榴子。

　　(4)结合物理性质和化学成分两种特点命名的：如方铅矿。既表明其常呈立方体的形态并具立方体解理，又表明以铅为其主要成分。

　　(5)以地名命名的：如香花石。是以该矿物的发现地点(香花岭)而命名的。

　　(6)以人名命名的：如章氏硼镁石，是纪念我国地质学前辈章鸿钊而命名的。

　　(7)其他依据，如蒙脱石是由外文音译而来的，还有一些矿物是沿用我国传统矿物名称，如朱砂、雄黄等。

　　我国在矿物的研究、利用方面具有悠久的历史，我国传统对矿物进行命名时，主要在矿物名称字尾用一些特殊名称表现矿物的差异，如"××石"、"××矿"、"××玉"、"××晶"、"××砂"、"××华"、"××矾"等。一般是具有非金属光泽的非金属矿物名称用"××石"，如长石、滑石、方解石等；具有金属光泽的金属矿物名称多用"××矿"，如方铅矿、黄铜矿、白铁矿等；可作为宝石的矿物名称用"××玉"，如刚玉、硬玉等；呈透明晶体的矿物名称

用"××晶"，如水晶、黄晶；经常以细小颗粒出现的矿物名称用"××砂"，如硼砂、辰砂；在地表附近形成且呈松散状的矿物名称用"××华"，如钴华、镍华；易溶于水的硫酸盐矿物名称用"××矾"，如胆矾、明矾等。

二、矿物名称的缩写符号

在矿物、岩石学研究中，矿物缩写符号有广泛的应用，如描述不同矿物共生组合、编制矿物共生图解和相图、薄片鉴定图册中，由于矿物名称字母较多，不便应用，故多采用矿物缩写符号来代表。

矿物缩写符号一般由2~3个英文字母组成，第1个字母一般应大写，其后的字母多为小写。一矿物不能超过3个字母，一般也不用1个字母代表。多数矿物缩写采用矿物英文名称开头的2~3个字母组成，或采用不同音节代表性字母组合而成，总之以不重复为原则。常见矿物缩写符号见附表1。

第二节 矿物的分类

由于矿物类型众多，为了确定不同矿物的物理、化学特征，明确矿物之间的相互联系和差异，对矿物进行合理的科学分类是极其必要的。但是如何把数以千计的矿物种进行科学的分类，更有利于人们认识矿物、研究矿物和利用矿物呢？这是长期以来矿物学研究工作的重要课题之一。在矿物学发展过程中，矿物学家们从不同的研究目的出发，提出了不同的分类方案，如化学成分分类、晶体结构分类、晶体化学分类、成因分类和其他分类等。由于矿物性质首先取决于矿物的化学成分和晶体结构，因此目前主要采用以矿物的化学成分和晶体结构为分类依据的晶体化学分类。

晶体化学分类体系由大类、类、亚类、族、（亚族）、种、（亚种）等几个级别组成。其中，大类、类、亚类、族、种是五级基本分类单位，而亚族、亚种、变种或异种只是在比较复杂的矿物中进一步划分出来的分类单位，并不是每个矿物族都需要划分亚族，每个矿物种都能划分出亚种以及变种和异种的。

晶体化学分类体系中各级别类型划分依据如表14-1所示。

表 14-1 矿物的晶体化学分类体系

级　序	划分依据	举　例
大类	单质和化合物类型	含氧盐矿物
类	阴离子或络阴离子种类	硅酸盐矿物
亚类	强键分布和络阴离子结构	岛状硅酸盐矿物
族	晶体结构型和阳离子性质	辉石
（亚族）	阳离子种类和结构对称型	单斜辉石
种	一定的晶体结构和化学成分	透辉石
（亚种）	完全类质同象系列中的端员组分比例	次透辉石
（变种或异种）	形态、物性、成分微小差异	铬透辉石

首先，根据矿物的单质和化合物类型将矿物分为自然元素大类、硫化物及其类似化合物大类、氧化物和氢氧化物大类、含氧盐大类和卤化物大类，各大类矿物再根据表 14-1 的分类依据一级一级继续细分。如矿物 $Mg_2[SiO_4]$ 属于含氧盐大类、硅酸盐类、岛状硅酸盐亚类、橄榄石族、镁橄榄石种。

但在自然界中，矿物形成过程中受环境条件的影响，还存在大量的类质同象、同质多象、多型等现象，使矿物的成分、结构都产生了一定的变化。对存在这些变化的矿物种的划分补充以下几点说明。

(1)类质同象混晶：对于类质同象混晶中矿物种的划分方案不统一，常见的有以下几种：一是将类质同象混晶视为一个矿物种；二是以 50% 为界，以两端员矿物命名，划分为两个矿物种；三是按端员组分的比例范围，把类质同象系列划分为几个不同的矿物种等。国际矿物学会新矿物和矿物命名委员会 1986 年规定，以后新发现的类质同象混晶，只有端员矿物才能作为独立矿物种，并一律按二分法划分和命名，中间混晶作为亚种处理。

(2)同质多象变体：同质多象变体具有相同化学成分和不同的晶体结构，因此视为不同的矿物种。

(3)多形：同一矿物的不同多形，其结构和性质差异很小，所以视为同一个矿物种。

除上述 3 种情况外，在低温表生条件下，往往可形成一些包括多种矿物的细分散机械混合物，如褐铁矿、铝土矿等，这种成分复杂的混合物也不构成独立的矿物种。

各大类矿物的进一步划分情况将在后续章节中进一步介绍。

复习思考题

1. 什么是矿物种？

2. 对于类质同象混晶，在矿物种的划分中以往主要采用了哪几种方案？目前国际新矿物及矿物命名委员会是如何规定的？

3. 简述矿物的晶体化学分类体系及依据。

4. 铁闪锌矿属于矿物种还是亚种？为什么？

5. 你认为方铅矿、黄铜矿、磁铁矿的命名依据是什么？

第十五章　自然元素大类

知识要点

> 本章要求掌握自然元素大类矿物的总体特征，包括化学组成、结构、物理性质、成因产状、类型划分等，理解各项特征之间的关系，掌握常见自然元素大类矿物特征。

第一节　概　述

自然元素矿物包括由一种元素构成的单质矿物和由多种元素组成自然合金。自然合金包括多种金属元素构成的类质同象混晶和多种以上的金属元素成定比结合而成的金属互化物矿物。

在自然界中构成本大类矿物的元素有 30 余种，而已发现的本大类矿物近 90 种。这是因为某些元素可形成两种或两种以上同质多象变体。例如碳有金刚石和石墨两种同质多象变体，硫有三种同质多象变体，而还有一些元素可以形成类质同象混合晶体和金属互化物，前者如银金矿（Au，Ag）、钯铂矿（Pt，Pd）；后者如锑钯矿（Pd_3Sb）、砷铜矿（Cu_3 As）。因而自然元素矿物的数目就大于其组成元素种类的数目。

自然元素物占地壳总重量不足 0.1%，并且在地壳中的分布很不平均，只有某些矿物可以有显著的富集，甚至形成矿床，如自然铂、金刚石、石墨等能以大型甚至超大型矿床产出。

一、化学成分

自然元素大类矿物可进一步分为自然金属、自然半金属和自然非金属矿物 3 类（图 15-1）。

自然金属类矿物主要出现在化学周期表中部，可以单质形式出现的以铂（Pt）和金（Au）为最主要，其次是铜（Cu）和银（Ag），而铅（Pb）、锡（Sn）、锌（Zn）等只是在极少见情况下偶尔产出。铁（Fe）、钴（Co）、镍（Ni）往往成类质同象混入于其他金属元素中，它们呈单质形式独立出现的情况多见于铁陨石中。由于元素类型相同和半径相似，这些金属元素可成类质同象混合晶体出现，例如（Ag，Au）、（Pt，Fe）、（Pt，Ir）、（Os，Ir）、（Pt，Pd）、（Fe，Ni，Co）等。金属元素之所以能以单质形式出现，与它们的电离能大有关，由于电离能大较难失去电子，往往以自然元素状态存在，如 Au、Pt 等。

	IA																0
1		IIA											IIIA	IVA	VA	VIA	
2														6 C 碳			
3			IIIB	IVB	VB	VIB	VIIB	VIIIB			IB	IIB				16 S 硫	
4							25 Mn 锰	26 Fe 铁	27 Co 钴	28 Ni 镍	29 Cu 铜	30 Zn 锌			33 As 砷	34 Se 硒	
5							43 Tc 锝	44 Ru 钌	45 Rh 铑	46 Pd 钯	47 Ag 银	48 Cd 镉	49 In 铟	50 Sn 锡	51 Sb 锑	52 Te 碲	
6				73 Ta 钽	74 W 钨	75 Re 铼	76 Os 锇	77 Ir 铱	78 Pt 铂	79 Au 金	80 Hg 汞		82 Pb 铅	83 Bi 铋		
7																	

图 15-1　自然元素矿物大类中的主要元素

半金属元素主要分布在化学元素周期表的第五族，如砷（As）、锑（Sb）、铋（Bi）等，也多以单质形式出现，其中非金属性以砷最强，锑次之，铋最弱。这些元素的化学性质虽有某些共同点，却不出现在一起，只在某些情况下砷和锑构成金属互化物 AsSb。

在非金属元素中碳（C）和硫（S）呈固态单质形式出现，至于性质与硫近似的硒和碲，只是在极少见情况下出现，通常成类质同象混入于自然硫中。

二、晶体化学特征

已发现的金属元素都为配位型结构。按元素的原子间联结力来说，金属元素具有典型金属键。它们的结构类型主要有 3 种：铜型[原子成立方最紧密堆积，配位数为 12，见图 15-2(a)、图 15-2(d)]，如 Cu、Au、Pt 等；锇型[原子成六方最紧密堆积，配位数为 12，图 15-2(b)、图 15-2(e)]，如 Os、Ru 等；铁型[α-Fe，原子按立方体形式紧密堆积，配位数为 8，图 15-2(c)、图 15-2(f)]。自然金属原子堆积紧密，对称程度高，多为等轴晶系或六方晶系。由于金属元素半径相近，因此类质同象较为常见。

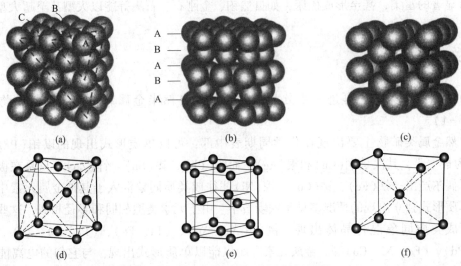

图 15-2　金属单质的晶体结构示意图(据赵明，2010)

自然半金属元素具有多键性特征，兼具金属键和共价键的特点，其晶体结构类型为砷型结构（在形式上可视为由立方面心格子沿三次轴发生畸变而呈略现层状的菱面体格子）。

非金属元素矿物中，金刚石 C 具共价键，结构类型为金刚石型；自然硫 S 具分子键，呈分子结构型；石墨 C 具层状结构，层内为共价键，层与层之间为分子键。

三、物理性质

由于金属、半金属和非金属自然元素的原子性质、晶体结构类型和键性不同，它们的物理性质存在着很大的差异。

金属自然元素具有典型的金属键，质点间弥散着自由电子，因此表现为：反射力强而不透明、金属色、金属光泽、强延展性、导电性和导热性、硬度低、无解理；此外，自然金属元素的原子量大，质点呈最紧密堆积，故比重大。

半金属元素具有金属键和共价键的过渡特征。自 As、Sb 到 Bi 原子量和金属性增加，故而表现为光泽增加、硬度减小、延展性增大、相对密度增大等变化规律。

非金属元素矿物中的金刚石和石墨，虽然成分相同，但由于它们的结构类型和键性差异极大，因而物理性质很不相同。金刚石具共价键，表现无色透明、金刚光泽、硬度大、不导电；石墨具多键性，层状结构中层内表现部分金属键，因而能导电，层间为分子键而出现完全的解理，并且硬度低、半金属光泽、黑色而不透明。自然硫为分子键，表现为导电导热性极弱、硬度低、比重小、性脆、熔点低并易升华。

四、成因与产状

自然元素矿物在成因上具有较大差异。自然金属元素中的铂族元素与基性、超基性岩浆有成因上的联系，见于岩浆矿床中。金往往为热液成因的，而铜和银除了热液成因以外，更主要地见于硫化物矿床氧化带，系含铜或含银硫化物氧化后先形成硫酸铜或硫酸银溶液，再为其他硫酸盐或硫化物所还原形成。半金属元素主要为热液及外生成因。非金属元素中的金刚石在成因上与超基性岩有关，石墨的形成主要是变质作用的结果，自然硫则以火山作用及生物化学作用形成的最为主要。

五、主要类型

自然元素矿物大类的主要矿物类型如表 15-1 所示。

表 15-1　常见自然元素矿物一览表

类	亚　类	矿物种
自然金属元素矿物	配位型金属元素矿物	自然铜、自然金、自然银、自然铂
自然半金属元素矿物	链状半金属元素矿物	自然硒
	层状半金属元素矿物	自然铋
自然非金属元素矿物	环状非金属元素矿物	自然硫
	层状非金属元素矿物	石墨
	配位型非金属元素矿物	金刚石

第二节　典型自然元素大类矿物特征

已发现的金属元素均为配位型结构。半金属元素矿物包括链状结构的碲族(自然硒、自然碲)和层状结构的砷族(自然砷、自锑、自然铋)。非金属元素主要为 S 和 C。

一、自然金属元素类

1. 自然铜族

本族包括自然铜、自然银、自然金等矿物,自然金是 Au 在自然界中最主要的存在形式;Ag 和 Cu 以形成相应的硫化物及其他类型化合物为主。

自然铜 Copper Cu

【化学组成】Cu 一般较纯净,但原生自然铜有时可含有少量的 Ag(3%~4%)、Au(2%~3%)、Fe(2%~3%)。

【晶体结构】等轴晶系,铜型结构,即铜原子按立方最紧密堆积方式排列。

【晶体形态】对称型 m3m。常呈不规则树枝状、粒状、片状或致密块状集合体。自形晶可呈立方体 $a\{100\}$、八面体 $O\{111\}$、菱形十二面体 $d\{110\}$ 和四六面体 $h\{410\}$ 等单形,但自形晶少见。可依(111)成双晶。

【物理性质】铜红色,表面常有棕黑色锖色;条痕铜红色;不透明;金属光泽;硬度 2.5~3;无解理;富延展性;断口呈锯齿状;相对密度 8.92;电、热的良导体;熔点 1083℃。

【成因及产状】与火山作用有关的自然铜常充填于玄武岩气孔中,与沸石、方解石等共生;在含铜硫化物矿床氧化带下部与赤铁矿、孔雀石、辉铜矿等伴生;也可见于富有机质沉积岩中,是还原条件下的产物;易氧化成赤铜矿、孔雀石、蓝铜矿等。

【鉴定特征】铜红色,棕黑色锖色,铜红色条痕色,金属光泽,强延展性。

【主要用途】大量聚集时,可炼铜。

自然金 Gold Au

【化学组成】Au 纯净者极少见,常与 Ag 形成完全类质同象系列,通常将含 Ag 为 0%~15% 的称自然金,16%~50% 的称银金矿,51%~85% 的称金银矿,86%~100% 的称自然银。

【晶体结构】等轴晶系,铜型结构。

【晶体形态】对称型 m3m。常呈不规则显微粒状,也可见树枝状、鳞片状、纤维状,外生成因的砂金可形成团块状集合体(狗头金)。自形晶可见立方体 $a\{100\}$、八面体 $o\{111\}$、菱形十二面体 $d\{110\}$ 和四六面体 $\{210\}$ 及四角三八面体 $\{311\}$ 等单形。一般深部形成者多见八面体 $\{111\}$ 习性,中深部形成者呈菱形十二面体 $\{110\}$ 习性,浅部形成者以四角三八面体 $\{311\}$、三角三八面体 $\{223\}$ 或树枝状等更复杂的形态为主。常依(111)成双晶。

【物理性质】颜色和条痕均为金黄色，但含 Ag 最高时具银白色调，含铜高时呈铜红色调；金属光泽；不透明。无解理；硬度 2.5~3；强延展性。纯金相对密度 19.3，含杂质时为 15.6~18.3，热和电的良导体。熔点 1062℃。火烧后不变色。不溶于酸，只溶于王水。

【成因产状】自然金产出分岩金、砂金、伴生金和不可见金(微细浸染型)4 种，主要产出于含金石英脉、蚀变岩、斑岩、含碳浅变质岩内，共生矿物有石英、黄铁矿、毒砂、镜铁矿、褐铁矿和某些黏土矿物。

【鉴定特征】颜色条痕金黄色，强延展性，相对密度大，不易氧化，火烧不变色。

【主要用途】黄金可充当"硬通货"、制造货币、装饰品、各种防热涂料和精密电子仪器的拉丝导线等。

2. 自然铂族

本族包括自然铂、自然铱、自然锇、自然钌等自然元素或金属互化物矿物。

自然铂 Platinum Pt

【化学组成】Pt 成分中常含有 Ir、Pd、Fe 等类质同象混入物，此外也常含有 Cu、Rh、Ni 等杂质。

【晶体结构】等轴晶系，铜型结构。

【晶体形态】对称型 m3m。常呈不规则细小粒状，有时形成较大的块体集合体。单晶少见，偶见立方体{100}或八面体{111}的细小晶体。

【物理性质】锡白色，含铁多者呈钢灰色；条痕钢灰色；不透明；金属光泽。硬度 4~4.5；无解理；富延展性；断口呈锯齿状，相对密度 21.5，含杂质为 14~19；电、热的良导体。熔点 1774℃。微磁性。

【成因产状】主要见于与基性、超基性岩有关的岩浆矿床，如铜镍硫化物矿床、铬铁矿、钒钛磁铁矿床等。因其化学性质稳定、相对密度大，也可见于砂矿中。

【鉴定特征】锡白、银白至钢灰色，相对密度大，在空气中不氧化，在普通酸类中不溶解。

【主要用途】工业上利用铂的高度化学稳定性和难熔性，可制作高级化学器皿，近年来在人造卫星、核潜艇、火箭、导弹等国防工业上应用广泛。

二、自然半金属元素类

自然半金属元素矿物主要有自然砷、自然锑、自然铋等。

自然铋 Bismuth Bi

【化学组成】成分较纯，偶含有微量 Fe、S、Te、As、Sb 等元素。

【晶体结构】三方晶系，砷型结构。

【晶体形态】对称型 3m。常呈粒状、片状、致密块状或羽毛状的集合体，单晶少见。

【物理性质】新鲜断面呈微带浅黄的银白色，在空气中易变成浅红锖色；条痕灰色；不透明；金属光泽；{0001}完全解理；硬度 2~2.5；相对密度 9.7~9.83；具弱延展性；熔点 271℃；具逆磁性。

【成因产状】主要形成于高温热液矿床、伟晶矿床中。在地表条件下易氧化形成铋华和泡铋矿。

【鉴定特征】浅红锖色，完全解理，硬度较低和相对密度较大。

三、自然非金属元素类

1. 自然硫族

在自然界中的硫有 α-硫、β-硫和 γ-硫三个同质多象变体。此外，还有成胶状非晶质的硫。自然条件下只有斜方晶系 α-硫才是稳定的，温度高于 95.6℃，α-硫转变为单斜晶系的 β-硫，但当温度降低时仍恢复为 α-硫。γ-硫为单斜晶系，但在常温压下不稳定，易转变为 α-硫。

自然硫 Sulphur α-S

【化学组成】成分一般不纯净。火山作用成因的硫多含有少量 Se、As、Te 等类质同象元素；生物化学沉积的自然硫则夹杂有泥质、有机质和地沥青等混入物。

【晶体结构】斜方晶系。环状分子型结构［硫分子由 8 个原子组成，原子上下交替排列，构成环形，见图 15-3(a)］。单位晶胞由 16 个硫分子所组成，彼此之间以微弱的分子键结合。$a_0 = 1.0437nm$；$b_0 = 1.2845nm$；$c_0 = 2.4369nm$。

【晶体形态】对称型 mmm。晶形常呈双锥状或厚板状，通常呈块状、粒状、土状、球状、粉末状、钟乳状等集合体产出。

【物理性质】带有各种不同色调的黄色；晶面呈金刚光泽，而断面显油脂光泽；不完全解理，贝壳状断口；硬度 1~2；性脆；摩擦带负电；不导电；相比密度 2.05~2.08。

【成因产状】为硫化合物的不完全氧化、还原产物，主要形成于生物化学沉积作用和火山喷气作用过程中。

【鉴定特征】黄色、油脂光泽、低硬度、性脆、硫臭味、易熔。

【主要用途】主要用来制造硫酸。硫还可以作为着色剂用于玻璃，可产生金黄色和琥珀色，可与硫化镉一起用于生产硒宝石红玻璃。

2. 金刚石族

金刚石 diamond C

【化学组成】金刚石中几乎总是含有 Si、Al、Ca、Mg、B、N 等杂质元素，金刚石的半导体性质与含 N、B、Al 有关。

【晶体结构】等轴晶系。$a_0 = 0.356nm$。金刚石结构中碳原子与相邻 4 个碳原子以共价键联结形成牢固的架状结构［图 15-3(b)、图 15-3(c)］。

【晶体形态】对称型 m3m。晶形呈八面体较多，其次为菱形十二面体，较少呈立方体。依(111)成双晶。晶面常弯曲，晶形轮廓则常呈浑圆状。晶体一般较小，小如小米粒，大如绿豆或黄豆。自然界中金刚石大多数呈圆粒状或碎粒产出。

【物理性质】纯净者无色透明，含杂质而呈蓝、黄、褐、灰、黑等色；晶面金刚光泽，断口油脂光泽；折光率 2.40~2.48；具强色散性。硬度 10；性脆；平行{111}中等解理；比重 3.50~3.52；纯净金刚石具有良好的导热性。

【成因产状】金刚石是岩浆作用的产物，金刚石结晶发生于高温高压下，见于超基性岩的金伯利岩(角砾云母橄榄岩)、钾镁煌斑岩及高级变质岩榴辉岩中。当含金刚石的岩石遭受风化后，可以形成金刚石砂矿。

【鉴定特征】极高的硬度，标准金刚光泽，晶形轮廓常呈浑圆状，显磷光。

【主要用途】随着科学技术的迅速发展，金刚石的用途越来越广泛而重要，例如用作高硬切割材料、原子能工业上的高温半导体、国防工业上的红外光谱仪等尖端产品的原料。

3. 石墨族

石墨 Graphite C

【化学组成】成分纯净者极少，常含黏土、沥青及 SiO_2、Al_2O_3、FeO 等杂质。

【晶体结构】常见六方晶系；层状结构，2H 和 3R 多型，$a_0 = 0.246nm$，$c_0 = 0.670nm$；三方晶系 3R 型，$a_0 = 0.246nm$，$c_0 = 1.004nm$。但后一种多型较少见。石墨的晶体结构是碳原子成层排列，每一层中的碳原子按六方环状与相邻的 3 个碳原子以共价键相连[图 15-3(d)]，碳原子间距为 0.142nm。但也表现部分的金属键，这是因为每一碳原子最外层有 4 个电子，除去已用于形成层内共价键的 3 个外，尚多余 1 个，此电子可以在层内移动，类似金属中的自由电子；而不同层中的碳原子之间的距离为 0.342nm，为分子键相连。

【晶体形态】对称型 6/mmm。单体呈片状或板状，但完整的却极少见。通常为鳞片状、块状或土状集合体。

【物理性质】颜色和条痕均为黑色；半金属光泽，隐晶质的则暗淡；硬度 1~2；{0001} 极完全解理；薄片具挠性；有滑感，易污手；比重 2.21~2.26。具导电性。

【成因和产状】多在高温变质条件下形成。见于各种成分的岩浆岩中。岩浆成因的石墨除少量从岩浆熔融体中析出外，往往与岩浆对碳酸盐岩石或沥青质岩石的同化作用有关。接触变质成因的石墨，见于侵入体与碳酸盐岩石的接触带，由碳酸盐岩石分解的结果。分布最广的是沉积变质成因的，系富含有机质或炭质的沉积岩受区域变质作用而成。

【鉴定特征】黑色，硬度低，比重小，有滑感，污手。

【主要用途】石墨可用于制作冶炼用的高温坩埚、新型陶瓷热压烧结的模具、机械工业的润滑剂、电极等。成分纯净者可做中子减速剂供国防工业应用。3R 型石墨用于合成金刚石。

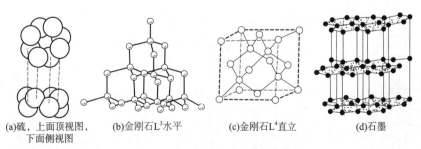

(a)硫，上面顶视图，　(b)金刚石L³水平　(c)金刚石L⁴直立　(d)石墨
下面侧视图

图 15-3　硫、金刚石、石墨结构图

复习思考题

1. 简述自然元素矿物的晶体化学特征与其物理性质的关系。

2. 为什么自然金、自然铜没有解理？

3. 试对比金刚石与石墨的结构和物性差异。

4. 原生金刚石主要产于什么岩石中？

5. 了解各自然元素矿物的成因、产状及其主要用途。

6. 自然元素这一大类中，哪些矿物能在河流沉积物中保存并富集？它们各自有什么特点？

7. 强金属钾、钠等为何不易形成自然元素矿物？

第十六章 硫化物及其类似化合物大类

知识要点

  本章要求掌握硫化物及类似化合物大类矿物的总体特征，包括化学组成、结构、物理性质、成因产状、类型划分等。应掌握本大类矿物的化学组成、形成条件的特殊性，理解硫化物矿物分布规律；硫化物矿物类型较多，但特征显著，应熟练掌握常见硫化物及类似化合物大类矿物肉眼鉴定特征。

第一节 概　述

  硫化物及其类似化合物包括一系列金属元素与硫(S)、硒(Se)、碲(Te)、砷(As)等化合形成的硫化物、硒化物、碲化物、砷化物、锑化物和铋化物等矿物。已发现的硫化物及其类似化合物的矿物种数有 370 种左右，占地壳总重量的 0.15%。本大类矿物中以硫化物为主，约占 2/3 以上，其中，铁的硫化物占绝大部分。本大类矿物可以富集成具有工业意义的有色金属和稀有分散元素矿床。

  1. 化学成分

  组成本大类矿物的阴离子主要是 S^{2-}，其次为 Se^{2-}、Te^{2-}、As^{2-}、Sb^{2-} 和 Bi^{2-}。硫化物中阴离子较多，可按阴离子特点分为 3 类。

  (1)单硫化物：阴离子为简单的 S^{2-}、Se^{2-}、Te^{2-}、As^{2-}、Sb^{2-}，与阳离子形成简单的硫化物、硒化物等。

  (2)对硫化物(复硫化物)：阴离子为两个原子先以共价键结合形成双原子离子$[S_2]^{2-}$、$[Se_2]^{2-}$、$[Te_2]^{2-}$、$[AsS]^{2-}$ 等，再与阳离子结合形成对硫化物、对硒化物等。

  (3)硫盐类：阴离子为半金属 As^{2-}、Sb^{2-}、Bi^{2-} 与 S^{2-}(偶有 Se^{2-})结合成离子团，如$[AsS_3]^{3-}$、$[SbS_3]^{3-}$ 等络阴离子，后再与阳离子结合形成硫盐。硫盐类又叫磺酸盐类。

  组成本大类矿物的阳离子主要为铜型离子和亲铜性过渡型离子，基本位于化学周期表上长周期的中部(图 16-1)。

  2. 晶体化学特征

  硫化物及其类似化合物的阴离子与其他阴离子相比，半径更大，电负性更低(表 16-1)。而其阳离子以铜型离子和亲铜性的过渡型离子为主，具有半径小、电负性较大且极化性较强等特征。故硫化物及类似化合物性质与典型的离子化合物不同，化学键型具有由离子键向共价键和金属键过渡的性质。岛状、链状、层状和架状结构的矿物则具有多种化学键。

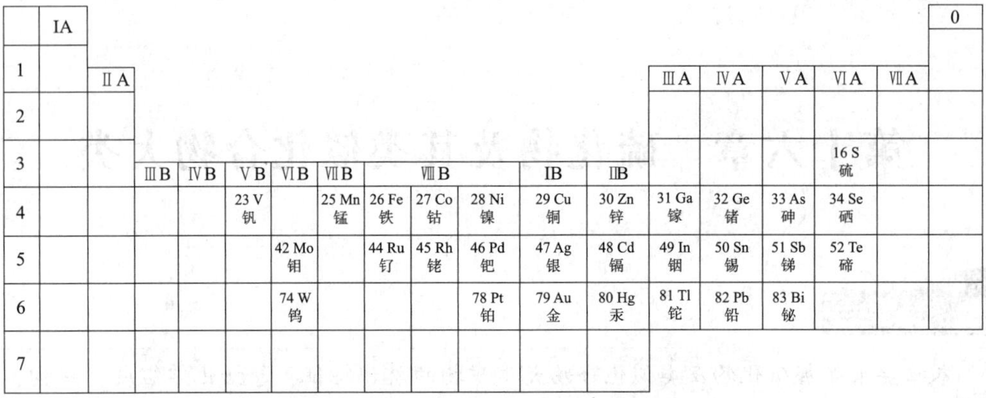

	IA	IIA	IIIB	IVB	VB	VIB	VIIB	VIIIB			IB	IIB	IIIA	IVA	VA	VIA	VIIA	0
1																		
2																		
3																16 S 硫		
4					23 V 钒		25 Mn 锰	26 Fe 铁	27 Co 钴	28 Ni 镍	29 Cu 铜	30 Zn 锌	31 Ga 镓	32 Ge 锗	33 As 砷	34 Se 硒		
5						42 Mo 钼		44 Ru 钌	45 Rh 铑	46 Pd 钯	47 Ag 银	48 Cd 镉	49 In 铟	50 Sn 锡	51 Sb 锑	52 Te 碲		
6						74 W 钨			78 Pt 铂		79 Au 金	80 Hg 汞	81 Tl 铊	82 Pb 铅	83 Bi 铋			
7																		

图 16-1　硫化物及其类似化合物矿物中的主要元素

表 16-1　几种阴离子半径和电负性比较(引自刘显凡，2010)

阴离子	S^{2-}	Se^{2-}	Te^{2-}	As^{2-}	O^{2-}	F^-	Cl^-
半径/nm	0.184	0.191	0.211	0.222	0.132	0.133	0.181
电负性	0.26	2.4	2.1	2.0	3.5	4.0	3.0

　　本大类多数矿物的晶体结构可视为阴离子做最紧密堆积，阳离子充填于四面体或八面体空隙中形成配位型结构，如属于八面体配位结构的有方铅矿 PbS[图 16-2(a)]、磁黄铁矿 $Fe_{1-x}S$ 等，属于四面体配位结构的有闪锌矿 ZnS、黄铜矿 $CuFeS_2$[图 16-2(c)]等。部分矿物中存在络阴离子团或强键分布形成岛状(黄铁矿 $Fe[S_2]$、毒砂 $Fe[AsS]$ 等)、环状(如雄黄 AsS 等)、链状(如辉锑矿 Sb_2S_3、辰砂 HgS 等)和层状(如辉钼矿 MoS_2、铜蓝 CuS 等)等结构类型。

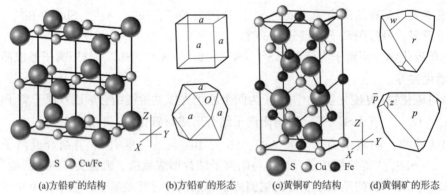

(a)方铅矿的结构　　　(b)方铅矿的形态　　　(c)黄铜矿的结构　　　(d)黄铜矿的形态

图 16-2　方铅矿的结构、形态和黄铜矿的结构、形态

注：方铅矿中铁离子位于配位八面体中，黄铜矿中铜离子位于于配位四面体中，

常见形态有 $a\{100\}$，$o\{111\}$，$p\{112\}$，$p\{1\bar{1}2\}$，$r\{332\}$，$z\{201\}$，$w\{756\}$。

　　本大类矿物具有广泛的同质多象和多型。高温时，同质多象变体对称程度更好。例如：斜方晶系的辉铜矿在高于 105℃ 时转变为六方晶系的六方辉铜矿；三方晶系的辰砂高于 400℃ 时转变为等轴晶系的黑辰砂；四方晶系的四方斑铜矿高于 228℃ 时转变为等轴晶系的斑铜矿；等等。此外，对称程度还与矿物组成有关，一般成分简单的单硫化物和对硫化物多为等轴晶系或六方晶系，成分复杂的硫盐多为斜方晶系和单斜晶系。

3. 形态和物理性质

硫化物及其类似化合物的形态与其结构密切相关，具有配位型、岛状和环状分子型结构时多为粒状，如方铅矿 PbS［图 16-2（b）］、黄铁矿 Fe［S_2］等；具有链状结构时多具柱状、针状，如辉锑矿、辉铋矿等；具层状结构时则多呈片状，如辉钼矿等。多数成分简单、对称程度高的可呈自形或半自形，而成分复杂、对称程度低得多呈他形。

硫化物及其类似化合物的物理性质主要受其化学组成、结构及其化学键影响。趋向金属键过渡的硫化物，具金属光泽、金属色、不透明、导电性，如方铅矿 PbS、黄铜矿 $CuFeS_2$等。趋向共价键过渡的硫化物，具金刚光泽、半透明、不导电性，如闪锌矿、辰砂等。

硫化物及其类似化合物的硬度比较低，一般为 2~4。这是由于阴离子半径大，阳离子电价不高（多为 1~2 价）或阳离子电价虽较高（3~4 价），但具有层状或链状结构，层间、链间结合力较弱所致。其中，对硫化物硬度最高，多为 5~6.5，这主要是由于对硫络阴离子内部键力较强、对硫化物内部质点排列更加紧密所致。具配位型结构的硫化物及类似化合物硬度为 3~4，具链状结构的硬度为 2~3.5，具层状结构或环状分子型结构的硫化物硬度最低，多为 1~2。

硫化物及类似化合物矿物中解理发育程度也主要受控于晶体结构，具岛状结构的复硫化物及其类似化合物解理不发育，如黄铁矿、毒砂等；而具环状分子型、链状结构的矿物多具完全解理，如辉锑矿、辉铋矿等；具层状结构时则发育一组极完全解理，如辉钼矿等。

本大类矿物的相对密度一般较大，大部分高于 4，主要是由于组成本大类矿物的阳离子半径小、原子量较大、结构相对紧密导致。

4. 成因及产状

硫化物及其类似化合物由于化学键具有向金属键和共价键过渡的性质，在水、岩浆中溶解度极小，故易形成独立矿物。

硫化物及类似化合物形成温度范围较大。岩浆成因的硫化物主要形成于基性、超基性岩浆活动晚期（温度多大于 500℃），主要形成富含 Fe、Ni、Cu 及 Pt 族元素的磁黄铁矿、镍黄铁矿、黄铜矿等铜镍硫化物矿物组合，是高温硫化物矿物的标型组合。而其他矿物在高温时易挥发或分解而较少出现。

大部分硫化物及其类似化合物矿物形成于热液作用（温度多低于 400℃），此阶段，岩浆中排出的 H_2S 逐渐大量进入热水溶液，与多种阳离子（如 Mo、Bi、Cu、Pb、Zn、Hg、Sb、As、Co、Fe 等）形成硫化物析出，如各种热液作用相关的矿床和矽卡岩作用热液矿床中的硫化物。

外生条件下，本大类矿物易于氧化和分解，先是形成易溶于水的硫酸盐（唯有硫酸铅不溶于水，成铅矾产出），然后形成氧化物（如赤铜矿）、氢氧化物（如针铁矿）、碳酸盐（如孔雀石）和其他含氧盐矿物，构成了硫化物矿床氧化带的特有矿物组成。

$$PbS+2O_2 \longrightarrow PbSO_4(铅矾)$$

$$CuFeS_2+4O_2 \longrightarrow CuSO_4+FeSO_4$$

$$4FeSO_4+O_2+6H_2O \longrightarrow 4FeO(OH)(褐铁矿)+4H_2SO_4$$

如果当硫酸盐溶液(主要是硫酸铜,偶尔为硫酸银溶液)下渗至氧化带的深部(地下水面附近),在氧不足的还原条件下,硫酸铜、硫酸银溶液就与原生硫化物相作用,形成次生的铜或银的硫化物(次生辉铜矿、铜蓝等)。

$$5FeS_2+14CuSO_4+12H_2O \longrightarrow 7Cu_2S(辉铜矿)+5FeSO_4+12H_2SO_4$$

某些硫化物形成于相对封闭的盆地中,属于沉积成因,以黄铁矿和白铁矿为主的多种硫化物可与黑色或灰色富含有机质或低价铁的沉积岩一起沉淀,构成金属矿床的矿源层。

5. 分类

按阴离子的性质分为硫化物矿物类和硒化物、碲化物、砷化物、锑化石、铋化物等类似化合物类。硫化物可根据阴离子进一步分为单硫化物、对硫化物、含硫盐。硫化物及类似化合物大类的主要矿物如表 16-2 所示。

表 16-2　硫化物及类似化合物主要矿物及类型划分

类		结构	主要矿物
硫化物类	单硫化物	配位型	辉铜矿、方铅矿、闪锌矿、黄铜矿、斑铜矿、磁黄铁矿
		环状型	雄黄
		链状	辰砂、辉铋矿、辉锑矿
		层状	雌黄、辉钼矿、铜蓝
	对硫化物	岛状	黄铁矿、白铁矿、辉砷钴矿、毒砂
	含硫盐	架状	黝铜矿族
		配位型	硫锑银矿族
类似化合物类		配位型	红砷镍矿

第二节　典型硫化物及类似化合物矿物特征

一、单硫化物及其类似化合物

单硫化物及类似化合物矿物成分中阴离子为 S^{2-}、Se^{2-}、Te^{2-} 等简单阴离子。但个别矿物族,如铜蓝族,其成分中除简单阴离子外,尚有对阴离子如 S_2^{2-} 的存在,可视为单硫化物与对硫化物之间的过渡矿物族。

(一)辉铜矿族

辉铜矿 Chalcocite Cu₂S

【化学组成】Cu 79.86%,S 20.14%;常含 Ag,有时含 Fe、Co、Ni、As、Au 等混入物。

【晶体结构】斜方晶系，复杂配位型结构。$a_0 = 1.192nm$，$b_0 = 2.733nm$，$c_0 = 1.344nm$。

【晶体形态】单晶少见，多呈假六方形的短柱状或厚板状。通常呈致密块状、粉末状集合体。

【物理性质】铅灰色，黑色锖色；暗灰色条痕；金属光泽；风化后黑色，无光泽；不透明；无解理；硬度2.5～3，用小刀刻画后有光亮沟痕；相对密度5.8，略具延展性，导电。

【成因产状】内生成因者可见于富 Cu 贫 S 的晚期热液铜矿床中，与斑铜矿共生。外生者多见于某些含铜硫化物矿床氧化带下部，为氧化带渗滤下去的硫酸铜溶液与原生硫化物（黄铜矿、斑铜矿、黄铁矿等）进行交代作用的产物。辉铜矿在地表环境下不稳定，易转变为铜的氧化物和铜的碳酸盐；在不完全氧化情况下，可转变为自然铜。

【鉴定特征】暗铅灰色，黑色锖色；低硬度，弱延展性，刀刻后有光亮沟痕；风化表面常见次生绿色孔雀石。具有 Cu 的焰色反应（粉末蘸 HCl 烧之，呈先蓝后绿的焰色）。

【主要用途】为含铜最高的硫化物矿物，提炼铜的重要矿物原料。

（二）方铅矿族

方铅矿　Galena　PbS

【化学组成】Pb 86.6%，S 13.4%。常含 Ag、Cu、Zn、Tl、As、Bi、Sb、Se 等混入物。

【晶体结构】等轴晶系，NaCl 型结构。S^{2-} 做立方最密堆积，Pb^{2+} 充填在全部八面体空隙中，配位数为6；$a_0 = 0.593nm$，$Z = 4$。

【晶体形态】对称型 m3m；高温呈立方体 $\{100\}$ 习性，低温呈八面体 $\{111\}$ 习性。含 Ag 高者晶面常弯曲。集合体呈粒状。

【物理性质】铅灰色，灰黑色条痕；金属光泽；$\{100\}$ 完全解理；含 Bi 多者有 $\{111\}$ 裂开。硬度2～3；相对密度7.4～7.6，略具延展性，导电。具良好的检波性。

【成因产状】自然界分布最广的铅矿物，主要产于矽卡岩型和中低温热液矿床中，在氧化带易转变为铅矾、白铅矿等。其他共生矿物有黄铜矿、黄铁矿、萤石、石英等。

【鉴定特征】铅灰色，强金属光泽，立方体完全解理，相对密度大，硬度小。用硝酸分解产生 $PbSO_4$ 白色沉淀物。

【主要用途】最重要的铅矿石；含 Ag 高者可提炼银；晶体可用作检波器。

（三）闪锌矿族

闪锌矿　Sphalerite　ZnS

【化学组成】Zn 67.1%，S 32.9%。通常含有各种类质同象混入物，如 Fe、Mn、Cd、In、Ti、Ag、Ga、Ge 等。其中，常见 Fe^{2+} 替代 Zn^{2+}，为不完全类质同象，最高替代量可达26.2%，一般在较高温度下形成的闪锌矿，Fe、Mn 含量增高。

【晶体结构】等轴晶系。闪锌矿型结构［图16-3(a)］。晶体结构中 S^{2-} 做立方最紧密堆积，Z^{2+} 充填于半数的四面体空隙中，配位数是4。$a_0 = 0.53985nm$（纯闪锌矿），$Z = 4$。

【晶体形态】对称型 $\overline{4}3m$。单晶体常呈四面体，有时呈正形 $\{111\}$ 和负形 $\{11\overline{1}\}$ 的聚形

[图16-3(b)]。依(112)成双晶。常见呈粒状块体，偶尔呈隐晶质的肾状形态。

【物理性质】由于含铁量的不同直接影响闪锌矿的颜色、条痕色、光泽和透明度。随含铁量增加，颜色由浅黄到深棕直至黑色(铁闪锌矿)；条痕色由淡土黄至棕褐色；光泽由金刚光泽至半金属光泽；从透明至半透明。硬度3.5~4；{110}完全解理，相对密度3.9~4.1，随含Fe量的增加而降低，不导电。

【成因产状】闪锌矿常见于各种热液成因矿床中，是分布最广的含锌矿物。在高温热液矿床中，闪锌矿成分中通常富含Fe、In、Se和Sn，与毒砂、磁黄铁矿、黄铜矿、黄铁矿等矿物共生；在中温热液矿床中则与方铅矿、黄铜矿、黄铁矿、石英、方解石等矿物共生；低温热液矿床中多与方铅矿、方解石、重晶石、石英等矿物共生。形成于接触交代矽卡岩矿床中的闪锌矿常与钙石榴石、透辉石、磁铁矿、磁黄铁矿、黄铜矿等矿物共生。氧化环境下闪锌矿多在氧化带以菱锌矿($Zn[CO_3]$)形式出现。

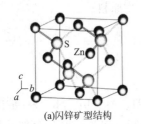 

(a)闪锌矿型结构　　(b)常见形态：四面体$o\{111\}$；负四面体$\bar{o}\{1\bar{1}1\}$；
立方体$a\{100\}$；三角三四面体$n\{hkk\}$

图16-3　闪锌矿结构和常见形态(引自李胜荣，2008)

【鉴定特征】多组完全解理、金刚光泽，条痕色比颜色浅以及常与方铅矿密切共生。硬度小。

【主要用途】提炼锌的量是重要的矿物原料。其成分中所含镉、铟、锗、镓、铊等一系列稀散元素可综合利用。闪锌矿的单晶用作紫外半激体激光材料。

(四)黄铜矿族

黄铜矿 Chalcopyrite CuFeS₂

【化学组成】Cu 34.56%，Fe 30.52%，S 34.92%。常含Ag、Au、Zn、Mn、As、Sb、Te、Se等混入物。

【晶体结构】四方晶系，闪锌矿型结构的衍生结构。$a_0=0.524nm$，$c_0=1.032$，$Z=4$。

【晶体形态】对称型$\bar{4}2m$；单晶呈四方四面体或四方双锥，少见。常为致密块状或分散粒状集合体。

【物理性质】深黄铜黄色，表面常有蓝、紫红、褐等斑状锖色，黑色至绿黑色条痕；金属光泽；不透明，无解理；硬度3~4；相对密度4.1~4.3，性脆，导电。

【成因产状】产于铜镍硫化物矿床、矽卡岩型矿床和中温热液矿床中。在地表易氧化成为孔雀石、蓝铜矿；次生富集带可蚀变为斑铜矿、辉铜矿和铜蓝。

【鉴定特征】深铜黄色，硬度较低；绿黑色条痕，脆性，溶于硝酸。

【主要用途】最重要的铅矿石铜矿石。

（五）磁黄铁矿族

磁黄铁矿 Pyrrhotite $Fe_{1-x}S$

【化学组成】Fe 63.53%，S 36.47%，部分 Fe^{2+} 被 Fe^{3+} 代替，需减少阳离子数目才能保持晶体电荷平衡，故 Fe 常不足，化学式中的 $x = 0.1 \sim 0.2$。常含 Ni、Co、Cu、Pb、Ag 等。

【晶体结构】六方晶系，红砷镍矿型结构的衍生结构。$a_0 = 0.349nm$，$c_0 = 0.569nm$，$Z = 2$。

【晶体形态】对称型 6/mmm；常呈致密块状、粒状集合体或浸染状。单晶常呈平行 {0001} 的板状，少数为柱状或桶状。

【物理性质】暗铜黄色，表面常有褐色锖色，黑色条痕；金属光泽；不透明，发育 {1010} 不完全解理，{0001} 裂理发育；硬度 4；相对密度 4.6 ~ 4.7，随化学式中 x 值减小而增大；弱-强磁性，随 x 增加而增强；性脆，导电。

【成因产状】产于铜镍硫化物矿床、与镍黄铁矿、黄铜矿共生；产于矽卡岩型矿床中，与黄铜矿、黄铁矿、磁铁矿、铁闪锌矿、毒砂共生；产于热液矿床中，与锡石、方铅矿、闪锌矿、黄铜矿共生。在氧化带分解转变为褐铁矿。

【鉴定特征】暗古铜黄色，硬度较低；具磁性。

【主要用途】硫矿石，可用于制作硫酸。

（六）辰砂族

辰砂族 Cinnabar HgS

【化学组成】Hg 86.21%，S 13.74%，有时含少量 Se 和 Te。

【晶体结构】三方晶系；螺旋链状（变形的氯化钠型）结构。$a_0 = 0.415nm$，$c_0 = 0.950nm$，$Z = 3$。

【晶体形态】单晶常呈菱面体 {$10\bar{1}1$}，或沿 Z 轴呈柱状，或垂直 Z 轴呈厚板状 {0001}。多见粒状集合体。

【物理性质】鲜红色，有时表面有铅灰色锖色，红色条痕；金刚光泽；半透明，平行 {$10\bar{1}0$} 完全解理；硬度 2 ~ 2.5；相对密度 8.0 ~ 8.2，不导电。

【成因产状】低温热液标型矿物。常与辉锑矿、雄黄、雌黄、黄铁矿、石英（玉髓）、方解石等矿物共生。外生条件下可形成于硫化物矿床氧化带下部。

【鉴定特征】鲜红颜色和条痕，相对密度大，硬度低，性脆。

【主要用途】汞矿石，单晶可作激光调制晶体。

（七）辉锑矿

辉锑矿 Stibnite 或者 Antimonite Sb_2S_3

【化学组成】Sb 71.38%，S 28.62%。常含 As、Pb、Ag、Cu、Fe 等机械混入物。

【晶体结构】斜方晶系，链状结构。$a_0 = 1.120nm$，$b_0 = 1.128nm$，$c_0 = 0.383nm$，$Z = 4$。

【晶体形态】对称型 mmm；单晶为柱状或针状，柱面具纵纹，晶体常弯曲。集合体柱状、放射状或晶簇、粒状等。

【物理性质】铅灰色或钢灰色，常见暗蓝色锖色，铅灰色或黑色条痕；金属光泽；不透明。具{010}完全解理，解理面上常有横的聚片双晶纹；硬度 2~2.5；相对密度 4.6，性脆，导电。

【成因产状】主要形成于低温热液矿床中，与辰砂、石英、萤石、重晶石、方解石、雄黄、雌黄、自然金等共生，也可见于火山升华物及温泉沉积物中。在氧化条件下易于分解形成各种锑的氧化物如锑华、方锑矿、黄锑华等。

【鉴定特征】铅灰色，柱状晶体，柱面上有纵的聚形纹，解理面上有横的聚片双晶纹，平行{010}完全解理。在条痕上滴 1 滴浓 KOH 溶液，铅灰色条痕变黄，随后变褐红色。

【主要用途】锑矿石矿物。

(八) 雌黄

雌黄族 Orpiment As$_2$S$_3$

【化学组成】As60.91%，S 39.09%。类质同象混入物 Sb 可达 3%，还可存在微量 Hg、Ge、Se、Tl、V 等混入物。

【晶体结构】单斜晶系，层状结构。$a_0 = 1.149nm$，$b_0 = 0.959nm$，$c_0 = 0.425nm$，$\beta = 90°27'$，$Z = 4$。

【晶体形态】对称型 2/m；单晶为柱状或板柱状，集合体呈片状、梳状或土状。

【物理性质】柠檬黄色，鲜黄色条痕；晶面呈金刚光泽，断口呈树脂光泽，解理面上呈珍珠光泽，半透明；{010}完全解理；硬度 1~2，薄片具挠性；相对密度 3.4~3.5。

【成因产状】低温热液中常与雄黄、辰砂、辉锑矿、白铁矿、文石、石英、石膏等矿物共生；也可产于火山升华物中，与自然硫、氯化物等矿物共生；外生成因可见于煤层，是有机物分解产生的硫化氢与含砷溶液反应的产物。

【鉴定特征】柠檬黄色，鲜黄色条痕，一组完全解理。

【主要用途】砷的主要矿石原料，中药材之一。

(九) 雄黄

雄黄族 Realgar AsS

【化学组成】As 70.03%，S 29.97%。成分固定，含杂质少。

【晶体结构】单斜晶系，环状分子型结构。$a_0 = 0.929nm$，$b_0 = 1.353nm$，$c_0 = 0.657nm$，$\beta = 106°33'$，$Z = 16$。

【晶体形态】对称型 2/m；柱状、短柱或针状，柱面有纵纹。常以粒状、土状或皮壳状集合体产出。

【物理性质】橘红色，条痕淡橘红色；晶面金刚光泽，断口树脂光泽；透明–半透明；平行{010}解理；硬度1.5~2；相对密度3.6，性脆。阳光久照易分解变为淡橘红色粉末。

【成因产状】产于低温热液矿床中，与雌黄、辉锑矿、黄铁矿、方解石、白云石、文石、石英等共生，也可出现在温泉沉积物和硫质喷气沉积物中，与雌黄、辉锑矿等伴生。

【鉴定特征】橘红色，条痕淡橘红色，低硬度。

【主要用途】砷的主要矿石原料，中药材之一。

（十）辉钼矿族

辉钼矿　Molybdenite MoS_2

【化学组成】Mo 59.94%，S 40.06%。Se和Te类质同象取代S可达25%，Re取代Mo可达2%，常含Pt族元素。

【晶体结构】六方晶系（2H），层状结构。$a_0 = 0.315nm$，$c_0 = 1.230nm$，$Z = 2$。

【晶体形态】对称型6/mmm（2H）；单晶呈六方板状、片状，常以片状、鳞片状集合体产出。

【物理性质】铅灰色，亮铅灰色条痕，在涂釉瓷板上为微绿的灰黑色；金属光泽，不透明；{0001}极完全解理；硬度1；薄片具挠性；手摸有滑腻感，污手，相对密度4.7~5.0，具弱导电性。

【成因产状】主要产于高中温热液矿床中，与黑钨矿、锡石、辉铋矿等共生；也可产于矽卡岩型矿床中，与黄铁矿、黄铜矿等矿物共生。

【鉴定特征】铅灰色，金属光泽，低硬度，一组极完全解理。

【主要用途】重要的钼矿石原料；亦为提取Re的主要矿石。

（十一）斑铜矿族

斑铜矿　Bornite Cu_5FeS_4

【化学组成】Cu 63.33%，Fe 11.12%，S 25.55%。常含黄铜矿、辉铜矿等因固溶体分离而成的包裹体，成分变化较大。

【晶体结构】等轴晶系，复杂四面体配位结构。$a_0 = 1.093nm$，$Z = 8$。

【晶体形态】对称型m3m；单晶呈立方体或立方体与八面体聚形。集合体呈致密块状或不规则粒状。

【物理性质】暗铜红色，风化面常具暗蓝、紫等斑杂状锖色，灰黑色条痕；金属光泽，不透明；无解理；硬度3；相对密度4.9~5.3，性脆，导电。

【成因产状】产于铜镍硫化物矿床、矽卡岩矿床及硫化物矿床的次生富集带。在表生条件下易分解而成孔雀石、蓝铜矿、赤铜矿、褐铁矿等矿物。

【鉴定特征】暗铜红色和蓝紫斑杂状锖色，低硬度，溶于硝酸。

【主要用途】铜矿石原料。

二、对硫化物矿物

对硫化物中阴离子为 S_2^{2-}、Se_2^{2-}、Te_2^{2-}、As_2^{2-}、$(As-S)^{3-}$、$(Sb-S)^{3-}$ 等对阴离子。与 Fe、Co、Ni、Pt 等过渡型离子构成对硫化物、对硒化物等。本类化合物的晶体结构，由哑铃状的对阴离子往往近似于按立方最紧密堆积而成。对阴离子的存在，一方面使其对称性低于单硫化物；另一方面对阴离子内部具强烈的共价键，使对阴离子间以及金属阳离子与对阴离子间的距离都缩短，使晶体结构趋向于紧密，因而硬度增大，多在 5~6.5；此外，对阴离子在结构中成哑铃状均匀配置，使各方向键力比较相近，因而对硫化物中解理或解理不完全。

(一) 黄铁矿-白铁矿族

黄铁矿 Pyrite Fe[S_2]

【化学组成】Fe 46.55%，S 53.45%。常有 Co、Ni、Se 等类质同象混入物和 Au、Ag、Cu、As、Sb 等机械混入物。其中 Co、Ni 呈类质同象代替 Fe；As、Se、Te 代替 S。

【晶体结构】等轴晶系。岛状-NaCl 型结构的衍生结构 [图 16-4(a)]；$a_0 = 0.542nm$，$Z = 4$。

【晶体形态】对称型 m3，晶形常呈立方体、五角十二面体，较少呈八面体。在立方体晶面上常能见到聚形纹在两相邻晶面上相互垂直 [图 16-4(b)]。通常集合体常呈致密块状、粒状集合体。在沉积岩中常可见结核状黄铁矿。

【物理性质】浅黄铜色，表面带有黄褐的锖色；条痕绿黑色；金属光泽，不透明。无解理，参差状断口；硬度 6~6.5，性脆，相对密度 4.9~5.2；具弱导电性。

【成因产状】黄铁矿是地壳中分布最广的硫化物，形成于各种不同地质条件下。包括与基性-超基性岩有关的铜镍硫化物矿床(含 Ni 较多)、矽卡岩型矿床(含 Co 较多)、各种热液矿床中(Cu、Zn、Pb、Ag 含量有所升高)及与火山作用有关的矿床中(As、Se 含量有所增多)；此外还有外生成因的黄铁矿可见于沉积岩、沉积矿石和煤层中，往往呈结核状和团块状。在地表氧化带，黄铁矿易于分解而形成各种铁的硫酸盐(黄钾铁矾)和氢氧化物(褐铁矿)并保留黄铁矿假象。

【鉴定特征】以其晶形、晶面条纹、颜色和高硬度等特征易于识别。

【主要用途】制取硫、硫酸的矿石原料；其形态、成分、结构、热电性等特征具重要标型及找矿意义。

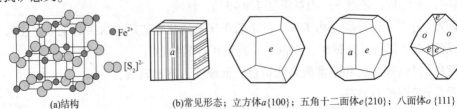

(a)结构

(b)常见形态：立方体 $a\{100\}$；五角十二面体 $e\{210\}$；八面体 $o\{111\}$

图 16-4　黄铁矿的结构和常见形态(引自李胜荣，2008)

白铁矿 Marcasite Fe[S₂]

【化学组成】Fe 46.55%，S 53.45%。常有微量 As、Sb、Tl、Bi、Co 等混入物。

【晶体结构】斜方晶系。岛状结构；$a_0 = 0.338nm$，$b_0 = 0.444nm$，$c_0 = 0.539nm$，$Z = 2$。

【晶体形态】对称型 mmm，单晶沿{010}呈板状，少见双锥状、短柱状和矛头状。晶面常弯曲，柱面上可见平行 c 轴的条纹。可见鸡冠状规则连生。通常以结核状或皮壳状产出。

【物理性质】近于锡白色的浅黄铜色，稍带浅灰或浅绿色调。条痕暗灰色；金属光泽，不透明。具{101}不完全解理；硬度 5~6.5，性脆，相对密度 4.6~4.9；弱导电性。

【成因产状】分布比黄铁矿少见，在低温热液矿床中白铁矿可呈胶体状与黄铁矿、黄铜矿、闪锌矿、方铅矿、雌黄、雄黄等矿物共生，温度高于 350℃ 转变为黄铁矿；外生成因白铁矿常以结核状形成于含碳质砂页岩中。氧化环境下可形成黄钾铁矾和褐铁矿等外生铁矿物。

【鉴定特征】晶形完好时，可以其晶形、颜色识别；颗粒细小时利用 X 射线粉晶法才能区分。

【主要用途】制取硫、硫酸的矿石原料；其形态、成分、结构、热电性等特征具重要标型及找矿意义。

（二）辉砷钴矿–毒砂族

毒砂 Arsenopyrite Fe[AsS]

【化学组成】Fe 34.30%，As 46.01%，S 19.69%。通常成分大致变化范围为 $FeAs_{0.1}S_{1.1}$ 至 $FeAs_{1.1}S_{0.9}$，As/S 比值可估计其形成条件，高温富 As，低温富 S。常有微量 Co 类质同象替换 Fe。

【晶体结构】单斜晶系。白铁矿型衍生结构，即[S₂]被[AsS]代换；$a_0 = 0.953nm$，$b_0 = 0.566nm$，$c_0 = 0.643nm$，$\beta = 90°$，$Z = 8$。

【晶体形态】对称型 2/m，单晶沿 c 轴或 b 轴的柱状，柱面发育平行 c 轴的条纹。集合体为粒状或致密块状。

【物理性质】锡白色或钢灰色；表面常带浅黄的锖色。条痕灰黑色；金属光泽，不透明。具{101}不完全解理；硬度 5.5~6，相对密度 5.9~6.29；锤击发砷之蒜臭，灼烧后具磁性；性脆。

【成因产状】高温热液矿床中与锡石、黑钨矿、辉铋矿共生；在矽卡岩型矿床中与磁黄铁矿、磁铁矿和黄铜矿共生；在中温热液矿床中与硫化物共生。受氧化易分解成土状浅黄色或浅绿色的臭蒜石 $Fe[AsO_4] \cdot 2H_2O$。

【鉴定特征】锡白色，硬度高，锤击发蒜臭。条痕加 HNO_3 研磨分解后，再加入钼酸铵，可产生鲜黄色砷钙酸铵沉淀。

【主要用途】制取砷、砷化物的矿石原料；利用 As/S 比值可估计其形成条件。

三、硫盐矿物

硫盐是半金属元素 As、Sb、Bi（主要是 As、Sb）和 S 结合成的络阴离子与 Cu、Ag、Pb 等金属元素组成的盐类。其阴离子除 $[SbS_3]^{3-}$、$[AsS_3]^{3-}$、$[SbS_4]^{3-}$、$[AsS_4]^{3-}$ 等以及附加阴离子 S^{2-}。硫盐矿物较为复杂，矿物各类较多，但在自然界分布量相对较少。

黝铜矿族

黝铜矿 Tetrahedrite $Cu[Sb_4S_{13}]$

【化学组成】Cu 45.77%，Sb 29.22%，S 25.01%。阴离子中，As 和 Sb 呈完全类质同象，当以 As 为主时称砷黝铜矿 $Cu[As_4S_{13}]$。此外，类质同象混入物还有 Ag、Zn、Fe、Hg 和 Bi。

【晶体结构】等轴晶系，结构复杂。黝铜矿 $a_0 = 1.034$nm，砷黝铜矿 $a_0 = 1.021$nm，$Z = 2$。

【晶体形态】对称型 $\bar{4}3m$，单晶呈 $\{111\}$ 四面体。集合体为粒状或致密块状。

【物理性质】钢灰-铁黑色；钢灰-铁黑色条痕；金属-半金属光泽，不透明；无解理；硬度 3~4.5，相对密度 4.6~5.1，性脆，弱导电性。

【成因产状】产于各种热液矿床与矽卡岩型矿床中，以中低温热液者居多。高温钨锡热液矿床中可与毒砂、锡石、黑钨矿、闪锌矿、磁黄铁矿等矿物共生；中温铅锌热液矿床中与黄铜矿、方铅矿、闪锌矿等矿物共生；接触交代矽卡岩型铜铁矿床中常与黄铜矿、黄铁矿、赤铁矿、磁铁矿、斑铜矿等矿物共生。外生条件下易氧化分解形成赤铜矿、孔雀石、铜蓝、蓝铜矿等含铜矿物。

【鉴定特征】颜色和条痕均为偏暗的钢灰色，性脆。

【主要用途】提取铜矿石原料。

复习思考题

1. 组成硫化物矿物的元素在周期表中有什么规律？请说明这些元素与 S 结合时化学键的特点。

2. 单硫化物、对硫化物、硫盐在阴离子组成上有什么差异？这些差异对矿物的物理性质有什么影响？

3. 为什么硫化物的光泽强（金刚-金属光泽）、一般硬度低、比重较大、溶解度较小，容易被氧化？试从本大类成分、晶格类型特点加以简单解释。

4. 硫化物主要形成于哪些地质作用？

5. 列出下列三部分硫化物（金刚光泽者、金属彩色者、锡白-铅灰-钢灰色者）的名称、成分和颜色。

6. 哪些硫化物硬度大于 5.5？哪些硫化物硬度小于 2.5？为什么？

7. 哪些硫化物具有完全解理？试逐一列出其名称、成分、解理符号和组数。你能否说明它们具有解理的原因？

8. 为什么在黑色地层中(包括煤层中)容易出现硫化物，而在红色地层中只能看见硫酸盐(如石膏 $CuSO_4 \cdot 2H_2O$)？

9. 为什么在矿床氧化带由于地下水的活动，常形成铜的次生硫化物，而不形成铁、锰、铅、锌的硫化物？

10. 硫化物主要形成于哪些地质作用中？

11. 为什么说含铁的闪锌矿可以作为"地质温度计"？

12. 对硫化物的定义是什么？性质上有何特点？

13. 黄铁矿属何晶系？常见什么晶形？

14. 硫化物矿物中哪些矿物是标型矿物？请指出其形成条件。

15. 铜的硫化物矿物主要有哪些种？它们各自的主要鉴定特征是什么？

16. 硫化物矿物在地表环境会发生什么变化？

第十七章　氧化物和氢氧化物大类

知识要点

> 本章要求掌握氧化物及氢氧物大类矿物的总体特征，包括化学组成、结构、物理性质、成因产状、类型划分等。理解氧化物和氢氧化物矿物的化学组成及矿物性质的特殊性；熟练掌握石英族、尖晶石族、刚玉族、金红石族矿物的肉眼鉴定特征。掌握褐铁矿、铝土矿及硬锰矿的概念，掌握其基本特征。

第一节　概　　述

氧化物和氢氧化物是由约 40 种金属和部分非金属元素阳离子与 O^{2-}、$(OH)^-$ 结合而成的化合物。目前已发现的这类矿物有 300 余种，其中氧化物有 200 余种，氢氧化物 80 余种。本大类矿物约占地壳总质量的 17%，仅次于含氧盐大类，其中石英族约占地壳总质量 12.6%，铁的氧化物和氢氧化物约占地壳总质量的 3.9%，其余主要为 Al、Mn、Ti、Cr 等的氧化物和氢氧化物。

一、化学成分

组成本大类矿物的阴离子是 O^{2-} 和 $(OH)^-$，某些矿物中还含有 F^-、Cl^- 等附加阴离子。阳离子以惰性气体型离子（如 Si^{4+}、Al^{3+}、Mg^{2+} 等）和亲氧性过渡型离子（如 Ti^{4+}、Cr^{3+}、La^{3+}、Th^{4+}、U^{4+}、Nb^{5+}、Ta^{5+}、Fe^{3+}、Mn^{2+} 等）为主，还有少量铜型离子（Cu^{2+}、Pb^{4+}、Sb^{3+}、Bi^{3+}、Sn^{4+}），其中以 Sn^{4+} 的氧化物较重要，其他铜型离子的氧化物多为这些元素的硫化物经过氧化后所形成的次生产物（图 17-1）。此外，在少数氧化物中还含有水分子。

氧化物中的类质同象替代现象较为常见。尤以复阳离子的氧化物矿物更为普遍，如易解石 $(Ce, Th)(Ti, Nb)_2O_6$ 中，阳离子 $Ce^{3+}+Nb^{5+} \Longleftrightarrow Th^{4+}+Ti^{4+}$ 的替代较为普遍。但共价键强（如石英）或具分子键的氧化物（如方锑矿 Sb_2O_3、砷华 As_2O_3）类质同象替代有限，氢氧化物的类质同象替代也较为有限，但具有较强的吸附作用使其化学成分复杂变化。

二、晶体化学特征

在本大类矿物的晶体结构中，半径较大的阴离子 O^{2-} 在晶体结构中一般按立方或六方最紧密堆积，阳离子则充填于其四面体或八面体空隙中，因此阳离子的配位数主要是 4 和 6。有大阳离子存在时，大阳离子与氧离子一起紧密堆积，小阳离子充填空隙。由于阳离

ⅠA																	0
1 H 氢	ⅡA											ⅢA	ⅣA	ⅤA	ⅥA	ⅦA	
	Be 铍														8 O 氧	9 F 氟	
11 Na 钠	12 Mg 镁	ⅢB	ⅣB	ⅤB	ⅥB	ⅦB	ⅧB			ⅠB	ⅡB	13 Al 铝	14 Si 硅			17 Cl 氯	
19 K 钾	20 Ca 钙		22 Ti 钛	23 V 钒	24 Cr 铬	25 Mn 锰	26 Fe 铁		28 Ni 镍	29 Cu 铜	30 Zn 锌			33 As 砷	34 Se 硒		
		39 Y 钇	40 Zr 锆	41 Nb 铌	42 Mo 钼					47 Ag 银	48 Cd 镉		50 Sn 锡	51 Sb 锑	52 Te 碲		
	Ba 钡	57-71 La–Lu 镧系		73 Ta 钽	74 W 钨						80 Hg 汞	81 Tl 铊	82 Pb 铅	83 Bi 铋			

镧系	La 镧	Ce 铈													
锕系		Th 钍		U 铀											

图 17-1　氧化物和氢氧化物矿物的主要元素

子类型不同以及晶体结构的复杂化，都会影响阳离子的配位数，如赤铜矿 Cu_2O 中的 Cu^+ 配位数是 2，钙钛矿 $CaTiO_3$ 中的 Ca^{2+} 的配位数为 12；石英中，阳离子 Si^{4+} 电价高而半径小，阳离子间斥力很大，导致质点不做紧密堆积，因此形成空隙较大的架状结构。在本大类矿物中，因阳离子配位数的变化，可出现岛状、链状、层状、架状和配位型等不同的结构类型。氢氧化物类矿物中，$(OH)^-$ 或 $(OH)^-$ 和 O^{2-} 一起构成紧密堆积，阳离子充填空隙；在后一种情况下，$(OH)^-$ 和 O^{2-} 通常呈互层分布。氢氧化物的结构型主要为层状和链状。

氧化物晶体的键型，当阳离子为低电价的惰性气体型离子时以离子键为主，如刚玉 Al_2O_3、方镁石 MgO 等；随着阳离子电价增加，离子类型向过渡型和铜型转变，共价键比例增加，配位数趋于减少，如刚玉 Al_2O_3 的共价键占 40%，石英 SiO_2 的共价键占 50%，赤铜矿为共价键，配位数为 2。氧化物类矿物有少数为分子键，如方锑矿 Sb_2O_3 和砷华 As_2O_3，分子内部为共价键，分子之间为分子键。氢氧化物中除离子键外还存在氢键，且 $(OH)^-$ 比 O^{2-} 电价更低，导致氢氧化物内部键力减弱；某些氢氧化物存在多键型，如具层状结构的氢氧化物水镁石 $Mg(OH)_2$，其层内为离子键，层间为分子键。

氧化物矿物对称程度较高，多属中级、高级晶族。氢氧化物矿物中，除水镁石 $Mg(OH)_2$ 为三方晶系外，其他矿物均为低级晶族。

三、形态与物理性质

氧化物常具完好的晶形。岛状、架状，配位型氧化物常呈粒状或块状；刚玉的 $[AlO_6]$ 八面体和石英的 $[SiO_4]$ 四面体沿 *c* 轴呈三次螺旋状排列，向链状过渡，呈柱状；链状氧化物呈柱状或针状。氢氧化物常呈胶态混合物，结晶好的链状结构呈针状，层状者呈板状或细小鳞片状。

本大类矿物的光学性质主要受阳离子类型的影响，Mg、Al、Si 等惰性气体型离子组成的氧化物和氢氧化物，通常呈浅色或无色，半透明至透明，以玻璃光泽为主。而 Fe、Mn、

Cr 等过渡型离子则呈深色或暗色，不透明至微透明，表现出半金属光泽或金属光泽，并且磁性增高。

氧化物矿物受键型和结构的影响，一般硬度较高；一般架状结构和配位型结构的氧化物矿物硬度多大于 5.5，且多不发育解理；如方镁石 MgO、石英 SiO_2、尖晶石 $MgAl_2O_4$、刚玉 Al_2O_3 的硬度依次为 6、7、8、9；环状分子型、链状和层状氧化物硬度较小，解理发育。氢氧化物由于有了 $(OH)^-$ 离子的参加，使键强减小，晶体结构变为相对松散的链状或层状，造成硬度显著降低，主要为 2.5~5.5，多发育一组完全至极完全解理。

本大类矿物的比重受阳离子原子量和结构紧密程度的综合影响，如 W、Se、U 等重金属氧化物相对密度大，多大于 6.5；而 α-石英的密度仅为 2.65；金红石、板钛矿、锐钛矿 3 个矿物，它们成分都是 TiO_2，属于同质多象变体，仅结构上有微小差别，比重分别为 4.23、4.14、3.90。

四、成因

在内生、外生和变质作用中都有氧化物的产出。如磁铁矿 $FeFe_2O_4$、铬铁矿 $FeCr_2O_4$ 等矿物主要出现于基性和超基性岩中；与酸性岩浆有关的伟晶作用可形成铌铁矿和钽铁矿；热液作用下可形成磁铁矿、赤铁矿等矿物；外生条件下，铁、铜、锑等的硫化物可氧化形成相应的氧化物；含变价元素的氧化物在不同氧化-还原条件下还可以转变为不同电价的氧化物，一般内生作用中多表现为低价态，外生作用中多表现为高价态。

氢氧化物绝大部分形成于风化作用和沉积作用，但其中水镁石 $Mg(OH)_2$、羟锰矿 $Mn(OH)_2$ 等矿物却是典型的热液作用的产物。区域变质作用往往可将氢氧化物或含水氧化物转变为无水氧化物。

五、分类

本大类的矿物主要分为氧化物矿物类和氢氧化物矿物类两类。还可根据阳离子分为简单氧化物、复杂氧化物。简单氧化物中阳离子只有一种，复杂氧化物中阳离子则有两种或两种以上，主要类型及对应矿物如表 17-1 所示。

表 17-1　氧化物及氢氧化物主要矿物一览表

分　类		结　构	矿物种
氧化物矿物类	简单氧化物	岛状	砷华族
		配位型	刚玉、赤铁矿、晶质铀矿
		链状	锑华、金红石、锡石、软锰矿、斯石英
		架状	α-石英、β-石英、锐钛矿、赤铜矿
	复杂氧化物	配位型	钛铁矿、金绿宝石、尖晶石、磁铁矿、铬铁矿
		链状	黑钨矿、铌钽铁矿
		架状	钙钛矿
氢氧化物矿物类		链状	硬水铝石、针铁矿、硬锰矿
		层状	水镁石、三水铝石

第二节 典型氧化物矿物主要特征

氧化物矿物包括简单氧化物矿物和复杂氧化物矿物。简单氧化物是由一种金属阳离子与氧结合而成的化合物。根据阳离子电价的不同，可以组成 A_2X、AX、A_2X_3、AX_2 型的化合物。这类矿物的晶体结构比较简单，只有石英族矿物较为复杂。

一、简单氧化物矿物

（一）赤铜矿族

赤铜矿族矿物在自然界中产出较少，以赤铜矿较为常见。

赤铜矿 Cuprite Cu$_2$O

【**化学组成**】含 Cu 88.8%，O 11.2%，常含 Fe_2O_3、SiO_2、Al_2O_3 和自然铜等机械混合物。

【**晶体结构**】等轴晶系。$a_0 = 0.427nm$，$Z = 2$。氧离子位于单位晶胞的角顶和中心，铜离子取四面体排列而配置于相互错开的晶胞八分体的四个中心。铜和氧的离子的配位数分别为 2 和 4（图17-2）。

【**晶体形态**】对称型 m3m。单晶体呈八面体形，偶见八面体、立方体及菱形十二面体的聚形。集合体成致密块状或土状，有时呈针状或毛发状。

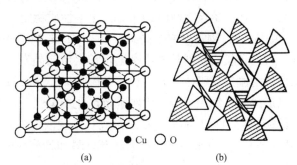

图 17-2　赤铜矿的晶体结构
（引自潘兆橹，1993）

【**物理性质**】暗红色。条痕褐红色；金刚光泽或半金属光泽；薄片微透明；{111}不完全解理，贝壳状或不平坦状断口；硬度 3.5~4.0，性脆，相对密度 5.85~6.15。

【**成因产状**】赤铜矿形成于外生条件，主要见于铜矿床的氧化带，系含铜硫化物氧化的产物。常与自然铜、孔雀石、黑铜矿、蓝铜矿、褐铁矿和黏土矿物等共生或伴生。

【**鉴定特征**】暗红色和褐红条痕色，金刚或半金属光泽，以及矿物的共生、伴生组合为主要鉴别特征。条痕上加一滴 HCl 可产生白色 $CuCl_2$ 沉淀。

【**主要用途**】大量产出时可作为提炼铜的矿物原料。

（二）刚玉族

本族主要矿物有刚玉 Al_2O_3 和赤铁矿 Fe_2O_3；晶体结构均属刚玉型。由于阳离子类型和化学键的不同，二者的物理性质具有很大的差异。

刚玉 Corundum Al₂O₃

【化学组成】含 Al 53.2%，O 46.8%。有时含微量 Fe、Ti、Cr、Mn、V、Ni、Co、Si 等类质同象混入物或机械混入物。含铬而呈红色的刚玉称红宝石，而含钛呈蓝色者称蓝宝石。在有些红宝石和蓝宝石的{0001}面上可以看到 6 个呈针状放射形的包体者，称星彩红宝石或星彩蓝宝石。

【晶体结构】三方晶系。$a_0 = 0.477nm$，$c_0 = 1.304nm$，$Z = 6$。晶体结构中，在垂直三次轴平面内，O^{2-}成六方层最紧密堆积；[AlO₆]八面体在平行{0001}方向上共棱成层，在平行 c 轴方向上，共面连成两个实心的[AlO₆]八面体和一空心的由 O^{2-}围绕成的八面体相间排列的柱体；[AlO₆]八面体成对沿 c 轴呈三次螺旋对称[图17-3(a)、图17-3(b)]。

【晶体形态】对称型 $\bar{3}m$。单晶呈柱状、桶状（腰鼓状），少数呈板状[图17-3(c)]。高压条件下常依菱面体{10$\bar{1}$1}，较少依{0001}成聚片双晶，晶面上常出现相交的几组条纹。集合体成粒状或致密块状。

【物理性质】一般为蓝灰、黄灰色，含混入物可呈红、蓝、绿、黑等颜色；玻璃光泽，透明至半透明；硬度 9；无解理；常因聚片双晶产生{0001}或{10$\bar{1}$1}的裂理，相对密度 3.95~4.10；熔点 2000~2030℃，化学性质稳定，不易腐蚀。

【成因产状】刚玉形成于高温、富 Al_2O_3 贫 SiO_2 的条件下。岩浆作用形成的刚玉产于橄榄苏长岩、正长岩、斜长岩或刚玉正长岩质伟晶岩中，与长石、尖晶石等共生。接触交代作用形成的刚玉见于矽卡岩中，可与磁铁矿、绿帘石等共生。黏土质岩石经区域变质作用则可以形成刚玉结晶片岩。因刚玉抗风化能力强，可见于砂矿中。

【鉴定特征】以其晶形，双晶条纹和高硬度作为鉴定特征。

【主要用途】由于硬度高作为研磨材料和精密仪器的轴承。色彩明丽的晶体作为宝石。至于作为激光材料的红宝石，则系人工的产品。

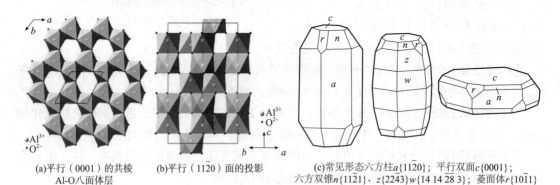

(a)平行（0001）的共棱 Al-O八面体层　　(b)平行（11$\bar{2}$0）面的投影　　(c)常见形态六方柱a{11$\bar{2}$0}；平行双面c{0001}；六方双锥n{11$\bar{2}$1}；z{22$\bar{4}$3}w{14 14 $\overline{28}$ 3}；菱面体r{10$\bar{1}$1}

图17-3　刚玉的晶体结构和常见形态

赤铁矿 Hematite Fe₂O₃

【化学组成】含 Fe 69.94% O 30.06%。可含 TiO_2、SiO_2、Al_2O_3 等混入物。

【晶体结构】三方晶系。刚玉型结构。$a_0 = 0.5029nm$，$c_0 = 1.373nm$。

【晶体形态】对称型 $\bar{3}m$。单晶体呈板状或菱面体。在{0001}面上常出现由{10$\bar{1}$1}双晶条纹组成的三角形条纹。常见集合体除有片状、鳞片状、块状等，还有鲕状、豆状、肾状、土状、粉末状(称铁赭石)的隐晶集合体。镜铁矿常因含磁铁矿细微包裹体而具较强的磁性。

【物理性质】显晶质的赤铁矿呈铁黑至钢灰色，隐晶质的鲕状或肾状者呈暗红色，块状或粉末状者呈褐黄色；条痕樱红色；金属光泽至半金属光泽，或土状光泽；不透明。硬度 5~6，土状者显著降低，性脆，无解理，相对密度 5.0~5.3。

【成因产状】赤铁矿是自然界分布很广的铁矿物之一。它可形成于各种地质作用之中，但以热液作用、沉积作用和区域变质作用为主。热液成因的赤铁矿多为菱面体状、板状或片状；具金属光泽的玫瑰花状或片状集合体的赤铁矿称镜铁矿，常因含磁铁矿细微包裹体具较强的磁性。沉积成因的赤铁矿多呈鲕状或肾状或胶体形式存在于砂岩中；区域变质作用下呈金属光泽的晶质细鳞片状称云母赤铁矿。氧化条件下，磁铁矿和菱铁矿可转变为赤铁矿，赤铁矿可进一步转化为褐铁矿。

【鉴定特征】樱红色条痕是鉴定赤铁矿的最主要特征。此外，菱面体的晶形可与磁铁矿，钛铁矿相区别。

【主要用途】为提炼铁的最主要矿物原料之一。

(三)金红石族

本族化合物主要包括金红石、锡石和软锰矿等，它们的晶体结构均属金红石型。另外还包括 TiO_2 的其余两个同质多象变体锐钛矿和板钛矿。

金红石 Rutile TiO_2

【化学组成】含 Ti 60%，O 40%。常含 Fe、Nb、Ta、Cr、Sn、V 等类质同象混入物。富含 Fe 的金红石称铁金红石，富含 Nb 和 Ta 者称铌钽金红石。

【晶体结构】四方晶系。$a_0 = 0.459nm$，$c_0 = 0.296nm$，$Z = 2$。金红石的晶体结构中，氧离子近似成六方最紧密堆积，而钛离子位于八面体空隙中。并构成[TiO_6]八面体的配位，因此钛离子配位数为 6，氧离子的配位数为 3。在金红石的晶体结构中，[TiO_6]八面体共棱连接沿 c 轴成链状排列(图 17-4)。

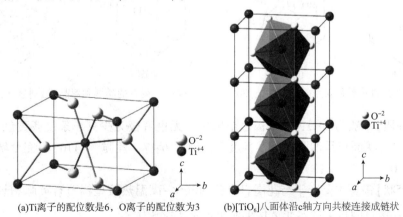

(a)Ti离子的配位数是6，O离子的配位数为3   (b)[TiO_6]八面体沿c轴方向共棱连接成链状

图 17-4 金红石的晶体结构

【晶体形态】对称型 4/mmm。单晶体常呈四方双锥状、针状和柱状，或呈四方柱和四方双锥的聚形(图 17-5)。柱面常有纵纹。常依(101)成膝状双晶、三连晶以及环状六连晶。集合体呈致密块状。

【物理性质】通常褐色、红褐色或暗红；条痕浅黄褐色；金刚光泽，微透明，硬度 6，性脆，{110} 中等解理；相对密度 4.2~4.3。具介电性。铁金红石和铌钽金红石均为黑色，不透明。铁金红石比重可达 4.4，铌钽金红石可达 5.6。

【成因产状】金红石在岩浆岩中常为副矿物出现；也可在伟晶岩和热液石英脉中形成矿床；针状、柱状晶体常见于变质岩系的含金红石石英脉中。常呈粒状见于片麻岩和片岩中。金红石性质稳定也可形成砂矿。

【鉴定特征】以其四方柱晶形、膝状双晶、褐红色以及比重小于锡石和锆石为鉴定特征。

【主要用途】是提炼钛的重要矿物原料。结晶好、透明度高的金红石可作为宝石。

锡石 Cassiterite SnO_2

【化学组成】含 Sn 78.8%，O 21.2%。常含 Fe、Mn、Nb、Ta、Ti、Se、In、Ga 等类质同象混入物或微小包裹体。伟晶岩中含 Ta、Nb 且 Ta 含量更多；汽化高温热液矿床中锡石的 Nb、Ta 含量低且 Nb 多于 Ta；硫化物矿床中的锡石中 Nb、Ta 含量很低但富含分散元素 In。含 Nb 和 Ta 的锡石称铁钽锡石，含 Ta_2O_5 可达 9%。颜色深褐至沥青黑色。

【晶体结构】四方晶系。$a_0 = 0.474nm$，$c_0 = 0.319nm$。晶体结构属金红石型。

【晶体形态】对称型 4/mmm。晶体呈四方双锥、四方柱及二者所成聚形。可见以(101)为双晶面的膝状双晶(图 17-6)。锡石的形态随形成温度、结晶速度、所含杂质的不同而异。在伟晶岩中产生的锡石呈双锥状；汽化-高温热液矿床中产出的锡石呈双锥柱状，并且常具双晶；在锡石硫化物矿床中锡石往往呈长柱状或针状，而且晶体很细小。集合体呈不规则粒状。

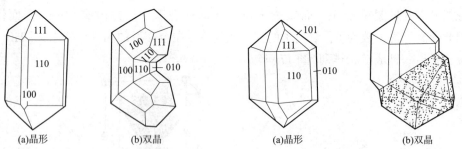

(a)晶形　(b)双晶　　　　　　(a)晶形　(b)双晶

图 17-5　金红石的晶形和双晶(据刘显凡，2010)　图 17-6　锡石的晶形和双晶(据刘显凡，2010)

【物理性质】一般为黄褐色、暗褐色至黑色，无色者极为少见，条痕淡黄色至浅褐色。金刚光泽，贝壳状断口呈油脂光泽，半透明，硬度 6~7，性脆，{110} 不完全解理；相对密度 6.8~7.0。

【成因产状】锡石主要产于与花岗岩有关的气化-高温热液型锡石石英脉和热液型锡石硫化物矿床；锡石的化学性质非常稳定而常富集于砂矿中。

【鉴定特征】锡石的晶形、双晶以及颜色很相似于金红石、磷钇矿和锆石，但其比重更大；细粒者可置于锌片上加一滴 HCl，数分钟后在颗粒表面形成一层淡灰色金属锡膜，而其他矿物均无此反应。

【主要用途】提炼锡的最重要矿物原料。

软锰矿 Pyrolusite MnO₂

【化学组成】含 Mn 63.19%，O 36.81%。常含 Fe_2O_3、SiO_2、H_2O 等机械混入物。

【晶体结构】四方晶系。$a_0 = 0.439nm$，$c_0 = 0.287nm$。晶体结构属金红石型。

【晶体形态】对称型 4/mmm。单晶体少见，显晶集合体呈针状、棒状、放射状产出；结晶完善的长柱状晶体称黝锰矿。隐晶集合体常成肾状、结核状、块状或粉末状。

【物理性质】颜色和条痕均为钢灰–黑色。半金属光泽–金属光泽，不透明。硬度视结晶程度而异，从 6 可降至 2(细小土状晶体)，性脆，{110}完全解理；相对密度 4.5～5.0。

【成因产状】在强氧化条件下形成，以沉积和风化成因为主，在锰矿床或含锰岩石的风化壳中可含较多的软锰矿或硬锰矿形成黑色的"锰帽"。

【鉴定特征】软锰矿以其黑色、条痕黑色，性脆，成晶体者有平行柱面完全解理、成隐晶质者硬度低、易污手为特征。此外，滴过氧化氢(H_2O_2)剧烈起泡。

【主要用途】是提炼锰的重要矿物原料。

(四)石英族

本族矿物成分均为 SiO_2，是一系列同质多象变体；包括 α-石英、β-石英、α-鳞石英、$β_1$-鳞石英、$β_2$-鳞石英、α-方英石、β-方英石、柯石英、斯石英等。不同石英形成环境差异较大(图 17-7)。这些矿物中以常温常压下稳定的 α-石英最常见。除此之外，蛋白石胶体成分也为 SiO_2，因此也放在本族一起叙述。

石英族矿物属架状结构，在其结构中每个硅和 4 个氧组成四面体，而各四面体的所有 4 个角顶均与相邻四面体相连形成架状结构。但由于硅氧四面体在空间上的连接角度有所差异，因而表现出一系列同质多象变体，而反映在形态和某些物理性质上(如比重)就有所不同。α-石英是地壳中分布最广的矿物之一，在自然界最为常见，是多种火成岩、变质岩以及沉积岩的重要矿物成分。β-石英是 SiO_2 在常压、573℃以上发育的一种同质多象

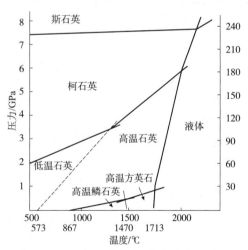

图 17-7　SiO₂ 主要同质多象变体稳定范围
(转引自常丽华, 2006)

变体，见于酸性喷出岩或浅成岩中。$β_2$-鳞石英和 β-方英石则很少见，仅发现于高温低压下形成的酸性喷出岩中(表 17-2)。

表 17-2　石英族矿物主要特征对比（转引自李胜荣，2008）

矿物种	晶系	单体形态	相对密度	稳定条件	成因产状
α-石英	三方	六方柱状	2.65	常压，<573℃	各种地质作用
β-石英	六方	六方双锥	2.53	常压，573~870℃	酸性火山岩
α-鳞石英	斜方	六方板状假象或细粒状	2.26	常压，<117℃（准）	酸性火山岩，由 β_2-鳞石英转变来或低温热液产物
β_1-鳞石英	六方	六方板状假象	2.22	常压，117~163℃（准）	酸性火山岩，由 β_2-鳞石英转变来
β_2-鳞石英	六方	六方板状	2.22	常压，870~1470℃ 163~870℃（准）	酸性火山岩
α-方石英	四方	八面体假象或隐晶集合体	2.32	常压，<268℃（准）	酸性火山岩，由 β-方石英转变来或低温热液产物
β-方石英	等轴	八面体	2.20	常压，1470~1732℃ 268~1470℃（准）	酸性火山岩
柯石英	单斜	不规则粒状	2.93	>(19~76)×10^8Pa，常温常压（准）	陨击变质作用产物

　　另有两种 SiO_2 的高压变体柯石英和斯石英。这两种高压石英在美国亚利桑那州陨石坑均已发现，由巨大陨石撞击和爆破所产生的高压使砂岩变质而成。人们估计在地表以下 60~100km 和 400~600km 深处的 SiO_2 应以柯石英和斯石英的稳定形式出现。前者仍为四面体的 Si-O 配位，而后者则为八面体的 Si-O 配位。

α-石英　α-Quartz SiO_2

【化学组成】含 Si 46.7%，O 53.3%。在不同颜色的亚种中，常含不同数量的气态、液态和固态物质的机械混入物。

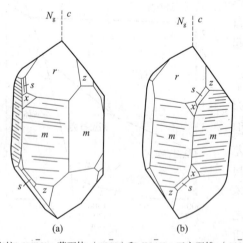

六方柱m{$10\bar{1}0$}；菱面体r {$10\bar{1}1$} 和z{$01\bar{1}1$}；三方双锥s {$11\bar{2}1$}；三方偏方面体x {$51\bar{6}1$}（右型）和（$6\bar{1}51$）（左型）

图 17-8　石英的晶面条纹、光性方位及左形(a) 右形(b)（据潘兆橹，1993）

【晶体结构】三方晶系。a_0 = 0.4904nm，c_0 = 0.5397nm。晶体结构中硅氧四面体以其角顶与邻接四面体角顶相连，按同一方向围绕三次轴旋转排列。

【晶体形态】对称型 32。常见自形晶，多呈六方柱{$10\bar{1}0$}、菱面体{$10\bar{1}1$}、{$01\bar{1}1$} 等单形及聚形，有时还出现三方双锥{$11\bar{2}1$} 和三方偏方面体{$51\bar{6}1$} 或{$6\bar{1}51$} 的小晶面。随温度下降 SiO_2 过饱和度增高，石英形态从短柱向长柱状变化。柱面上常具横纹。显晶集合体呈梳状、粒状、致密块状或晶簇状。隐晶集合体呈肾状、钟乳状(玉髓)瘤状(燧石)、多色同心带状(玛瑙)、多色致密块状(碧玉)。α-石英有左晶和右晶的区别，其识别标志是根据三方偏方面体所在的位置来决定的，如果三方偏方面体位于柱面$\{10\overline{1}0\}$的右上角，单形符号为$\{5\overline{16}1\}$者，是为右形；位于柱面的左上角，单形符号为$\{6\overline{15}1\}$者，是为右形(图17-8)。

α-石英常呈双晶，正确鉴别它具有实用意义，因为双晶的存在直接影响到石英的用途。常见双晶有道芬双晶、日本双晶和巴西双晶。道芬双晶特点是，相邻柱面的相同方向上都出现x面，柱面上横纹不连续，缝合线弯曲状。巴西双晶特点是，一柱面上方的不同方向可出现两个x面，柱面上横纹不连续，缝合线弯曲状(表17-3)。

【物理性质】纯净的α-石英无色透明，称水晶，含杂质时颜色变化；玻璃光泽，断口呈油脂光泽，硬度7，无解理，贝壳状断口，相对密度2.65。具压电性。

石英经常呈现一些他色，如含Fe^{3+}、Ti^{4+}时可形成紫水晶；含Ti^{4+}、Mn^{2+}或内含细微的金红石包体时为蔷薇石英；含较多流态气体或含有自由Si可形成烟水晶；含有细小分散的气态或液态包裹体可形成乳石英等。

表17-3　石英的双晶(引自刘显凡，2010)

	道芬双晶	巴西双晶	日本双晶
x 或 s 面的分布	绕 c 轴相隔 60° 出现，皆左或皆右	一左一右或左右反映对称分布	
缝合线特点	晶面花纹不连续，缝合线弯曲	晶面花纹不连续，缝合线较直	84°34′
蚀象	弯曲岛屿状花纹	复杂拆线花纹	

【光学性质】石英为一轴晶正光性矿物，$N_e = Z$，$N_e > N_o$；薄片中表面光滑，无色透明，无风化产物；正低突起；Ⅰ级灰白-黄白干涉色。无解理，常见不规则裂纹。岩浆岩中，石英可与碱性长石交生形成文象交生结构；与斜长石交生形成"蠕英石"；变质岩中，石英可出现"波状消光"现象。在沉积岩中，石英边缘可出现次生加大现象。

【成因产状】α-石英在自然界分布极广，它形成于各种地质作用。

【鉴定特征】α-石英以其晶形、无解理、具状断口、硬度 7 为鉴定特征。

【主要用途】α-石英的用途很广。水晶中没有任何包裹体、双晶或裂缝的部分可作为压电石英，用于国防工业、无线电工业等方面；水晶还用于制造透镜、棱镜等光学仪器。熔炼石英用于制造石英灯泡、耐酸和耐高温的化学器材。玛瑙和石髓可作精密仪器的轴承和高级研磨器材。玛瑙、蔷薇石英等还可作为工艺雕刻品的材料，也是陶瓷、玻璃及新材料和高科技领域中最重要的原料。

β-石英 β-Quartz SiO_2

【化学组成】同 α-石英。

【晶体结构】六方晶系。$a_0 = 0.501nm$，$c_0 = 0.547nm$。晶体结构中硅氧四面体的连接方式系按六次螺旋转轴旋转排列。

【晶体形态】对称型 622。单晶体常呈完好的六方双锥 $\{10\bar{1}1\}$，有时见很小的六方柱 $\{10\bar{1}0\}$。

【物理性质】在一个大气压下，β-石英的稳定相限于 $573 \sim 870℃$。常温下均已转变为 α-石英，此时其物理性质与 α-石英相同。

【成因产状】主要作为酸性火山岩的斑晶而出现于流纹岩和英安岩中。

【鉴定特征】以其六方双锥的晶形和双晶与 α-石英相区别。

蛋白石 Opal $SiO_2 \cdot nH_2O$

【化学组成】通常认为属于非晶质矿物，但有的资料说明蛋白石系由极微小的低温方英石晶粒所组成。成分中的吸附水含量不定。并常含 Fe、Ca、Mg 等混入物成分。

【晶体形态】无一定的外形。通常为致密块状、钟乳状、结核状、皮壳状等。

【物理性质】颜色不定，通常为蛋白色，因含各种混入物而呈现不同颜色。无色透明者罕见。通常微透明。玻璃光泽或蛋白光泽，并具变彩，硬度 $5 \sim 5.5$，相对密度 $1.9 \sim 2.9$，随含水量和吸附物质的多少变化。

【光学性质】胶体蛋白石在偏光显微镜下无光性，当其向隐晶质玉髓转化时可显示出细密或放射状光性特征。

【成因产状】蛋白石可从火山温泉中沉淀而成，称硅华。在外生条件下可由硅酸盐矿物遭受风化分解而产生的硅酸溶液凝聚而成。带至海水中的硅酸溶液，被硅藻、放射虫等生物吸收后构成硅质骨骼，死后堆积成为硅藻土。蛋白石经过晶化作用能逐渐变为隐晶质的石髓。

【鉴定特征】以其蛋白光泽和变彩为鉴定特征，有时类似于石髓，但硬度较低。

【主要用途】可做名贵雕刻品材料。硅藻土质轻多孔，是重要的建筑材料和隔音材料。

二、复杂氧化物

复杂氧化物是由两种或两种以上的金属阳离子与氧化合而成的化合物。这类矿物在成分上和结构上均比较复杂。其中包括不少铁、铬、钛以及稀有元素的氧化物矿物。

（一）钛铁矿族

钛铁矿 Ilmenite FeTiO$_3$

【化学组成】Ti 52.66%，Fe 47.34%。常含类质同象混入物 Mg 和 Mn。在 960℃以上，钛铁矿与赤铁矿形成完全类质同象，当温度降低时即发生离溶，故钛铁矿中常含有细鳞片状赤铁矿包体。而在一般温度下只能形成有限的类质同象（Fe$_2$O$_3$<6%）。

【晶体结构】三方晶系。$a_0 = 0.5083$nm，$c_0 = 1.404$nm。晶体结构属刚玉型。所不同者，即铝的位置相间地被铁和钛代替，因而使钛铁矿晶格的对称程度降低。

【晶体形态】对称型 $\bar{3}$。单晶体少见，偶有呈厚板状；其呈尖形菱面体者称尖钛铁矿。通常呈不规则细粒。

【物理性质】钢灰至黑色。条痕黑色，含赤铁矿者带褐色，半金属光泽，不透明，硬度 5~6，无解理，次贝壳状断口；相对密度 4.2，微具磁性。

【成因产状】主要形成于岩浆作用，常与磁铁矿一起产于基性岩中。但与碱性岩有关的内生矿床中也常有钛铁矿产出。此外，常见于砂矿中。

【鉴定特征】钛铁矿可依其晶形、条痕和弱磁性与其相似的赤铁矿、磁铁矿相区别。

【主要用途】提炼钛的重要矿物原料，可用于特种玻璃和陶瓷釉的着色剂。

（二）尖晶石族

本族化合物属 AB$_2$X$_4$ 型。A 代表二价的镁、铁、锌、锰；B 代表三价的铁、铝、铬。在这些矿物之间，广泛发育着完全和不完全的类质同象。

在尖晶石族矿物中，根据成分 B 中三价离子的不同，分为尖晶石系列（铝-尖晶石）、磁铁矿系列（铁-尖晶石）、铬铁矿系列（铬-尖晶石），其中磁铁矿和铬铁矿分布较广。

尖晶石族矿物均属等轴晶系，具尖晶石结构（图 17-9），晶格中 O^{2-} 做立方最密堆积；1/3 阳离子位于四面体空隙中，配位数是 4；1/3 阳离子位于八面体空隙中，配位数是 6。晶体形态上通常呈八面体、菱形十二面体的三向等长晶形，而在物理性质上则为硬度高、无解理等特征。

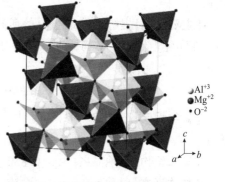

图 17-9　尖晶石的结构（据秦善，2011）

尖晶石 Spinel MgAl$_2$O$_4$

【化学组成】含 MgO 28.2%，Al$_2$O$_3$ 71.8%。常含 FeO、ZnO、MnO、Fe$_2$O$_3$、Cr$_2$O$_3$ 等组分。尖晶石与铁尖晶石 FeAl$_2$O$_4$ 和镁铬铁矿 MgCr$_2$O$_4$ 之间存在着完全类质同象的关系。

【晶体结构】等轴晶系。$a_0 = 0.8086$nm。晶体结构属正常尖晶石型。

【晶体形态】对称型 m3m。单晶体常呈八面体形，有时八面体与菱形十二面体组成聚形。双晶依尖晶石律（111）成接触双晶。

【物理性质】无色者少见，呈红色（含 Cr）、绿色（含 Fe^{3+}）或褐黑色（含 Fe^{2+} 和 Fe^{3+}）。

玻璃光泽，硬度 8，无解理，偶有平行 $\{111\}$ 裂理；相对密度 3.55。

【成因产状】尖晶石形成于高温下火成岩与白云岩或镁质灰岩的接触交代带中，与石榴子石、辉石等共生。此外，作为副矿物，在火成岩以及变质岩中有时亦有存在。由于化学性质稳定和硬度大，亦常见于砂矿中。

【鉴定特征】以其晶形、双晶和硬度大为鉴定特征。在本族矿物中比重最小。

【主要用途】透明色美者作为宝石。同时也是优质的耐火材料，在陶瓷中主要用来生产铬砖和陶瓷颜料。此外，尖晶石型晶体还可用于耐火材料、等离子体电弧喷涂等。

磁铁矿 Magnetite $FeFe_2O_4$

【化学组成】FeO 31.03%，Fe_2O_3 68.97%。或含 Fe 72.4%。其中常含 Ti、V、Cr 等元素。与铬铁矿可以形成完全类质同象。

【晶体结构】等轴晶系。$a_0 = 0.8374nm$。晶体结构属倒置尖晶石型。

【晶体形态】对称型 m3m。单晶体常呈八面体，较少呈菱形十二面体。在菱形十二面体面上长对角线方向常现条纹。双晶依尖晶石律(111)成接触双晶。集合体常成致密块状和粒状。

【物理性质】铁黑色，条痕黑色，半金属光泽，不透明，硬度 5.5~6.5，无解理；有时具 $\{111\}$ 裂理，性脆，相对密度 5.18。具强磁性。

【成因产状】磁铁矿形成于内生作用和变质作用过程，是岩浆成因铁砂床、接触交代铁矿床、汽化-高温含稀土铁矿床、沉积变质铁矿床以及一系列与火山作用有关铁矿床中铁矿石的主要矿物成分。此外，也常见砂矿床中。

【鉴定特征】以晶形，黑色条痕和强磁性可与其相似的矿物如赤铁矿、铬铁矿等相区别。

【主要用途】提炼铁的最重要的矿物原料之一。其中所含的钒、钛、铬元素可综合利用。在陶瓷中作为着色剂，在新材料中作为合成铁氧体磁性材料的主要物相，得到广泛应用。

铬铁矿 Chromite $FeCr_2O_4$

【化学组成】在铬铁矿中，成分比较复杂，Cr_2O_3 含量为 50%~65%；广泛存在 Cr_2O_3、Al_2O_3、Fe_2O_3、FeO、MgO 5 种基本组成的类质同象置换。

【晶体结构】等轴晶系。$a_0 = 0.8305~0.8344nm$。晶体结构属正常尖晶石型。

【晶体形态】对称型 m3m。八面体晶形极少见。通常成粒状和块状集合体。

【物理性质】暗褐色至铁黑色，条痕褐色，半金属光泽，不透明，硬度 5.5~6.5，无解理，性脆，相对密度 4.3~4.8。具弱磁性，含铁量高者磁性较强。

【成因产状】是岩浆成因的矿物，常产于超基性岩中，与橄榄石共生，也见于砂矿中。

【鉴定特征】以其黑色、条痕褐色、硬度大和产于超基性岩中为鉴定特征。

【主要用途】是提炼铬的唯一矿物原料。富含铁的劣质矿石可供制高级耐火材料。也可搪瓷和玻璃的着色剂，陶瓷生产中可作为颜料和乳浊剂使用。

第三节 典型氢氧化物矿物主要特征

氢氧化物主要是由镁、铝、铁、锰等阳离子与$(OH)^-$或$(OH)^-$、O^{2-}同时化合而成的化合物，并包括含水的氧化物。这类化合物是提取镁、铝、铁、锰的矿物原料。

氢氧化物主要形成于低温表生条件，主要为原生矿物分解后形成氢氧化物水溶胶凝聚而成，晶粒极为细小，成分混杂，多呈钟乳状、土状、多孔状、致密状等隐晶质集合体形态。其名称多只能按其主要成分，笼统地称为铝土矿、褐铁矿、硬锰矿等。

氢氧化物的结构有层状和链状两种基本类型。具层状结构者硬度较低，相对密度较小，晶形为片状；具链状结构者硬度及相对密度均较高，晶形呈针状。

一、铝土矿(Bauxite $Al_2O_3 \cdot nH_2O$)

【化学组成】铝土矿是由许多极细小的三水铝石 $Al(OH)_3$、一水硬铝石 $AlO(OH)$、一水软铝石 $AlO(OH)$ 及部分 SiO_2 等的混合物。其他混入物还有 Ga、Ge、V、Ti 等。

【结晶形态】常呈土状、豆状、鲕状、致密块状、多孔状等隐晶胶态集合体形态。

【物理性质】因成分不固定，导致物理性质变化很大，灰白色-棕红色，条痕白色，土状光泽，硬度 2~5，相对密度 2~4，有土臭味。

【成因产状】铝土矿为表生作用产物，有风化成因和沉积成因两种类型。

【鉴定特征】青灰色。特殊的集合体形态。在新鲜面上，用口哈气后有土臭味。

【主要用途】为铝的主要矿石矿物。也可用于制造耐火材料和高铝水泥。

二、褐铁矿(Limonite $Fe_2O_3 \cdot nH_2O$)

【化学组成】极细小的针铁矿[$FeO(OH)$]纤铁矿[$FeO(OH)$]及黏土等的混合物。常混有 Cu、Pb、Ni、Co 等硫化物的氧化产物。

【结晶形态】常呈胶态集合体(肾状、钟乳状、葡萄状、豆状、鲕状等)，也可呈块状、土状、多孔状等，有时呈黄铁矿的立方体假象。

【物理性质】因成分不固定，导致物理性质变化很大，土黄-棕褐色或黑褐色，条痕黄褐色，土状光泽，硬度 1~4，相对密度 3~4。

【成因产状】由风化作用和沉积作用形成。风化成因的褐铁矿由含铁的矿物硫化物(如黄铁矿)风化形成，可保留黄铁矿的立方体形态(假象)，有时在铜铁硫化物矿床的露头部分形成"铁帽"。沉积成因的主要由胶体沉积而成。

【鉴定特征】形态和褐黄色条痕为特征。

【主要用途】为炼铁的矿物原料。"铁帽"可作为找原生铜铁硫化物矿床的标志。

三、硬锰矿(Psilomelane)

广义的硬锰矿不是一种矿物种，而为含多种元素的锰的氧化物和氢氧化物的细分散多矿物集合体的统称。

【化学成分】通常可表示为 $m\text{MnO} \cdot \text{MnO}_2 \cdot n\text{H}_2\text{O}$，Mn 含量一般为 $35\% \sim 60\%$。常含有 K、Ba、Ca、Co 等元素。狭义的硬锰矿化学式为 $\text{BaMn}^{2+}\text{Mn}_9^{4+}\text{O}_{20} \cdot 3\text{H}_2\text{O}$，其中 Mn^{4+}：Mn^{2+} 达 $9:1$，其中的水类似沸石水。

【晶体形态】通常成葡萄状、钟乳状、树枝状或土状集合体。单晶体极为罕见。

【物理性质】灰黑至黑色。条痕褐黑至黑色。半金属光泽至土状光泽。硬度 $4 \sim 6$。性脆。比重 $4.4 \sim 4.7$。

【成因和产状】主要为外生成因，见于锰矿床的氧化带。是褐锰矿、黑锰矿以及含锰碳酸盐和硅酸盐风化的产物。堆积于地表者称为锰帽。进一步氧化、脱水即形成软锰矿 MnO_2。

【鉴定特征】以其胶体形态、黑色条痕和硬度较高为鉴定特征。

【主要用途】提炼锰的重要矿物原料。

复习思考题

1. 试对比氧化物与硫化物的成分(分别对比阴离子和阳离子的电价、半径、电负性、在氧化环境中的变化)、晶格类型、物理性质和成因特点。

2. 试比较不同离子类型的氧化物和氢氧化物在物理性质上的差异。

3. 石英族矿物包括哪些矿物种？为何 α-石英在自然界分布最广？石英族矿物密度较小，其原因何在？

4. 氢氧化物主要是在什么条件下形成的？

5. 氧化物矿物常形成砂矿，为什么硫化物矿物在砂矿中难以见到？

6. 刚玉的晶形和物性有什么特点？刚玉在什么条件下生成？

7. 赤铁矿与刚玉具有相同的晶体结构类型，为什么二者的物理性质存在较大差别？

8. 说明赤铁矿的形态特征与其成因之间的关系和主要工业用途。

9. 磁铁矿的化学成分中常见哪些类质同象混入物？在基性、超基性岩中的磁铁矿常会有什么包裹体？沿不同方向在矿物手标本上见到什么特征？

10. 石英、玉髓、蛋白石、燧石、碧玉、玛瑙有何区别？

11. 尖晶石族有哪些矿物？尖晶石与铬铁矿、磁铁矿的物理性质有何不同？为什么？

12. SiO 的同质多象变体有哪些？不同变体的成因对物理性质有何影响？

13. 可作为宝石、玉石的氧化物矿物有哪些？

14. 何谓"细分散多矿物混合物"？它们在成分、结晶程度、形态、成因和鉴定方法等方面有何共同特点？

15. 铝土矿、褐铁矿的矿物成分如何？为什么说铝土矿、褐铁矿不是矿物种的名称？

第十八章 含氧盐大类(一)
硅酸盐矿物类

 知识要点

> 本章重点掌握硅酸盐的硅氧骨干类型及特征;理解不同结构的硅酸盐矿物的化学组成、堆积特点、配位关系、类质同象替代、物理性质等方面的特点及相互间的关系;搞清铝在硅酸盐中的作用;掌握链状、层状、架状硅酸盐的结构特征及对物理性质的影响,熟悉不同结构硅酸盐矿物中典型矿物的鉴定特征。

含氧盐是金属阳离子和含氧酸根结合而成的化合物。含氧盐矿物分布极广,其种数占已知矿物总数 2/3 以上,重量超过岩石圈总重量的 4/5。

在含氧盐矿物的化学组成中,阳离子以惰性气体型离子最为重要;其次为部分亲氧性过渡型离子;铜型离子较少。络阴离子类型多样,包括 $[NO_3]^-$、$[SO_4]^{2-}$、$[CO_3]^{2-}$、$[WO_4]^{2-}$、$[MoO_4]^{2-}$、$[CrO_4]^{2-}$、$[PO_4]^{3-}$、$[BO_4]^{3-}$、$[AsO_4]^{3-}$、$[VO_4]^{3-}$、$[SiO^4]^{4-}$ 等。主要特点是:含氧酸根呈独立的阴离子团(络阴离子),因不同络阴离子的形状、半径、电价等的不同,引起各类含氧盐的化学成分、物理性质、成因的不同;一般络阴离子的负电价越高,半径越小,其无水盐的硬度越大,越倾向于高温、内生条件下形成(表 18-1)。

表 18-1 含氧盐矿物中主要络阴离子特点

络阴离子	半径/nm	形 状	形 成 条 件
$[NO_3]^-$	0.257	正三角形	强氧化干旱环境
$[CO_3]^{2-}$	0.275	正三角形	外生成因最广泛,部分生物和内生成因
$[SO_4]^{2-}$	0.295	正四面体	外生为主,部分内生,均为低温氧逸度高环境
$[PO_4]^{3-}$	0.300	正四面体	外生多于内生
$[SiO_4]^{4-}$	0.290	正四面体	内生多于外生

在晶体结构中,含氧盐络阴离子内,中心阳离子的半径小、电价高,主要以共价键与 O^{2-} 牢固相连,结合力强,是晶体结构中的独立单位(骨架);除络阴离子外,大部分含氧盐矿物主要借助 O^{2-} 与外部金属阳离子以离子键结合;少数含氧盐矿物如层状结构硅酸盐层间可以离子键、分子键联系。总体来看,含氧盐属离子晶格。矿物以透明、白色条痕、玻璃光泽为主;不同硅酸盐硬度 1~8,变化较大,是受络阴离子团的结构、半径、电价以及与之相配的阳离子性质差异的影响。

含氧盐矿物类型非常多,除了硅酸盐类矿物,还有硫酸盐类、碳酸盐类、硝酸盐类、

磷酸盐类、钨酸盐类、硼酸盐类、砷酸盐类、钒酸盐类、钼酸盐类、铬酸盐类等矿物类型，本章主要介绍硅酸盐类矿物。

第一节 概 述

硅(27.72%)和氧(46.6%)是地壳中分布最广的两种元素。硅酸盐矿物是组成地壳的物质基础，占岩石圈总质量的85%，矿物种类占已知矿物的1/6，有600多种。是岩浆岩、变质岩、沉积岩的主要的造岩矿物，也是土壤的主要组分。很多硅酸盐矿物本身就是极为重要的非金属矿产，如云母、石棉、高岭石等；同时，硅酸盐矿物还是一系列稀有金属Be、Li、Rb、Cs、Zr的重要矿物原料，如绿柱石(含铍)、锆石(含锆)等。

一、化学成分

在硅酸盐矿物中，阴离子主要是$[SiO_4]^{4-}$四面体及由它们连接成的络阴离子。除此之外，还经常出现O^{2-}、$(OH)^-$、F^-、Cl^-、S^{2-}以及$[CO_3]^{2-}$、$[SO_4]^{2-}$、$[PO_4]^{3-}$等附加阴离子。

硅酸盐中的"水"常以$(OH)^-$和H_2O的形式存在矿物中。其中，H_2O分子大多见于层状硅酸盐矿物如蒙脱石、埃洛石等或在沸石中；$(H_3O)^+$仅少量存在于某些层状硅酸盐中，且易转变为H^+和H_2O；而$(OH)^-$只在少数硅酸盐中作为阳离子的配位体(结构水)占有确定的位置。

硅酸盐矿物中的阳离子有57种之多，主要为Si^{4+}、Al^{3+}、K^+、Na^+、Ca^{2+}、Mg^{2+}等惰性气体型离子，还有部分如Fe^{2+}、Fe^{3+}、Mn^{2+}、Cr^{3+}、Ti^{4+}等过渡型离子，铜型离子极少，如异极矿硅$[Zn_4[Si_2O_7](OH)_2·H_2O]$中的$Zn^{2+}$(图18-1)。

	IA												0				
1	1 H 氢	IIA									ⅢA	ⅣA	ⅤA	ⅥA	ⅦA	
2	3 Li 锂	4 Be 铍										5 B 硼	6 C 碳	7 N 氮	8 O 氧	9 F 氟
3	11 Na 钠	12 Mg 镁	ⅢB	ⅣB	ⅤB	ⅥB	ⅦB		ⅧB		IB	ⅡB	13 Al 铝	14 Si 硅	15 P 磷	16 S 硫	17 Cl 氯
4	19 K 钾	20 Ca 钙	21 Sc 钪	22 Ti 钛	23 V 钒	24 Cr 铬	25 Mn 锰	26 Fe 铁	28 Ni 镍	29 Cu 铜	30 Zn 锌			33 As 砷		
5	37 Rb 铷	38 Sr 锶	39 Y 钇	40 Zr 锆	41 Nb 铌									50 Sn 锡	51 Sb 锑	
6	55 Cs 铯	56 Ba 钡		72 Hf 铪										82 Pb 铅	83 Bi 铋	
7																

镧系	57 La 镧	58 Ce 铈													
锕系		90 Th 钍	92 U 铀												

图18-1 硅酸盐中的主要阳离子和阴离子

二、晶体结构

硅酸盐矿物的类型非常多，主要是由于其络阴离子的形式非常多样。由于络阴离子内部的键强远大于络阴离子与其他阳离子的键强，这些络阴离子在硅酸盐中起着骨架的作用，称为硅氧骨干。硅氧骨干的形式对硅酸盐矿物的形态、物理和化学性质等都具有重要影响。

1. 硅氧骨干及其特点

根据硅氧四面体在晶体结构中的连接方式，主要有下列 5 种类型的硅氧骨干。

（1）岛状硅氧骨干。岛状硅氧骨干的表现形式是以单个硅氧四面体$[SiO_4]^{4-}$或是每两个四面体共角顶相连形成$[Si_2O_7]^{6-}$在结构中孤立存在，它们彼此间靠其他金属阳离子来连接，自身并不相连，因而呈孤立的岛状。

单个硅氧四面体$[SiO_4]^{4-}$称为孤立四面体[图 18-2(a)]。其中，每个O^{2-}除有 1 个负电价与Si^{4+}形成共价键外，还剩余有 1 个负电价。这种在络阴离子中还有剩余电价的O^{2-}称为活性氧，活性氧可与其他金属阳离子相连，形成硅酸盐矿物，如镁橄榄石$Mg_2[SiO_4]$、锆石$Zr[SiO_4]$等。

两个四面体共角项相连构成的$[Si_2O_7]^{6-}$称为双四面体[图 18-2(b)]。其中，两个硅氧四面体共用一个O^{2-}，这个共用O^{2-}的电价被 2 个Si^{4+}全部中和，没有剩余电价，这种氧称为惰性氧或桥氧。在双四体中，除了有一个被硅氧四面体共用的惰性氧外，其余 6 个氧均为活性氧，如钪钇石$Sc_2[Si_2O_7]$、异极矿$Zn_4[Si_2O_7](OH)_2 \cdot H_2O$等。

此外，孤立四面体和双四面体还可以同时存在于同一晶体结构中，组成了两者的混合类型，例如绿帘石$Ca_2(Al,Fe)_3[SiO_4][Si_2O_7]O(OH)$。

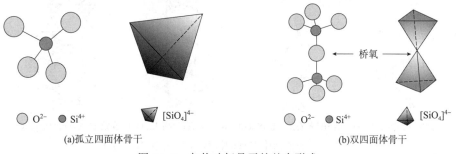

(a)孤立四面体骨干　　　　　　　　　　　(b)双四面体骨干

图 18-2　岛状硅氧骨干的基本形式

（2）环状硅氧骨干。由多个硅氧四面体以共用角顶的形式首尾相连形成封闭的环，按环中四面体的数目及所联成的形状，可分别称为三方环、四方环和六方环（图 18-3）。环内每一四面体均以两个角顶分别与相邻的两个四面体连接；而环与环之间则依靠其他金属阳离子来连接。它们的络阴离子分别可用$[Si_3O_9]^{6-}$、$[Si_4O_{12}]^{8-}$和$[Si_6O_{18}]^{12-}$表示。环状络阴离子中以六方环最为常见，如绿柱石$Be_3Al_2[Si_6O_{18}]$。

（3）链状硅氧骨干。是指由无数个硅氧四面体共用氧连接成一维延伸的链，链间则是通过其他金属阳离子而相互联系。常见的是单链和双链硅氧骨干。单链硅氧骨干是每一个硅氧四面体以两个角顶分别与相邻的两个硅氧四面体连接成一维无限延伸的连续链，每两个硅氧四面体为一个重复周期，其络阴离子可以用$[Si_2O_6]^{4-}$表示，如透辉石 CaMg $[Si_2O_6]$，如图 18-4(a)所示。

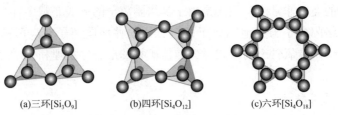

(a)三环$[Si_3O_9]$ (b)四环$[Si_4O_{12}]$ (c)六环$[Si_4O_{18}]$

图 18-3   环状硅氧骨干示意图

在单链结构中，除了上述辉石中的单链外，在另外一些矿物中还存在其他形式的单链。它们之间的差别主要是组成链的各个硅氧四面体彼此连接时的空间取向有所不同。在透辉石的单链中，它是每两个硅氧四面体重复一次，而在硅灰石 $Ca_3[Si_3O_9]$ 的单链中，则分别为每三个硅氧四面体重复一次[图 18-4(b)]。

双链相当于两个单链组合而成，每四个硅氧四体为一个重复周期，其络阴离子可以用 $[Si_4O_{11}]^{6-}$ 表示，如透闪石 $Ca_2Mg_5[Si_4O_{11}]_2(OH)_2$[图 18-4(c)]。除了角闪石中的双链以外，也存在其他形式的双链。透闪石的双链可以看成是由互成镜像反映关系的两个辉石型单链组合而成，如果两个互成旋转 $180°$ 关系的硅灰石型单链相组合时，便成了另外一种形式的双链，如硬钙硅石 $Ca_6[Si_6O_{17}]O$，如图 18-4(d)所示。

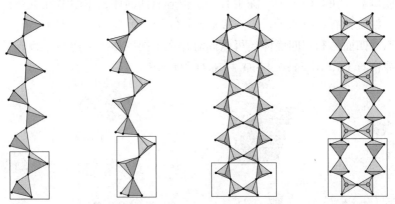

(a)透辉石式单链$[Si_2O_6]$ (b)硅灰石式单链$[Si_3O_9]$ (c)透闪石式双链$[Si_4O_{11}]$ (d)硬硅钙石式双链$[Si_6O_{17}]$

图 18-4   硅酸盐中典型的链状结构(据秦善，2011)

（4）层状硅氧骨干。指每一硅氧四面体均以 3 个角顶分别与相邻的 3 个硅氧四面体相连接，组成在二维空间内无限延展的层。层状硅氧骨干中，每四个硅氧四面体为一个重复单元，故其络阴离子可以用$[Si_4O_{10}]$来表示。如滑石 $Mg_3[Si_4O_{10}](OH)_2$（图 18-5）。在层状络阴离子内的每个硅氧四面体中，有 3 个角顶上的氧离子都是为相邻接的两个四面体所公有的，为惰性氧；只有 1 个角顶上的氧离子还存在剩余电荷，为活性氧，可与其他金属阳离子相结合。滑石型的硅氧四面体层是硅酸盐矿物中最常见的层状络阴离子，其所有活性氧都位于层的同一侧。

（5）架状硅氧骨干。当每一硅氧四面体均以全部 4 个角顶与相邻的四面体连接时，会组成在三维空间中无限扩展的架状硅氧骨干(图 18-6)。此时，其中的每个氧离子都为相邻的两个四面体所公有，都是惰性氧，已无法作为络阴离子团存在了。如果一部分 Si^{4+} 被 Al^{3+} 替代，即 $[SiO_4]^{4-}$ 变成 $[AlO_4]^{5-}$，就可以形成有多余负电价存在的硅(铝)氧骨干，则能与其他阳离子结合构成铝硅酸盐。这种络阴离子可以用 $[(Al_xSi_{n-x})O_{2n}]^{x-}$ 来表示，如正长石 $K[AlSi_3O_8]$、钙长石 $Ca[Al_2Si_2O_8]$。

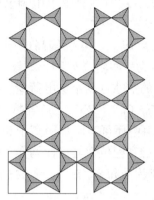

图 18-5 滑石的层状硅氧骨干

图 18-6 方柱石架状硅氧骨干(据潘兆橹等，1993)

从硅氧骨干的基本类型可以看出，不同硅氧骨干的结构、共用氧的个数、N_{Si}/N_O 比值都有所不同，由此形成性质各异的硅酸盐矿物(表 18-2)。

表 18-2 硅氧骨干基本类型及主要特征

类型	形态	惰性氧数	配位氧数/Si	可用电价/Si	络阴离子	N_{Si}/N_O	实 例
岛状	四面体	0	4	-4	$[SiO_4]^{4-}$	1/4	橄榄石 $Mg_2[SiO_4]$
	双四面体	1	3.5	-3	$[Si_2O_7]^{6-}$	1/3.5	硅钙石 $Ca_3[Si_2O_7]$
环状	三方环状	2	3	-2	$[Si_3O_9]^{6-}$	1/3	蓝锥矿 $BaTi[Si_3O_9]$
	六方环状	2	3	-2	$[Si_6O_{18}]^{12-}$	1/3	绿柱石 $Be_3Al_2[Si_6O_{18}]$
链状	单链	2	3	-2	$[Si_2O_6]^{4-}$	1/3	透辉石 $CaMg[Si_2O_6]$
	双链	2，3	3，2.5	-1.5	$[Si_4O_{11}]^{6-}$	1/2.75	透闪石 $Ca_2Mg_5[Si_4O_{11}](OH)_2$
层	平面层	3	2.5	-1	$[Si_4O_{10}]^{4-}$	1/2.5	蛇纹石 $Mg_6[Si_4O_{10}](OH)_8$
架状	骨架	4	2	Al 代 Si 个数	$[AlSi_3O_8]^-$ $[AlSiO_4]^-$	1/2	正长石 $K[AlSi_3O_8]$ 霞石 $(Na，K)[AlSiO_4]$

2. 硅酸盐晶体结构中的堆积特点

在硅酸盐矿物中，氧及其他离子的堆积特点与硅氧骨干类型密切相关。在岛状硅酸盐中，O 是否紧密堆积取决于阳离子，阳离子足够小可充填进四面体或八面体空隙中即最紧密堆积；阳离子大则氧无法呈现最紧密堆积，但整个结构还是趋于最紧密的。环状、链状、层状硅酸盐中，环、链、层间尽可能排得最紧，但氧不做最紧密堆积。在架状硅酸盐中，$[SiO_4]$ 四面体共四角顶相连，空间格架相对固定，离子和整个结构不能呈最紧密堆积。

3. 骨干外阳离子与硅氧骨干的适配关系

在硅酸盐晶格中，由于硅氧骨干的连接方式不同，不同硅氧骨干的紧密程度存在差异，有的相对疏松，有的相对紧密，或者在同一硅酸盐矿物中不同方向也存在结构疏密程度不同的情况，因此，晶体结构中大小不同的孔隙需要被半径不同的阳离子充填。此外，硅氧骨干的负电价也不同，需要不同价态的阳离子与之相平衡。硅酸盐结构中的硅氧骨干连接方式越复杂，结构便越疏松，留下的空隙相对越大，同时硅氧骨干中剩余的负电荷越少。

在岛状硅酸盐矿物中，可以出现半径较小、配位数偏低、电价偏高的阳离子，如 Zr^{4+}、Ti^{4+}、Sc^{3+} 等，配位数一般不大于 6；它们可以形成一些独立矿物，如锆石、楣石、钪钇矿等。但在架状硅酸盐矿物中，其内部存在着较大的空隙且剩余负电荷少，则易于充填一些半径较大、电价低的阳离子，如 K^+、Na^+、Ba^{2+}、Ca^{2+}、Rb^+、Cs^+ 等特大的离子，其配位数相对也较大，多为 8、10、12；此外，骨架间隙中还可有附加阴离子和水分子充填。环状、链状、层状硅氧骨干外则主要充填价态、半径和配位数等方面均介于中间状态的阳离子，如 Fe^{2+}、Mg^{2+}、Al^{3+} 等，配位数多为 6，个别为 4 和 8。在同一矿物中的同种离子，可具有不同的配位数。

构成硅酸盐矿物的主要阳离子常见配位数如下：

配位数为 4：B^{3+}、Be^{2+}、Al^{3+}、Ti^{4+}、Fe^{3+}、Zn^{2+}。

配位数为 6：Al^{3+}、Ti^{4+}、Mg^{2+}、Li^+、Zr^{4+}、Mn^{2+}、Ca^{2+}、Fe^{2+}、Sc^{3+}。

配位数为 8：Zr^{4+}、Na^+、Ca^{2+}、Fe^{2+}、Mn^{2+}。

配位数为 12：K^+、Ba^{2+}。

此外还有特殊的配位数如 9、7、5 等，这些仅见之于个别矿物中。

一般硅氧骨干的体积相对稳定，但骨干外阳离子的配位多面体体积则受阳离子大小、温度、压力等条件影响，使与之相配的硅氧骨干发生变形。如在单链状硅酸盐中，阳离子越大，硅氧四面体形成的周期长度越大。当骨干外阳离子为 Mg 时，骨干外两个 [MgO] 八面体的长度与两个以角顶相连的 [SiO₄] 长度相适应，所以链状骨干重复周期为 2，形成顽火辉石 $Mg_2[Si_2O_6]$；当骨干外阳离子为 Ca 时，Ca 半径比 Mg 半径大，因此两个 [CaO] 八面体的长度与 3 个以角顶相连的 [SiO₄] 长度相适应，所以链状骨干重复周期为 3，形成硅辉石 $Ca_3[Si_3O_9]$。架状结构牢固，骨干外阳离子也较少，对骨干排布无影响。

4. 铝在硅酸盐矿物中的作用

在硅酸盐矿物中，Al^{3+} 主要可有两种不同的存在形式：一种是呈四次配位替代部分硅氧四面体中的硅，形成 [AlO₄] 四面体，并与 [SiO₄] 四面体一起构成络阴离子，由此组成的硅酸盐称为铝硅酸盐。架状结构的硅酸盐以铝硅酸盐为主，如钾长石 $K[AlSi_3O_8]$。另外，铝也能以金属阳离子的形式存在，呈六次配位构成 [AlO₆] 配位八面体，与络阴离子相结合而组成铝的硅酸盐，如高岭石 $Al_4[Si_4O_{10}](OH)_8$。在一个晶体结构中，如果同时存在有上述两种形式的铝时，则可称为铝的铝硅酸盐，如白云母 $K\{Al_2[AlSi_3O_{10}](OH)_2\}$。这就是说，铝在硅酸盐中具有双重作用。

铝的这种双重作用与 Al^{3+} 和 O^{2+} 的半径比值有关。由鲍林法则，配位数与阳离子与阴离子半径比值有关，$r_{Al}/r_0 = 0.419$，接近于四配位和六配位分界处的比值 0.414，所以 Al^{3+}

既可以有四次配位也可以有六次配位，而具体形成的配位数受外界条件影响。一般，在高温低压条件下，配位数降低，易形成四次配位的铝硅酸盐；相反，在低温高压条件下，配位数升高，易形成六次配位的铝的硅酸盐。此外，不同介质条件也会影响 Al^{3+} 的配位数，在酸性介质条件下易形成铝的硅酸盐；碱性条件下则易形成铝硅酸盐。

如正长石 $K[AlSi_3O_8]$ 是铝硅酸盐，Al 为四次配位；随温度降低，在风化条件下可形成高岭石 $Al_4[Si_4O_{10}](OH)_8$，为铝的硅酸盐，Al 为六次配位；在变质(高温)条件下，高岭石等黏土矿物又可转为长石。当环境呈碱性时，即便是低温条件(如地表)也易于形成长石等铝硅酸盐。

此外，尽管在一定条件下，铝能够作为四次配位进入到硅氧四面体中替换 Si^{4+} 形成 $[AlO_4]$，但是铝代硅是有限的。根据鲍林第二法则，化合物中的阴离子电价等于或近似等于与其相邻的阳离子至该阴离子的各静电键强度之和时才是稳定的。在晶体结构中，若 $n_{Al}/n_{Si}>1$，则必然存在两个 $[AlO_4]$ 相邻接的情况，此时，Al^{3+} 的静电键强 $=3/4=0.75$，两个 Al^{3+} 的静电键强为 1.5，偏离氧离子的电价(-2)达 25%，超过了稳定化合物键强和偏差容忍极限 16%，因此两个 $[AlO_4]$ 不能相邻接，这个现象也叫铝回避原理。$[AlO_4]$ 必须与 $[SiO_4]$ 连接才能稳定存在，因此，在硅氧骨干中 $n_{Al}/n_{Si}\leqslant1$。

5. 类质同象

(1)阳离子类质同象。由于硅酸盐晶格主要为离子型，不具方向性，同时 $[SiO_4]^{4-}$ 的变形性小，致使矿物中类质同象普遍发育，存在等价类质同象和异价类质同象。

从岛状—环状—链状—层状—架状，晶体格架空间越来越大，阳离子半径逐渐增大，不同大小的离子替代难度逐渐增大，替代范围逐渐缩小(表 18-3)。

表 18-3　不同硅氧骨干中阳离子的类质同象

结构	晶体化学式	类质同象离子		离子半径差
岛状	$A_2[SiO_4]$	Mg^{2+}—Fe^{2+}—Mn^{2+}—Ni^{2+}—Co^{2+}—Ca^{2+}—Sr^{2+}—Ba^{2+}		0.076nm
链状	$A_2B_5[Si_4O_{11}]_2(OH)_2$	A: Na^+—K^+—Ca^{2+}	B: Mg^{2+}—Fe^{2+}—Fe^{3+}—Al^{3+}	0.038nm
层状	$AB_2[AlSi_3O_{10}]_2(OH)_2$	A: Na^+—K^+	B: Mg^{2+}—Fe^{2+}—Mn^{2+}—Al^{3+}	0.019nm
架状	$Na[AlSi_3O_8]$—$Ca[Al_2Si_2O_8]$	Na^+—Ca^{2+}		0.004nm

(2)阴离子类质同象替代。阴离子之间也存在类质同象，如 $[SiO_4]^{4-}$ 可被 $[PO_4]^{3-}$ 或 $[SO_4]^{2-}$ 替代；还可有广泛的附加阴离子间的类质同象，$(OH)^-$ 和 F^- 可任意代换。

除了上述各种形式的络阴离子以外，在硅酸盐晶体结构中还常出现一些附加阴离子，其中最常见的有 F^-、Cl^-、$(OH)^-$、O^{2-} 等。它们在结构中一般占据空隙位置，用以平衡电荷。其中 $(OH)^-$ 有时也可替代 $[SiO_4]$ 四面体中的 O^{2-}，但惰性氧不能被 $(OH)^-$ 取代。

三、硅酸盐矿物的形态和物理性质

1. 形态特征

由于硅酸盐矿物有不同的硅氧骨干，表现在形态上也各有不同(表 18-4)。

表 18-4　不同硅氧骨干及矿物形态的关系

骨干类型	形　态	典型矿物
岛状硅酸盐	三向等长的粒状	石榴石、橄榄石
环状硅酸盐	柱状，延长方向垂直硅氧骨干平面	绿柱石、电气石
链状硅酸盐	柱状或针状，延长方向平行硅氧骨干	辉石、角闪石等
层状硅酸盐	板状或片状，延展方向平行硅氧骨干层，少数因结构层卷曲呈纤维状	云母、叶蜡石
架状硅酸盐	决定于"骨架"内 $[SiO_4]$ 和 $[AlO_4]$ 四面体的联结形式及化学键的分布形式，可呈粒、柱状	长石、沸石

2. 物理性质

硅酸盐矿物的光学性质主要受键型、结构以及所含元素等条件的影响。硅酸盐矿物总体属于离子键，故多具有非金属光泽、颜色及条痕为白色或无色为主、透明度较高等特点；此外颜色还受结构和所含元素的影响，含铁等过渡元素的硅酸盐往往带色，而岛状、层状、链状和环状硅酸盐中，含 Fe 等色素离子较多，可以出现较深色；架状者含色素离子量较少，因而多呈浅色。尽管颜色有深有浅，但条痕色都很浅，多呈白色或灰白色。

硅酸盐矿物的硬度一般均较高，仅层状者为例外。岛状结构硅酸盐，由于结构紧密，故硬度最高，可达 6~8；环状者大体相似，链状者稍低，为 5~6；而在架状结构硅酸盐中，结构虽疏松，可是 $[SiO_4]$ 四面体的连接都很牢固，故而硬度并不低，仍在 5~6。层状结构硅酸盐矿物总体硬度较低，但受层与层之间的联结力的影响，硬度有所差异。当层与层间以分子键相连时，硬度较低，如滑石、高岭石等，仅为 1 左右；当层与层间以离子键相连时，硬度有所增加，如云母族矿物层间为一价阳离子，硬度升高到 2.5 左右；脆云母族层间出现了二价阳离子，联结力加强，硬度可升高到 5 左右。

硅酸盐矿物的解理性质与结构类型的关系，也可用结构特点加以说明。岛状硅酸盐之三向等长者，一般无完全解理；链状者多为平行于链的柱状解理；环状者如有解理，则属柱状或平行于底轴面的解理；在层状硅酸盐几乎无例外地都具完全的底面解理。架状硅酸盐中，则视其格架之属于何种类型而有所不同，解理的完全程度也视键力情况而不同。

硅酸盐矿物的比重大小，主要取决定于结构紧密程度和主要阳离子原子序数的大小。架状骨干结构疏松、空隙大，主要阳离子多系半径大而原子序数小的元素如 K^+、Na^+、Ca^{2+} 等，相对比重小，例如长石、沸石的比重不超过 2.8；岛状结构多做最紧密堆积，阳离子原子序数多偏高，如 Zr^{4+}、Zn^{2+}、Ti^{4+} 等，故比重较大，如锆石的相对密度可大于 4；至于介乎其间的链状、层状或环状硅酸盐，其比重也介乎其间，为 3~3.5。

当晶体中含有水时，普遍地表现出硬度下降，比重变小。此外，由于联结力下降的影响，相应地会引起解理的发生。

四、成因产状

硅酸盐矿物在各种地质作用下都有产出。

1. 岩浆作用

随着温度由高到低，在岩浆的结晶分异作用下，先晶出贫硅富铁镁矿物，逐渐向富硅贫铁镁矿物转化，同时伴随硅酸盐骨干从岛状向链状、层状、架状的变化。形成的矿物如橄榄石、辉石、角闪石、黑云母、斜长石、碱性长石等。

在伟晶作用中，除了有结构疏松的长石、云母等矿物产出外，还可形成含过小半径离子(Li、Be 等)或过大半径离子(如 Rb 和 Cs)的硅酸盐矿物(如绿柱石)，以及含挥发分(B 和 F)的硅酸盐矿物(如电气石)产出。

2. 热液作用

这部分矿物包括两种：一是由热液交代围岩蚀变而来，如钾长石化、钠长石化、绢云母化、伊利石化、叶蜡石化、高岭石化、滑石化、蛇纹石化、绿帘石化、阳起石化、绿泥石化等；另一种是从热液中直接结晶出来充填到围岩的裂隙系统中——金属硫化物。

3. 变质作用

变质作用后矿物向密度大、结构紧密的矿物转化，含水矿物向无水矿物转化，出现十字石、红柱石、蓝晶石、石榴子石等变质矿物；角闪石转化为辉石，许多层状含水硅酸盐矿物，如黑云母、绿泥石、高岭石等逐渐消失。

4. 外生作用

主要为层状含水矿物，如蒙脱石、伊利石、高岭石、蛭石、海泡石、海绿石、绿泥石等。岛状、架状硅酸盐抗风化能力强，在表生条件下多能以碎屑矿物稳定存在于沉积物中，如石榴子石、锆石等。

五、类型划分

硅酸盐类矿物按结构中硅氧骨干的不同，分为 5 种亚类。5 种亚类对应的主要矿物如表 18-5 所示。

表 18-5 硅酸盐亚类及常见矿物

亚类	矿物名称
岛状	橄榄石、锆石、石榴子石、红柱石、蓝晶石、黄玉、十字石、楣石、符山石、绿帘石、黝帘石
环状	绿柱石、电气石、堇青石
链状	(单链)顽火辉石、铁辉石、透辉石、普通辉石、霓石、硬玉、硅灰石、蔷薇辉石
	(双链)直闪石、镁铁闪石、透闪石、普通角闪石、蓝闪石、矽线石
层状	蛇纹石、高岭石、滑石、叶蜡石、白云母、黑云母、海绿石、绿泥石、蒙脱石、伊利石
架状	透长石、正长石、微斜长石、斜长石、霞石、白榴石、方柱石、方沸石、片沸石、浊沸石

第二节 岛状结构和环状结构硅酸盐矿物特征

一、岛状硅酸盐矿物特征

(一)岛状硅酸盐矿物的总体特征

岛状硅酸盐矿物的络阴离子有孤立的硅氧四面体$[SiO_4]^{4-}$、双四面体$[Si_2O_7]^{6-}$或二者共同组成硅氧骨干等形式。部分矿物还具有 O^{2-}、$(OH)^-$、F^-、Cl^- 等附加阴离子。

由于在岛状结构硅酸盐矿物的络阴离子中，每个硅氧四面体的负电价分别为-4 和-3，在各种硅氧骨干中是最高的，因此加入岛状硅酸盐晶格中的阳离子也是电价较高的，如 Zr^{4+}、Ti^{4+}、Al^{3+}、Fe^{3+}、Cr^{3+} 等。此外还存在二价阳离子 Mg^{2+}、Ge^{2+}、Mn^{2+}、Ca^{2+} 等，但它们多数是和三价、四价阳离子一起进入晶格的。本亚类矿物阳离子类型复杂多样，络阴离子以$[SiO_4]$四面体为主，极少被$[AlO_4]$替换，仅个别矿物如钙铝黄长石的结构中，才有$[AlO_4]$四面体。

岛状硅酸盐矿物络阴离子内为共价键，络阴离子与骨干外阳离子以离子键相连，主要表现出离子晶格的典型特征，颜色为无色或浅色、透明至半透明、非金属光泽；岛状结构比较紧密，阴阳离子电价较高，因此硬度都较大。岛状硅酸盐矿物多为三向延伸的粒状形态，解理不发育；但当结构内部存在附加阴离子时，可出现柱状晶形，解理变好。

岛状硅酸盐矿物主要形成于内生作用和变质作用，外生作用成因者较少。

（二）典型岛状硅酸盐矿物特征

1. 锆石族

锆石 Zircon Zr[SiO₄]

【化学组成】ZrO_2 67.22%，SiO_2 32.78%。由于 Zr 和 Hf 的化学性质很接近，所以锆石中经常含有一定数量的 Hf。正常情况下 Hf/Zr 比接近于 0.007，但在个别情况下可高达 0.6。锆石中还经常含有少量的 Fe、TR、Th、U 以及 Sn、Nb、Na、Ca、Mn 等元素。ThO_2的含量可达 15%，而 UO_2 可达 5%。结构中的$[SiO_4]^{4-}$，可以被极少量的$[PO_4]^{3-}$取代。电荷的平衡则用 TR^{3+} 取代 Zr^{4+} 作补偿。由于锆石中存在少量放射性元素，因而可发生玻璃化现象。随着玻璃化作用由弱至强，乃有曲晶石和水锆石等亚种名称。在玻璃化过程中，会伴有氧化作用，而且有水分子的加入。含水高者可达 10%~12%，故名水锆石。

【晶体结构】四方晶系。$a_0 = 0.659nm$，$c_0 = 0.594nm$。孤立$[SiO_4]^{4-}$彼此间借 Zr^{4+} 连接起来，Zr^{4+} 的配位数为 8。

【晶体形态】对称型 $4/mmm$。单晶体通常呈四方双锥、柱状习性，一般自形程度较好，断面为方形或八角形。可依$\{011\}$成膝状双晶。锆石形态是重要的成因标型：一般碱性-偏碱性花岗岩(111)锥面发育，呈短柱状或四方双锥，长宽比 $l/b \leqslant 2$；在普通花岗岩中常为长柱状，两端见双锥，由老到新 l/b 逐渐减小；在中基性岩中柱面发育而锥面不发育而呈柱状，长宽比 l/b 为 4~5。由于熔蚀或磨蚀，晶形常呈浑圆状(图 18-7)。

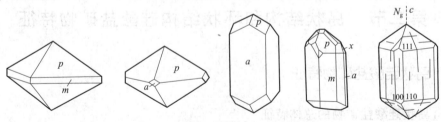

四方柱$m\{110\}$，$a\{100\}$；四方双锥$p\{111\}$；复四方双锥$x\{311\}$

图 18-7　锆石形态及光性方位图(据潘兆橹，1993)

【光学性质】薄片中无色或淡褐色、淡黄色，有时可见颜色环带或微裂隙。深色锆石可显褐-黄多色性，吸收性 $N_o < N_e$。正极高突起。干涉色鲜艳三至四级，平行消光，正延性；一轴晶正光性。锆石在云母、电气石或角闪石、辉石、堇青石等矿物中呈包裹体时，常见靠近锆石周围出现较浓的颜色，即多色晕，是锆石中的放射性元素对周围矿物晶格破坏所致。

【物理性质】红棕色、黄色、灰色、绿色甚至无色。玻璃至金刚光泽，断口油脂光泽，透明至半透明。硬度 7.5~8，含水者可降低至 6。一般小晶体不见解理，大晶体可见柱面{110}不完全解理；不平坦或贝壳状断口，相对密度 4.6~4.7，玻璃化者降低到 4 左右。熔点在 3000℃以上，故属难熔物质。

【成因和产状】锆石作为常见的副矿物常出现在各类岩浆岩，尤其是酸性和碱性岩浆岩中。不同时代、不同种类的岩体中所产生的锆石，其形态（单形及长宽比）、颜色、杂质元素的种类和含量以及非晶质化的程度均有所差异，因此锆石常用以探讨花岗类岩石的成因，研究岩体是否同期同源。此外，锆石相对密度大，抵抗风化能力也强，因而也是沉积岩中的常见副矿物之一。富集时，可以形成砂矿，可用于了解沉积岩中碎屑物质来源，进行地层对比和作为探讨变质岩石原岩性质等的标志。

【鉴定特征】锆石常以其呈四方柱及四方双锥的聚形为特征。与金红石、磷钇矿的区别是，锆石具较大的硬度以及较高的相对密度。与锡石的区别是相对密度不同，锡石远大于锆石；也可以简易的化学反应测试其有无锡的存在。与独居石的区别是，形态不同，独居石呈板状，硬度也略低。

【主要用途】锆石是提炼锆和铪的最重要矿物原料。它又是近代尖端工业中不可缺少的矿物材料之一。在硅酸盐工业中，锆石有着很大的应用价值，可以作为乳浊剂应用于陶瓷釉中和乳浊玻璃中，在搪瓷中作为上琅前的基底加工。色泽鲜艳、透明无暇者可作为宝石。锆石是工业常用的原料之一。

2. 石榴子石族

石榴子石族有 8 个矿物种，特征较为相似。以"石榴子石"一起描述如下。

石榴子石 Garnet $A_3B_2[SiO_4]_3$

【化学组成】通式为 $A_3B_2[SiO_4]_3$。其中，A 代表 Mg^{2+}、Fe^{2+}、Mn^{2+}、Ca^{2+} 等二价阳离子。B 代表 Al^{3+}、Fe^{3+}、Cr^{3+} 等三价阳离子。按阳离子间的类质同象关系可将该族矿物分为以下两个系列（表 18-6）。

① 铝质石榴子石系列。其化学通式为 $(Mg, Fe^{2+}, Mn)_3Al_2[SiO_4]_3$，包括镁铝榴石 $Mg_3Al_2[SiO_4]_3$、铁铝榴石 $Fe_3Al_2[SiO_4]_3$、锰铝榴石 $Mn_3Al_2[SiO_4]_3$。其共同特点是，三价阳离子为半径较小的 Al^{3+}，二价阳离子 Mg^{2+}、Fe^{2+} 和 Mn^{2+} 间为完全类质同象。

② 钙质石榴子石系列。其化学通式为 $Ca_3(Al^{3+}, Fe^{3+}, Cr^{3+})[SiO_4]_3$，包括钙铝榴石 $Ca_3Al_2[SiO_4]_3$、钙铁榴石 $Ca_3Fe_2[SiO_4]_3$、钙铬榴石 $Ca_3Cr_2[SiO_4]_3$ 等。其共同特点是，二价阳离子为半径较大的 Ca^{2+}，三价阳离子 Al^{3+}、Fe^{3+} 和 Cr^{3+} 间为完全类质同象。

石榴子石的化学成分可作为成因标型（表）。次要及微量元素也是重要的标型特征：产于碱性岩和花岗岩中富稀有稀土元素；产于伟晶岩中者富 Y、Li、Be、P；产于富金刚石

的金伯利岩中的镁铝榴石 $Cr/(Cr+Al)>0.1$。

表 18-6　石榴子石族矿物化学成分及结构特征（引自李胜荣，2008）

系列	矿物种	英文名	化学式	化学成分/%	a_0/nm
铝系	镁铝榴石	Pyrope	$Mg_3Al_2[SiO_4]_3$	MgO 29.8，Al_2O_3 25.4，SiO_2 44.8	1.1459
	铁铝榴石	Almandite	$Fe_3Al_2[SiO_4]_3$	FeO 43.3，Al_2O_3 20.5，SiO_2 36.2	1.1526
	锰铝榴石	Spessartite	$Mn_3Al_2[SiO_4]_3$	MnO 43.0，Al_2O_3 20.6，SiO_2 36.4	1.1621
钙系	钙铝榴石	Grossular	$Ca_3Al_2[SiO_4]_3$	CaO 37.3，Al_2O_3 22.7，SiO_2 40.0	1.1851
	钙铁榴石	Andradite	$Ca_3Fe_2[SiO_4]_3$	CaO 33.0，Fe_2O_3 31.5，SiO_2 36.5	1.2048
	钙铬榴石	Uvarovite	$Ca_3Cr_2[SiO_4]_3$	CaO 33.5，Cr_2O_3 30.6，SiO_2 35.9	1.2000
	钙钒榴石	Galdmanite	$Ca_3V_2[SiO_4]_3$	CaO 30.9，V_2O_3 27.5，SiO_2 41.6	1.2035

【晶体结构】等轴晶系，岛状结构。石榴子石中，孤立的[SiO4]四面体由 B 类阳离子所组成的配位八面体联结，其中一些较大的可视为畸变立方体的空隙由 A 类阳离子占据，A 位阳离子半径和 a_0 值与矿物形成压力关系密切。已知 Ca^{2+}(0.112nm)、Mn^{2+}(0.096nm)、Fe^{2+}(0.092nm)、Mg^{2+}(0.089nm)的半径依次递减。按配位理论，较大的 Ca^{2+} 呈八配位时需压力不大，但较小的 Mn^{2+}、Fe^{2+}、Mg^{2+}(一般具六配位)呈八配位时所需压力则要依次增大。因此，钙系石榴子石形成于压力不大的岩浆岩、接触变质岩和热液脉中，a_0 值较大；而铝系的锰铝榴石、铁铝榴石、镁铝榴石则分别形成于压力较高的低、中、高级区域变质岩及金伯利岩中，a_0 值较小。

【晶体形态】对称型 m3m，常见菱形十二面体、四角三八面体及其聚形。菱形十二面体晶面上常有平行四边形长对角线的聚形纹。集合体常为致密粒状或块状。

【物理性质】不同色调的红、黄、绿色（表 18-7），白色或略呈淡黄褐色条痕；玻璃光泽，断口油脂光泽；透明-半透明。在石榴子石族矿物的晶体结构中，孤立硅氧四面体被三价阳离子联结成牢固的骨架，二价阳离子充填于骨架空隙中。因此，其硬度大，可达 6.5~7.5。抗风化能力远远超过纯由二价阳离子联结的橄榄石族矿物；无解理；有脆性（裂纹发育）。相对密度为 3.5~4.2，随铁、锰、钛含量增加而增大。

【成因产状】广泛分布于各种地质作用产物中（表 18-7）。由于性质稳定，在砂矿中常见。受热液蚀变和强烈风化后可转变成绿泥石、绢云母、褐铁矿等。

表 18-7　石榴子石族矿物主要物理性质及成因产状（引自李胜荣，2008）

矿物种	颜　色	硬度	相对密度	主要成因产状
镁铝榴石	紫红、血红、橙红、玫瑰红	7.5	3.582	榴辉岩、金伯利岩、橄榄岩、蛇纹岩
铁铝榴石	褐红、棕红、橙红、粉红	7~7.5	4.318	中级变质岩、花岗岩、伟晶岩
锰铝榴石	深红、橘红、玫瑰红、褐	7~7.5	4.190	低级变质岩、花岗伟晶岩、锰矿床
钙铝榴石	红褐、黄褐、密黄、黄绿	6.5~7	3.594	矽卡岩、热液脉
钙铁榴石	黄绿、褐黑	7	3.859	

续表

矿物种	颜　色	硬度	相对密度	主要成因产状
钙铬榴石	鲜绿	7.5	3.90	超基性岩、矽卡岩
钙钒榴石	翠绿、暗绿、棕绿	6.5	3.68	碱性岩、角岩
钙锆榴石	暗棕色	7.25	4.00	碱性岩、伟晶岩

【光性特征】薄片中石榴子石呈淡褐色和淡红色，个别为浓的褐色和红褐色。正高-正极高突起，糙面明显，有不规则的裂纹。均质体，在正交偏光间全消光。而钙质石榴子石大多数具非均质性，呈现一级灰至白的干涉色，并常见锥状双晶，薄片中表现为三连晶和六连晶，锥顶多聚合在晶体中心，锥底面即是其晶面，此外还经常见同心环带状构造，这类光性异常的石榴子石一般为光轴角较小的二轴晶，但个别光轴角近于 90°。各石榴子石矿物具体光性特征见表18-8。

表18-8　石榴子石族矿物主要光性特征(引自常丽华，2006)

矿物种	薄片中颜色	折射率	正交偏光镜下特征
镁铝榴石	浅红、红褐	1.704~1.750	均质
铁铝榴石	浅红-浅褐	1.830	均质
锰铝榴石	浅红、浅黄褐	1.800	多为均质，有时微显非均质
钙铝榴石	无色、淡褐、淡黄绿	1.734	多光性异常，一级灰干涉色，见双晶
水钙铝榴石	无色	1.710~1.729	多为均质，有时见弱干涉色，见扇形双晶
钙铁榴石	褐、黄、红色较深	1.887	非均质，一级灰干涉色，见同心环状构造，三连晶、六连晶
黑榴石	深褐、深红褐、黄褐，见颜色环带	1.872~1.94	多为均质，常见环带构造
钙铬榴石	绿	1.865	弱非均质性、见环带构造

【鉴定特征】等轴状晶形、油脂光泽、缺乏解理、硬度高。矿物种鉴定需作 X 射线衍射或电子探针分析。

【主要用途】利用其高硬度作为研磨材料。晶粒粗大(>8mm，绿色者可小至3mm)且色泽美丽、透明无瑕者，可做宝石原料。

3. 橄榄石族

橄榄石化学式可以用 $X_2[SiO_4]$ 的形式表示之。其中 X 通常为 Mg^{2+}、Fe^{2+}、Mn^{2+} 等，但当有 Ca^{2+} 作为其组成成分时，则形成复盐；其中 Mg^{2+}、Fe^{2+} 是最常见的组成成分，可以形成以 $Mg_2[SiO_4]$ 镁橄榄石及 $Fe_2[SiO_4]$ 铁橄榄石为两个端员组分的完全类质同象系列。

橄榄石 Olivine (Mg，Fe)$_2$[SiO$_4$]

【化学组成】橄榄石的组成，主要是由 $Mg_2[SiO_4]$ 和 $Fe_2[SiO_4]$ 两个端员组分所形成的完全类质同象混晶。在富铁的成员中有时有少量的 Ca^{2+} 及 Mn^{2+} 取代其中的 Fe^{2+}，而富镁的成员则可有少量的 Cr^{3+} 及 Ni^{2+} 取代其中的 Mg^{2+}。此外还可含有微量的 Fe^{3+}、Zn^{2+} 等。

【晶体结构】斜方晶系。晶胞参数中，镁橄榄石 $a_0 = 0.4756nm$，$b_0 = 1.0195nm$，$c_0 = 0.5981nm$；铁橄榄石 $a_0 = 0.4817nm$，$b_0 = 1.0477nm$；$c_0 = 0.6105nm$。橄榄石的晶体结构为孤岛状的 $[SiO_4]^{4-}$ 被金属阳离子 Mg^{2+}、Fe^{2+} 等连接起来[图 18-8（a）]。氧离子 O^{2-} 接近成六方最紧密堆积，八面体空隙被二价阳离子占据。由于结构中各方向的键力相差不大，故呈等轴状，亦无完好的解理。

【晶体形态】对称型 2/mmm。单晶体少见，呈柱状或厚板状[图 18-8（b）、图 18-8（c）]，集合体呈他形粒状，或呈散粒状分布于其他矿物中。

【物理性质】镁橄榄石色浅，通常为白色至浅黄色，含 Fe 愈高则颜色趋深，一般呈黄绿色或橄榄绿色，锰橄榄石则呈灰色，玻璃光泽或油脂光泽，断口常呈贝壳状，硬度 6～7。{010}、{100} 不完全解理；镁橄榄石的相对密度为 3.222，铁橄榄石为 4.392，锰橄榄石在 3.78～4.1。

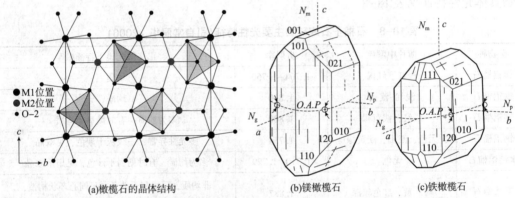

(a)橄榄石的晶体结构　　　　(b)镁橄榄石　　　　(c)铁橄榄石

图 18-8　橄榄石的晶体结构和光性方位（a 图引自秦善，2011；b、c 图引自赵志丹，2019）

【光性特征】橄榄石类矿物的光学性质与其中铁的含量有关，呈一系列连续的变化（图 18-9）。薄片中无色，含铁量高的橄榄石在薄片中呈淡黄色。折射率随铁含量增加而增高，突起正高到极高。双折率也随铁含量增加而增高，为 0.33～0.52。最高干涉色由二级末到三级初；由镁橄榄石至铁橄榄石，光性由二轴正晶变为二轴负晶；$2V$ 多大于 80°，随 Fe^{2+} 增加，$2V$ 增大，可达 90°，继而转变为负光性。

【成因产状】主要由岩浆作用形成，是超基性岩及基性岩的主要造岩矿物；也有接触变质和区域变质成因；橄榄石是组成上地幔、陨石、月的主要矿物成分。镁橄榄石与石英不共生，铁橄榄石可见于黑曜岩、流纹岩等酸性及碱性火山岩中。在变质、热液以及风化等过程中，橄榄石极易蚀变。最常见的蚀变产物是蛇纹石、碳酸盐、滑石和伊丁石等。玄武岩中橄榄石多伊丁石化，肉眼观察时呈砖红色。

【鉴定特征】橄榄石以其黄绿色、粒状、解理性差、难熔为特征。与绿帘石的区别，是绿帘石有沿 b 轴延伸为长柱状的形态。与硅镁石的区别主要在于光性方位的不同。

【主要用途】贫铁富镁的纯橄榄岩或橄榄岩，以及作为其变化产物的蛇纹岩，可用作耐火材料和宝石。

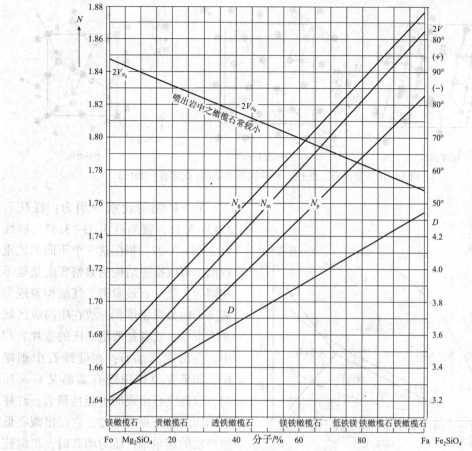

图18-9　橄榄石折射率、双折率、光轴角随晶体化学成分的变化(引自常丽华，2006)

4. 蓝晶石族

本族矿物的化学成分为 Al_2SiO_5。它有3种不同的同质多象变体：一为蓝晶 $Al_2^{VI}[SiO_4]O$，一为红柱石 $Al^{VI}Al^{V}[SiO_4]O$，另一为硅(矽)线石 $Al^{VI}[AlSiO_5]$。

图18-10是三者的晶体结构，它们的共同点是，Si 均与 O 形成 $[SiO_4]$ 四面体，有半数的 Al 与 O 结合成 $[AlO_6]$ 八面体。此种八面体，两两相接，共用一棱边，形成平行于 c 轴的链。

在蓝晶石中其余半数的 Al 仍做六次配位，形成 $[AlO_6]$ 八面体，依旧组成平行于 c 轴的链。在红柱石里，这些 Al 则出现配位数为 5 的罕见情况，与 $[SiO_4]$ 一道使 $[AlO_6]$ 的链彼此相连。硅线石中，这一半的 Al 做四次配位，形成 $[AlO_4]$ 四面体，与 $[SiO_4]$ 四面体上下相接，一侧相连，共用两个角顶，所以构成了一种特殊的双链，链的方向与 $[AlO_6]$ 八面体链彼此平行并相互衔接。根据这样的认识，因此应当将硅线石归于链状硅酸盐中，而且属于铝硅酸盐之列。但是根据硅线石与蓝晶石、红柱石二矿物的关系，无论从化学组成，还是从成因产状等方面考虑，都应将其归于同一族为宜，因此我们将硅线石一并在此描述。由于这 3 个矿物都有平行于 c 轴的 $[AlO_6]$ 八面体链存在，因而都呈平行 c 轴延伸的柱状晶体，甚至成纤维状，解理方向亦都平行于 c 轴。

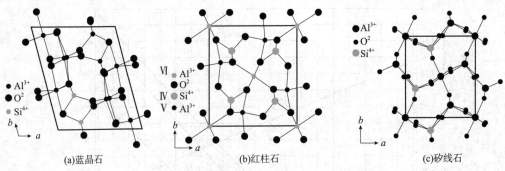

(a)蓝晶石　　　　　　　(b)红柱石　　　　　　(c)矽线石

图18-10　蓝晶石、红柱石和矽线石的结构(据秦善, 2011)

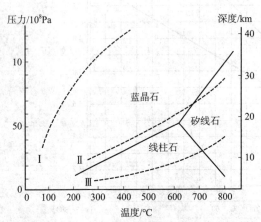

图18-11　Al_2SiO_5同质多象变体稳定范围
(据潘兆橹, 1993)

Ⅰ—高压变质线；Ⅱ—中压变质线；Ⅲ—低压变质线

3个矿物的比重分别为：红柱石 3.13~3.16，蓝晶石 3.53~3.65，硅线石 3.23~3.27。根据这3个不同的比重数据，可以推想结构的紧密程度是很不相同的。蓝晶石最紧密，其结构表现为氧离子做最紧密堆积，故在中高级区域变质带中，或者是低温高压的蓝片岩相中，会出现蓝晶石；在硅线石中则略松，如果变质作用既有高温又有高压时，以硅线石出现的可能性最大；红柱石结构的紧密程度最差，它仅出现在低级变质的相带里；压力增高时，将向蓝晶石转化，如果压力仍然相当低，但温度增高较显著时，将会出现富铝红柱石(图18-11)。

蓝晶石 Kyanite $Al_2[SiO_4]O$

【化学组成】Al_2O_3 63.1%，SiO_2 36.9%。天然产出的蓝晶石，往往接近于纯种。能以类质同象取代的组分极少，仅有 Fe^{3+}，但也不超过 1%~2%。有时有少量的 Cr 及微量的 Na、K 等。

【晶体结构】三斜晶系。岛状结构。晶胞参数：$a_0 = 0.710nm$，$b_0 = 0.774nm$，$c_0 = 0.557nm$，$\alpha = 90°5'$，$\beta = 101°2'$，$\gamma = 105°44'$。

【晶体形态】对称型 $\bar{1}$。单晶体常平行于结构中链的方向，因而多呈平行于{100}的长板状或刀片状。主要单形有{100}、{010}、{001}、{110}等(图18-12)。双晶常见，通常以(100)为双晶面。

【物理性质】一般呈蓝色，但也可呈白色、灰色、黄色、浅绿色。玻璃光泽，解理面上有时现珍珠光泽。

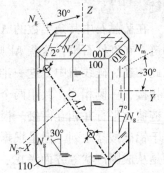

图18-12　蓝晶石形态及光性方位
(引自常丽华, 2006)

{100}解理完全，{010}解理中等到完全；另有平行{001}的裂理。硬度4.5~7，表现出极其显著的各向异性。故蓝晶石又名二硬石。据测试结果，有一种带淡蓝的绿色蓝晶石晶体，在(100)晶面上平行c轴的硬度为4.5，垂直方向为6.5；在该晶体的(010)面上，平行c轴为6，垂直方向为7；显然这是由于沿链的方向，链与链之间联结力较弱，垂直于链的方向联结力较强而引起的。比重3.53~3.65。

【光学性质】薄片中无色到浅蓝，具弱多色性：N_g—浅靛蓝，N_m—浅紫蓝，N_p—无色；正高突起；干涉色一级黄到一级橙红色。斜消光，最大消光角30°；可见简单双晶或聚片双晶；正延性；二轴晶负光性；可转变为绢云母、白云母、叶蜡石等。温度升高变为矽线石、压力降低可变为红柱石。

【成因产状】蓝晶石是典型区域变质矿物之一，多由泥质岩或碎屑岩变质而成，是一个划分变质相带的标志矿物。所谓的蓝晶石带介于十字石带和硅线石带之间，如果是进向变质，则十字石可以与共生的石英反应转化而成为蓝晶石。如果是退向变质，则硅线石也可转化而成为蓝晶石。热变质作用条件下产生的红柱石，如果受到强烈的应力作用时，也会转化成蓝晶石。因此蓝晶石通常都看成是典型的应力矿物。不过也曾发现过非应力条件下生成的蓝晶石，如云母片岩中有切穿片理的蓝晶石石英脉，此外在伟晶岩也有存在，这些都表明是在非应力条件下形成的。蓝晶石的蚀变产物为绢云母或叶蜡石。

【鉴定特征】根据其颜色，硬度的各向异性，完好的解理性，刀片状或板状形态，较易识别。

【主要用途】蓝晶石具强耐火性，是高级耐火材料。也是用作卫生瓷、墙砖、精注模、电瓷和过滤器的原料。

红柱石 Andalusite $Al_2[SiO_4]O$

【化学组成】红柱石的化学组成也接近于纯种，可以有微量的Fe^{3+}及Na、K存在。有一种含锰铁的亚种叫锰红柱石，含MnO达7.66%，含Fe_2O_3可达9.60%。有一种含炭质物包裹体的红柱石，特名空晶石，炭质物在其中做定向排列。

【晶体结构】斜方晶系。岛状结构，$a_0 = 0.778nm$，$b_0 = 0.792nm$，$c_0 = 0.557nm$。晶体结构见蓝晶石族描述。

【晶体形态】对称型mmm。单晶体呈柱状，横切面接近于正方形，很类似四方柱。很少呈双晶，双晶面为(101)。集合体成放射状或粒状。

【物理性质】呈灰白色、肉红色，但也有呈白色、蓝色、绿色或紫色者。玻璃光泽。硬度6.5~7.5。{110}解理完全，解理交角为90°48′，{100}解理不完全，相对密度2.13~3.16。不溶于酸。

【光学性质】薄片中常无色，有时带浅红或浅绿色，并略具微弱多色性：$N_g = N_m$-浅黄绿，N_p-浅红；正中突起；干涉色一级灰白——一级橙黄色；纵切面平行消光，负延性。横截面对称消光；横切面中间多见碳质包裹体(图18-13)；纵切面负延性；二轴晶负光性；$2V = 83° ~ 85°$。

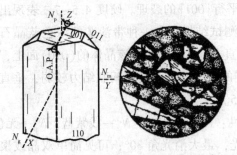

图 18-13　红柱石光性方位图及镜下照片素描图
（引自唐洪明，2014）

【成因和产状】红柱石是典型的中低级热变质作用的产物，常见于接触变质带的泥质岩石中。所谓斑点状构造中的斑点球粒，可由红柱石或堇青石组成。随着变质作用的加强，早期阶段结晶出来的细小而无晶形的红柱石，很快会转化成柱状晶体。在其结晶加粗时，会将许多杂质排挤出去，少量的炭质物则仍可残留在晶体的特定方向上，从而形成空晶石。如果变质程度再稍增强，则所有杂质均被排出，乃形成不含包裹物的红柱石。在高温高压条件下红柱石不稳定，会转化成蓝晶石或硅线石。如果一个地区的变质岩在变质过程中温度压力不均匀，这种不均匀性既可以有时间上的差异，又可有空间上的差异，因而可以出现红柱石与硅线石、蓝晶石共存的现象。此外，红柱石还可形成砂矿。红柱石易于蚀变成绢云母。

【鉴定特征】柱状形态，解理交角近于垂直，常呈肉红色为特征。

【主要用途】同蓝晶石。经提纯的红柱石是陶瓷釉料熔块中氧化铝的极佳来源。

硅线石（矽线石）　Sillimanite　Al[AlSiO₅]

【化学组成】Al_2O_3 62.93%，SiO_2 37.07%，组分中有时含 Fe^{3+}、Ca 及 K、Na，可能与杂质有关。

【晶体结构】斜方晶系。链状结构。$a_0 = 0.744nm$，$b_0 = 0.759nm$，$c_0 = 0.575nm$。晶体结构见蓝晶石族描述。

【晶体形态】对称型 mmm。单晶体很难见到，一般成针状集合体或纤维状集合体。有时被包含于其他矿物中呈毛发状或放射状（图 18-14）。硅线石之所以呈如此形态，与其链状结构有密切关系。

【物理性质】通常呈灰白色，但也可因杂质关系而呈黄、棕、灰绿、蓝绿等色。玻璃光泽，硬度，{010} 解理完全；相对密度 3.23～3.27，不溶于酸，难熔。

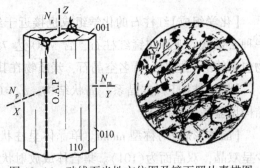

图 18-14　硅线石光性方位图及镜下照片素描图
（引自唐洪明，2014）

【光学特征】无色，有时呈白色、黄、褐、灰绿和蓝绿色，薄片中无色，集合体呈毛发状的硅线石浅褐色，这是由于色散现象所致，而不是其本身颜色。但厚的切片有弱的多色性：N_g—暗褐或蓝，N_m—褐或绿，N_p—淡褐或淡黄。正高突起。干涉色一级紫红-二级蓝，平行消光，正延性。在横切面上平行对角线解理方向为快光，在该切面上的干涉色为一级暗灰，可见到 Bxa 干涉图，二轴晶正光性，光轴角较小，光轴角色散较强。硅线石的蚀变产物为绢云母（白云母）、叶蜡石及黏土矿物。在压力增加条件下，硅线石可转变为蓝晶石。在有流体溶液参与下，长石和云母可转变为硅线石。

【成因产状】硅线石是典型的高温变质矿物，产于泥质岩的高级热变质带中，如硅线石堇青石片麻岩或黑云母硅线石角岩中。通常多由云母分解而成，但也可由低级相带中的十字石、红柱石或蓝晶石等转化而成。但是由于蓝晶石转化迟缓，因此在高级相带中可以有二者共存现象发生。

【鉴定特征】针状、放射状或纤维状形态，具完全解理。

【主要用途】同蓝晶石。

二、环状硅酸盐矿物特征

(一)环状硅酸盐矿物总体特征

环状硅酸盐矿物的硅氧骨干是环状骨干，可分三方环$[Si_3O_9]^{6-}$、四方环$[Si_4O_{12}]^{8-}$、六方环$[Si_6O_{18}]^{12-}$和双层六方环等几种，六方环的矿物较为常见。属于六方环的常见矿物有绿柱石、堇青石和电气石；四方环者有斧石。

在环状结构硅酸盐矿物的络阴离子中，每个硅氧四面体的负电价为-2，加入晶格中的阳离子以二、三价居多，如Al^{3+}、Be^{2+}、Mg^{2+}等；环状结构中有较大空隙，其中还能容纳各种离子，阳离子如Na^+、Li^+、Mn^{2+}等，阴离子如OH^-、F^-、$[BO_3]^{2-}$等。

环状结构矿物晶格相当牢固，故硬度和稳定性较高。但因环中有较大空隙，所以本亚类矿物的相对密度不大。

环状硅酸盐矿物主要形成于气成热液作用、伟晶作用和变质作用中。

常见环状硅酸盐矿物包括绿柱石、堇青石和电气石等。

(二)典型环状硅酸盐矿物特征

1. 绿柱石族

绿柱石　Beryl　$Be_3Al_2[Si_6O_{18}]$

【化学组成】BeO 14.1%，Al_2O_3 19.0%，SiO_2 66.9%。绿柱石中经常含有碱金属，自Li 至 Cs 均可存在，含量高者可达 5%~7%。绿柱石中往往含有相当数量的水。除此之外，少量的 Fe^{3+} 可以置换 Al^{3+}，微量的 Mg^{2+} 也可置换 Be^{2+}。其他还有 Cr、Zr、Nb、Sn 等元素，但含量极为微小。

【晶体结构】六方晶系。$a_0=0.9188nm$，$c_0=0.9189nm$。硅氧四面体组成六方环，环与环之间借 Be^{2+}、Al^{3+}相连。Be^{2+}作四次配位，形成扭曲了的$[BeO_4]$四面体。

Al^{3+}做六次配位，形成，$[AlO_6]$八面体。绕 c 轴方向，上下叠置的六方环错开一定角度。环平面本身就是水平方向的对称面所在。上下叠置的环内形成了一个巨大的通道。个体较大的阳离子如 K^+、Cs^+等即可置放其中。此外，其中还可以有 H_2O 及 He_2 等存在。

【晶体形态】对称型 6/mmm。单晶体多呈长柱状，通常发育完整，以$\{10\bar{1}0\}$及$\{0001\}$最为发育。柱面上有细纵纹。绿柱石形成温度稍低时，则可呈短柱状甚至板状。集合体呈散染状或晶簇状，偶见柱状集合体。

【物理性质】绿柱石一般呈不同色调的绿色，但也有白色、浅蓝色、深绿色、玫瑰色或无色透明者。根据颜色的不同，有不同的亚种名称，如祖母绿呈翠绿色，水蓝宝石因含 Fe 呈透明的深蓝色，铯绿柱石因含 Cs 而呈玫瑰色，黄透绿柱石因含 U 而呈黄色，玻璃光泽，具有 $\{10\bar{1}0\}$ 及 $\{0001\}$ 不完全解理，硬度 7.5~8。相对密度 2.6~2.9。

【光性特征】薄片中无色，厚切片可有多色性，绿-浅绿，蓝-浅蓝。常含气液或其他矿物包裹体；正低-正中突起；干涉色一般一级灰-白；柱面平行消光；负延性；但板状晶体为正延性；一轴晶负光性；可变为高岭石，有时有少量白云母生成。

【成因产状】绿柱石主要产于花岗伟晶岩中，气体-高温热液或热液矿床中也有产出。共生矿物除长石、石英外，尚有黄晶、锂辉石、锡石、铌铁矿、细晶石、电气石等。伟晶岩中的绿柱石单晶体，个体可以很大，重达数十吨。砂矿中有时也能发现之。

【鉴定特征】绿柱石以形态和颜色作为鉴定特征。与磷灰石相比时，有较高的硬度且柱面上有纵纹出现。与金绿宝石和似晶石相比，则相对密度较低。

【主要用途】是提炼铍的最主要矿物原料。主要用于某些火花塞陶瓷中和陶瓷色釉中，作为活性助熔剂，用作高温电瓷及坩埚坯体，还用于制造硼硅酸盐玻璃，质地好的可做宝石。

2. 董青石族

董青石 Cordierite $(Mg, Fe)_2Al_3[AlSi_5O_{18}]$

【化学组成】董青石的组成成分中，含量变化最大的是 Mg、Fe，二者为完全类质同象，通常以含 Mg 为主，含 Fe 为主者较少。董青石中也含有少量的 Ti、Mn，但含量均很少。由于它的晶体结构与绿柱石相似，所以在结构的通道中，可有 H_2O、Na^+、K^+ 等存在。

【晶体结构】斜方晶系（假六方晶系）。$a_0 \approx 1.71nm$，$b_0 \approx 0.97nm$，$c_0 \approx 0.94nm$。董青石的晶体结构类同于绿柱石，所不同的地方是 $[BeO_4]$ 被 $[AlO_4]$ 取代，$[AlO_4]$ 则被 $[(Mg, Fe)O_6]$ 取代。

【晶体形态】对称型 mmm。单晶体少见，呈柱状，因双晶关系常成假六方形，类似于碳酸盐中的文石。集合体成致密块状或不规则的散染粒状。双晶很普遍，依（110）或（130）而成的双晶最常见，形成简单的接触双晶或三连晶或聚片双晶（图 18-15）。

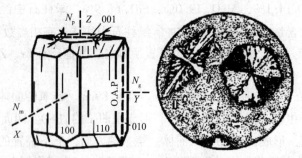

图 18-15　董青石光性方位及横切面镜下素描图（引自唐洪明，2014）

【物理性质】微带蓝色或紫蓝色者最为常见，但也有呈深蓝色或灰色的。经受风化后则颜色变浅，呈黄白色或褐色，玻璃光泽，硬度 7，$\{010\}$ 解理中等，$\{001\}$、$\{100\}$ 解理不完全，贝壳状断口，相对密度 2.53~2.78。

【光学性质】薄片中无色，仅在厚薄片中具有无色-浅蓝色的弱多色性，富铁变种的多色性则较明显。负或正低突起。最高干涉色为一级黄，双折率随铁的含量增加而增大。富铁变种的干涉色可达一级紫红。柱面上为平行消光，负延性。堇青石的双晶十分特殊，呈扇形的六连晶和三连晶，六连晶的对顶单体同时消光，相邻单体为对称消光，其消光角为30°。堇青石总是呈变斑晶产出，晶体中常包裹有很多矽线石、石英、云母、长石、锆石、磷灰石、电气石、尖晶石等细小矿物，它们经常定向分布，形成残缕结构。在锆石、电气石和独居石等细小包裹体的周围，有时能看到很特别的柠檬黄的多色晕，这是鉴定堇青石的主要标志之一。通常堇青石为二轴晶负光性，偶见二轴晶正光性，此外，还发现在高温条件下（>830℃）产出的一轴晶正光性的堇青石。堇青石易变为绢云母、白云母和浅黄色或黄色的胶蛇纹石、滑石；富铁堇青石易变为绿泥石等矿物。

【成因产状】典型变质矿物，产于角岩、片岩、片麻岩中，与富镁、铝的矿物如角闪石、黑云母、矽线石、基性斜长石、滑石等共生。

【鉴定特征】与石英的区别是，颜色显浅蓝色，玻璃光泽而非油脂光泽。确切的鉴定应借光性测定。

3. 电气石族

电气石 Tourmaline $(Na, Ca)(Mg, Fe, Li, Al)_3Al_6[Si_6O_{18}](BO_3)_3(OH, F)_4$

【化学组成】电气石是一种组成成分比较复杂的矿物，以含B为特征。主要有3个端员组分：锂电气石 $Na(Li, Al)_3Al_6[Si_6O_{18}](BO_3)_3(OH, F)_4$、黑电气石 $NaFe_3Al_6[Si_6O_{18}](BO_3)_3(OH, F)_4$、镁电气石 $NaMg_3Al_6[Si_6O_{18}](BO_3)_3OH_4$。

如果以通式表示时，则应为 $NaR_3Al_6[Si_6O_{18}](BO_3)_3(OH)_4$。其中R只为 Mg^{2+}，Fe^{2+}或（$Li^+ + Al^{3+}$）。但是也可以含 Mn^{2+}，称之为锰电气石。如果镁电气石组分中的 Na^+、Al^{3+}被 Ca^{2+}、Mg^{2+}置换时，则形成钙镁电气石 $CaMg_4Al_5[Si_6O_{18}](BO_3)_3OH_4$。黑电气石与镁电气石之间，以及黑电气石与锂电气石之间，均为完全类质同象系列。但锂电气石和镁电气石之间，则为不完全类质同象。附加阴离子一般以（OH）$^-$为主，但可有 F^-，尤其是锂电气石中，含 F^-较高。

【晶体结构】三方晶系。复三方环状结构。锂电气石 $a_0 = 1.584$nm，$c_0 = 0.709$nm；黑电气石 $a_0 = 1.591$nm，$c_0 = 0.7210$nm；镁电气石 $a_0 = 1.600$nm，$c_0 = 0.7135$nm。

【晶体形态】对称型 3m。单晶体呈短柱状、长柱状或针状。最常见的单形是 $\{01\bar{1}0\}$、$\{11\bar{2}0\}$两种柱面和 $\{10\bar{1}1\}$、$\{02\bar{2}1\}$锥面，柱面上常有纵纹，并因而使晶体的横断面呈弧线三角形（图18-16）。集合体成放射状或纤维状，少数情况下成块状或粒状。

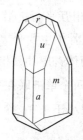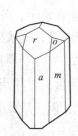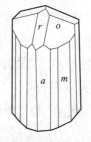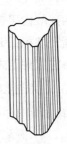

图18-16 电气石的形态（据潘兆橹等，1993）

三方柱 $m\{01\bar{1}0\}$；六方柱 $a\{11\bar{2}0\}$；三方单锥 $r\{10\bar{1}1\}$、$O\{02\bar{2}1\}$；复三方单锥 $u\{32\bar{5}1\}$

【物理性质】电气石的颜色多种多样，与所含成分有关。含 Fe 高者旦黑色，所以黑电气石一般呈绿黑色至深黑色。锂电气石常呈蓝色、绿色或淡红色，也有呈无色者。锂电气石之所以呈红色是由于含 Mn^{2+}，而绿色是由于含少量 Fe^{2+}，黄绿色则是因为含微量的 Fe 中又以 Fe^{3+} 为主。镁电气石的颜色变化于无色到暗褐色之间，也是由含 Fe 量不同所致。纯粹的镁电气石无色，随着 Fe 含量的增高而逐步变深。电气石又可因呈现的颜色不同而分出若干亚种，如无色电气石、红电气石、蓝电气石等。此外在同一个电气石晶体上，还会出现不同颜色所组成的水平环带，或 c 轴的两端呈现不同的颜色。此种现象在其他矿物中较为少见，玻璃光泽，硬度 7，无解理，参差状断口，相对密度 3.03～3.10（锂电气石）；3.10～3.25（黑电气石）；3.03～3.15（镁电气石）。电气石还有明显的压电性。

【光性特征】颜色随所含成分发生变化，含铁越高颜色越深；而含锂越高，则颜色越淡。具很强的多色性和吸收性，电气石的吸收性为反吸收，当其柱体平行目镜的纵十字丝时吸收性最强（与黑云母正好相反）。镁电气石的多色性和吸收性没有黑电气石强；锂电气石可以无色，含锰时显粉红色，含铁时显绿色，含铜时显蓝色。横切面上有颜色环带；中等突起，柱面呈平行消光；干涉色一般二至三级，但因受其本身颜色的干扰难以分辨；柱面负延性；一轴晶负光性矿物。

【成因产状】锂电气石和黑电气石主要产于花岗伟晶岩和气成–高温热液脉中。电气石的大量出现，意味着硼的作用强烈。在伟晶岩形成的不同阶段，会有不同颜色的电气石形成。高温时生成黑电气石，低至 290℃±时形成绿色电气石，更低至 150℃±时则形成红色电气石。伟晶岩的分带现象很普遍，在不同的带中，往往出现不同色调的电气石。

镁电气石一般存在于变质岩中。电气石作为碎屑矿物见于沉积岩中，有时还可在自生作用过程中围绕先前形成的颗粒加大。

【鉴定特征】电气石以其形态、横切面形状、柱面上纵纹作为鉴定特征。色泽鲜艳者，颜色有带状分布规律者，更易认识。

【主要用途】色泽美丽的电气石可做宝石，也是制作特种陶瓷和功能陶瓷常用的原料。

第三节　链状结构硅酸盐矿物特征

一、链状硅酸盐矿物的基本特征

链状结构硅酸盐矿物中的络阴离子为链状硅氧骨干，各链相互平行，沿 Z 轴无限延伸，并近于紧密堆积；链与链间通过金属阳离子联结。链状硅氧骨干主要分单链和双链两种，其中，单链以辉石式单链 $[Si_2O_6]^{4-}$ 最为常见，每个硅氧四面体首尾共氧相连形成单链 [图 18–17（a）]，双链以闪石式双链 $[Si_4O_{11}]^{6-}$ 最为常见，相当于两个单链联在一起 [图 18–17（b）]。硅氧骨干中存在 Si^{4+} 被 Al^{3+} 替代的情况，但一般代替量小于 1/3，个别能达到 1/2（如矽线石）。

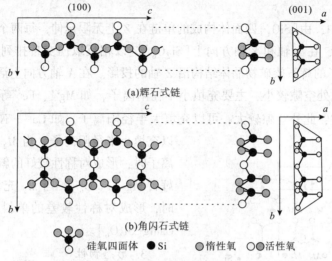

扫码查看
高清原图

(a)辉石式链

(b)角闪石式链

● 硅氧四面体 ● Si ● 惰性氧 ○ 活性氧

图18-17　辉石式链和角闪石链在不同方向观察时的形状

络阴离子电价较低，在单链中一个硅氧四面体的电价是-2，在双链中一个硅氧四面体的电价是-1.5。故阳离子相应电价也较低，主要为 Ca^{2+}、Mg^{2+}、Fe^{2+}、Mn^{2+}，Al^{3+}、Fe^{3+}、Ti^{3+}等三价阳离子主要和 Na^+、Li^+等一价阳离子同时进入晶格，而很少单独与络阴离子组成链状硅酸盐。

本亚类矿物常平行于链状骨干的柱状、针状或纤维状自形-半自形晶，平行柱的方向具有中等-完全解理。颜色随成分而异，含过渡型离子者较深，白色或浅色条痕、非金属光泽、透明。矿物的硬度比岛状和环状硅酸盐低，多在5~6，少数可达到7。

本亚类矿物形成于多种内生和变质作用下，是岩浆岩和变质岩的主要造岩矿物。辉石族和角闪石族矿物分布最为广泛。

二、单链结构辉石族矿物特征

(一)单链结构辉石族矿物总体特征

1. 化学成分

辉石族矿物具有单链硅氧骨干，晶体化学通式为 $XY[T_2O_6]$。

X 为 Ca^{2+}、Na^{1+}、Li^{1+}、Mn^{2+}、Mg^{2+}、Fe^{2+}等，在晶体结构中占据 M_2 位；

Y 为 Mg^{2+}、Fe^{2+}、Mn^{2+}、Al^{3+}、Fe^{3+}、Ti^{3+}等，在晶体结构中占据 M_1 位；

T 为 Si 或 Al，少数情况下有 Fe^{3+}、Cr^{3+}、Ti^{4+}等，占据硅氧四面体位置，天然矿物中 T 位置上 Al^{3+}代替 Si^{4+}之比 $N_{Al} : N_{Si} \leqslant 1 : 3$。

辉石族矿物中各类阳离子的类质同象非常广泛。主要矿物构成了 $Mg_2[Si_2O_6]$-$Fe_2[Si_2O_6]$、$CaMg[Si_2O_6]$-$CaFe[Si_2O_6]$、$NaAl[Si_2O_6]$-$NaFe[Si_2O_6]$等几个类质同象系列。

2. 晶体结构

辉石族矿物中，由$[SiO_4]$四面体构成的单链在Z上无限延伸，每两个四面体构成一个重复周期$[Si_2O_6]$，在X轴和Y轴方向上$[Si_2O_6]$链以相反取向交替排列(图 18-18)。图18-18 为理想化了的辉石族矿物晶体结构沿Z轴的投影。在X轴方向上活性氧与活性氧相对形成M_1位，此处空隙较小，主要充填小半径阳离子，如Mg^{2+}、Fe^{2+}等；惰性氧与惰性氧相对形成M_2位，此外空隙较大，可以充填大半径阳离子，如Ca^{2+}、Na^+、Li^+等，也可以充填小半径阳离子。当M_2位充填小半径阳离子时，形成对称性较好的斜方辉石，如顽火辉石$Mg_2[Si_2O_6]$；当M_2充填大半径阳离子时，形成对称性较差的单斜辉石，如透辉石$CaMg[Si_2O_6]$。

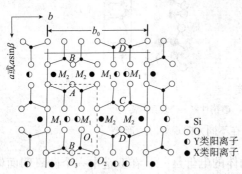

图 18-18　辉石的晶体结构(引自潘兆橹，1993)

3. 形态物性

辉石的链状结构使其形成平行$[Si_2O_6]$链延伸方向的柱状或板状，横截面呈假正方形或八边形；图 18-19 为(001)面的结构切面，用梯形代表$[Si_2O_6]$，图中虚线代表解理通过的路径，由此可以看出两组解理容易产生于$\{hk0\}$方向，其中单斜辉石发育$\{110\}$解理，夹角为87°和93°；斜方辉石发育$\{210\}$解理，夹角为近于垂直的88°和92°。此外辉石中也常发育$\{100\}\{010\}\{001\}$的裂理。辉石族矿物受离子晶格影响，具有白色条痕，玻璃光泽，阳离子为色素离子时颜色变深。硬度为 5~6，相对密度中等，为 3.10~3.96，随成分变化而变化。

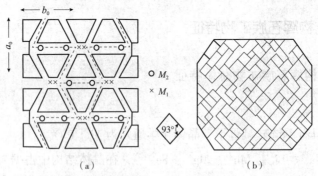

图 18-19　辉石结构和解理的关系(引自李胜荣，2008)

4. 光性特征

辉石随成分中 Fe 离子含量的变化其物理性质会发生规律性的变化(图 18-20)。

辉石类矿物在薄片中多数无色或淡绿色，有的呈浅紫色、浅褐色，多数多色性较弱(碱性辉石除外)，因结构较为紧密，折射率较高，正高突起。单斜辉石的干涉色多为二级中部到顶部；斜方辉石的干涉色多在一级中到二级底，辉石的横切面为对称消光。斜方辉石的纵切面为平行消光，正延性；单斜辉石除(100)纵切面为平行消光外，其他纵切面均为斜消光，消光角 $Z \wedge N_g$ 一般大于35°，不同单斜辉石的消光角不同，因此消光角是鉴别单斜辉石种属的重要依据之一(图18-21)。辉石中常具有(100)和(001)的简单双晶和聚片双，有时可见十字形穿插双晶。由于熔离作用形成的平行连晶现象较常见，多数辉石为正光性，光轴角中等至较大。

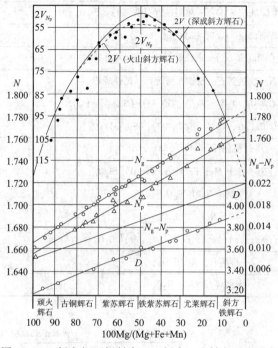

图18-20　斜方辉石折射率、双折率、光轴角及密度与 $100Mg/(Mg+Fe+Mn)$ 的关系(转自王濮等，1984)

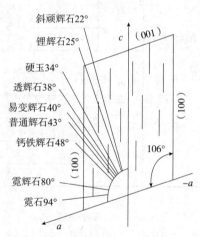

图18-21　单斜辉石(010)切面上的平均最大消光角(引自常丽华，2006)

5. 分类

根据辉石矿物的对称特点，可以分为斜方辉方亚族和单斜辉石亚族；根据化学成分特点，则可分为镁铁辉石亚族(阳离子以 Mg^{2+}、Fe^{2+} 为主)、钙辉石亚族(成分中富 Ca^{2+})、碱性辉石亚族(富 Na^+、Li^+)等类型(表18-9)。

自然界的辉石族矿物中，主要存在的端元组分包括顽火辉石或单斜顽火辉石 $Mg_2[Si_2O_6]$、斜方铁辉石或单斜铁辉石 $Fe_2[Si_2O_6]$、透辉石 $CaMg[Si_2O_6]$、钙铁辉石 $CaFe[Si_2O_6]$、钙锰辉石 $CaMn[Si_2O_6]$、硬玉 $NaAl[Si_2O_6]$、霓石 $NaFe^{3+}[Si_2O_6]$、锂辉石 $LiAl[Si_2O_6]$ 等。辉石族的矿物是这些端元组分以不同的比例组成的。顽火辉石与斜方铁辉石结晶形成斜方晶系；所有这几个端元组分都可结晶成单斜晶系，按端员组分不同可用斜顽辉石-斜铁辉石-透辉石-钙铁辉石四组分系列(图18-22)和硬玉-霞石-透辉石-钙铝辉石四组分系列(图18-23)两种系列来表示不同辉石的成分特征。

表 18-9　主要辉石族矿物及亚族划分（引自赵志丹，2019）

亚族类型		矿物名称及化学式
结构-成分	成分	
斜方辉石	镁铁辉石	顽火辉石（En）$Mg_2[Si_2O_6]$—斜方铁辉石（Fs）$Fe_2[Si_2O_6]$系列
		顽火辉石—古铜辉石—紫苏辉石—铁紫苏辉石—尤莱辉石—铁辉石
		$En_{100-88}Fs_{0-12}$　$En_{88-70}Fs_{12-30}$　$En_{70-50}Fs_{30-50}$　$En_{50-30}Fs_{50-70}$　$En_{30-12}Fs_{70-88}$　$En_{12-0}Fs_{88-100}$
单斜辉石	镁铁辉石	单斜顽火辉石 $Mg_2[Si_2O_6]$—单斜铁辉石系列 $Fe_2[Si_2O_6]$
		易变辉石$(Mg，Fe^{2+}，Ca)(Mg，Fe^{2+})[Si_2O_6]$
	钙辉石	透辉石 $CaMg[Si_2O_6]$—钙铁辉石 $CaFe[Si_2O_6]$系列
		透辉石—次透辉石—低铁次透辉石—钙铁辉石
		普通辉石 $Ca(Mg，Fe^{2+}，Fe^{3+}，Ti，Al)[(Si，Al)_2O_6]$
		深绿辉石 $Ca(Mg，Fe^{2+}，Fe^{3+}，Al)[(Si，Al)_2O_6]$
		钙锰辉石 $CaMn[Si_2O_6]$
	碱性辉石	绿辉石$(Na，Ca)(Mg，Fe^{2+}，Fe^{3+}，Al)[Si_2O_6]$
		硬玉 $NaAl[Si_2O_6]$
		霓石 $NaFe^{3+}[Si_2O_6]$
		霓辉石$(Na，Ca)(Fe^{2+}，Fe^{3+}，Mg，Al)[Si_2O_6]$
		锂辉石 $LiAl[Si_2O_6]$
		陨铬辉石 $NaCr[Si_2O_6]$

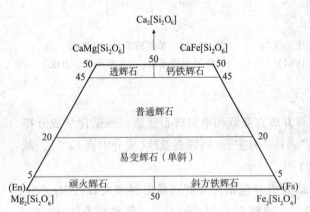

图 18-22　$Ca_2[Si_2O_6]$-$Mg_2[Si_2O_6]$-$Fe_2[Si_2O_6]$
辉石分类图解（据 Morimoto N，郭宗山，1988）

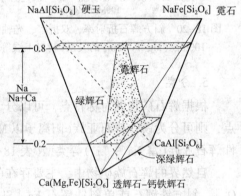

图 18-23　$NaAl[Si_2O_6]$- $NaFe[Si_2O_6]$-
$Ca(Mg，Fe)[Si_2O_6]$-$CaAl[Si_2O_6]$辉石分类图解

（二）典型单链结构辉石族矿物特征

1. 斜方辉石亚族

顽火辉石 $Mg_2[Si_2O_6]$——斜方铁辉石 $Fe_2[Si_2O_6]$

本亚族矿物是由顽火辉石 $Mg_2[Si_2O_6]$（简称 En）和斜方铁辉石 $Fe_2[Si_2O_6]$（简称 Fs）两

个端员组分构成的完全类质同象系列，其中间成员有古铜辉石 $En_{90-70}Fs_{10-30}$ 和紫苏辉石 $En_{70-50}Fs_{30-50}$ 等。

【化学组成】含 $Fe_2[Si_2O_6]$ 分子在顽火辉石中 < 10%，古铜辉石为 10%~30%；紫苏辉石则为 30%~50%。组成成分中经常含有 Al、Ca、Mn、Fe^{3+}、Ti、Cr、Ni 等元素，但这些元素的总量均不超过 10%。Cr 及 Ni 在富镁的成员中较高，而 Mn 则在富铁的成员中较高。斜方辉石结晶温度较高者含 Ca 略高，反之则低。在一般情况下，斜方辉石含 Al_2O_3 仅在 3%~4% 以下；但在个别变质岩中，有高达 8% 以上者。

【晶体结构】斜方晶系。$a_0 = 1.8228nm$，$b_0 = 0.8805nm$，$c_0 = 0.5185nm$。正铁辉石的晶胞参数为 $a_0 = 1.8433nm$，$b_0 = 0.9060nm$，$c_0 = 0.5258nm$。古铜辉石和紫苏辉石的参数介于其间，随组分中铁含量的增大而稍有增大。顽火辉石的晶体结构中的 $[Si_2O_6]$ 链沿 c 轴方向无限延伸，链与链之间所形成空隙，被二价阳离子占据。

【晶体形态】对称型 mmm。晶体通常呈平行 c 轴延伸的短柱状。常见单形有 {100}、{210}、{010}、{001}、{110}、{211} 等(图 18-24)。在岩石中常呈不规则的粒状，散布于整个岩石里。横截面为近正方形或近正八边形。

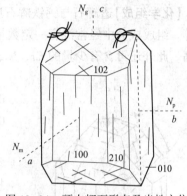

图 18-24 顽火辉石形态及光性方位
(引自常丽华，2006)

【物理性质】颜色随 Fe 含量的增高而加深。顽火辉石为无色或带浅绿的灰色，也有褐绿色或褐黄色；紫苏辉石呈绿黑色或褐黑色；古铜辉石则呈特征性的古铜色，故名。玻璃光泽。硬度 5~6，{210} 解理完全。比重随含 Fe 量的增高而增大，顽火辉石在 3.15 左右，紫苏辉石 3.3~3.6，古铜辉石介于两者之间，至于斜方铁辉石则可达 3.9。

【光性特征】薄片中无色。紫苏辉石有浅红和浅绿的多色性。正中突起。干涉色为一级黄白。横切面对称消光，纵切面平行消光，正延性。折射率、双折率和光轴角随着成分中铁含量增加而增大。二轴晶面正光性，光轴角中等一大。紫苏辉石为负光性。结合面 (100) 的简单双晶和聚片双晶少见。顽火辉石常与单斜辉石形成熔离页片的平行连晶，两者的 c 轴彼此平行，因而很容易误认为双晶。顽火辉石易变为蛇纹石、滑石和纤维状角闪石。

【成因和状】顽火辉石和紫苏辉石是斜方辉石亚族中最常见的矿物。它们既可是岩浆结晶作用的产物，也可是变质作用的产物。在岩浆岩中，随着 SiO_2 含量的增高，斜方辉石亚族矿物成分中 Fe 的含量将有所增加，Mg 的含量将有所降低。因此在纯橄榄岩或苦橄岩中，以顽火辉石、古铜辉石为主，在辉石岩、斜长岩中，则以古铜辉石、紫苏辉石为主。斜方辉石亚族矿物也经常在钙碱性火山岩，如安山岩及粗面岩中产出。

斜方辉石亚族矿物也是变质程度较深的变质岩中常见的矿物。此外，当泥质岩石遭受接触变质时，原来存在的绿泥石或黑云母等矿物将会分解，并形成本亚族矿物。因此在接触变质带里，它们的出现，表明变质程度已经转入较高级阶段。

本亚族矿物，尤其是富镁的，时常蚀变成蛇纹石。有时可以形成带有古铜色光泽的纤维蛇纹石集合体,特称为绢石。有时蚀变成浅绿色纤维状的角闪石集合体,特称为纤闪石。它们在岩石中经常呈辉石的假象。

【鉴定特征】短柱状形态,两组近于正交的完好解理。但与斜辉石亚族矿物的区别,一般须依靠光性测定。

【主要用途】色泽鲜艳、透明者可做宝石材料。

2. 单斜辉石亚族

透辉石 $CaMg[Si_2O_6]$-钙铁辉石 $Ca(Mg,Fe)[Si_2O_6]$

【化学组成】透辉石与钙铁辉石形成完全类质同象,其中间成员有次透辉石和铁次透辉石等。组成成分中经常混有一定数量的 Al 与 Mn。Mn 的含量随原组分中 Fe 含量的增高而增高。此外还可含有少量的 Cr、Ni、Zn 等。

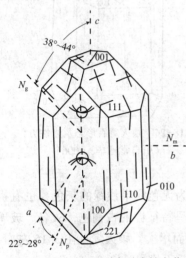

图 18-25 透辉石形态及光性方位
(引自常丽华,2006)

【晶体结构】单斜晶系。晶胞参数为 $a_0 = 0.9746 \sim 0.9845nm$, $b_0 = 0.8899 \sim 0.9024nm$, $c_0 = 0.5251 \sim 0.5245nm$, $\beta = 105°38' \sim 104°44'$, $Z = 4$。

【晶体形态】对称型 2/m。单晶体呈短柱状。由于 {100}、{010} 及 {110} 晶形特别常见(图 18-25),所以横切面多呈正方形或截角的正方形。常依(100)成接触双晶或聚片双晶。也有依(001)作双晶者,但较少。集合体成致密块状或粒状。

【物理性质】纯粹的透辉石应为无色,含杂质时可染成其他颜色;如含 Fe 稍高,则呈绿色。钙铁辉石因含铁高,多呈深绿色至墨绿色,氧化后呈褐色或褐黑色。色浅者透明度较高。透辉石的条痕为白色,而绿色钙铁辉石则微具浅绿色,玻璃光泽,硬度 5.5 ~ 6,{110} 解理中等至完全,解理交角 87°。有时具(100)裂理,特别称为异剥石。比重随组分中的 Fe 含量多寡而有增减。透辉石在 3.22~3.38,钙铁辉石在 3.50~3.60。

【光性特征】薄片中无色,含 Fe 的次透辉石及低铁次透辉石呈浅绿色,但多色性不明显。正高突起。干涉色二级蓝绿-橙黄。其折射率随 FeO 含量增加而增大,而双折率则随之降低。斜消光,消光角 $c \wedge N = 38° \sim 44°$。二轴晶正光性,光轴角中等。以(100)和(001)为结合面的简单和聚片双晶常见。透辉石可变化为绿泥石、蛇纹石、透闪石和碳酸盐矿物。

【成因产状】透辉石是典型的变质矿物之一。当碳酸盐岩层遭受接触变质时,经常形成大量的透辉石或次透辉石。一般都认为,早期透辉石的形成代表了矽卡岩化阶段。与透辉石形成的同时,在镁质大理岩中,也可以有镁橄榄石的形成。如果温度更高,透辉石与镁橄榄石又可相互作用形成钙镁橄榄石。区域变质作用中很少有透辉石形成,但是在较高级的变质相中,也会有次透辉石的形成,只不过不及普通辉石那样普遍而已。

【鉴定特征】透辉石以其特有的辉石型解理以及短柱状形态,较浅的颜色为特征。钙铁辉石则颜色较深,风化表面常呈褐色。与同族矿物的区别,一般宜用光性数据作为识别依据，有时还需要化学分析资料，才能准确。

普通辉石 Augite (Ca，Mg，Fe，Al)$_2$[(Si，Al)$_2$O$_6$]

【化学组成】普通辉石的化学式也有写成 Ca(Mg，Fe，Al)[(Si，Al)$_2$O$_6$]，这是因为，从晶体结构上讲，这种写法比较合理，说明 Ca 不能被 Mg、Fe 等取代，但是实际分析资料表明，其中 Ca 的原子个数往往不足 1，而在 0.8 左右，有时可以低到 0.6 以下。因而一般采用(Ca，Mg，Fe，Al)$_2$[(Si，Al)$_2$O$_6$]的写法。这样可以表现在晶体结构中 Ca 的不足部分，将被 Mg、Fe 等离子填补。正常的普通辉石可以看成是由透辉石组分作为主体，混入了一定量的(Mg，Fe)$_2$[Si$_2$O$_6$]分子和 Al$_2$[Si$_2$O$_6$]分子而形成。由于后二者的加入，使 Mg、Fe 以及 Al 的含量增高，Ca 及 Si 降低。普通辉石中常含有 Fe^{3+}，其 Fe$_2$O$_3$ 含量往往不超过 3%。深成岩中辉石的 Fe^{3+} 含量往往不及喷出岩中的 Fe^{3+} 含量高。

此外，在普通辉石中尚可有 Cr、Mn、Ni 等元素出现。富镁的普通辉石结晶早，因而可以含有较多的 Cr、Ni、V、Co、Cu 等元素；而富铁的普通辉石结晶较晚，因此在岩浆晚期较富集的元素如 Mn、Li、Y、La 等元素，就相对地富集于富铁的普通辉石中。

【晶体结构】单斜晶系。$a_0 \approx 0.98$nm，$b_0 \approx$ 0.90nm，$c_0 \approx 0.525$nm，$\beta \approx 105°$。辉石的晶体结构与透辉石相似，但由于组成成分变化而引起晶胞参数的变化，一般 a_0、b_0 随 Al 增加而减小，c_0、β 随 Al 增高而增大。

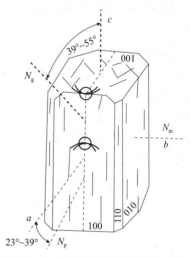

图 18-26　普通辉石形态及光性方位
（引自常丽华，2006）

【晶体形态】对称型 2/m。单晶体呈短柱状（图 18-26）或呈平行{100}的板状，少数呈三向等长形。与透辉石不同之点是，{110}柱面较{100}及{010}轴面发育，所以横切面常近于呈正八边形。依(100)而成的简单接触双晶或聚片双晶较常见；依(001)而成的聚片双晶则较少见。集合体呈粒状块体。

【物理性质】绿黑色或黑色，少数情况下呈暗绿色或褐色。玻璃光泽。硬度 5.5～6。{110}解理完全或中等，交角 87°。有时见到有{100}或{010}的裂理。斜辉石具有密集的(100)裂理者，统称为异剥石。

【光性特征】薄片中无色略带浅褐色、淡黄或浅绿色调，只有富铁(呈绿色)和钛(呈紫褐色、紫色)的变种具有微弱多色性。正高突起。干涉色大多在二级中部，但有的可达二级橙。由于光轴角色散明显，因而在垂直光轴的切面上，未能达到全消光，而呈一级暗灰干涉色。横切面为对称消光，多数纵切面为斜消光，$c \wedge N = 39° \sim 55°$，（通常在 41°～48°）。二轴晶正光性，光轴角中等。具有结合面为(100)的简单双晶或聚片双晶和结合面为(001)的聚片双晶。在近平行(010)的纵切面偶见"青鱼骨"构造，它是由(100)双晶或{001}裂理与(001)聚片双晶相结合而成的，也有人认为是两种成分的辉石熔离。火成岩中的普通辉石常含薄板状、杆状的钛铁矿、磁铁矿、板钛矿等包裹体，它们往往沿(100)或其他方位有规律地分布，构成席勒构造。此外，普通辉石晶体中有时见顽火辉石、紫苏辉石、易变辉石的熔离页片沿(100)或(001)分布。普通辉石易蚀变为绿泥石和假象纤闪石，有时也可转变为黑云母、绿帘石、方解石、蛇纹石、绿鳞石和绿高岭石等矿物。

【成因产状】普通辉石是火成岩中极为普遍的造岩矿物之一，尤其在辉长岩-玄武岩类岩石中最为常见。此外，在某些超基性或中性岩石内也广泛出现。有些岩石中可以同时有两种辉石，其中之一多属普通辉石，而另一种则往往是正辉石或贫钙的斜辉石。在岩浆结晶分异过程中，早期析出的辉石往往富镁，越晚则越富铁。普通辉石亦见于陨石中。辉石常蚀变为绿泥石和纤闪石。蚀变作用初沿边缘或解理缝或其他裂隙进行；强烈时，则全部被交代，形成假象。

【鉴定特征】普通辉石常利用其短柱状形态，横切面常近于呈正八边形，黑色和{110}解理交角接近直角作为鉴定特征。普通辉石最易与普通角闪石相混，仔细观察其解理角的不同，是比较可靠的识别依据。至于普通辉石与同族其他矿物的区别，需借光性测定。

3. 硅灰石族

硅灰石 Wollastonite $Ca_3[Si_3O_9]$

【化学组成】CaO 48.25%，SiO_2 51.75%。组分中的 Ca 可被少量的 Fe、Mn 及 Mg 置换。

【晶体结构】属三斜晶系。$a_0 = 0.794nm$，$b_0 = 0.732nm$，$c_0 = 0.707nm$，$\alpha = 90°18'$，$\beta = 95°24'$，$\gamma = 103°24'$。$CaSiO_3$ 有 3 种同质多象变体，以硅灰石最为常见。硅灰石的晶体结构是一种单链结构，每一硅氧四面体均以两个角顶与相邻四面体连接。但它与辉石的单链不同，其一维连续的单链平行于 b 轴延伸，其排列方式每隔 3 个四面体重复一次，且其中仅有一个四面体的棱平行于链的方向。Ca^{2+} 离子做六次配位，形成配位八面体。八面体以棱相连，彼此偏斜。

【晶体形态】对称型为 $\bar{1}$。单晶体沿{001}或{100}延展成板状或片状，但极为罕见。多呈片状、放射状纤维状或块集合体，尤以纤维状最常见。双晶常见，以轴为双晶轴，(100)为接合面，形成接触双晶。

【物理性质】颜色白至灰白，偶尔呈黄、绿、棕色。玻璃光泽，但在解理面上可呈珍珠光泽，硬度 4.5~5，{100}完全解理，{001}及{102}中等解理，相对密度 2.87~3.09。遇浓 HCl 可以分解，并形成絮状物，这是与透闪石不同的地方。

【成因产状】典型变质矿物。常出现在钙质矽卡岩中，与钙铝榴石、透辉石、符山石共生，还见于钙质结晶片岩、碱性火山岩中。

【鉴定特征】硅灰石以其片状或纤维状形态，浅色，解理交角，多产于接触变质带，作为特征。

三、双链结构角闪石族矿物特征

(一)双链结构角闪石族矿物总体特征

1. 化学成分特征

角闪石族矿物的晶体化学通式为 $A_{0-1}X_2Y_5[T_4O_{11}]_2(OH，F，Cl)_2$

A：Na^+、Ca^{2+}、K^+、H_3O^+

X：Na^+、Ca^{2+}、Li^+、K^+、Mg^{2+}、Fe^{2+}、Mn^{2+}(M_4 位)

Y：Mg^{2+}、Fe^{2+}、Mn^{2+}、Al^{3+}、Fe^{3+}、Ti^{4+}(M_1、M_2、M_3 位)

T：Si^{4+}、Al^{3+}、Ti^{4+}，$n_{Al}/n_{Si} \leqslant 1/3$

A、X、Y 处阳离子组内和组间的类质同象普遍且复杂，可形成许多类质同象系列。其中最常见的为透闪石 $Ca_2Mg_5[Si_4O_{11}]_2(OH)_2$ 铁阳起石 $Ca_2(Mg, Fe^{2+})_5[Si_4O_{11}]_2(OH)_2$ 完全类质同象系列。

与辉石相比，角闪石的成分里还含有$(OH)^-$，因此，角闪石与相应的辉石相比，形成的温度要低一些。

2. 晶体结构特征

角闪石族矿物中，由$[SiO_4]$四面体构成的双链在 Z 上无限延伸，每4个四面体构成一个重复周期 $[Si_4O_{11}]^{6-}$，在 X、Y 轴方向上，双链相反取向交替排列。以透闪石为例（图18-27），链与链之间是借助于 A、M_1、M_2、M_3、M_4 位置上的阳离子相互连接起来的，M_1、M_2、M_3 是活性氧与活性氧相对处形成的空隙，主要由 Y 类小半径阳离子充填形成配位八面体，并共棱连接组成平行于 Z 轴延伸的链；惰性氧和惰性氧相对形成 M_4 位，为 X 类阳离子占据，当充填的阳离子为小半径的 Mg^{2+}、Fe^{2+}时，为斜方角闪石；当充填的是大半径的 Ca^{2+}、Na^+时，则形成单斜角闪石。与辉石不同，在双链活性氧组成的"六方环"中央，存在一$(OH)^-$离子，与活性氧一起组成一层最紧密堆积层，两层相对的活性氧实际上为两层活性氧及$(OH)^-$一起组成的两层最紧密堆积层；A 位于惰性氧相对的双链之间，此处的阳离子主要用于平衡 Al^{3+}代 Si^{4+}所产生的剩余油电荷，可为 Na^+、K^+、H_3O^+充填，也可以空着。

3. 形态物性

角闪石的双链状结构使其形成平行$[Si_2O_6]$链延伸方向的柱状、针状等晶形，横截面呈菱形或近菱形的六边形；图18-28 为(001)面的结构切面，图中虚线代表角闪石结构中链与链之间连接最弱的地方。从宏观上看，折线代表的平面总体平行${hk0}$方向，即为解理方向。与辉石相比之下，由于双链结构宽度增加，因此，解理夹角变成56°和124°。其中单斜闪石发育${110}$解理，夹层56°和124°；斜方闪石发育${210}$解理，夹角为54.5°和125.5°。具有这样特征的解理称为角闪石式解理。纵切面上一般只能见到一组解理。

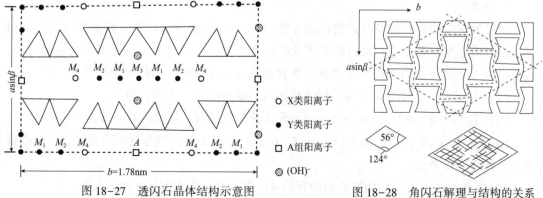

图 18-27 透闪石晶体结构示意图　　　　图 18-28 角闪石解理与结构的关系

角闪石族矿物总体颜色随含铁量变化，含铁多者呈绿黑色或黑色，如普通角闪石、阳起石等；不含铁者灰色或白色，如透闪石；具有白色或浅色条痕，玻璃光泽。硬度 5.5~6，相对密度、折射率均随成分变化而变化，Fe 含量增加时，相对密度、折射率均有所增加。

4. 光性特征

角闪石类矿物在薄片中多数呈绿色或黄褐色，碱质角闪石多呈蓝、紫色调，不含铁、钛的角闪石在薄片中呈无色或浅色。有色角闪石多色性吸收性强。结构较为紧密，折射率较高，正中-高突起。多数角闪石的干涉色为二级，正延性为主；角闪石的横切面为对称消光，斜方闪石的纵切面为平行消光，单斜闪石多为斜消光；消光角 $Z \wedge N_g$ 一般小于 $30°$。不同单斜闪石的消光角不同，因此消光角也是鉴别单斜闪石种属的重要依据之一（图 18-29）。斜方闪石无双晶，单斜闪石中常具有简单双晶和聚片双晶，双晶结合面为（100），横切面上，双晶缝平行解理的长对角线方向。多数角闪石为二轴晶负光性，光轴角多大于 $50°$。

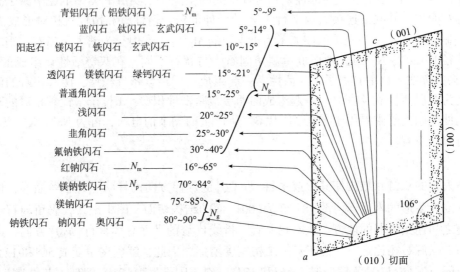

图 18-29　单斜角闪石 $c \wedge N_g$ 平均消光角（转引常丽华，2006）

5. 分类

现已发现并确定的角闪石矿物种和亚种（或变种）已超过 100 种，其分类命名方案很多。1997 年国际矿物学会(IMA)新矿物及矿物命名委员会提出一个详细的分类命名方案，首先根据 X 阳离子中的 Na 和 Ca 的原子数将其划分为 4 个亚族（表 18-10、图 18-30）：

（1）当 $(Na+Ca)_x<1.5$ 时，称为镁质角闪石，如镁闪石、铁闪石等。

（2）当 $(Na+Ca)_x \geq 1.5$，$Na_x<0.5$ 时，称为钙质角闪石，如透闪石、普通角闪石等。

（3）当 $(Na+Ca)_x \geq 1.5$，$0.5<Na_x<1.5$，$0.5<Ca_x<1.5$ 时，称为钠钙质角闪石，如蓝透闪石、铁蓝闪石等。

（4）当 $Na_x>1.5$ 时，称为钠质角闪石或碱质角闪石，如蓝闪石、钠闪石等。

再根据 Si 原子数、A 阳离子中的 $(Na+K)$ 原子数和 $Mg/(Mg+Fe^{2+})$ 还可以进一步细分。

表 18-10 角闪石类型一览表

晶系	亚族	矿物种属	化学成分
斜方闪石	镁质角闪石	直闪石	$(Mg, Fe)_7[Si_4O_{11}]_2(OH)_2$
		铝直闪石	$(Mg, Fe^{2+})_5Al_2[Si_4O_{11}]_2(OH)_2$
		镁闪石	$Mg_7[Si_4O_{11}]_2(OH)_2$
		镁铁闪石	$(Mg, Fe^{2+})_7[Si_8O_{22}](OH)_2$
		铁闪石	$Fe_7[Si_4O_{11}]_2(OH)_2$
单斜闪石	钙质角闪石	透闪石	$Ca_2Mg_5[Si_4O_{11}]_2(OH)_2$
		阳起石	$Ca_2(Mg, Fe^{2+})_5[Si_4O_{11}]_2(OH)^2$
		铁阳起石	$Ca_2Fe_5^{2+}[Si_4O_{11}]_2(OH)^2$
		普通角闪石	$Ca_2(Mg, Fe^{2+})_4Al[(Si, Al)_4O_{11}]_2(OH)_2$
		浅闪石	$NaCa_2(Mg, Fe)_5[(Si, Al)_4O_{11}]_2(OH)_2$
		钙镁闪石	$Ca_2(Mg, Fe^{2+})_3(Al, Fe^{3+})_2[(Si, Al)_4O_{11}]_2(OH)_2$
		韭闪石	$NaCa_2(Mg, Fe^{2+})_4(Al, Fe^{3+})[(Si, Al)_4O_{11}]_2(OH)_2$
		绿钙闪石	$NaCa_2(Mg, Fe^{2+})_4Fe^{3+}[(Si, Al)_4O_{11}]_2(OH)_2$
		钛闪石	$NaCa_2(Mg, Fe^{2+})_4Ti[(Si, Al)_4O_{11}]_2(OH)_2$
		玄武闪石	$Ca_2(Na, K)(Mg, Fe^{2+}, Fe^{3+}, Al)_5[(Si, Al)_4O_{11}]_2(OH)_2$
	碱质角闪石	蓝闪石	$Na_2(Mg, Fe^{2+})_3(Al, Fe^{3+})_2[Si_4O_{11}]_2(OH)_2$
		钠闪石	$Na_2(Mg, Fe^{2+})_3Fe_2^{3+}[Si_4O_{11}]_2(OH)_2$
		钠铁闪石	$NaNa_2(Mg, Fe^{2+})_4Fe^{3+}[Si_4O_{11}]_2(OH)_2$

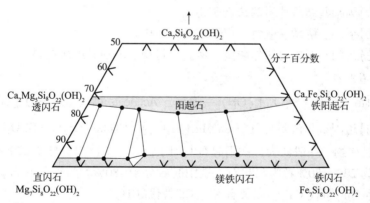

图 18-30 $Ca_7[Si_4O_{11}]_2(OH)_2$—$Mg_7[Si_4O_{11}]_2(OH)_2$—$Fe_7[Si_4O_{11}]_2(OH)_2$三元系中角闪石的成分
（转引自李胜荣，2008）

（二）典型双链结构角闪石族矿物特征

1. 斜方闪石亚族

直闪石 Anthophyllite（Mg，Fe）$_7$[Si$_4$O$_{11}$]$_2$（OH）$_2$

【化学组成】$(Mg, Fe)_7[Si_4O_{11}]_2(OH)_2$。镁与铁间呈完全类质同象代换，Mg 与（Mg+

Fe)原子数之比为 0.1~0.9。

【晶体结构】斜方晶系。链状结构。$a_0 = 1.850 \sim 1.860$nm，$b_0 = 1.717 \sim 1.810$nm，$c_0 = 0.527 \sim 0.523$nm，$Z = 4$。

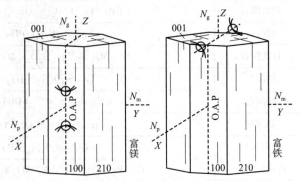

图 18-31　直闪石的形态及光性方位(引自唐洪明，2014)

【晶体形态】对称型 mmm。柱状和板状，常见单形为 {210}、{100}、{001}（图 18-31）。常见柱状和纤维状集合体，后者称直闪石棉。

【物理性质】白色、灰色或略带绿色；玻璃光泽，硬度 5.6~6；{210} 完全解理，夹角 125°30′，相对密度 2.85~3.57。

【光性特征】薄片中无色、黄色和绿色，具多色性：N_g—浅黄或浅绿色，N_m—浅棕色，N_p—浅棕，吸收性：$N_g \approx N_m > N_p$，或 $N_g > N_m > N_p$。正中-高突起。折射率一般随铁的含量增加而增大。干涉色一般为一级橙，最高达二级绿。纵切面平行消光，正延性。二轴晶，富镁直闪石为负光性，富铁者为正光性，光轴角中等—大。很少见双晶。直闪石易变为滑石和蛇纹石。

【成因产状】为某些结晶片岩的造岩矿物。

【鉴定特征】形态、解理、颜色，产于结晶片岩中。

【主要用途】角闪石石棉可用作防腐、密封、过滤、增强和绝缘材料。

2. 单斜闪石亚族

透闪石 Tremolite $Ca_2Mg_5[Si_4O_{11}]_2(OH)_2$—阳起石 Actinolite $Ca_2(Mg，Fe)_5[Si_4O_{11}]_2(OH)_2$

【化学组成】透闪石和铁阳起石为 $Ca_2Mg_5[Si_4O_{11}]_2(OH)_2$—$Ca_2Fe_5[Si_4O_{11}]_2(OH)_2$ 类质同象系列的端员矿物。一般认为，铁阳起石 $Ca_2Fe_5[Si_4O_{11}]_2(OH)_2$ 分子<20%者为透闪石；铁阳起石分子为 20%~80%者为阳起石，铁阳起石分子>80%者为铁阳起石(少见)。有少量的 Na^+、K^+、Mn^{2+} 替代 Ca^{2+}；以及有 F^-、Cl^- 替代 $(OH)^-$。

【晶体结构】属单斜晶系。二重双链结构。透闪石 $a_0 = 0.984$nm，$b_0 = 1.805$nm，$c_0 = 0.528$nm，$\beta \approx 104°22′$，$Z = 2$。阳起石 $a_0 = 0.989$nm，$b_0 = 1.814$nm，$c_0 = 0.5361$nm，$\beta \approx 105°48′$，$Z = 2$。

【晶体形态】对称型 2/m。单晶体呈长柱状、针状，有时呈毛发状，平行 c 轴延伸（图 18-32）。通常成放射状或纤维状集合体。其纤维状体类如石棉者，叫作透闪石石棉或阳起石石棉。如果形成坚硬致密的块体，并具刺状断口时，称作软玉。依(100)而成的简单接触双晶或聚片双晶较常见。

【物理性质】透闪石呈白色或灰色。阳起石为绿色、浅灰绿色或墨绿色，视 Fe 的含量不同而不同。硬度 5~6。具 {110} 中等解理，解理交角 56°。有时可见 (100) 裂理。相对密度随 Fe 的含量增高而增加，在 3.02~3.44。不溶于酸。

【光学性质】透闪石薄片中无色，含有 Mn 呈粉红色；阳起石含铁量增加，薄片中呈绿色，且具有多色性：N_g—浅绿，N_m—浅黄绿，N_p—浅黄色，正吸收。透闪石正中突起，阳起石正中-高突起。透闪石干涉色二级蓝-蓝绿，阳起石一级顶-二级中。均为斜消光，在 (010) 面上的消光角透闪石为 16°~21°，阳起石 10°~15°，均为正延性。二轴晶负光性、光轴角较大，随含铁量增加而减小。常见结合面为 (100) 的简单双晶或聚片双晶。

【成因和产状】透闪石是不纯灰岩或白云岩遭受接触变质的产物。原岩中的白云石或含镁方解石与硅质相互作用而形成透闪石。变质程度增高时，透闪石不再稳定，向透辉石转化。如果原岩中缺 SiO_2 时，则可形成橄榄石。所以镁质碳酸盐岩层经受接触变质时，可以出现明显的分带现象，即透闪石与橄榄石或透辉石有随距接触带远近互为消长的情况。在区域变质作用中，也有透闪石或阳起石的形成。主要由不纯灰岩、基性或超基性岩以及硬砂岩等变质而成，属于典型的绿片岩相产物。

【鉴定特征】透闪石及阳起石均具有角闪石式的解理，呈长柱状至纤维状，透闪石色浅，阳起石经常呈绿色，是其主要鉴定特征。透闪石与硅灰石肉眼较难识别，但后者遇浓 HCl 能分解而区别于透闪石。

【主要用途】透闪石石棉和阳起石石棉是工业石棉的矿物原料之一。

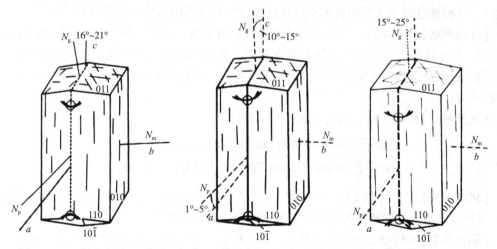

图 18-32 透闪石(左)、阳起石(中)、普通角闪石(右)的光性方位图(引自唐洪明，2014)

普通角闪石 Hornblende $NaCa_2(Mg, Fe)_4(Al, Fe^{3+})[(Si, Al)_4O_{11}]_2(OH)_2$

【化学组成】成分复杂，主要特征为有 Al^{3+} 代替 Si^{4+}，A、X、Y 类阳离子均有广泛的类质同象替代。

【晶体结构】单斜晶系，二重双链结构。$a_0 = 0.979nm$，$b_0 = 1.790nm$，$c_0 = 0.528nm$，$\beta = 105°31'$，$Z = 2$。

【晶体形态】对称型 2/m。晶体呈较长的柱状，断面呈假六方形或菱形(图 18-32)。常成细柱状、纤维状集合体。

【物理性质】绿黑至黑色；条痕白色略带绿色；透明；玻璃光泽。硬度 5.5~6；{110}完全解理，两组解理交角 56°；有时具因{010}聚片双晶引起的裂开。相对密度 3.1~3.3。

【光学特征】薄片中呈绿色和褐色，有强的多色性和吸收性，绿色角闪石的多色性：N_g—深绿、深蓝绿，N_m—绿、黄绿，N_p—浅绿、浅黄绿；褐色角闪石的多色性；N_g—暗褐、红褐，N_m—褐，N_p—浅褐，吸收性；$N \geqslant N_m > N_p$，或 $N_g > N_m > N_p$。在一般情况下，绿色角闪石含有较多的 SiO_2，而 Al_2O_3、Na_2O+K_2O 和 TiO_2 的含量较低；而褐色及红褐色角闪石含有较多的 Fe_2O_3 和 TiO_2，角闪石成分中的 Fe^{2+} 和 Fe^{3+} 的相对含量的多少也影响其颜色，当绿色角闪石中的 Fe^{2+} 被氧化为 Fe^{3+} 时，角闪石呈褐色，因而在火山熔岩中的角闪石的斑晶常呈褐色，可能与此有关。大多数角闪石为正中-高突起。干涉色二级中部，但由于其本身颜色的干扰，有时不易辨别。斜消光，在平行光轴面的切面上测得消光角 $c \wedge N_g = 15° \sim 25°$，一般多在 20° 左右。正延性。二轴晶负光性，光轴角中等一大。结合面为(100)的简单双晶常见，也见有聚片双晶，在横切面上双晶缝平行菱形解理缝的长对角线。有的角闪石具环带构造，各环带的成分、颜色和光性有明显的差异。在角闪石中还有磷灰石、磁铁矿、榍石、锆石和褐帘石等细小矿物包裹体。还可见角闪石与镁铁闪石、铁闪石平行连生形成熔离页片。

角闪石容易变化为绿泥石、绿帘石、纤维状阳起石、黑云母、碳酸盐矿物、绢云母、石英和磁铁矿等，某些低铝富镁的角闪石还可变为蛇纹石，褐色角闪石转变为绿色角闪石，可产生次生的榍石，在火山岩中的角闪石斑晶周围常有黑色的不透明物质的环绕（暗化边），这种暗色边缘主要由极细小粒状的磁铁矿和辉石组成的黑色混合物。

【成因产状】普通角闪石的形成与结晶岩有密切关系，它是各种中酸性岩浆岩的重要造岩矿物；在中性的闪长岩中与中性斜长石共生；在基性的辉长岩中可有少量普通角闪石；普通角闪石也是变质岩和角闪片岩的主要组成部分。普通角闪石有时按普通辉石晶形形成假象纤闪石。

【鉴定特征】柱状晶形、颜色、解理等作为特征。

蓝闪石 Glaucophane $Na_2Mg_3Al_2[Si_4O_{11}](OH)_2$—

钠闪石 Riebeckite $Na_2Fe_3^{2+}Fe_2^{3+}[Si_4O^{11}]_2(OH)_2$

【化学组成】两者间为过渡关系，Al^{3+} 和 Fe^{3+}，Mg^{2+} 和 Fe^{2+} 均可完全互相代替，两种代替同时进行。两者共同特征为富含 Na_2O，故称为碱性角闪石。

【晶体形态】对称型 2/m。单斜晶系，常呈柱状、针状或纤维状集合体出现，碱性角闪石的纤维状异种称为蓝石棉。

【物理性质】肉眼观察为微带紫的暗蓝色、蓝色、蓝黑色；淡蓝色条痕；丝绢光泽或玻璃光泽。硬度 5~6.5；{110}完全解理，其夹角为 56°。相对密度 3.13~3.44，随含铁量增加而加大。

【成因产状】蓝闪石为典型的高压变质矿物，于蓝闪石片岩中，钠闪石等其他碱性角闪石主要产于富钠的碱性岩浆岩及伟晶岩中。蓝石棉通常与区域变质有关，呈脉状产于富钠和铁的沉积变质岩中。

【鉴定特征】细长柱状、针状的形态，蓝色至蓝黑色以及产状可作为鉴定特征。

【主要用途】蓝石棉为优良的纤维材料，作为过滤布有独特的吸附性能，能过滤放射性尘埃和清除空气中的微尘，为重要战略物资。

第四节 层状结构硅酸盐矿物特征

一、层状硅酸盐矿物的总体特征

1. 晶体化学特点

络阴离子为$[Si_4O_{10}]^{4-}$；阳离子主要为：Mg^{2+}、Fe^{2+}、Al^{3+}、Fe^{3+}、Li^+、Cr^{3+}等。矿物普遍含结构水，有的还具层间水。

2. 晶体结构特点

（1）硅氧骨干中的四面体片和八面体片。

层状结构可以看成是每个$[SiO_4]$四面体共3个角顶相连构成在平面无限延伸的网层（以六方形网最常见，见图18-33），称四面体片，以字母T表示。四面体片中，只剩下一个活性氧，这些活性氧通过指向同一方向，从而形成一个也按六方网格排列的活性氧平面，OH^-位于六方网格中心，与活性氧处于同一平面上（图18-

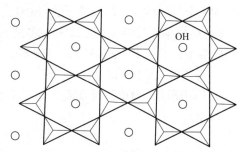

图18-33 层状结构示意图

34）。上下两层四面体片以活性氧及羟基相对，并相互以最紧密堆积的位置错开$(1/3)a_0$再叠置起来，在其间形成了八面体空隙，其中充填六次配位的Mg^{2+}、Al^{3+}、Fe^{2+}、Fe^{3+}等离子，配位八面体共棱联结形成八面体片[图18-34（a）]，以字母O表示。有时八面体片由一个四面体片的活性氧（及羟基）与另一层羟基组成[图18-34（c）]。配位八面体均以一对三角形面平行于四面体片和八面体片的平面，通常以等边三角形网格状分布。

结构单元层可以用简化的形式表示，三角形层表示硅氧四面体基本结构层，长方形代表阳离子组成的八面体基本结构层[图18-34（b）、图18-34（d）]。

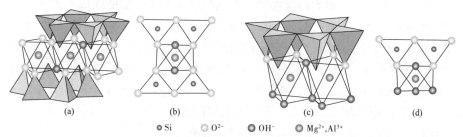

● Si   ○ O^{2-} ● OH^- ● Mg^{2+},Al^{3+}

图18-34 结构单元层类型 TOT[（a）、（b）]和 TO 型[（c）、（d）]

扫码查看
高清原图

（2）八面体片的结构和组成——二八面体型和三八面体型。在四面体片与八面体片相匹配中，$[SiO_4]$四面体所组成的六方网环范围内有三个八面体与之相适应（图18-35）。

当三个八面体中心位置均为二价离子（如Mg^{2+}）占据时，所形成的结构为三八面体型结构，指三个八面体全部充满，如滑石$Mg_3[Si_4O_{10}](OH)_2$。

若其中充填的为三价离子（如Al^{3+}），为使电价平衡，这3个八面体位置将只有两个为

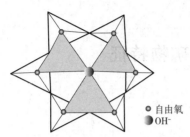

图 18-35 [SiO₄]四面体六方网
环与八面体的适配关系

离子充填，另一个是空着的，这种结构称为二八面体型结构，指仅充填了 2/3 的八面体空隙，如叶蜡石 $Al_2[Si_4O_{10}](OH)_2$。

若二价离子和三价离子同时存在，则可形成过渡型结构。

（3）结构单元层类型——TO 型与 TOT 型。

①2:1（TOT）型：由两个硅氧四面体片夹一层阳离子组成，包括两个四面体片和一个八面体片，络阴离子为 $[Si_4O_{10}](OH)_2^{6-}$，如滑石 $Mg_3[Si_4O_{10}](OH)_2$。

②1:1（TO）型：由一个硅氧四面体片和一层（OH）夹一层阳离子构成，只有一个四面体片和一个八面体片，络阴离子为 $[Si_4O_{10}](OH)_8^{12-}$，如高岭石 $Al_4[Si_4O_{10}](OH)_8$。

（4）结构单元层的叠置方式——多型和混层。相同的结构单元层以不同方式相互叠置便构成多型，两层上下相对位移、旋转，可以形成不同的多型变体，如云母有 1M、2O、3T 等 6 种变体（图 18-36）。

由不同层状矿物单元规则或不规则叠置，可形成混层矿物，如滑绿石（滑石和绿泥石 1:1 混层）。

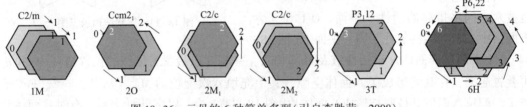

图 18-36 云母的 6 种简单多型（引自李胜荣，2008）

（5）层间域对矿物性质的影响。结构单元层在垂直层面的方向上周期性地重复，单元层间存在的空隙称为层间域。层间域内有无离子、离子类型、数量等特征对层状硅酸盐矿物的性质都有直接影响。

①层间域中有无离子，影响晶胞参数。若电荷已达平衡，则层间域中无须有其他阳离子存在，层间为分子键，如高岭石 $c_0=0.72nm$、滑石 $c_0=0.9nm$ 等；若有 $Al^{3+} \rightarrow Si^{4+}$，层内出现电价不平衡，则层间域中可有一定量的阳离子充填，如 K^+、Na^+、Ca^{2+}、Li^+ 等，如白云母 $c_0=1.00nm$ 等；层间域中有水分子和可交换性阳离子，可不定量、自由交换，可失可得。如蒙脱石 $(Na, Ca)_{0.33}(Al, Mg, Fe)_2[(Si, Al)_4O_{10}](OH)_2 \cdot nH_2O$，$c_0=1.24 \sim 1.55nm$；一层 TOT（滑石层）和一层氢氧化物层相间分布，如绿泥石 $(Mg, Al, Fe)_3[(Si, Al)_4O_{10}](OH)_2+(Mg, Al, Fe)_3(OH)_6$，$c_0=1.42nm$。

②层间域有无阳离子、阳离子价态高低均影响矿物的吸附性。含层间阳离子时，层间域的吸附作用较强；层间阳离子的价态较高时，层间域的吸附能力也较强，例如：蒙脱石层间阳离子为 Ca^{2+} 时，可吸附双层水分子；蒙脱石层间阳离子为 Na^+ 时，可吸附单层水分子。

③层间域含水的数量直接影响矿物的晶胞参数。含水越多，c_0 越大。如蛭石充分水化时，c_0 约为 2.84nm；随着水分子的脱失，c_0 值减小；到完全脱水时，c_0 仅为 1.85nm。

④层间有无阳离子及阳离子性质还会影响矿物的物理性。含层间阳离子的矿物单元层间键力较强，因而硬度和弹性较大、解理与滑感较差，相对密度较大，例如：滑石无层间阳离子，硬度为1，解理片具挠性，滑感较强，相对密度为2.58～2.83；金云母层间含K^+，硬度2～3，解理片具弹性，相对密度2.7～2.85。

3. 形态、物理性质

层状硅酸盐矿物的形态受其特殊的层状结构影响，多呈单斜晶系的假六方片状、板状或短柱状。

在物理性质上，表现为硬度小，含水者更小，比重一般均不高，含水者更低。有完全的{001}底面解理。仅有脆云母族矿物解理差，因为层间出现了Ca^{2+}等二价阳离子，使结构单元层之间联系得比较牢固，不易破裂。由于解理完全，所以在解理面上呈现珍珠光泽。像云母族矿物，结构单元层是借助K^+(或Na^+)联系的，键力不及脆云母族矿物，但又胜过高岭石、蒙脱石、滑石或叶蜡石族矿物，因而硬度稍大，但解理仍为极完全。此外，当受到外力而弯曲时，结构单元层与结构单元层之间可稍有位移，从而产生了内应力。当外力释去后，则结构单元层之间的K^+离子又能使之复原，亦即内应力起作用，导致其具有很好的弹性。至于黏土矿物的可塑性，也是因为加水后，使其层状微粒借水分子之作用而相互连接，或者是层间水使其结构单元层相互连接而引起的。

4. 成因产状

层状硅酸盐矿物在各种地质作用中均可形成。层状结构硅酸盐除个别罕见矿物外，都含有结构水，或者同时还有层间水存在，这就说明了它们更易于在表生条件下形成，因为表生条件最富于水。各种不同结构类型的硅酸盐矿物甚至非硅酸盐矿物，蚀变风化的最终产物往往是层状结构硅酸盐。例如架状结构硅酸盐的长石，经常转变成黏土矿物；辉石、角闪石经常蚀变成绿泥石；又如石榴子石等岛状结构硅酸盐，也会蚀变或风化成绿泥石。因此可以认为在表生作用下，层状结构硅酸盐较之类似组分的其他硅酸盐矿物具有较大的稳定性。

5. 主要矿物

本类型矿物主要为黏土矿物。黏土本身指黏粒(粒径小于$2\mu m$的颗粒)含量大于50%，具有黏结性和可塑性的土状岩石。黏土矿物一般指作为岩石和土壤中黏粒主体的次生层状硅酸盐矿物和非晶质矿物；次生矿物是指原岩在风化作用中或其后的外生作用中新形成的矿物。即黏土矿物是指形成于表生风化条件下，具黏土粒级的层状硅酸盐矿物的总称。

黏土矿物具有吸附性、吸水膨胀性、可塑性、烧结性与耐火性、离子交换性等特点，因此具有较大的工业价值。由于黏土矿物常呈极细的颗粒产出，用一般显微镜也难以辨认，主要通过下面几种研究方法来进行成分离定；一是电子显微镜的研究，主要是研究微粒的形态与大小，如高岭石呈假六方片状，而多水高岭石则呈管状。二是利用低角度的粉晶数据，测定其c_0值。如高岭石或水云母，c_0分别为0.74nm及1nm左右，但蒙脱石则可高达1.2nm以上，且随湿度情况之不同而有所不同。三是利用热分析数据，由于这类矿物，既含吸附水，又可含结晶水和结构水，所以进行热重试验和差热分析时，会有不同的反应。根据这些不同方面的资料，可以进行对比。还有一种是利用离子交换性能与吸附有机物的性能，在实验室里进行测定，取得不同的数据。

黏土矿物主要有高岭石族、蛇纹石族、多水高岭石族、滑石族、云母族、蛭石族、伊利石族、绿泥石族、蒙脱石族、葡萄石族、坡缕石族、间层矿物、累拖石等。

二、主要层状硅酸盐矿物特征

(一)具 2:1 单元层(TOT)的层状硅酸盐

1. 滑石-叶蜡石族

本族为 2:1 型结层物中最简单者,层间没有其他组分进入,层内也无 Al^{3+} 代 Si^{4+} 的现象,结构单元层间为分子键。

滑石 Talc $Mg_3[Si_4O_{10}](OH)_2$

【化学组成】MgO 31.9%,SiO_2 63.4%,H_2O 4.7%,Fe^{2+} 可以代替 Mg^{2+},还可含有 Al^{3+}、Mn^{2+}、Ca^{2+}、Ni^{2+} 等。含镍高者可称镍滑石。

【晶体结构】单斜晶系,TOT 型三八面体型层状结构。$a_0 = 0.527nm$;$b_0 = 0.912nm$;$c_0 = 1.855nm$;$\beta = 100°$;$Z = 4$。

【晶体形态】对称型 2/m。呈片状,集合体常呈鳞片状或致密块状。

【物理性质】无色透明或白色、浅黄、浅红、浅绿等浅色;白色条痕;玻璃光泽。解理面显珍珠光泽晕彩。硬度 1;{001} 极完全解理,薄片具挠性;粉末具滑感;相对密度 2.7~2.82。

【成因产状】富镁的超基性岩浆岩或白云岩受热液蚀变可生成滑石,区域变质作用中亦可形成滑石片岩。

【鉴定特征】片状、薄片具挠性、粉末有滑感、硬度低(块体在水泥地上轻划即可划出白粉末)等。与相似矿物叶蜡石可用酸度法区别,其方法是在条痕板上滴一滴水,先用矿物研磨 1min,如溶液 pH=6 为叶蜡石,pH=9 则为滑石。滑石出现在富镁质岩石中,而叶蜡石出现在富铝的岩石中。蛇纹石的硬度比滑石稍大,在水泥地上要重划才会出现较细的印痕。滑石的条痕滴镁试剂变蓝。

【主要用途】在造纸、陶瓷、塑料、橡胶、涂料、化妆品等工业中用作填料、润滑剂等;在陶瓷工业中作配料烧制滑石瓷和堇青石瓷,亦可做雕刻石材。

叶蜡石 Pyrophyllite $Al_2[Si_4O_{10}](OH)_2$

【化学组成】Al_2O_3 28.3%,SiO_2 66.7%,H_2O 5.0%,一般含少量 Mg 和 Fe。

【晶体结构】单斜晶系和三斜晶系,单斜 2M 常见。TOT 型二八面体型层状结构。

【晶体形态】对称型 2/m。常呈叶片状、鳞片状或致密块状;有时呈放射花瓣状集合体。

【物理性质】与滑石完全相似,相对密度 2.65~2.90。

【成因产状】为富铝质的岩石,主要是酸性火山岩受热液蚀变而形成。

【鉴定特征】与滑石需凭产状和 pH 值试验(见滑石描述)等才能区别。

【主要用途】可作为陶瓷、玻璃、玻纤配料、耐火材料，可做工艺石材的隐晶质块体称为寿山石或青田石（因福建寿山和浙江青田所产最有名），其中以田黄石、鸡血石最为名贵。

2. 云母族

云母结构内存在 Al^{3+} 代 Si^{4+}，TOT 层间电价不平衡，充填 K 离子。由于层间域有 K 离子，增强了结构的牢固性，使云母的硬度增大至 2.5，薄片加大且具有弹性，滑感消失。因为有 Al^{3+} 代替 Si^{4+}，一般云母族矿物形成环境的温度较高或碱性较强。

云母族因八面体片内的阳离子不同而分为如下亚族和种：白云母亚族、黑云母亚族、锂云母亚族。

白云母 Muscovite $K\{Al_2[AlSi_3O_{10}](OH)_2\}$

【化学组成】K_2O 11.8%，Al_2O_3 38.4%，SiO_2 45.3%，H_2O 4.5%，可有少量的 Fe、Mg、Mn、V、Cr 等代替八面体中的 Al。含 V 和 Cr 高者分别称为钒云母和铬云母；Na^+ 代替 K^+ 而以 Na^+ 为主者称钠云母。

【晶体结构】单斜晶系，$2M_1$ 多型常见。TOT 型－二八面体型层状结构（图 18-37）。$a_0 = 0.519nm$；$b_0 = 0.900nm$；$c_0 = 2.010nm$；$\beta = 95°11'$；$Z = 4$。

【晶体形态】对称型 $2/m$。晶体呈假六方板状、短柱状（图 18-38）；集合体呈片状、鳞片状；呈极细小鳞片状集合体并具丝绢光泽者，称为绢云母。

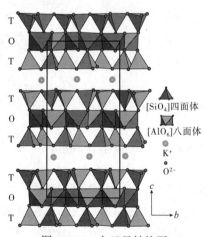

图 18-37 白云母结构图

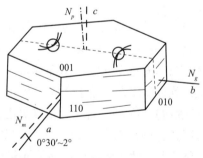

图 18-38 白云母形态及光性方位图

【物理性质】无色透明或因含少量杂质而呈淡灰、浅绿等色；玻璃光泽，解理面呈珍珠光泽。硬度 2.5；{001} 极完全解理；薄片具弹性。相对密度 2.76～3.00；具良好电绝缘性能。

【光性特征】大多数白云母在薄片中为无色，有时带浅绿和浅褐色色调。闪突起现象明显，正低－中突起。干涉色鲜艳、明亮，二级顶－三级顶，近平行消光，正延性。横切面不见解理，具一级灰、白不均匀的干涉色，该切面可见到 ⊥Bxa 干涉图，二轴晶负光性，光轴角中等。白云母为一轴晶负光性。双晶结合面为 (001)，薄片中双晶不明显，有时可见贯穿三连晶。白云母较稳定，只有在热液作用下可变为高岭石、水铝氧石和石英的集合体。

【成因产状】分布广泛。在伟晶岩和气成-热液作用中常形成大量白云母，它往往是交代长石形成的：$6K[AlSiO_4]$（钾长石）$+2H_2O+2CO_2 \Longrightarrow 2KAl_3[AlSi_3O_{10}](OH)_2+12SiO_2+2K_2CO_3$，因此，白云母总是和石英共生。在伟晶岩中的白云母晶体巨大，是天然白云母材料的唯一来源。气成-热液作用形成的白云母和石英共生体称云英岩。热液蚀变还可以把长石以及泥质岩石（如页岩）大规模地改造为绢云母，称绢云母化作用。这是寻找热液矿床的标志之一。

区域变质作用可以把由各种黏土矿物构成的页岩改造为以绢云母或白云母（当晶片较大时）为主的千枚岩、绢云母片岩、白云母片岩等。

白云母抵抗风化的能力较强，在风化、搬运过程中常能成为碎屑矿物保存在沉积物中，但其层间域中的 K 离子常部分淋失，由 H_2O 代替，形成水白云母。

【鉴定特征】颜色、极完全解理、弹性等均可作为鉴定依据。白云母薄片具弹性，容易与滑石等其他浅色片状矿物相区别。

【主要用途】大片优质白云母用于电气、电子、航空航天工业，为此开发了大片白云母人工合成技术。碎云母片用作云母陶瓷、云母纸，以部分替代大片云母。云母粉广泛用于涂料、颜料、塑料、橡胶填料，具有良好的密闭性。在云母粉上镀上 TO 涂层，成为高级膜料——珠光云母。

海绿石 Glauconite $K_{<1}(Fe^{3+}, Al)_2[(Si, Al)_4O_{10}](OH)_2$

【化学组成】其成分不很固定，与白云母相比，主要有以下不同：

①层间域中阳离子数量不足，可有 Na^+ 进入，K_2O 含量一般在 4%~9.5%；②结构元层内硅氧四面体片中 Al^{3+} 代替 Si^{4+} 的数量小；③结构单元层内除 Al^{3+} 外，有 Fe^{3+}、Fe^{2+}、Mg^{2+} 进入。

【晶体结构】单斜晶系，常见 1M 多型，也有 $1M_d$ 和 3T 多型；TOT 型-二八面体型层状结构。$a_0=0.525nm$，$b_0=0.909nm$，$c_0=1.003nm$，$\beta=100°$，$Z=4$。

【晶体形态】对称型 $2/m$。单晶体极少见；常呈极细小的晶粒集合成直径 1mm 至数毫米的圆粒，散布于砂岩、黏土岩或石灰岩中。

【物理性质】蓝绿色、暗绿色至绿黑色；光泽暗淡。硬度 2~3。相对密度 2.2~2.8。

【光性特征】薄片中亮绿、浅绿、黄绿或橄榄绿色。海绿石作为单独晶体常呈圆粒状，可具较明显的多色性：$N_g=N_m$—亮绿或黄绿，N_p—稻草黄或浅黄绿色。吸收性：$N_g \approx N_m > N_p$。但由于海绿石颗粒常常是由很多微细的晶粒所组成的，多色性往往表现得不明显，且在正交偏光间呈集合偏光现象（转动载物台时切面始终明亮）。正中-低突起，最高干涉色为二级，但通常被本身的颜色所影响，因之在正交偏光间仍呈现绿色。结晶粗时沿（001）解理近平行消光（消光角 2°~3°）。正延性。如果海绿石切面恰好是由无数平行（001）的细叶片组成时，则这种切面在正交偏光间显均质性。由于结晶极细，一般不易见到干涉图。在较粗的平行解理切面上，可见 $\perp Bxa$ 的干涉图。有时可变为褐铁矿和针铁矿。

【成因产状】为典型的海相沉积矿物，产于砂岩、碳酸盐岩（泥灰岩、石灰岩）、黏土岩以及磷块岩中。近代海洋水深 $300\sim500m$ 海底的绿色淤泥和砂中亦有发现。

【鉴定特征】根据颜色、形态和产状可初步识别。

【主要用途】用作钾肥，纯净者可作颜料。在地质上常用作海相沉积指示矿物。

黑云母 Biotite $K\{(Mg,Fe)_3[AlSi_3O_{10}]OH_2\}$

【化学组成】$n_{Mg}:n_{Fe}<2:1$ 时为黑云母，$n_{Mg}:n_{Fe}>2:1$ 时为金云母。可有 Na^+、Ca^{2+}、Ru^+、Cs^+、Ba^{2+} 代替 K^+；有 Al^{3+} 和 Fe^{3+} 代替 Mg^{2+}、Fe^{2+}、Mn^{2+}、Li^+；有 F^- 和 Cl^- 代替 OH^-。

【晶体结构】单斜晶系，常见 1M 多型；TOT 型–三八面体型层状结构。$a_0=0.53nm$，$b_0=0.92nm$，$c_0=1.02nm$，$\beta=100°$，$Z=2$。

【晶体形态】对称型 $2/m$。晶体呈假六方板状或锥形短柱状。云母律双晶。集合体呈片状、鳞片状。

【物理性质】常呈褐黑色、绿黑色、黑色。相对密度 $3.02\sim3.12$。富 Ti 者浅红褐色，富 Fe^{3+} 者绿色；玻璃光泽，解理面呈珍珠光泽；硬度 2.5；$\{001\}$ 极完全解理；相对密度 $3.02\sim3.12$。

【光性特征】薄片中多色性很明显：$N_g=N_m-$黄褐或暗褐、红褐或红棕、褐绿或暗绿，N_p-浅黄或浅黄褐。黑云母的颜色与其成分中 Fe^{2+}、Fe^{3+}、Ti 的含量有关，含 Ti 高时，黑云母红褐色或红棕色；含 Fe^{2+} 多时，呈绿色；含 Fe^{3+} 多而 Fe^{2+}、Ti 较少者，多呈黄褐色或暗褐色。在变质岩石中，黑云母的颜色也反映了变质作用的强度，在一般情况下，绿色黑云母大多产于低级变质或中低级变质的岩石中；红棕色或红褐色者多产于高级或中高级的变质岩石中；而黄褐色的黑云母则产于各种变质级的岩石中。黑云母的吸收性很强，当解理缝（$N_g{}'$）平行下偏光振动方向时，颜色最深，有时几乎不透明，当解理缝与下偏光振动方向直交时（$N_g{}'$）颜色最浅，故吸收性为 $N_g\geq N_m>N_p$，该吸收特征称为黑云母式吸收（正吸收），它和电气石式的吸收性刚好相反。有时黑云母颜色呈深浅不同的环带状，一般是边缘深、中心浅，这种现象在云煌岩中最常见。黑云母中的锆石、褐帘石（有时为磷灰石、榍石）等细小矿物包裹体的周围，有黑而浓的小环，称多色晕，转动载物台，多色晕的颜色也有深浅变化，其形成原因是锆石等矿物中所含放射性元素释放出的粒子冲击黑云母的晶格，使其遭受破坏所致。正中突起，折射率、双折率随铁和钛的含量增加而增大。干涉色二级顶–三级顶，但由于黑云母本身颜色较深，其干涉色被本身颜色掩盖而不易辨别。近平行消光，正延性。二轴晶负光性，光轴角 $0°\sim10°$，一般不超过 $25°$，当光轴角很小时，似为一轴晶矿物。有时具有（001）的云母律双晶。（001）颜色较深，转动载物台，颜色深浅变化不大，无解理，常见完好的假六方晶形，或不规则片状，干涉色很低，在该切面上可见到黑云母$\perp Bxa$ 的干涉图。黑云母最常变化为绿泥石。

【成因产状】黑云母在云母族中分布最广。它不仅广泛分布在岩浆岩中，而且在结晶片岩和片麻岩中也有大量分布。黑云母受热液蚀蚀便会被改造为绿泥石。在风化作用中，黑云母中的铁受到氧化，层间域中的钾部分流失，首先变为水化黑云母，进一步变为蛭石。

【鉴定特征】以其颜色与其他云母相区别，以其薄片的弹性和蛭石相区别。

【主要用途】鳞片状黑云母可作为建筑材料充填物，如云母沥青毡。

3. 伊利石族

伊利石和水白云母常被当作同义语，指同一种矿物，实际含义不同。水白云母是水化了的白云母，是白云母在风化壳中(也有在低温热液条件下)受水的作用，特别是酸性水的作用失去部分的 K^+，由 H_3O^+ 代替 K^+ 进入层间域。其化学式为 $K_{2-x}(H_3O^+)_x Al_4[Al_2Si_6O_{20}](OH)_4$。

伊利石则是泥质岩或土壤中的黏土矿物(如高岭石、蒙脱石等)向云母转化的产物。其 K 含量亦少于白云母，同时 Al^{3+} 代替 Si^{4+} 也较少，化学式为 $K_{2-x}Al_4[Al_{2-x}Si_{6+x}O_{20}](OH)_4$。因此，在土壤以及各种泥质岩石中类似白云母的矿物，实际上大都是伊利石。只有在风化壳中受到改造了的水化白云母才叫水白云母。但因为两者都是黏土矿物和白云母之间的过渡产物，所以在实际上两者很难分辨。

伊利石 Illite $K_{0.65}\{Al_2[Al_{0.65}Si_{3.35}O_{10}](OH)_8\}$

【化学组成】与白云母相比，其 K_2O 含量减少(<6%)；H_2O 可增至 8%~9%；Al_2O_3 可减少至 25%；SiO_2 可增至 55%。

【晶体结构】单斜晶系；TOT 型-二八面体型层状结构。$a_0=0.52nm$，$b_0=0.90nm$，$c_0=1.00nm$，$\beta=96°$，$Z=2$。

【晶体形态】常呈鳞片状或致密块体。其土状块体的颗粒常极细小，通常小于 $2\mu m$，一般在 200~2000nm。

【物理性质】白色、灰色、有时带黄、绿色调；玻璃光泽，致密块状者呈油脂光泽或上状光泽。{001}完全解理；硬度 2~3，相对密度 2.5~2.8。

【成因产状】为白云母片岩、片麻岩及中酸性火成岩风化和热液蚀变后的产物。测算伊利石的结晶度可从帮助判定岩石的变质程度。

【鉴定特征】一般用肉眼无法确切鉴定，需用借助其他仪器分析方法。

【主要用途】水云母岩和伊利石岩均可作为陶瓷原料、紫砂陶的黏土原料中有大量伊利石。提纯的水云母粉和伊利石粉可作为优良的塑料、橡胶、涂料填料。

4. 绿泥石族

绿泥石 Chlorite $(Mg, Fe, Al)_6[(Si, Al)_4O_{10}](OH)_8$

【化学组成】成分复杂，结构中存在大量的类质同象，所以种属繁多。

【晶体结构】多型复杂，常见的属单斜晶系；TOT 型-三/二八面体型层状结构。层间域为 $[Y(OH)_6]$ 八面体片。$a_0=0.52nm$，$b_0=0.9261nm$，$c_0=1.43nm$，$\beta=97°$，$Z=4$。

【晶体形态】单斜晶系。晶体呈假六方片状或板状，少数呈桶状，但晶体少见。双晶依云母律或绿泥石律形成。常呈鳞片状集合体、土状集合体。

【物理性质】大多带绿色，但随成分而变化，富 Mg 为浅蓝绿色。富 Fe 颜色加深，为深绿到黑绿，含 Mn 呈浅褐、橘红色，含 Cr 呈浅紫到玫瑰色；条痕无色；玻璃光泽，解理面呈珍珠光泽。{001}完全解理。硬度 2~2.5，随着含 Fe 量增加，硬度随之增大可达 3。相对密度随成分中 Fe 含量增加而增大，变化在 2.68~3.40。解理片具挠性。

【成因产状】常见于低级变质带绿片岩相中及低温热液蚀变中(绿泥石化)，但在某些中、高温变质或蚀变岩中也可出现。在火成岩中绿泥石多为富铁镁矿物(角闪石、辉石、黑云母等)的次生矿物;在沉积岩、黏土中都含一定的绿泥石。

【鉴定特征】颜色、结晶形态、条痕微绿,以及硬度等可作为初步鉴定的特征。当晶体较大、解理可见时,与云母的区别除颜色外,其薄片具挠性亦为重要特点。

【主要用途】仅具矿物学和岩石学意义。

5. 蒙脱石–皂石族(蒙皂石族)

本族矿物在结构单元层内的八面体片中有低价阳离子代替高价阳离子(如 Mg^{2+} 代替 Al^{3+}),在四面体片中也可有 Al^{3+} 替代 Si^{4+}。但与云母族矿物相比,本族矿物结构单元层剩余负电荷少,且多是由八面体片中阳离子置换产生的。这些负电荷与层间阳离子距离远、吸引力小,导致层间域充填了与水分子结合的 Mg^{2+}、Ca^{2+}、Na^+ 等离子。这些离子与水分子的结合能力很强,故可将大量水分子吸引到晶格中,使矿物含有大量层间水,这是该族矿物的重要特征。因此,该族矿物具有遇水(水分子进入结构单元层间)膨胀和离子交换(层间阳离子可以比较自由地进出)两项重要性质。

本族矿物可分为二八面体型的蒙脱石亚族(蒙脱石、贝得石、绿脱石)和三八面体型的皂石亚族(皂石、锂皂石、斯皂石等)。以蒙脱石最为常见。

蒙脱石 montmorillonite $(Na, Ca)_{0.3}(H_2O)_n\{(Al, Mg)_2[(Si, Al)_4O_{10}](OH)_2\}$

【化学组成】根据层间主要阳离子的种类,分为钠蒙脱石、钙蒙脱石等成分变种。上式中 Na^+、Ca^{2+} 和 H_2O 一起写在前面,表示 H_2O 可和可交换阳离子一起充填在层间域里;层间水的含量取决于层间阳离子的种类及环境温度和湿度。水分子以层的形式吸附于结构层间,可多达 4 层。

【晶体结构】单斜晶系。TOT 型–二八面体型层状结构。$a_0 = 0.523nm$;$b_0 = 0.96nm$;$c_0 = 0.96 \sim 2.05nm$。如钙蒙脱石层间为 1 个、2 个、3 个、4 个水分子层时其 c 值分别为 $0.96nm$、$1.25nm$、$1.55nm$、$1.85nm$;β 近于 $90°$。

【晶体形态】常呈土状隐晶质块状,电镜下为细小鳞片状。

【物理性质】白色,有时为浅灰、粉红、浅绿色。鳞片状者 $\{001\}$ 完全解理。硬度 $2 \sim 2.5$。相对密度 $2 \sim 2.7$。甚柔软。有滑感。加水膨胀,体积能增加几倍,并变成糊状物。具有很强的吸附力及阳离子交换性能、悬浮性、热稳定性、可塑性和黏结性。

【成因产状】蒙脱石主要由基性火山岩在碱性环境中风化或热液蚀变而成,也有的是海底沉积的火山灰分解后的产物。

【鉴定特征】质软有滑感,遇水膨胀,确切鉴定需结合 X 射线分析、热分析和化学分析等。

【主要用途】利用其阳离子交换性能制成蒙脱石有机复合体,广泛用于高温润脂、橡胶、塑料、油漆;利用其吸附性能,用于食油精制脱色除毒、净化石油、核废料处理、污水处理;利用其黏结性可作铸造型砂黏结剂等;利用其分散悬浮性用于钻井泥浆。

6. 蛭石族

蛭石 Vermicalite $(Mg, Ca)_{0.3-0.45}(H_2O)_n\{(Mg, Fe^{3+}, Al)_3[(Si, Al)_4O_{10}](OH)_2\}$

【化学组成】与黑云母相比,K^+ 被水合镁离子 $(Mg \cdot 6H_2O)^{2+}$ 代替,Fe^{2+} 被氧化为 Fe^{3+}。其成分不很固定,化学式只代表最常出现的大致情况。蛭石中 K_2O 最大含量小于 5%。

【晶体结构】单斜晶系。TOT 型–三/二八面体型层状结构。$a_0 = 0.53nm$;$b_0 = 0.92nm$;

$c_0 = 2.89nm$。$\beta = 97°$，$Z = 4$。

【晶体形态】对称型 m，通常仍保持了黑云母或金云母的片状、鳞片状外形。

【物理性质】褐色、黄褐色、青铜黄色；光泽较黑云母强，常呈油脂光泽。硬度 1～1.5；{001}完全解理；薄片基本不具弹性而具挠性。相对密度 2.4～2.7。蛭石在灼热时，迅速膨胀，体积可增大 15～20 倍，状似水蛭(蚂蟥)，故名蛭石。膨胀后呈带黄的银白色，体重(重量/包括空隙在内的容积)降至 0.6～0.9。膨胀的原因是层间域中的水分子汽化的结果。焙烧过的蛭石具极强的隔音隔热性能。

【成因产状】主要为黑云母经低温热液蚀变和风化作用改造的产物。

【鉴定特征】形态、颜色似金云母，但其薄片无弹性，光泽暗，灼烧后膨胀。

【主要用途】蛭石具有优良的吸附性和离子交换性，膨胀蛭石含有大量密闭空气，故具有轻质、隔热、隔音、耐火、耐冻、抗菌性能，用于环保、节能、消音、绝热、轻质建材、园林、畜牧、无土栽培等领域。

(二)具 1∶1 单元层(TO)的层状硅酸盐

此类硅酸盐的络阴离子为$[Si_4O_{10}](OH)_8^{12-}$，可进一步分为蛇纹石-高岭石族、埃洛石族等。

蛇纹石 （Serpentine）$Mg_6[Si_4O_{10}](OH)_8$

【化学组成】MgO 43.6%，SiO_2 43.4%，H_2O 13.0%，可含少量的 Fe^{2+}、Fe^{3+}、Al^{3+}、Ni^{2+}等类质同象混入物。

【晶体结构】单斜晶系。TO 型-三八面体型层状结构。$a_0 = 0.53nm$；$b_0 = 0.92nm$；$c_0 = n×0.73nm$(n 为多型中重复的层数)。$\beta = 90°～93°$；$Z = 2$。

【晶体形态】对称型 2/m。晶体一般呈叶片状、鳞片状，集合体通常呈致密块状或凝胶状隐晶质形态。有时表面现具波状揉皱。纤维状者称蛇纹石石棉或温石棉。

【物理性质】深绿、黑绿、黄绿等各种色调的绿色，并常呈青、绿斑驳如蛇皮。铁的代入使颜色加深、密度增大。油脂或蜡状光泽，纤维状者呈丝绢光泽，硬度 2.5～3.5，相对密度 2.2～3.6。除纤维状者外，{001}完全解理。

【成因产状】蛇纹石的生成与热液交代(约相当于中温热液)有关，富含 Mg 的岩石如超基性岩(橄榄岩、辉石岩)或白云岩经热液交代作用可以形成蛇纹石。在矽卡岩化作用的后期往往有蛇纹石生成。

【鉴定特征】根据其颜色、光泽、较小的硬度、纤维状或块状结晶形态及产状加以识别。蛇纹石矿物之间的区别较困难，只有通过扫描电镜、X 射线法、热分析、旋光性鉴定来进一步精确确定。

【主要用途】蛇纹石石棉为重要的工业矿物，具有极高的抗拉强度、良好的可纺性、耐热性、吸附性，广泛用于无机纤维增强和耐热材料；由于近年来检测到石棉有一定的致癌性，应用领域受限；蛇纹石大理岩为美观的建筑石材；色美致密的块体叫岫玉，是贵重的雕刻石材；蛇纹石可制备镁质耐火材料、钙镁磷肥原料、冶金溶剂、镁质陶瓷配粒、镁盐晶须；镍蛇纹石可提取镍。

高岭石　Kaolinite $Al_4[Si_4O_{10}](OH)_8$

【化学组成】Al_2O_3 39.5%，SiO_2 46.5%，H_2O 14.0%，此外，还含有少量 Mg、Ca、Na、K 等杂质。

【晶体结构】三斜晶系。常见多型为 $1T_c$ 型；TO 型－二八面体型层状结构。a_0 = 0.154nm；b_0 = 0.893nm；c_0 = 0.737nm。$\alpha = 91°48'$；$\beta = 104°42'$；$\gamma = 90°$；$Z = 1$。层间域没有阳离子或水分子存在。高岭石还有单斜晶系的 1M、$2M_1$（迪开石）和 $2M_2$（珍珠石）等多型。

【晶体形态】一般呈土状块体，或疏松土状，在电子显微镜下可见六边形片状晶形。

【物理性质】白色，有时染色为浅褐、浅红、浅绿等色调；土状光泽或蜡状光泽。硬度 1~2.5；{001} 极完全解理；相对密度 2.60 左右。干燥时具吸水性、黏舌，湿态具可塑性，但不膨胀。

【成因产状】主要由长石等矿物风化而成。此外，在低温热液蚀变时，亦可形成高岭石（高岭石一般在低温和酸性条件下形成）：

$$4K[AlSi_3O_8] + 4H_2O + 2CO_2 \longrightarrow Al_4[Si_4O_{10}](OH)_8 + 8SiO_2 + 2K_2CO_3$$

高岭石矿床类型主要有风化型、热液型和沉积型。与煤系沉积地层相关的高岭土矿床（包括煤矸石）规模大。

【鉴定特征】常呈白色土状块体，具吸水性，吸水后体积不膨胀，但具可塑性。蒙脱石吸水后常膨胀分散。高岭石吸水后易碎裂。详细区分需采用 X 射线衍射等分析方法。

【主要用途】陶瓷主要原料，在塑料、橡胶工业中用作补强剂、造纸填料、涂布纸涂料玻璃和玻璃纤维配料，以及耐火砖、白水泥原料。可注意开发利用煤矸石中的高岭土。

第五节　架状硅酸盐矿物特征

一、架状硅酸盐矿物的总体特征

1. 化学成分和晶体结构特点

架状硅酸盐的络阴离子是三度空间无限联结的硅氧骨架。骨架中每个硅氧四面体的四个顶点都与相邻的硅氧四面体共用，正负电价正好相等，只有在部分 Si^{4+} 为 Al^{3+}（或 Be^{3+}）代替后，才有剩余负价和金属阳离子结合形成架状硅酸盐。所以架状硅酸盐必为铝硅酸盐（最常见）或铍硅酸盐（分布不广）。络阴离子表示为 $[Al_x Si_{n-x} O_{2n}]^{x-}$。铝代硅数目不能超过总数的一半，且铝代硅主要形成于高温或碱性条件下。因为架状硅酸盐中能被 Al^{3+} 置换的 Si^{4+} 数目有限，一般不超过 1/2，因而需要配位数高而电价低的阳离子；且由于架状结构中空隙巨大，也只有大半径阳离子能够适应其空间的需要，所以最常见的阳离子主要为电价低、半径大的惰性气体型离子，如 K^+、Na^+、Ca^{2+}、Ba^{2+} 等，偶尔还有 Cs^+、Rb^+、NH_4^+ 等。

架状结构硅酸盐由于它可以有各种连接方式，随着连接方式的不同，结构中可以形成形状、大小不同的空隙或通道，可以填塞一些离子或分子。因此使架状结构硅酸盐可以具有一些在其他类型的硅酸盐中很少见到的 Cl^-、S^{2-}、$[SO_4]^{2-}$、$[CO_3]^{2-}$ 等离子，以及 He、H_2O 等分子或其他元素或络离子。

由于架状硅酸盐特有的结构，遂使类质同象置换现象复杂化。前述的各种结构硅酸盐中，离子替换多为成对替换，但是架状结构硅酸盐中，往往可以有 $2Na^+ \rightarrow Ca^{2+}$ 的现象发生。这种大离子和大离子之间不等量交换，如果没有较多的巨大空隙，是不可能发生的。所以一般仅见于架状结构硅酸盐中，沸石族矿物中尤其突出。

2. 形态和物理性质

架状结构硅酸盐矿物的形态主要受硅氧四面体组成的空间格架的影响。当四面体骨架在三维空间排列均匀时，各方向键力无明显差别，多呈三向等长的粒状，解理也差，如方钠石、日光榴石等；当四面体排列不均匀，某方向键力强于或弱于其他方向时，则呈柱状、针状、片状，如方柱石、片沸石等，相应也会出现完全解理。

总体架状结构的键力均较强，所以硬度普遍偏高（略低于氧化物和岛状、环状硅胶酸盐矿物），一般为 5~6。但结构的空隙多，紧实程度较低，其中较少有重元素存在，所以比重偏低。阳离子以惰性气体型离子为主，颜色一般呈浅色，折射率较低。

3. 成因产状及主要类型

架状硅酸盐矿物中有铝代硅，因而一般形成于高温条件或碱性条件下。

本亚类包括无附加阴离子的长石族、似长石族和含附加阴离子的方柱石族、方钠石族及含水沸石族矿物，其中长石族在自然界中分布最广。

二、长石族矿物特征

架状硅酸盐矿物中的长石族矿物是地壳中分布最广的矿物，约占地壳总重量的 50%，是大多数岩浆岩、部分变质岩和沉积岩的主要造岩矿物。

(一)总体特征

1. 化学成分及分类

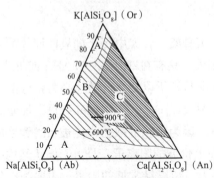

图 18-39 长石三组分混溶范围
A 区—较低温度下稳定的长石；B 区—较高温度下稳定的长石；C 区—不混溶区。

长石的化学通式是 $M[T_4O_8]$，其中，T 为 Si 或 Al，也可有少量的半径较小的 4 价或 3 价离子，如 Ti^{4+}、Ge^{4+}、Fe^{3+}、B^{3+}、Be^{2+} 等；M 则为半径较大的一价或二价惰性气体型离子，如 Na^+、K^+、Ca^{2+}、Ba^{2+} 及少量的 Li^+、Rb^+、Cs^+、Sr^{2+} 等。

组成长石的主要组分有 4 种，钾长石 $K[AlSi_3O_8]$(Or)、钠长石 $Na[AlSi_3O_8]$(Ab)、钙长石 $Ca[Al_2Si_2O_8]$(An)、钡长石 $Ba[Al_2Si_2O_8]$(Cn)，以前 3 种组分更为常见。从化学成分上看，大多数长石可通过 $K[AlSi_3O_8]$ - $Na[AlSi_3O_8]$ - $Ca[Al_2Si_2O_8]$ 三元系表示(图 18-39)。

属于 $Na[AlSi_3O_8]$ – $Ca[Al_2Si_2O_8]$ 的称为斜长石，由于 Na^+ 和 Ca^{2+} 半径差小（约2%），以往认为可在任何温度下构成完全类质同象系列（A 区）。近年来研究表明，温度降低后在某些区间内并不能混溶，而是形成两相晶胞尺寸下的规则连生体，如在 An–An 范围内可见晕长石连生体，由钝钠长石和富钙的斜长石构成；由于出溶时肉眼不能辨别，故以往被误认为混溶。属于 $K[AlSi_3O_8]$ –$Na[AlSi_3O_8]$ 的称为碱性长石，由于 K^+ 和 Na^+ 半径差别太大，高温（>650℃）才能完全混溶，低温则不完全混溶（B 区）；而钾长石和钙长石半径差更大，即使在高温下也十分有限（C 区）。

长石混晶的化学成分可用端员分子百分数表示，如 $An_{70}Ab_{30}$，表示含 An70%，含 Ab30%。长石中第3组分含通常都在5%以下。在斜长石中，常用钙长石（An）的摩尔分数称斜长石号数或号码，如 No. 20 为含 An20% 的更长石。

钡长石作为端员矿物产出很少，一般是少量 Ba^{2+} 类质同象替换 K^+，与钾长石构成不完全类质同象，称为钾钡长石系列或钡冰长石系列。

2. 晶体结构特征

长石族矿物的晶体结构比较相似。基本结构为由4个 $[TO_4]$ 四面体共角顶连成的四元环。四元环有垂直 a 轴的 $(\bar{2}01)$ 和垂直 b 轴的 (010) 环，这两种环共角顶连成 a 轴延伸的曲轴状链，构成长石结构中最强的链。(010) 环共角顶连成沿 c 轴延伸的链，链间以桥氧相连成架状骨干，链间的结合力相对最弱，这样就形成了平行于链方向的解理（图18-40、图18-41）。

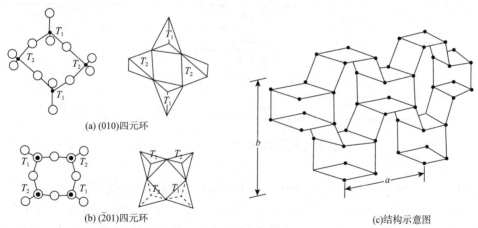

(a) (010)四元环

(b) ($\bar{2}$01)四元环

(c)结构示意图

图18-40　长石结构中的(010)四元环、($\bar{2}$01)四元环及结构示意图(引自潘兆橹，1993)

图18-42是透长石结构在 $(\bar{2}01)$ 面上的投影，图中的4个四元环共角顶相连形成八元环，其中可充填大阳离子 K^+、Na^+、Ca^{2+} 等。T_1、T_2 代表两种不等效四面体。如果将此图看成一个结构层，在该层上下分别再叠置相同的结构层，使其间的四面体共角顶并形成曲折状链，便构造出整个透长石结构。在这个投影图中，大阳离子呈带状分布，而大阳离子分布的地方即是架状骨干中大空隙的地方，相对也是结构较弱的地方，由此产生 {010}、{001} 两组解理。其他长石与透长石结构相似，但也存在不少差异，造成不同长石对称性和有序度的变化，引起这些差异的因素主要有两个：

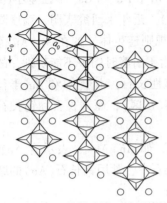

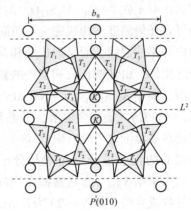

图 18-41　长石结构中沿 c 轴延伸的链　　　　图 18-42　透长石结构在(201)面的投影

（据潘兆橹等，1993）　　　　　　　　　（据 Klein &Hurlbut，1993）

（1）骨干外阳离子大小：阳离子越大，越能撑开整个架状结构，对称性越高，故中间为半径较大的 K^+ 时，形成对称程度较高的单斜对称；阳离子小（Ca^{2+}、Na^+）则无法撑开整个架状结构，使结构发生收缩变形，形成对称性低的三斜对称（表 18-11）。

表 18-11　八元环中阳离子及温度对矿物对称性和有序度的影响

八元环中的阳离子	温度	长石名称	对称性	有序度
K^+	>800℃	透长石	单斜晶系	无序
	500~800℃	正长石	单斜晶系	部分有序
	<500℃	微斜长石	三斜晶系	有序
Ca^{2+}	任何温度	钙长石	三斜晶系	有序
Na^+	任何温度	钠长石	三斜晶系	高温无序低温有序

（2）骨干内 Si^{4+}、Al^{3+} 有序度高低，指在 $[TO_4]$ 中，Al^{3+} 代替 Si^{4+} 占位是有序还是无序，直接影响晶体的对称。

以钾长石为例，在高温的透长石中，为无序结构，此时 Al 占据 TO 四元环中每个四面体 $[T_1(O)、T_1(m)、T_2(O)、T_2(m)]$ 的概率是相等的（25%），结构具有单斜对称 [图 18-43（a）]；当结晶温度较低或冷却速度较慢时，晶格中的 Al 有时间从 T_2 位向 T_1 位集中，所以结晶出来的正长石有序度随之增高，此时 Al 占据 2 个 T_1 位的概率是相等的，均为 1/2，其对称仍为单斜晶系 [图 18-43（b）]。温度更低或冷却速度更慢，Al 有充分时间从 $T_1(m)$ 位向 $T_1(O)$ 位集中，结晶成微斜长石，有序度更高，此时 Al 占据 $T_1(O)$ 位的概率约为 1，原来的对称性被破坏，属三斜晶系 [图 18-43（c）]。

一般常用有序度 δ 表示 Al^{3+} 在四面体中分布的有序程度，以钾长石为例，高温透长石的有序度最低，δ 值在 0 附近，正长石不超过 0.33，微斜长石在 0.33~1。用 Δ 表示晶体结构因有序化由单斜偏向三斜的程度，称三斜度。则高温透长石 δ、Δ 均为 0；正长石中，$\delta>0$、$\Delta=0$；微斜长石中，$\delta>0$、$\Delta>0$；当 Al 占据 $T_1(O)$ 位的概率为 1 时，$\delta=1$、$\Delta=1$，形成最大微斜长石。

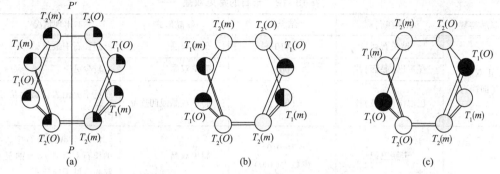

图 18-43　钾长石结构中 Al 的有序化与对称关系（据潘兆橹等，1993）

（a）透长石；（b）正长石；（c）微斜长石；PP'—对称面。

钠长石络阴离子内的铝代硅情况与钾长石相同，故应该也是高温时无序，低温逐渐有序。而钙长石络阴离子为 $[Al_2Si_2O_8]^{2-}$，Al 和 Si 数目相等，$[SiO_4]$ 四面体和 $[AlO_4]$ 四面体必须相间分布，故其结构的有序度接近 1，为有序结构。

3. 形态和物理性质

长石的形态虽有多种多样，但是由于结构上是类同的，因而不同的长石种，可以出现相似的形态，即使是外形很不相同的晶体，也可以出现相同的单形。由于长石中沿 a 轴方向键最强，其次是沿 c 轴方向的联结力较强，因此长石晶体通常呈平行 $\{010\}$ 的板状或板柱状，有时呈平行于 (100) 的短柱状（图 18-44）。

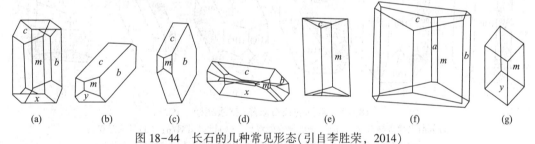

图 18-44　长石的几种常见形态（引自李胜荣，2014）

（a）正长石；（b）沿 a 轴延长的正长石；（c）透长石；（d）肖钠长石；（e）、（f）冰长石；（g）歪长石；

斜方柱 $m\{110\}$；平行双面 $c\{001\}$，$b\{010\}$，$x\{10\bar{1}\}$；$y\{20\bar{1}\}$；$a\{100\}$。

所有的长石都具有 $\{001\}$ 及 $\{010\}$ 的完全解理，解理夹角等于或近于 90°（单斜晶系中 90°，三斜晶系中近于 90°）。硬度 6~6.5，比重均不大，在 2.5~2.8，仅钡长石为例外，可以高达 3.39。色浅，常呈灰白色或肉红色，玻璃光泽，在解理面上有时可以出现珍珠光泽，如微斜长石、拉长石等还可能因内部存在密集的两相接触面或双晶结合面而呈现不同颜色的晕彩。

长石族矿物的双晶类型也极为丰富，且发育十分普遍，常见的如表 18-12 及图 18-45 所示。其中，钠长石律聚片双晶在斜长石中，卡斯巴律简单双晶在正长石中，钠长石-肖钠长石律复合双晶在微斜长石和歪长石中最为重要，双晶类型是鉴定长石类型的重要依据之一。长石聚片双晶多是在有序化过程中，结构由单斜变为三斜，从而出现不同取向变形连生体而成。

表 18-12　长石的常见双晶

双晶类型	双晶律名称	结合面	双晶形式	出现情况
正双晶 （面律）	钠长石律	(010)	聚片双晶	斜长石中最常见
	曼尼巴（底面）律	(001)	简单双晶	较少见
	巴温诺（斜坡）律	(021)	简单双晶或四连晶	见于火山岩，碱性长石，少见
平行双晶 （轴律）	卡斯巴律	多为(010)，少数为(100)	简单双晶	常见于碱性长石中。与钠长石双晶组成卡钠复合双晶，见于斜长石
	肖钠长石律	平行 b 轴的菱形切面	简单或聚片双晶	仅出现于斜长石中，且多见于变质岩、交代岩中。与钠长石双晶组成格子状复合双晶，见于微斜长石、歪长石、斜长石中
混合双晶 （复合律）	钠长-卡斯巴律	(010)	联合式由 3～4 个单体构成聚片式	斜长石中较常见

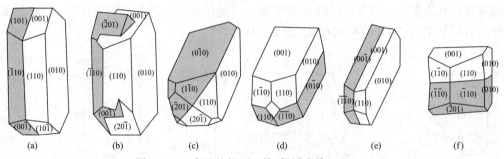

图 18-45　常见的长石双晶（据潘兆橹，1993）
(a)卡斯巴律接触双晶；(b)卡斯巴律穿插双晶；(c)巴温诺双晶；(d)曼尼巴双晶；
(e)钠长石律双晶；(f)肖钠长石律双晶(图中阴影部分为双晶的另一单体)

4. 光性特征

长石在薄片中一般都是无色、浅褐或浅灰色；多呈宽板状、柱状、不规则状；折射率较低，低突起，正负都有；双折率小，干涉色为一级灰至一级白。二轴晶，正负光性都有。

5. 成因产状

长石族矿物广泛产出于各种成因类型的岩石中，是岩浆岩、变质岩和沉积岩中重要的造岩矿物。在伟晶岩中可成巨大晶体。长石经风化作用或热液作用易转变为高岭石、绢云母、沸石、方柱石、黝帘石、葡萄石、方解石等。

6. 长石族矿物类型划分

长石族矿物可分为碱性长石亚族和斜长石亚族（图 18-46）。

(1)碱性长石亚族。碱性长石亚族是由 K[AlSi$_3$O$_8$]（Or）和 Na[AlSi$_3$O$_8$]（Ab）构成的类

质同象混合物，也称钾钠长石系列。包括 Ab 含量在 60%~90% 的高钠长石（高温）、歪长石（低温）和含量高于 40% 的钾长石，包括透长石（>800℃）正长石（500~800℃）、微斜长石（<500℃）。

本亚族还包括几个重要变种包括冰长石、天河石、条纹长石、反条纹长石及月光石。

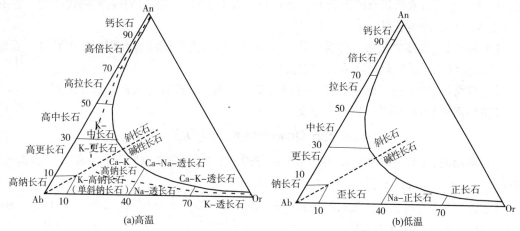

图 18-46 长石在 Or-Ab-An 体系中的成分和命名（据史密斯，1974）

（2）斜长石亚族。斜长石亚族是由钠长石和钙长石两个端员组分组成的类质同象系列，随着两个端员组分比例的不同，可分为 6 种矿物，其化学组成、结构特征、物理性质等方面均做规律的变化。

（二）典型长石矿物特征

1. 碱性长石亚族

透长石 Sanidine K[AlSi₃O₈]

【化学组成】 K_2O 16.9%，Al_2O_3 18.4%，SiO_2 64.7%；常含数量不等的 Ab 分子，最高可达 60%（称钠透长石），有时含少量 BaO 及 Rb_2O 和 CaO 等成分。

【晶体结构】 单斜晶系。架状结构。$a_0 = 0.8562$；$b_0 = 1.3030nm$；$c = 0.7175nm$；$\beta = 115°59'$。Al-Si 有序度低，为 0.1 或略高。

【晶体形态】 对称型 2/m。常平行于（010）发育而呈板状（图 18-47），有的沿 a 轴方向延长。最发育的单形是｛010｝和｛001｝。双晶以卡斯巴律最常见，巴温诺律和曼尼巴律较少。

【物理性质】 无色、白或灰白色，含杂质者肉红、浅黄、棕色等；玻璃光泽、透明。硬度为 6。具有｛001｝和｛010｝完全解理，｛110｝不完全解理，有时见｛100｝裂理；相对密度为 2.54~2.57。

【光性特征】 薄片中无色透明。负低突起，折射率纯的 Or 分子者最低，随其中所含 Ab（+An）分子的数

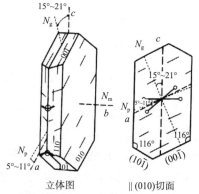

图 18-47 透长石的光性方位图

量增加而增高。干涉色一级灰白。二轴晶负光性，光轴角小至中等。有时干涉图很像一轴晶。在(010)面上其消光角 $a \wedge N_p$ 一般为5°左右，大者可达9°，一般不超过11°。卡斯巴双晶较常见，有时也见曼尼巴和巴温诺双晶，不见聚片双晶，个别情况见十字形的穿插双晶。高温(800~1000℃)条件下形成的高透长石，随温度缓慢下降，可向低温有序结构转变，最终可转变为微斜长石或正长石。透长石一般不蚀变，表面干净，无风化产物，但有时可变为高岭石或绢云母。

【成因产状】高温岩浆快速冷凝产物；中酸性火山岩尤其流纹岩和粗面岩中常见，近地表浅成岩也可见。易风化成高岭石、绢云母等。

【鉴定特征】以形态、解理、双晶可与石英相区别，以产状可与正长石相区别。

【主要用途】具矿物学、岩石学意义。

正长石 Orthoclase K[AlSi₃O₈]

【化学组成】K_2O 16.9%，Al_2O_3 18.4%，SiO_2 64.7%；常含 Ab 分子，有时可达30%；可含微量元素 Fe、Ba、Rb、Cs 等混入物。

【晶体结构】单斜晶系；架状结构；$a_0 = 0.8562nm$，$b_0 = 1.2996nm$，$c_0 = 0.7193nm$，$\beta = 116°$。Al-Si 有序度大于0.33。

【晶体形态】对称型 2/m，短柱状或厚板状；集合体呈粒状。主要单形为斜方柱{110}、平行双面{010}、{001}、{10$\bar{1}$}、{20$\bar{1}$}等。卡尔斯巴双晶最常见，其次为巴温诺双晶和曼尼巴双晶(图18-48)。

【物理性质】肉红色、白色，白色条痕；玻璃光泽；透明。硬度6；{001}和{010}完全解理，解理交角90；相对密度为2.57。

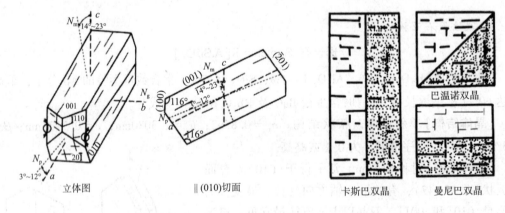

立体图　　　‖(010)切面　　　卡斯巴双晶　　　曼尼巴双晶

图18-48　正长石的光性方位(左)及正长石发育的双晶(右)(转引自常丽华，2006)

【光性特征】薄片中无色，由于表面常有分解物面变混浊，呈尘土状。当分解物中含氧化铁时，呈浅红、浅褐色。负低突起。干涉色一级灰—灰白。消光角因切片方向面不同，在(010)各切面上呈平行消光。在‖(010)的切面上为斜消光。此时{001}解理缝(指示 a 轴)与 N_p 间的消光角为3°~12°，负延性。最常见的是卡斯巴双晶，而巴温诺双晶和曼尼巴双晶少见，偶见似堇青石的放射状或扇形连晶。二轴晶负光性，个别发现为正光性，$2V = 44°~85°$。一般为44°~60°。正长石常与石英构成文象或蠕虫交生。与钠长石成条纹或反条纹。较少见环带构造。有时含钠长石、石英、赤铁矿、云母等包裹体，包裹体常定向排列或带状分布。正长石常蚀变为高岭石(高岭土化)，而很少变为绢云母，只在绢云母化强烈的岩石中正长石才变为绢云母。正长石可被白云母和石英代替(云英岩化)，在热液作用下，正长石可被绿帘石、方解石、钠长石、方沸石、绿泥石等代替。在通常情况下，正长石表面有一层黏土质点，不显光性，致使其表面混浊不清，常呈土红褐色(因土化含有少量 Fe_2O_3)。

【成因产状】主要产于酸性和碱性火成岩如花岗岩、正长岩及相应脉岩和火山岩中，与斜长石、石英、黑云母、角闪石或霞石等共生。也是片麻岩等变质岩的主要矿物。通过风化搬运可进入砂岩、长石岩。经表生或热液蚀变易变为绢云母(白云母)、叶蜡石、高岭石等。

【鉴定特征】肉红色、解理、硬度、产状。染色法见斜长石描述。

【主要用途】作为最重要造岩矿物之一而具地质意义；可用于陶瓷工业作瓷釉粉。

微斜长石 Microcline K[$AlSi_3O_8$]

【化学组成】同正长石，但含 Ab 分子不超过 20%。富含 Hb 和 Ca(可达 4%)的绿色异种称天河石(amazonite)(其绿色可能与 Rb、Cs、Fe、Pb 有关)。

【晶体结构】三斜晶系，架状结构；$a_0 = 0.854nm$，$b_0 = 1.297nm$，$c_0 = 0.722nm$，$\alpha = 90°39'$，$\beta = 115°56'$，$\gamma = 87°39'$，$Z = 4$。Al-Si 有序度 $S = 0.33 \sim 1$；最大微斜长石 $S = 1$。

【晶体形态】对称型 $\bar{1}$。板状或短柱状，常成粗大晶体。钠长石-肖钠长石律格子状复合双晶常见(在(001)面见两组聚片双晶近直角相交；歪长石 (010)中的格子双晶见于(100)面，也见卡斯巴律、曼尼巴律和巴温诺律简单接触双晶。

【物理性质】与正长石相似，但{001}和{010}两组解理交角为89°40'。伟晶岩中含 Rb 和 Cs 的天河石呈淡绿色。

【光性特征】薄片中无色，表面常因蚀变而呈混浊的浅红褐色。负低突起，折射率随 Ab 含量增加而略增大。干涉色一级灰-灰白。除具卡斯巴等简单双晶外，通常具有钠长石律与肖钠长石律构成的格子状双晶，这是微斜长石的重要特征。它与斜长石所具有的钠长石-肖钠长石双晶的格子不同处是，微斜长石格子状双晶的条带呈纺锤状、细密交错、宽窄不一，有时在晶体的局部发育，而斜长石的两组聚片双晶均呈平直状交叉，每组双晶消光都均匀。微斜长石还经常与钠长石构成微斜条纹长石(图18-49)。有时也可见环带构造。由于常见格子状双晶，不易观察到清楚的干涉图，二轴晶负光性，常见的低微斜长石的光轴角大，74°~84°，高微斜长石光轴角小，44°~60°。有时微斜长石可见正光性；$2V = 77°~89°$。

【成因产状】为高温岩浆缓慢冷却(长石中的 Si 和 Al 排列向有序度高的方向转化，正长石转变为微斜长石)或低温岩浆结晶产物，主要形成于花岗伟晶岩及较大或较老的中深成侵入岩中；也见于片岩、片麻岩、混合岩、接触交代变质岩中；还可搬运到碎屑沉积岩中。正长石转变为微斜长石过程中，Or 与 Ab 分子以任意比例混溶的固溶体(正长石)逐渐熔离成钾长石和钠长石的交生体，构成条纹长石(钾长石为主晶，钠长石为客晶)或反条纹长石(钠长石为主晶，钾长石为客晶)。如果条纹长石中的钾相和钠相形成显微层片状交

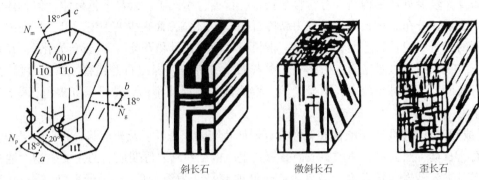

斜长石　　　　　微斜长石　　　　　歪长石

图18-49　微斜长石的光性方位和长石的格子双晶(引自常丽华，2006)

生，则会产生漂亮的"浮光"效应，可作为宝石材料，称为月光石。微斜长石在伟晶岩中还可与石英或正长石共结(同时结晶)形成一种特殊的交生连生体，从断面上看宛如象形文字，故称为"文象结构"。

【鉴定特征】据产状可与正长石相区别，据产状和颜色可与斜长石相区别。天河石以完全解理可区别于绿柱石和磷灰石。

【主要用途】同正长石，天河石可提取 Rb 和 Cs。

条纹长石 Perthite

具条纹结构的碱性长石称条纹长石简称纹长石。它属钾钠长石系列，由钾长石和钠质斜长石两部分构成，其中含量多的那部分称主晶，含量少者称客晶(或叫嵌晶)。主晶、客晶各自具有一致的光性方位，在正交偏光间所有主晶或所有客晶各自同时消光。当钾长石为主晶，钠长石为客晶时，称正条纹长石，也称条纹长石；当钠长石或其他成分的斜长石为主晶，钾长石为客晶时，称反条纹长石；当主晶、客晶含量相等时，则称中条纹长石；极少情况下还可见主晶、客晶为同一类长石，称等纹长石。在镜下区别正、反条纹长石的方法是：在单偏光镜下，缩小光圈，下降载物台。观察主晶、客晶的贝克线移动方向，若此时(下降载物台)贝克线向客晶(条纹)移动，表明条纹的折射率大于主晶，即条纹为钠质斜长石，主晶为钾长石，属正条纹长石；反之，若下降载物台，贝克线向主晶移动则表明主晶为钠质斜长石，属反条纹长石。

条纹长石的客晶形态多种多样，常见的有条带状、细条带状、脉状、棒状、滴状、枝状、纺锤状、火焰状、叶脉状、网格状等。多数条纹长石是在冷却条件下，钠质析出(出熔或析离作用)形成的，但也有一些则是与钠质交代有关。析离(出熔)成因的条纹长石的客晶(条纹)一般大小、长短相近，分布均匀，形态较规则，轮廓平直，主晶、客晶界线清楚，条纹往往沿一定方向排列[一般平行或近于平行(100)面]，钠质斜长石客晶在镜下往往不显双晶，该成因的条纹长石的客晶形态多呈条带状、脉状、棒状、滴状，部分呈枝状和叶脉状等。交代成因的条纹长石的客晶(条纹)大小不固定，一般较粗，同一颗粒中各条纹大小不一，同一条纹各部分的粗细也有差别，客晶在主晶中分布不均，没有一定的方向性。常见客晶呈"侵入状"或呈舌状插入主晶，尖端朝内，它与析离成因相反，首先出现于晶粒的边部(析离成因者客晶主要分布于核部)，钠质斜长石客晶多显聚片双晶，交代成因的条纹长石客晶形态复杂，穿插状、树枝状、网格状和部分叶片状等，显示交代结构的特征。

反条纹长石也常见两种成因，析离成因者一般见于高级接触变质岩、片麻岩和火山岩中。因为高温斜长石中含有较多的钾长石分子，在缓慢冷却过程中，当剩余的钾长石分子不转变为绢云母的情况下，就可能析出钾长石条纹。交代成因者为钾或钠互相交代生成，常伴有蠕英石。反条纹长石的客晶形态与条纹长石相同。也有人认为存在应力作用成因类型。

歪长石 Anorthoclase (Na, K)[AlSi$_3$O$_8$]

【化学组成】高温钠长石-高温钾长石类质同象系列中较富 Ab 的中间矿物，Ab 分子含量超过 63%，CaO 随 n_{Na}/n_K 比率增大而增高；当接近纯 Ab 时，CaO 含量可达 3%~4%。

【晶体结构】三斜晶系；架状结构。$a_0 = 0.82$nm，$b_0 = 1.28$nm，$c_0 = 0.761$nm；$\beta = 116°$；$Z = 4$。有序度极低。

【晶体形态】类似透长石，但{110}和{201}等单形较发育。光学显微镜下在(100)面可见钠长石-肖钠长石律格子状复合双晶。

【物理性质】近于透长石；相对密度为 2.56~2.62。

【成因产状】与透长石相似，仅见于中酸性和碱性火山岩中。

【鉴定特征】以其具格子双晶而不同于正长石和透长石；以在(100)面见格子双晶可区别于微斜长石在(001)面见格子双晶。

【主要用途】具矿物学和岩石学意义。

2. 斜长石亚族

斜长石 Plagioclase Na$_{1-x}$Ca$_x$[Al$_{1+x}$Si$_{3-x}$O$_8$]

【化学组成】常含 Or 分子，一般含 An 越高则含 Or 越少，常不超过 5%；但含 An 少者则稍多。还可含少量 Ti^{4+}、Fe^{3+}、Fe^{2+}、Mn^{2+}、Mg^{2+}、Sr^{2+} 等，Ti^{4+} 及 Fe^{3+} 应置换结构中的 Al^{3+}，而其他离子若不混入，则应置换 Ca^{2+}。

【晶体结构】三斜晶系；架状结构。

【晶体形态】平行{010}板状，有时沿 a 轴延伸，但很少沿 c 轴延伸。叶片状的叶钠长石之叶片也平行(010)，为高温矿物。如沿 b 轴延伸，称肖钠长石(pericline)，为低温矿物。常见钠长石律、肖钠长石律双晶和钠长石-卡斯巴复合双晶(热液变和成岩自生者可不出现双晶)。

【物理性质】白色或灰白色，某些拉长石由于聚片双晶使光发生干涉而产生彩虹效应(晕彩)；由于含分布均匀、定向排列的微细包裹体(赤铁矿、针铁矿、绿云母等)而产生闪光效应的称为日光石；玻璃光泽、透明。{001}及{010}完全解理；硬度 6~6.5；相对密度为 2.61~2.76。物理性质如相对密度、折光率等随成分的规律变化而变化，如含 An 分子越多，相对密度越大。

【光性特征】薄片中无色。二轴晶，光性符号可正可负。斜长石的折射率、光轴角、光性方位等随成分的变化而变化。如表 18-13 所示，随着 An 比例增加，斜长石的折射率、双折率逐渐增加，即突起等级由负低向正低变化，干涉色逐渐升高。

表 18-13　不同斜长石的折射率和双折率值

斜长石	An/%	N_g	N_m	N_p	N_g-N_p
钠长石	0~10	1.538~1.542	1.532~1.536	1.528~1.533	0.009~0.010
更长石	10~30	1.542~1.551	1.536~1.548	1.533~1.544	0.007~0.009
中长石	30~50	1.551~1.562	1.548~1.558	1.544~1.554	0.007
拉长石	50~70	1.562~1.574	1.558~1.569	1.554~1.564	0.007~0.009
倍长石	70~90	1.574~1.585	1.569~1.579	1.564~1.572	0.009~0.012
钙长石	90~100	1.585~1.590	1.579~1.584	1.572~1.577	0.011~0.013

　　不同斜长石的光轴面由钠长石的近于平行(001)变化到钙长石的近于平行(100)(图18-50)。光轴角中等至大,且光轴角和光性正负随成分、结构状态及形成条件变化(图18-51)。

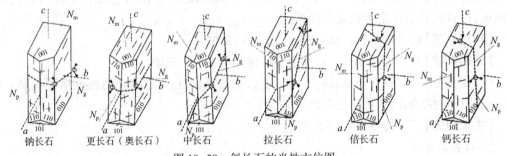

钠长石　　更长石(奥长石)　　中长石　　拉长石　　倍长石　　钙长石

图 18-50　斜长石的光性方位图

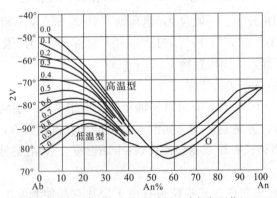

图 18-51　斜长石成分、2V 及有序度的关系(引自常丽华,2006,有修改)

　　【成因产状】作为造岩矿物广泛分布于岩浆岩、变质岩和沉积岩中。高温斜长石产于某些火山岩及浅成岩中,低温斜长石则产于深成岩及区域变质岩。酸性斜长石产于酸性和碱性岩中中性斜长石产于中性岩中,基性斜长石产于基性和超基性岩中。其 An 含量随变质作用的加深而增高。钠长石化就是通过热液蚀变形成钠长石或奥长石的过程。沉积岩中可以有钠长石自生矿物(成分纯净,无条纹;可有简单双晶,但无聚片双晶)。碎屑岩中也可以有斜长石存在,但是远不及碱性长石普遍。

　　【鉴定特征】各矿物种的精确鉴定一般要靠光性、成分和 X 射线测试资料。碱性长石与斜长石的主要差异如表 18-14 所示。

表 18-14 碱性长石与斜长石的主要特征差异

	特 征	正长石	斜长石
肉眼鉴定特征	晶面	可见反光程度不同的两部分	常见密集的聚片双晶纹
	解理夹角	(001)∧(010) = 90°	(001)∧(010) = 87°
	颜色	肉红色或白色	白色或灰色
	成因	浅色岩(花岗岩、正长岩等),与石英、黑云母等共生	深色岩(辉长岩、橄榄岩等),常与普通辉石、角闪石等共生
镜下鉴定特征	突起	负低突起	绝大部分为正低突起,只有酸性端员的钠长石为负低突起
	干涉色	I 级灰白	I 级灰白
	双晶	正长石多卡氏双晶;微斜长石多格子双晶;歪长石二者都有	聚片双晶、卡钠复合双晶、肖钠双晶,更长石的聚片双晶最细密
	轴性光符	二轴晶负光性	二轴晶,大部分正光性,部分更长石为负光性
	次生变化	正长石常见高岭土化(泥化)使表面混浊;透长石表面清澈透明	易蚀变为绢云母和黏土矿物使表面混浊;还可有碳酸盐化、钠长石化、绢云母化、绿泥石化;基性斜长石易发生钠黝帘石化。火山岩中斜长石斑晶易形成熔融港湾和溶蚀麻点

斜长石成分(号码)的光学鉴定方法

由于斜长石的折射率和光性方位随成分而变化,因此光性方位和折射率是鉴定斜长石成分的重要依据。鉴定斜长石的方法很多,其中最常用的有:①⊥(010)晶带最大消光角法;②卡钠复合双晶消光角法;③微晶法;④比较折射率法等。

1. 用 ⊥(010) 晶带最大消光角法鉴定斜长石成分

斜长石的光性方位随成分变化而变化,它的消光角、折射率大小也与成分有关,成分不同,消光角也不一样。因此,测出消光角的大小便能确定斜长石的成分。具体测定步骤如下:

(1)选择切面。

用 ⊥(010) 晶带最大消光角法鉴定斜长石成分(号码)时,选择的斜长石切面应具备如下 3 个条件:①具聚片双晶(钠长石双晶),双晶纹最细、最清晰;②当(010)方向即双晶缝方向平行十字丝或在 45°位置时,双晶两部分单体亮度相同,不显双晶;③双晶两部分单体的消光角对称。

(2)消光角的测定(图 18-52)。

①在正交镜下移动薄片,把选好的切面

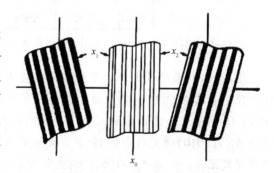

图 18-52 ⊥(010)晶带最大消光角法测定
钠长石双晶消光角示意图

置于视域中心。

②转动载物台，使双晶纹平行目镜十字线纵丝，记录载物台上读数为 x_0。

③逆时针转动载物台，使一组双晶消光，记录载物台上读数为 x_1，两次读数之差即为消光角。

④转动载物台，使双晶纹平行目镜十字线纵丝(恢复到 x_0 位置)。

⑤顺时针转动载物台，使另一组双晶消光，记录载物台上读数为 x_2，又得到一消光角。两次获得的消光角应该相等，即 $(x_1-x_0)=(x_2-x_0)$，如果不相等(误差不得超过3°)，取其平均值：$x=[(x_1-x_0)+(x_2-x_0)]/2$ 即为欲求消光角。

(3)测定光率体半径名称

从消光位转动载物台45°，插入石膏试板，确定半径名称是否为 N_p'，如果是，写出消光角公式：$N_p' \wedge (010)=x$；如不是 N_p'，则必须从90°减去所测得的角，得数即为 $N_p' \wedge (010)$。

(4)查鉴定图表求斜长石成分。$\perp (010)$ 晶带最大消光角，应测5~6个颗粒后，选其中消光角最大值，求出斜长石成分。查图18-53时，火山型查虚线，深成型查实线。斜长石号码(钙长石分子百分含量)用 No. 或 An 表示。

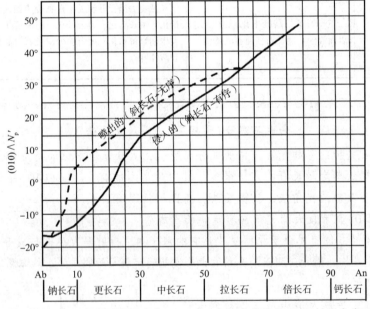

图18-53　斜长石 $\perp (010)$ 晶带最大消光角 $N_p' \wedge (010)$ 与成分的关系图(转引自常丽华，2006)

用 $\perp (010)$ 晶带最大消光角法鉴定斜长石成分要取得满意结果，必须注意几个问题：①必须尽量选准 $\perp (010)$ 的切面；②测量消光角时一定要进行物镜中心校正，仔细定准消光位；③测量消光角时要用试板确定光率体圆半径名称，保证测量结果是 $N_p' \wedge (010)$；④当 $N_p' \wedge (010)$ 消光角小于17°时，查表有双解；可先确定消光角的正负，即将 $N_p' /\!/ PP$ 观察突起正负，如果 $N_p'>1.54$，消光角为正；如果 $N<1.54$，消光角为负。

2. 用卡钠复合双晶法鉴定斜长石成分

此种方法的原理与⊥(010)晶带最大消光角法类似，依据不同成分的斜长石具有不同的消光角。这种方法精度较高，所以只需测一个颗粒即可。但此种切面只在(100)面上才能找到，颗粒的选取较为困难。具体测定步骤如下(图18-54)。

(1)选择切面。

①选择具有卡钠复合双晶的切面，双晶缝最细最清楚，升降镜筒双晶缝不平移。

②当双晶缝平行目镜十字丝纵丝及与目镜十字丝成45°夹角时，不显钠长石聚片双晶，只见卡式双晶，且双晶缝与目镜十字丝成45°夹角时卡式双晶更为清晰。

③卡式双晶每一单体中的钠长石双晶具对称消光。

(2)消光角的测定。

①在卡式双晶左单体中测钠长石双晶对称消光角：转动载物台使双晶缝平行十字丝纵丝，物台读数 x_0；顺时针转动载物台至卡式双晶左侧单体中钠长石一组双晶消光，物台读数 x_1；逆时针转动载物台至卡式双晶左侧单体中钠长石另一组双晶消光，物台读数 x_2；计算两个消光角，二者差值小于3°可计算其平均值：$a=[\mid x_0-x_1 \mid + \mid x_2-x_0 \mid]/2$。

②在卡式双晶右单体中测钠长石双晶对称消光角：顺时针转动物台至卡式双晶右侧单体中钠长石一组双晶消光，物台读数 y_1；逆时针转动物台至卡式双晶右侧单体中钠长石另一组双晶消光，物台读数 y_2；计算两个消光角，二者差值小于3°可计算其平均值：$b=[\mid x_0-y_1 \mid + \mid y_2-x_0 \mid]/2$。

③测量结果，卡式双晶二单体的消光角 a、b 必为一大一小。

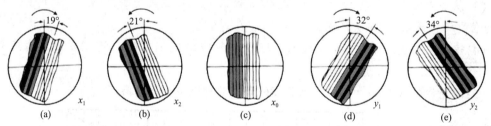

图18-54 卡钠复合双晶法测定消光角示意图(引自赵志丹，2019)
(a)双晶缝平行纵丝；(b)测量卡式双晶左侧单体的消光角(19°+21°)/2=20°；
(c)测量卡式双晶右侧单体的消光角(32°+34°)/2=33°

(3)查鉴定图表(图18-55)。

测得 a、b 两个大小不一的消光角，小角查纵坐标，大角查"S"状曲线，两者相交点在横坐标上的投影即为斜长石的成分。此法优点是精度较高，只需测量一个颗粒就可以求出斜长石的成分。本方法也存在消光角是正角还是负角的问题，判断方法同⊥(010)晶带最大消光角法。

3. 平行 a 轴微晶最大消光角法(微晶法)

喷出岩基质中的斜长石一般呈微细的条状晶体产出，由于晶体细小，难辨双晶，故不能用微晶测定消光角确定成分。但是这类斜长石的条状延伸方向多与其 a 轴平行，消光角 $N_p' \wedge a$ 对不同成分的斜长石是一固定值，因此，测定消光角 $N_p' \wedge a$ 就可以确定斜长石的成分。本法精度不高，但十分简便，用于火山岩的斜长石更显方便。操作步骤如下：

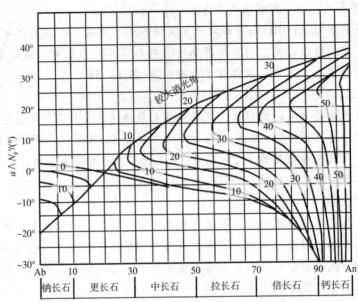

图 18-55 斜长石⊥(010)切面上卡钠双晶的消光角 $N_p' \wedge (010)$ 与成分的关系图(引自常丽华,2006)

(1)使某一欲测斜长石的微晶居视域中央并使其延长方向平行目镜纵丝,记下物台读数。

(2)转物台使微晶达消光位,记录物台读数。上述二读数之差即消光角。

(3)从消光位逆时针转物台 45°,插入石膏试板,测定其是否是 N_p',若不是,需转 90° 方位再测,或以 90° 减去所测值,即得 $N_p' \wedge a$ 角度。

(4)这是一种统计方法,至少选 10~12 个颗粒重复操作,测其 $N_p' \wedge a$ 值,选其中最大一个消光角值。

(5)取所测的 $N_p' \wedge a$ 的最大值查图 18-56,即可得斜长石号码。

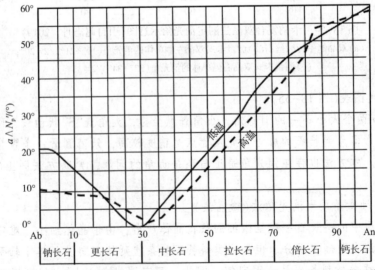

图 18-56 斜长石平行 a 轴微晶最大消光角 $N_p' \wedge a$ 与成分的关系图(转引自常丽华,2006)

注意，此法在 $0° \sim 20°$ 范围内也需通过与树胶比较折射率确定消光角的正负。据图 18-55，折射率小于树胶者以图左侧交点为准，号码应在小于 An30 的范围内；反之，若大于树胶，则以右侧交点为准，即所得号码应在大于 An30 的范围。

4. 用比较折射率方法大致鉴定斜长石的成分范围

在一般岩矿鉴定工作中，有时为了划分岩浆岩的大类，斜长石成分鉴定能大致确定成分范围就可以满足工作要求，最常用的方法是比较折射率，鉴定斜长石的突起特征。

斜长石的三个主折射率 N_g、N_m、N_p，都随 An 分子的增加而增大。若以树胶折射率 1.54 为准，可以看出：An0 ~ 8，其 N_g、N_p 都小于 1.54；An8 ~ 20，其 $N_p > 1.54$，$N_p < 1.54$；An20 以上，其 N_g、N_p 都大于 1.54。

比较折射率方法的操作步骤如下：

(1) 选一个边缘与树胶接触，或解理缝裂开较宽，缝中充填有树胶同时干涉色较高(1级白或黄白)的斜长石颗粒，移至视域中心。

(2) 转至消光位，推出上偏光，适当缩小光圈，比较斜长石和树胶的折射率定出突起的正负。

(3) 再转物台 90°(转至另一消光位)同样观察突起正负。比较结果，若相距 90° 的两个方向突起皆为负，斜长石应为钠长石；若一正一负，应为更长石；若皆为正，应为更中长石至基性斜长石。

三、似长石族矿物特征

(一)似长石族矿物的总体特征

本族化学成分与长石族类似，统称似长石。与长石相比，似长石族矿物 SiO_2 含量低(硅酸不饱和)而碱金属含量高，形成于贫硅富碱的高温环境，似长石遇 SiO_2 反应形成长石族矿物，故一般不与石英共生。

$$Na[AlSiO_4](钠霞石) + 2SiO_2 \rightleftharpoons Na[AlSi_3O_8](钠长石)$$

$$K[AlSi_2O_6](白榴石) + SiO_2 \rightleftharpoons K[AlSi_3O_8](钾长石)$$

在蚀变或风化条件下不稳定，极易分解为高岭石或其他矿物。

由于其内部结构开阔，可容纳大半径阳离子和较大的附加阴离子或络阴离子如 F^-、Cl^-、$(OH)^-$、$(CO_3)^{2-}$ 等。因此相对密度低，为 2.3 ~ 2.6；折射率低，为 1.48 ~ 1.54；硬度多为 5 ~ 6.5。

似长石族包括不含附加阴离子的霞石($R[AlSiO_4]$，R 为 Li^+、K^+、Na^+)、白榴石亚族($R[AlSi_2O_6]$，R 为 Li^+、K^+、Cs^+)和含附加阴离子的方钠石亚族、日光榴石亚族、方柱石亚族。

(二)典型似长石矿物特征

霞石 Nepheline $(Na, K)Na_3[AlSiO_4]_4$

【化学组成】SiO_4 44%，Al_2O_3 33%，Na_2O 16%，K_2O 5% ~ 6%；此外，还含有少量的

Ca、Mg、Ti、Be 等。霞石的化学组成是 $Na[AlSiO_4]$–$K[AlSiO_4]$ 系列的中间产物，其中含 $K[AlSiO_4]$ 分子为 5%~20%。Fe^{3+} 则认为是置换四面体的 Al^{3+}。

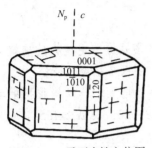

图 18-57　霞石光性方位图

【晶体结构】六方晶系，架状结构，$a_0 = 1.00\text{nm}$，$c_0 = 0.84\text{nm}$，$Z = 2$。

【晶体形态】对称型 $\bar{6}$，晶体常呈六方柱状、短柱状或厚板状（图 18-57）。常呈貌似单晶的双晶，也可有粒状或致密块状集合体。

【物理性质】常呈无色、白色、灰色或微带各种色调；条痕无色或白色；透明，混浊者似乎不透明；玻璃光泽，断口呈明显的油脂光泽，故称之为"脂光石"。解理不发育；具贝壳状断口，性脆，硬度 5~6，相对密度 2.55~2.66。

【光性特征】薄片中无色透明，常因变化使表面混浊，呈现浅灰色、土灰色。正低或负低突起。双折射率低，干涉色一级灰。平行消光，负延性。一轴晶负光性。有时可见小的光轴角。由于钙长石分子的混入，可使其双折射率降为0（变为均质体）；也可使光性由负变为正；有时在一些碱性熔岩中还见霞石的环带构造。霞石易蚀变为钙霞石、方解石、方钠石、高岭石、方沸石等。

【成因产状】霞石产于富 Na 而缺少 SiO_2 的碱性岩中，主要见于与正长石有关的侵入岩、火山岩及伟晶岩中，它是在 SiO_2 不饱和的条件下形成的，因此在同一岩石中，霞石和石英不能同时出现。其共生矿物是富钠的碱性长石（钾微斜长石、钠长石）、碱性辉石、碱性角闪石等。

【鉴定特征】产于岩石中的新鲜霞石不易用肉眼识别，有时像碱性长石，有时像石英，极易混淆。但霞石往往具有油脂光泽，又无完好的解理，可借此与长石相区别。霞石时常含某些染色的斑点，较易风化，如发现颗粒的周围或裂缝中有杂色蚀变物存在，往往为霞石而非石英。此外，如将霞石粉末置于试管中，加浓 HCl 煮沸几分钟后，则残渣中将有胶状物出现，据此亦可与石英相区别。

【主要用途】用作玻璃、陶瓷的工业原料，代替铝矿。

白榴石 Leucite $K[AlSi_2O_6]$

【化学组成】SiO_2 55.06%，Al_2O_3 23.36%，K_2O 21.58%；含有微量的 Na，Ca 和 H_2O。

【晶体结构】四方晶系，架状结构。$a_0 = 1.304$，$c_0 = 1.385$，$Z = 16$。

【晶体形态】对称型 4/m。通常所见的白榴石晶体经常保留着等轴晶系的 β-白榴石（605℃以上形成）外形，呈完整的四角三八面体{211}，有时呈{100}和{110}的聚形。聚片双晶的接合面为(110)，晶面上有时可见双晶条纹。常呈粒状集合体。

【物理性质】常呈白色、灰色或炉灰色，有时带有浅黄色调；条痕无色或白色；透明；玻璃光泽。无解理，断口呈油脂光泽，硬度 5.5~6，相对密度 2.4~2.5。

【成因产状】产于某些富钾贫硅的喷出岩及浅成岩中，通常呈斑晶出现。白榴石常与碱性辉石、霞石共生，而在正常的情况下不与石英共生。

【鉴定特征】以其完整的四角三八面体晶形、炉灰似的颜色以及其成因产状可作为鉴定特征。

【主要用途】可作为提取钾和铝的原料。

四、沸石族矿物特征

(一)沸石族矿物的总体特征

沸石是一族含水的架状结构铝硅酸盐，一般化学式可表示为 $M_{x/n}[Al_xSi_yO_{2(x+y)}] \cdot wH_2O$。其中 M 主要代表 Na^+、Ca^{2+}、K^+，次有 Mg^{2+}、Sr^+、Ba^{2+} 等阳离子，有时会因阳离子交换现象的发生，而出现稀土元素之类的高电价离子。n 为阳离子其电价。$y:x$ 在 1~5 变化。w 的数值可大可小，视不同沸石种别而有不同，或因水化状态之不同而异。

在架状结构铝硅酸盐中，可以区分成 3 类，一为长石，二为似长石，三为沸石。这 3 类矿物的结构虽均属架状，但结构之松紧程度，大不相同。其中以长石最紧密，似长石次之，沸石最松。这可从比重上体现出来：长石的比重为 2.6~2.7，似长石则为 2.3~2.5，沸石最低为 1.9~2.3。这是因为沸石结构存在着许多大小不同的空腔所致。

沸石中所含的水是一种特殊形式的水，介于结晶水与吸附水之间，特名沸石水。受热时可以连续脱失。脱水或半脱水后的沸石，原有的晶格并无变化，所以置放在含水分的大气中或水中，又能重新得水。此外，脱水后的沸石，由于空腔和通道中的水分均已丧失，但晶格并未被破坏，形似疏松多孔的海绵状体，因而具有吸附性。沸石的孔道只能通过直径比孔道小的分子，挡住大的分子，因此能起到分子筛的作用。这种脱水后的沸石，其中所含的阳离子，由于与之配位的水分子脱失了，有的位置还会移动。这些阳离子具有高度的化学活泼性，因此是很好的催化剂。

沸石纯者为无色或白色，含杂质时可被染成其他颜色或因部分色素离子类代换所致，如红色的菱沸石系氧化铁之染色；呈色情况还与其水化状态有关。如果沸石中因阳离子交换现象而出现有少量的 Mn、Pb、Ag、Cu 等离子，还可以使有些沸石在受紫外光或阴极射线照射后具有磷光。如脱水的含 Mn 菱沸石、片沸石、钠沸石、束沸石在阴极射线照射下具磷光，含 Cu 者在紫外光照射下也具磷光，可是水化以后，发光性消失。沸石的比重，由于结构松，又无重元素存在，所以都属于轻矿物之列，比重在 1.9~2.3，个别较高。硬度一般在 4~5。沸石受热时，因水分急速汽化排出而会引起沸腾、膨胀。沸石即由此得名。

沸石的成因和产状也有多种多样，产于玄武岩或其他火山岩气孔中的沸石，往往系火山热液成因的。另外岩浆期后的热液作用也能形成，因此见于一些低温热液脉中。不同沸石的组成中 Si/Al 不同，因此原始环境中可用游离 SiO_2 的多寡，作为对比产出环境依据。

(二)典型沸石族矿物特征

1. 浊沸石亚族

浊沸石 Laumontite $Ca_4[Al_8Si_{16}O_{48}] \cdot 18H_2O$

【化学组成】Na^+ 和 K^+ 可以 $Na^+ + Si^{4+} \rightarrow Ca^{2+} + Al^{3+}$ 或 $2Na^+ \rightarrow Ca^{2+}$ 的形式代入。有时含 Mg^{2+}

和 Fe^{2+}。

【晶体结构】单斜晶系，平行 c 轴的一维孔道—架状结构。

【晶体形态】对称型 2。柱状，常见晶形 $m\{110\}$ 和 $e\{\overline{1}01\}$，较少出现 $c\{001\}$。

【物理性质】瓷白色或乳白色，也可因混入物而染成红色。$\{010\}$ 和 $\{110\}$ 完全解理。硬度 $3\sim3.5$，相对密度 $2.2\sim2.3$。

【成因产状】作为热液作用的产物，见于火山岩孔洞或热液脉中，与辉沸石、绿帘石、葡萄石、鱼眼石等共生。也可在沉积岩中作为砂质和砾石的胶结物或长石砂岩的次生产物，常与钠长石、石英、绿泥石、绿帘石共生。是变质作用与成岩作用的界线标志矿物。

2. 片沸石亚族

片沸石 Heulandite (Ca，K)Ca$_4$[Al$_9$Si$_{27}$O$_{72}$]·24H$_2$O

【化学组成】常含 SrO，有时含 Ba。其中 $w(Ca)>w(Na+K)$，故一般为 Ca 型，$n(Si)/n(Al)=2.8\sim3.35$。

【晶体结构】单斜晶系，由 4 个五连环和 2 个四连环以角顶相连形成特殊结构单位，并平行 $\{010\}$ 排列成层。因此片沸石沿 $\{010\}$ 呈片状及具 $\{010\}$ 一组完全解理。

【晶体形态】对称型 m。三向等长状或板状，可见单形 $\{100\}$、$\{010\}$、$\{001\}$、$\{101\}$、$\{221\}$、$\{223\}$。常呈平行连生的片状集合体。

【物理性质】无色、白色、黄色或砖红色(含 Fe_2O_3 混入物)；玻璃光泽；解理面珍珠光泽。硬度 $3.5\sim4$；$\{010\}$ 完全解理；性脆，相对密度为 $2.18\sim2.22$。

【成因产状】产于玄武岩、安山岩和辉绿岩等的空洞中(最初发现于冰岛玄武岩中)。

3. 方沸石亚族

方沸石 Analcime Na[AlSi$_2$O$_6$]·H$_2$O

【化学组成】有时含 K 和 Ca 或少量 Mg。$n(Si)/n(Al)=1.44\sim1.58$。

【晶体结构】等轴晶系。架状结构，其中每一晶胞中八分之一小立方体的 L^3 方向，由六元环围成一维通道，孔径约 0.7nm。

【晶体形态】对称型 m3m。四角三八面体 $n\{211\}$ 或立方体 $a\{100\}$ 与四角三八面体 $\{211\}$ 的聚形。集合体常呈粒状。

【物理性质】无色、白色或淡红、浅灰、浅绿色；玻璃光泽。硬度 $5\sim5.5$；$\{001\}$ 不完全解理；参差状或贝壳状断口，相对密度为 $2.24\sim2.29$。

【成因产状】形成温度范围较大，上限为 525℃。为中性和基性岩浆期后热液及沉积岩成岩作用产物。

复习思考题

1. 硅酸盐矿物中硅氧骨干有哪几种？各有何特点？

2. 试述铝的双重作用。

3. 试述不同结构硅酸盐矿物的化学组成、堆积特点、配位关系、类质同象替换、物理性质的差异。

4. 岛状硅酸盐中的阳离子成分有何特点？

5. 为什么橄榄石只能形成于 SiO_2 不饱和的岩石中？橄榄石石硬度高，为什么不富集于漂砂中？

6. 如何划分石榴子石的成分系列？其成分和成因各有何特点？

7. 写出 Al_2SiO_5 同质多象变体的晶体化学式？这些同质多象变体在构造上有何区别？与成因有何联系？

8. 红柱石的硅氧骨干是孤立四面体而不是硅氧四面体链，为什么它的形态呈柱状？

9. 绿帘石的柱体延长方向与其结构有何联系？从晶体化学式来看，绿帘石晶体结构中有几种硅氧骨干？

10. 从离子半径与结构的关系方面来解释：为什么镁铝榴石比钙铝榴石的形成压力要大？

11. 对比橄榄石型与尖晶石型两上晶体结构型中哪个密度更大。

12. 如果某矿区发现紫红、玫瑰红色的石榴子石，该矿区可能有什么矿？

13. 为什么锆石可用于研究有关地质体的演化史？

14. 为什么绿柱石呈六方柱状成板状形态，其硬度高，而相对密度不大？Rb^+ 和 Cs^+ 及 K^+ 等大阳离子及 He 和 H_2O 等分子在绿柱石中占据什么位置？

15. 电气石与绿柱石柱体的横截面有何不同？为什么？

16. 电气石与绿柱石经常产生在内生作用的什么阶段？从化学组成来说明其形成介质有何特点。

17. 祖母绿，碧玺、硬玉、软玉的矿物学名称是什么？

18. 简述岛状、链状两亚类硅酸盐在结构、成分、物理性质上的主要差异。

19. 辉石族和角闪石族矿物在成分、结构、性质和成因上有何异同？试举例说明。

20. 普通辉石和普通角闪石的成分有何特点？它们的晶体化学式可由哪些辉石或角闪石略做改变获得？

21. 辉石族和角闪石族中的几个完全类质同象系列的端员矿物在成分、物性、形成条件、产状等方面有何系统变化？不同系列间有无可类比之处？

22. 辉石族(角闪石族)各矿物的晶体结构形式相同，为什么会出现不同的对称性及晶胞参数？

23. 斜方辉石(角闪石)与单斜辉石(角闪石)矿物的解理符号不同，解理夹角是否相同？为什么？

24. 从硅灰石、蔷薇辉石的成分特点，分析它们的单链结构与辉石的单链结构有什么不同。为什么？它们的对称程度为什么最低？

25. 为什么碱性角闪石石棉质量最好？

26. 矽线石的结构骨干中 $n(Al):n(Si)$ 为 $1:1$，试从其链状骨干的样式来分析其能够稳定存在的原因。

27. 何谓 $1:1$ 型和 $2:1$ 型结构单元层？TO 和 TOT 的含义是什么？试各举两种矿物，画出其结构示意图。

28. 何谓三八面体型和二八面体型层状硅酸盐？试各举 4 种矿物，并写出其晶体化学式。

29. 蒙脱石族矿物为什么具有阳离子交换性和晶格膨胀性?

30. 什么是层间域? 试分析滑石、高岭石、绿泥石、白云母 4 种矿物单元层间的联系方式及其对矿物性质(硬度、弹性、滑感等)的影响。

31. 何谓黏土矿物? 它们有哪些特殊性质?

32. 层状硅酸盐矿物的成因、产状有何特点?

33. 为什么在硅酸盐中架状硅酸盐矿物相对密度最小,但硬度较大? 架状硅酸盐硅氧骨干中的阳离子有何特点?

34. 架状硅酸盐主要有哪些矿物族? 它们各有什么特点? 相互间在成分、结构及成因方面有什么特点?

35. 长石和似长石有何区别?

36. 试分析不同长石的对称性和有序度。

第十九章　含氧盐大类(二)
其他含氧盐矿物类

知识要点

　　本章介绍了除硅酸盐矿物以外的其他含氧盐的特点。要求理解造成不同含氧盐矿物性质差异的原因。重点掌握碳酸盐、硫酸盐矿物的化学成分、晶体化学特征、形态、物理性质、成因产状等方面的总体特征，熟练掌握典型碳酸盐、硫酸盐矿物及其他含氧盐矿物的鉴定特征。

第一节　碳酸盐矿物特征

一、碳酸盐矿物总体特征

　　碳酸盐是金属元素阳离子和碳酸根相化合而成的盐类。碳酸盐矿物在地壳中分布很广，现已发现的种数有 100 余种，占地壳总重量的 1.7%，在含氧盐中仅次于硅酸盐。其中如方解石、白云石等都是构成巨大的沉积岩的重要矿物。而同时不少碳酸盐矿物所组成的矿石和岩石则是许多工业部门的原料或材料，具有重要的经济意义。

　　碳酸盐晶体结构中的基本单元络阴离子 $[CO_3]^{2-}$ 与硝酸盐中的 $[NO_3]^-$ 具有相同的三角形，并且它们的大小也相同，同为 0.257nm。但是由于 C 比 N 具有较低的电负性，$[CO_3]^{2-}$ 就比 $[NO_3]^-$ 具有较大的稳定性，因而在自然界碳酸盐矿物就比硝酸盐矿物的产出为多。

　　1. 化学成分

　　碳酸盐矿物中的阴离子为 $[CO_3]^{2-}$，还可有 $(OH)^-$、F^-、Cl^-、O^{2-}、$[SO_4]^{2-}$、$[PO_4]^{3-}$ 等附加阴离子。可以与碳酸根化合的金属元素阳离子有 20 余种。其中包括惰性气体型离子 Ca^{2+}、Mg^{2+}、Sr^{2+}、Ba^{2+}、Na^+、K^+、Al^{3+}；过渡型离子 Mn^{2+}、Fe^{2+}、Co^{2+}、Ni^{2+}；以及铜型离子 Cu^{2+}、Zn^{2+}、Cd^{2+}、Pb^{2+}、Bi^{3+}、Te^{2+}；稀土元素 Y、La、Ce 和放射性元素 Th、U 等离子。其中最主要的是 Ca^{2+}、Mg^{2+}；其次是 Fe^{2+}、Mn^{2+}、Na^+ 及 Ba^{2+}、Sr^{2+}、Cu^{2+}、Zn^{2+}、Pb^{2+}、TR^{3+} 等。有些碳酸盐中还含有 H_2O、H^+、OH^- 等。

2. 晶体化学特征

$[CO_3]^{2-}$ 呈平面等边三角形，C^{4+} 位于于中心，C–O 间以共价键联结。$[CO_3]^{2-}$ 与其他阳离子以离子键联结。其中：

(1)半径较大或中等的二价阳离子多与 $[CO_3]^{2-}$ 结合形成较稳定的无水碳酸盐，如 Ca^{2+}、Mg^{2+}、Fe^{2+}、Mn^{2+}、Ba^{2+}、Sr^{2+}、Zn^{2+}、Pb^{2+}，如方解石 $Ca[CO_3]$。

(2)半径不大，极化能力强的二价铜型离子如 Cu^{2+}、Zn^{2+} 等，常形成含 $(OH)^-$ 的"基性盐"。如孔雀石 $Cu_2[CO_3](OH)_2$、蓝铜矿 $Cu_3[CO_3]_2(OH)_2$。

(3)一价阳离子如 Na^+，可以形成易溶于水的含结晶水碳酸盐，如苏打 $Na_2[CO_3] \cdot 10H_2O$。有时还有 H^+，形成所谓酸性盐，如天然碱 $Na_3H[CO_3]_2 \cdot 2H_2O$。

(4)某些三价金属阳离子主要是 TR^{3+}，往往形成含附加阴离子 F^- 的无水碳酸盐，如氟碳铈矿 $(Ce, La)[CO_3]_2F$。

3. 形态与物理性质

碳酸盐矿物中，多数结晶成单斜晶系或斜方晶系；其次为三方晶系和六方晶系；属于等轴晶系和四方晶系者则极少；晶体可呈柱状、针状、粒状等完好晶形。集合体呈块状、粒状、放射状、晶簇状、土状等。

碳酸盐矿物为离子晶格，大多数无色或白色，含铜者呈鲜绿或鲜蓝色，含锰者呈玫瑰红色，含稀土者或铁者呈褐色，含钴者呈淡红色，含铀者呈黄色；非金属光泽；硬度不大，一般在 3 左右，最大的是稀土碳酸盐矿物的硬度，但也不超过 4.5。多数矿物发育多组完全解理，属方解石型结构者均具 $\{10\bar{1}1\}$ 的 3 组完全解理。相对密度一般不大，仅 Pb、Sr、Ba 的碳酸盐矿物较大。

某些碱金属的碳酸盐矿物可溶解于水中，所有碳酸盐矿物遇 HCl 或 HNO_3 或多或少均会起泡：

$$Ca[CO_3] + 2HCl = CaCl_2 + H_2O + CO_2 \uparrow$$

碳酸盐矿物与酸的反应中，阳离子离子电位(电价/半径)越高，和 $[CO_3]^{2-}$ 结合越强，越难分解(表 19-1)。反应的难易程度是区分某些碳酸盐矿物的重要标志。由此可见，碳酸盐矿物在酸性条件下不稳定，因此，碳酸盐矿物一般形成于弱碱性环境。

碳酸盐矿物易在高温低压条件下热解，即 $[CO_3]^{2-}$ 容易被阳离子夺走一个 O^{2-} 而放出 CO_2：

$$Ca[CO_3] = CaO + CO_2 \uparrow$$

这个反应受内外两方面因素制约。从外因上看，温度升高促使碳酸盐分解，如当 CO_2 分压为一个大气压时，方解石在加热到 898℃ 即完全分解，CO_2 分压大时不利于分解，当 CO_2 分压超过 1 个大气压时，方解石加热到熔融也不分解。从内因上看，阳离子的离子电位(电价/半径)愈高或极化力愈强，分解的温度越低(表 19-1)，因为离子电位高则极化能力强，易从 $[CO_3]^{2-}$ 夺走 O^{2-}，分解出 CO_2。反映碳酸盐矿物主要形成于低温条件，其中铜型离子碳酸盐温度最低，过渡型离子次之，惰性气体离子最稳定。压力增高，有利于碳酸盐的稳定。

表 19-1　某些碳酸盐矿物受热分解及遇酸反应情况(1 个大气压条件下)(引自刘显凡，2010)

矿物名称	化学式	离子类型	阳离子半径/Å	分解温度/℃	遇酸分解
毒重石	$BaCO_3$	惰性气体型	1.34	1360	冷稀酸迅速分解
碳酸锶矿	$SrCO_3$	惰性气体型	1.12	1290	冷稀酸迅速分解
方解石	$CaCO_3$	惰性气体型	0.99	894	冷稀酸迅速分解
菱镁矿	$MgCO_3$	惰性气体型	0.66	600	粉末加冷稀 HCl 缓慢起泡
菱铁矿	$FeCO_3$	过渡型离子	0.74	470	粉末加冷稀 HCl 缓慢起泡
菱锌矿	$ZnCO_3$	铜型离子	0.74	350	粉末加冷稀 HCl 不起泡

4. 成因产状

碳酸盐矿物有内生和外生和生物 3 种成因，且外生成因的碳酸盐矿物分布更为广泛。内生成因主要和热液作用有关，如 Ca、Mg、Fe 的无水碳酸盐矿物以及含附加阴离子 F⁻ 的稀土无水碳酸盐。在外生成因中，沉积作用形成由 Ca^{2+}、Mg^{2+} 碳酸盐矿物构成的石灰岩和白云岩，由 Mn、Fe 的碳酸盐矿物构成的沉积锰矿和铁矿。在风化作用中，Cu、Pb、Zn 的碳酸盐矿物是金属硫化物矿床中常见的次生矿物。

在碳酸盐矿物中常常出现不同的 C^{12}/C^{13} 同位素比值。白云石的比值比较低(88.1%)，而矿床氧化带中的碳酸盐的比值就比较高(90.7%)。不同成因的方解石有不同的 C^{12}/C^{13} 比值。因此，C^{12}/C^{13} 同位素的比值可以作为方解石成因的解释。

5. 分类

碳酸盐矿物以岛状结构居多，也有部分链状和层状结构的碳酸盐矿物(表 19-2)。

表 19-2　碳酸盐典型矿物

结构	典型矿物
岛状	方解石、菱镁矿、菱铁矿、菱锰矿、菱锌矿、白云石、文石、碳锶矿、碳钡矿、白铅矿
链状	孔雀石、蓝铜矿
层状	天然碱

二、典型碳酸盐矿物主要特征

1. 方解石族

方解石族是中小半径的二价阳离子 Ca^{2+}、Mn^{2+}、Fe^{2+}、Mg^{2+}、Cd^{2+}、Zn^{2+}、Co^{2+} 的无水碳酸盐，常见者有方解石 $CaCO_3$、菱锰矿 $MnCO_3$、菱铁矿 $FeCO_3$、菱镁矿 $MgCO_3$、菱锌矿 $ZnCO_3$、白云石 $CaMg[CO_3]$ 等。它们都属三方晶系。其晶体结构与 NaCl 相似。把 NaCl 的立方体晶胞沿 L^3 压扁成菱面体形，将缩短的 L^3 直立，用阳离子 Ca^{2+} 取代 Na^+，其配位数为 6，用 $[CO_3]^{2-}$ 取代 Cl^-，并使所有 $[CO_3]^{2-}$ 的平面水平，

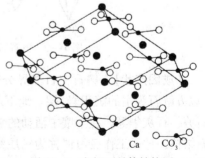

图 19-1　方解石晶体结构图

即成为方解石的结构(图 19-1)。方解石族矿物都具有完全的菱面体 $\{10\bar{1}1\}$ 解理,3 组解理彼此斜交,其夹角因阳离子半径不同而略有差异,自 $72°19'$(菱锌矿)至 $74°55'$(方解石),菱面体解理为本族矿物重要特征。

本族矿物中各阳离子间类质同象置换广泛。在 Mn^{2+} 与 Fe^{2+} 间、Fe^{2+} 与 Mg^{2+} 间以及 Ca^{2+} 和 Mn^{2+} 间为完全类质同象,在 Ca^{2+}、Zn^{2+}、Fe^{2+} 间为不完全类质同象。Ca^{2+} 和 Mg^{2+} 由于半径相差过大(50%),不能互相代替,但可以组成复化合物 $CaMg[CO_3]_2$ 白云石,在其晶体结构中 Ca^{2+} 和 Mg^{2+} 相间排列,秩序井然。

方解石 Calcite CaCO₃

【化学组成】CaO 56.03%,CO_2 43.97%,常含 Mn 和 Fe,有时含 Sr。

【晶体结构】三方晶系,方解石结构。

【晶体形态】对称型 $\bar{3}m$。常可以见到良好的晶体,常见晶形有六方柱 $\{10\bar{1}0\}$ 和菱面体 $\{01\bar{1}2\}$ 的聚形、复三方偏三角面体 $\{2\bar{1}\bar{3}1\}$、菱面体 $\{01\bar{1}2\}$ 等,菱面体 $\{10\bar{1}1\}$ 单形晶体比较少见;依(01$\bar{1}$2)成聚片双晶者常见,系受应力作用的结果;也呈 $\{0001\}$ 接触双晶(图 19-2)。集合体呈粒状、致密块状、钟乳状、结核状、鲕状、豆状、土状(白垩)等。

【物理性质】透明无色或白色,有时因含杂质而呈灰、黄、粉红、蓝等色;白色条痕;玻璃光泽。硬度 3;菱面体 $\{10\bar{1}1\}$ 完全解理,解理面上常见平行长对角线方向的双晶纹,相对密度 2.715。无色透明的晶体为贵重光学材料,称为冰洲石(因盛产于冰岛而得名)。

【光性特征】薄片中无色。因双折射率很大,N_o 为正中突起,N_e 为负低突起,闪突起显著。干涉色为高级白,一轴晶负光性,色散强。方解石能缓慢地溶于地表水中,形成重碳酸钙。在适合条件下可形成钟乳石、石笋等。在风化壳中,方解石可被石膏、胶体 SiO_2、白云石、孔雀石、菱锌矿交代。在高温低压变质作用下:

$$3CaCO_3 + 3SiO_2 \rightleftharpoons Ca_3Si_3O_9 + 3CO_2 \uparrow$$

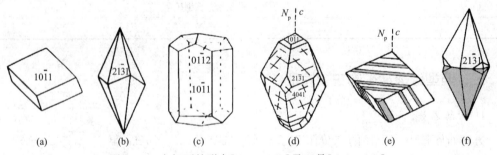

图 19-2　方解石的形态[(a)~(d)]及双晶[(e)~(f)]

【成因产状】方解石在自然界分布极广。在浅海或湖泊中常常沉积形成广大的石灰岩(以方解石为主的沉积岩)层。地下水可溶蚀石灰岩,也可以重新形成方解石,如石钟乳、石笋、石灰华等。在土壤中活动的地下水在潜水面附近,常形成沿一定水平面分布的方解石结核,地质工作者习惯称为钙质结核。在热液活动中常形成含矿或不含矿的方解石脉。在晶洞中,常有良好晶体。在岩浆作用形成的碳酸岩中,方解石常占 80% 左右。

此外,方解石还作为碎屑沉积岩的胶结物,基性岩浆岩蚀变后的矿物等参加到各种岩石中去。由于地下水活动，各种岩石的裂隙中也经常充填有方解石脉。由沉积作用形成的石灰岩，在区域变质或接触变质作用中，其中的方解石常常再结晶形成晶粒比较粗大的方解石集合体——大理岩。

【鉴定特征】根据菱面体完全解理、硬度 3、遇冷稀盐酸剧烈起泡等易于识别。

【主要用途】完好的晶体——冰洲石为贵重的光学材料；烧制石灰和水泥的原料、冶金助熔剂、燃煤脱硫剂；制备重质碳酸钙、轻质碳酸钙(氧化钙与二氧化碳反应生成)粉体的原料，广泛用于塑料、橡胶、涂料、造纸等领域作为填料；色泽美观的碳酸盐岩和大理岩是重要的建筑装饰石材——大理石。白垩是生物成因的粉状方解石集合体，经简单加工可用作填料。

菱镁矿 Magnesite Mg[CO₃]

【化学组成】MgO 47.80%，CO_2 52.20%，常含 Fe、Mn 以及 Ca。

【晶体结构】三方晶系，方解石型结构。

【晶体形态】对称型 m。晶体常呈菱面体$\{10\bar{1}1\}$、短柱状或复三方偏三角面体状；通常呈粒状集合体出现，在风化壳中呈土状、致密块状出现。

【物理性质】无色、白色、淡灰色或淡褐色；白色条痕；玻璃光泽。硬度 3.5~4.5；菱面体$\{10\bar{1}1\}$完全解理，相对密度 2.958，含 Fe 者相对密度加大，最高达 3.5。

【成因产状】热液交代碳酸盐地层可形成大量菱镁矿。富含镁的超基性岩浆岩经热液蚀变也能形成菱镁矿。

沉积作用中一般不形成菱镁矿，这是因为 Mg^{2+} 很容易形成水合离子，增加了碳酸镁的溶解度($MgCO_3$ 和 $CaCO_3$ 的溶解度分别为 0.0013、0.00015mol/L)。在盐度相当大的情况下，才有可能形成原生菱镁矿。在含镁岩石风化带中，常有次生菱镁矿充填于裂隙中，往往呈瓷状隐晶块体。

【鉴定特征】颜色、解理、形态似方解石，但遇冷稀盐酸不起泡，加热后才剧烈反应，放出 CO_2，其硬度比方解石稍高。可用镁试剂试镁，即在条痕板上划一道条痕，滴一滴镁试剂(将 0.1g 硝基苯偶氮间苯二酚和 2g NaOH 溶于 100g 蒸馏水中)，反应片刻，用去试剂，条痕被染成蓝色。

【主要用途】制造镁质耐火材料和提取金属镁的主要原料。也可制备镁系列化工产品，镁水泥(轻烧氧化镁和氯化镁水溶液混合调配的气硬性胶凝材料，凝固快、色泽好、与有机物结合能力强、美观，缺点是后期易变形，强度损失大)。

白云石 Dolomite CaMg[CO₃]₂

【化学组成】CaO 30.41%，MgO 21.86%，CO_2 47.73%，常含 Fe、Mn。当 Fe 含量超过 Mg 时，称铁白云石。

【晶体结构】三方晶系，方解石型衍生结构。

【晶体形态】对称型 $\bar{3}$。晶体常呈菱面体$\{10\bar{1}1\}$，晶面常弯曲(图 19-3)，集合体常呈粒状或致密块状。

【物理性质】无色、白色、淡灰色或其他浅色；白色条痕；玻璃光泽。硬度 3.5~4，菱面体{10$\bar{1}$1}完全解理。解理面常弯曲，相对密度 2.86，含铁者相对密度增大可达 3.10。

【光性特征】薄片中无色，有时呈混浊灰色，含铁时呈黄褐或褐色。常具自形成的菱形切面，在沉积岩中可见环带构造，或"雾心亮边"，中心混浊，而边部干净、明亮。白云石具明显的内突起，N_o 方向为正高突起，而 N_e 方向则为负低突起。随含铁量的增加，折射率和双折率增高。高级白干涉色。一轴负光性。因应力作用，有时出现小的光轴角。白云石沿（02$\bar{2}$1）可见聚片双晶，且双晶纹平行于菱形解理的短对角线（图 19-3）。双晶不如方解石常见。多在变质岩或经变质的白云质岩石中见到白云石的双晶。富铁白云石常氧化为暗褐色，具环带状构造。

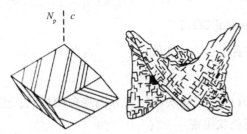

图 19-3　白云石的聚片双晶(左)和弯曲的晶面
（引自李胜荣，2008）

【成因产状】白云石在沉积岩中分布很广，常常形成白云岩（由白云石组成的岩石）。白云石的形成往往和含盐浓度较大的浅海盆地有关。在含白云岩的地层中往往有石膏和岩盐夹层。白云石也可以是原生的含镁方解石转变而来，或石灰岩受含镁溶液交代形成。由方解石变为白云石体积要缩小 12.55%，岩石中将因此产生空隙。在热液作用中，白云石是矿脉中常见的脉石矿物。

【鉴定特征】白云石与方解石和菱镁矿相似，但可据弯曲的晶面、块体遇冷稀盐酸不起泡（与方解石不同），但粉末遇冷稀盐酸则要起泡（与菱镁矿不同）等鉴定。白云石的条痕滴镁试剂（见菱镁矿描述）也会变蓝。

从光性上看，白云石与方解石的区别是：若二者同在一薄片中，白云石常呈自形晶，其折率较大，双晶纹常平行菱形解理的短对角线，而方解石的双晶纹平行菱形解理的长对角线；当晶体为粒状并具有两组双晶纹时，白云石的 N_e' 在锐角内，而方解石在钝角内；在变形岩石中，白云石的 C 轴近于平行应力方向，而方解石则垂直于应力方向。白云石具有"雾心亮边"的环带构造也是特点之一。白云石、方解石的鉴别还可用染色法，以及 X 光分析等，油浸法测 N_e'（晶面或解理面上的短半径）也是鉴别方法之一（表 19-3）。

表 19-3　方解石族矿物的折射率

矿物名称	方解石	白云石	菱镁矿	菱锰矿	菱铁矿
N_o	1.658	1.679	1.700	1.816	1.875
N_e'	1.566	1.588	1.599	1.700	1.747

【主要用途】基本同菱镁矿，但加工工艺更复杂。可加工成粉体作为填料。色泽美观者可作为建筑装饰石材。

菱铁矿 Siderite Fe[CO$_3$]

【化学组成】FeO 62.01%（Fe 48.20%），CO_2 37.99%，通常含有 Mg 和 Mn 以及少量 Ca

【晶体结构】三方晶系，方解石型结构。

【晶体形态】对称型 $\bar{3}$m。单晶呈菱面体{10$\bar{1}$1}；集合体常呈粒状、致密块状、结核状等。

【物理性质】浅灰色、浅黄褐色、灰色，常因风化而呈褐色；白色条痕；玻璃光泽。硬度 3.5~4.5；菱面体 $\{10\bar{1}1\}$ 完全解理，相对密度 3.96，常因含 Mg、Mn 而降低。

【成因产状】菱铁矿形成于还原条件下。在沉积作用中，菱铁矿常见于灰黑色页岩、黏土岩或含煤地层中，成层状、结核状或透镜体产出。在热液作用中常形成于金属硫化物矿脉中。在古老的区域变质地层中常有规模很大的菱铁矿层。其中最富的地段往往经受过热液作用的改造。在风化作用中菱铁矿易氧化成为褐铁矿。菱铁矿结核变为褐铁矿后体积缩小，形成空心"铁壳"。

【鉴定特征】相对密度大、遇热盐酸起泡、烧后变黑，其残渣可用磁铁吸起等为主要特征。在野外菱铁矿层很容易当作一般碳酸盐地层而被忽略，应特别注意其在地表风化形成的褐铁矿。在钻孔中取出的岩心，则应特别注意其较大的相对密度。

【主要用途】炼铁的矿石矿物，其含铁虽低于 50%（富矿标准），但一经焙烧，逐走 CO_2 后即大为提高。焙烧后的矿石多孔，易炼，很受企业欢迎。

菱锰矿 Rhodochrosite Mn[CO₃]

【化学组成】MnO 61.71%（Mn47.79%）。CO_2 38.29%，常含 Ca、Fe。

【晶体结构】三方晶系，方解石型结构。

【晶体形态】对称型 $\bar{3}m$。晶体呈菱面体 $\{10\bar{1}1\}$；通常呈粒状、结核状、土状、致密块状集合体。

【物理性质】新鲜晶体呈粉红色，常因含杂质或氧化而呈灰色、褐黑色；新鲜者条痕为白色；玻璃光泽。硬度 3.5~4；菱面体 $\{10\bar{1}1\}$ 完全解理。相对密度 3.7 左右，因含 Ca 和 Fe 而有所变化。

【成因产状】沉积作用中可形成大规模的菱锰矿层，在内生条件下形成于热液作用中，与金属硫化物、菱铁矿、萤石、石英等共生，风化作用中易氧化形成软锰矿、硬锰矿等锰的氧化物或氢氧化物。

【鉴定特征】新鲜面为粉红色，风化后黑色，与冷盐酸反应缓慢，稍加热即反应剧烈。与碱（KOH 或 NaOH）共熔后成蓝绿色锰酸盐（如 $KMnO_3$）可证明其含锰。

【主要用途】是重要的锰矿物。

菱锌矿 Smithsonite Zn[CO₃]

【化学组成】ZnO 64.90%（Zn 52.14%），CO_2 35.10%，常含 Fe^{2+}。

【晶体结构】三方晶系，方解石型结构。

【晶体形态】对称型 $\bar{3}m$。晶体呈菱面体或复三方偏三角面体；通常呈钟乳状、皮壳状。

【物理性质】透明无色或略呈蜡黄的白色；白色条痕；玻璃光泽。硬度 4.5~5；菱面体 $\{10\bar{1}1\}$ 解理，较本族其他矿物稍差，相对密度 4.43。

【成因产状】主要作为闪锌矿的次生矿物出现于矿床氧化带中，与孔雀石、褐铁矿、白铅矿等共生。在菱锌矿的表面常包有一层白色粉末状的外壳，系菱锌矿转变而成的水锌矿 $Zn_5[CO_3]_2(OH)_6$。

【鉴定特征】根据产状、解理、硬度等可以识别。滴冷稀盐酸不起泡，但其表面粉状的水锌矿反应剧烈。灼烧后，滴硝酸钴溶液再在氧化焰中强烈灼烧，呈绿色（林曼氏绿锌与钴的复氧化物）会总安生通单的英相度。

【主要用途】锌的矿石矿物。

2. 文石族

本族为二价大半径阳离子 Ba^{2+}、Sr^{2+}、Pb^{2+}、Ca^{2+} 的无水碳酸盐，其分布远远不如方解石族矿物广泛。现仅将其代表矿物——文石介绍如下。

文石(霰石) Aragonite Ca[CO₃]

【化学组成】与方解石同，为其同质多象变体。

【晶体结构】斜方晶系，文石型结构。

【晶体形态】对称型 mmm。晶形呈平行{010}的板状或平行 c 轴的针状、柱状（图 19-4）；可依双晶面{110}形成双晶；集合体常成柱状、针状、纤维状、晶簇或呈钟乳状、鲕状产出。

【物理性质】无色透明或白色，白色条痕，玻璃光泽，断口常呈油脂光泽，硬度 3.5~4；{010}不完全解理；断口贝壳状。相对密度 2.94。

【光性特征】薄片中无色。闪突起明显。干涉色高级白，柱状切面平行消光，负延性。二轴晶负光性，光轴角 18。在横切面上有时还能看到结合面为(110)的六方轮状复合双晶或聚片双晶。薄片中常见方解石、白云石置换文石的假象。

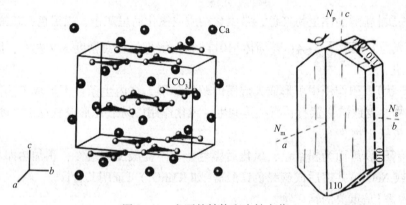

图 19-4　文石的结构和光性方位

【成因产状】在自然界文石比方解石少见得多，主要见于贝壳、珍珠、现代海水沉积物和金属硫化物矿床氧化带、超基性岩风化壳中，在温泉沉淀物中也有文石形成。内生成因的文石是热液作用最后阶段的低温产物，常见于玄武岩、安山岩的气孔或裂隙中。人工合成的轻质碳酸钙主要为文石。

文石不稳定，易自发地转变为方解石。加热后可使转变速度加快，400℃时此转变立即完成。结晶时温度较高（例如实验室中常压下50℃以上至80℃）以及结晶速度快（干旱地区地表的近岩石裂隙中）特别有利于文石的形成。

【鉴定特征】文石与方解石遇酸都剧烈反应，但文石品形多为针状，折断后用放大镜观察断口为贝壳状，无完全解理。

【主要用途】地质环境下产出少，大量富集时可简单加工成填料，性能接近轻质碳酸钙。

3. 孔雀石族

本族包括 Cu^{2+} 的两种碱式碳酸盐孔雀石和蓝铜矿。二者结构不同，但其成分和成因联系密切。

孔雀石 Malachite $Cu_2[CO_3](OH)_2$

【化学组成】$CuO.71.95\%$，（$Cu57.48\%$），$CO_2 19.90\%$，$H_2O 8.15\%$，可含 $CaCO_3$、Fe_2O_3、SiO_2 等机械杂质。

【晶体结构】单斜晶系，链状结构。

【晶体形态】对称型 $2/m$。单晶呈柱状或针状；集合体呈钟乳状、肾状、皮壳状、土状。

【物理性质】绿色；淡绿色条痕；半透明；玻璃光泽。硬度 $3.5\sim4$；$\{201\}$完全解理，$\{010\}$中等解理。相对密度 $4.0\sim4.5$。

【成因产状】含铜矿物风化后形成，产于铜矿床氧化带，与蓝铜矿共生。

【鉴定特征】绿色、遇 HCl 起泡，反应后之溶液能把铁刀镀上一层铜红色的铜。

【主要用途】找铜矿标志；多时可炼钢；色彩美丽的块体是玉石材料和工艺石材；粉末可以作为绿色颜料，其颜色特别耐久。

蓝铜矿 Azurite $Cu_3[CO_3]_2(OH)_2$

【化学组成】$CuO 69.24\%$，$CO_2 25.54\%$，$H_2O 5.22\%$。

【晶体结构】单斜晶系，链状结构。

【晶体形态】$2/m$，晶体呈厚板状或短柱状；通常呈钟乳状、皮壳状或土状产出。

【物理性质】蓝色；浅蓝色条痕；半透明；玻璃光泽。土状块体呈土状光泽。硬度 $3.5\sim4$；斜方柱$\{011\}$完全解理；贝壳状断口，性脆，相对密度 3.77。

【成因产状】与孔雀石相似，与孔雀石共生于铜矿氧化带，但不如孔雀石稳定。

【鉴定特征】以颜色和孔雀石区别。

【主要用途】同孔雀石。

4. 自然碱——苏打族

自然碱 Trona $Na_3H[CO_3]_2 \cdot 2H_2O$

【化学组成】$Na_2O 41.13\%$，$CO_2 38.94\%$，$H_2O 19.93\%$，常混有泥沙或其他盐类杂质。

【晶体结构】单斜晶系，层状结构。

【晶体形态】晶体呈平行$\{001\}$的板状，晶面上有平行 b 轴的条纹，常呈晶簇或板状集合体出现。

【物理性质】透明无色，灰白色；白色条痕；玻璃光泽，硬度 $2.5\sim3$；$\{100\}$完全解理；相对密度 $2.11\sim2.14$。

【成因产状】在干旱地区的内陆湖泊中沉积形成，在干燥空气中稳定，易溶于水。

【鉴定特征】根据产状、板状晶形、易溶于水、有碱味以及硬度、解理等识别，加盐酸猛烈起泡。

【主要用途】化工原料。

第二节　硫酸盐矿物特征

一、硫酸盐矿物总体特征

硫酸盐矿物是金属元素阳离子和$[SO_4]^{2-}$相化合而成的含氧盐。目前在自然界中已发现的硫酸盐矿物 200 种左右，约占壳总质量的 0.1%。

1. 化学成分

硫酸盐中的阴离子主要为$[SO_4]^{2-}$，此外，还可有$(OH)^-$、Cl^-、F^-、$[CO_3]^{2-}$、$[AsO_4]^{3-}$、$[PO_4]^{3-}$等附加阴离子，许多硫酸盐矿物中含有水。

在硫酸盐矿物中，可以与硫酸根化合的金属阳离子有 20 余种，其中最主要的是Ca^{2+}、Mg^{2+}、K^+、Na^+、Ba^{2+}、Sr^{2+}、Pb^{2+}、Fe^{3+}、Al^{3+}、Cu^{2+}等。

硫酸盐矿物中，$[SO_4]$配位四面体为基本结构单元，可与Ba^{2+}、Sr^{2+}、Pb^{2+}等大半径二价阳离子结合成稳定的无水硫酸盐，如重晶石$Ba[SO_4]$、天青石$Sr[SO_4]$等；与Mg^{2+}、Cu^{2+}等小半径二价阳离子结合成含结晶水或附加阴离子的硫酸盐，如泻利盐$Mg[SO_4]\cdot 7H_2O$；与Ca^{2+}这种中等大小的二价阳离子结合时，则无水硫酸盐、有水硫酸盐都能形成，如石膏$Ca[SO_4]\cdot 2H_2O$ 和硬石膏$Ca[SO_4]$；一价阳离子Na^+可直接与$[SO_4]$四面体形成无水芒硝$Na_2[SO_4]$或芒硝$Na_2[SO_4]\cdot 10H_2O$，而K^+则与三价阳离子Fe^{3+}、Al^{3+}一起与$[SO_4]$四面体形成复硫酸盐，如明矾石$KAl[SO_4]_2(OH)_2$。

2. 晶体化学特征

硫酸盐矿物多数是成分比较复杂的盐类，晶体结构中的对称性也就反映出多数是对称程度较低的。约有 1/3 硫酸盐矿物属于单斜晶系，1/6 的属于斜方晶系，其余的为三斜晶系(10 种左右)、三方晶系和六方晶系(25 种左右)，而等轴晶系和四方晶系仅几种而已。

在硫酸盐矿物的晶体结构中，多数$[SO_4]$四面体都呈岛状与其他阳离子结合，但由于结合方式在不同方向上存在差异，造成键强也有所不同，因而出现环状、链状和层状结构；此外，硫酸盐晶体结构中，阳离子的配位数一般都较高，大半径阳离子Ba^{2+}、Sr^{2+}、Pb^{2+}等配位数可达 12。

3. 形态和物理性质

硫酸盐晶体结构中的基本单元是络阴离子$[SO_4]^{2-}$，它与前面所讲的$[CO_3]^{2-}$ 和$[NO_3]^-$完全不同。$[SO_4]^{2-}$是由四个O^{2-}围绕S^{6+}而形成四面体状。从几何性质来说，在空间它具有等轴性，也就是三向等长的。无水硫酸盐矿物的晶体习性之所以常成等轴状、厚板状或短柱状出现，与此有一定的联系。同时在晶体光学性质上与碳酸盐、硝酸盐矿物相比较也表现出明显的差别，后二者双折率很高，而硫酸盐就相当低。

硫酸盐矿物是离子晶格，颜色一般为无色或白色，含铁者为黄褐或蓝绿色，含铜者为蓝绿色，含锰或钴者为红色；非金属光泽，条痕白色，透明度高。硫酸盐矿物在物理性质中最特出的是硬度低，一般在 2~3.5，还有不少只有 1.5，最高的为 4.5，如钠铜矾 $NaCu_2[SO_4]_2(OH)_2 \cdot H_2O$。硫酸盐矿物硬度之所以低，一方面是由于其络阴离子半径大，而电价低；另一方面也与大多数硫酸盐矿物含 H_2O 有关。比重一般不大，在 2~4，含钡和铅的矿物可高至 4 以上，甚至可以达到 6~7。最高的是汞矾 $Hg_3[SO_4]O_2$，达 8.18。

4. 成因产状

硫是变价元素，可呈 S^{2-}、S^0、$[SO_4]^{2-}$ 等形式出现，$[SO_4]^{2-}$ 为氧化条件下的产物。因此，硫酸盐矿物形成于外生作用的氧化条件和近地表条件下的内生作用中（低温热液），在还原条件下 $[SO_4]^{2-}$ 转化为 S^{2-}，硫酸盐即被破坏。

在本类矿物中外生成因的矿物远比内生成因的为重要。在外生成因中，近半数的硫酸盐是由原生金属硫化物氧化后而成的硫酸盐矿物；在海盆中主要是化学沉积的钾、钠、钙、镁、钡、铝的含水硫酸盐，并常与卤化物和碳酸盐共生。在温度和压力增高时，所含的水分子即逐步减少。在内生热液成因中，主要形成钡、钙、锶、铝等无水硫酸盐，见于低温热液脉中或作为低温热液围岩蚀变的产物。此外在火山喷气作用中可以形成铜锑石 $Cu[SO_4]$，重钾矾 $KH[SO_4]$ 等。

5. 分类

表 19-5 为常见硫酸盐矿物一览表。

表 19-5　常见硫酸盐矿物一览表

结构	矿物名称
岛状	重晶石 $Ba[SO_4]$、天青石 $Sr[SO_4]$、硬石膏 $Ca[SO_4]$、无水芒硝 $Na_2[SO_4]$、明矾石 $KAl[SO_4]_2(OH)_2$
层状	石膏 $Ca[SO_4] \cdot 2H_2O$

二、典型硫酸盐矿物特征

1. 重晶石族

本族包括二价大阳离子 Ba^{2+}、Sr^{2+}、Pb^{2+} 的硫酸盐矿物，如重晶石 $BaSO_4$、天青石 $SrSO_4$。和铅矾 $PbSO_4$，其中重晶石较为常见。

重晶石 Barite $BaSO_4$

【化学组成】BaO 65.7%，SO_3 34.3%，常含类质同象混入物 Sr。

【晶体形态】斜方晶系，晶体以平行 {001} 的板状晶形较常见，有时呈柱状；常呈晶簇状、块状、粒状等集合体出现。

【物理性质】无色，白色或呈灰、黄、褐等色调；白色条痕；透明、玻璃光泽。解理面珍珠光泽。硬度 3~3.5；{001} 完全解理，{010} 和 {210} 较完全；相对密度 4.50。

【光性特征】薄片中无色透明。正中突起，折射率随铅含量增加而增大，而随锶含量增加而略为降低。干涉色一级黄有时分布不均匀，呈斑杂状。平行消光，正延性。二轴晶正光性，光轴角中等稍小。有时见 (110) 为双晶面的聚片双晶。解理夹角 {001} ∧ {210} =

$90°$，$\{210\} \wedge \{210\} = 78°22'$，在薄片中经常见到两组正交的解理。主要蚀变矿物是毒重石($BaCO_3$)。

【成因产状】沉积形成的重晶石呈透镜状或结核状，产于浅海沉积地层中。风化作用中原生含钡矿物风化后形成的含钡水溶液遇到其他硫酸盐，亦可反应形成次生重晶石。中低温热液作用中形成的重晶石常与方铅矿、浅色闪锌矿等硫化物以及萤石、石英、方解石等共生。我国主要重晶石矿床为沉积型、层控型、火山-沉积型等。

【鉴定特征】相对密度大、板状形态、3组完全解理为其特征。萤石和菱镁矿等也具有完全解理，但重晶石解理的特点是$\{210\}$解理两组彼此相交为$101°40'$，第三组解理$\{001\}$与前两组垂直。

【主要用途】主要用于石油钻井、化工、填料三大行业。石油钻井用泥浆加重剂占重晶石的$80\% \sim 90\%$；化工上制备碳酸钡、氯化钡等钡盐；重晶石超细粉填料可用于X射线防护，超细粉已经可以替代白炭黑、沉淀硫酸钡、钛白粉等化工产品。

天青石 Celestine SrSO₄

【化学组成】SrO 56.41%，SO₃ 43.59%，常含类质同象杂质Ba和Ca。

【晶体形态】斜方晶系，与重晶石相似。

【物理性质】常呈淡天蓝色，但暴露于光线中其色会渐渐褪去，亦常呈无色或白色；相对密度$3.9 \sim 4.0$；其余性质与重晶石相似。

【光性特征】薄片中无色，正中突起，干涉色一级黄白；平行消光，正延性；二轴晶正光性，光轴角中等。

【成因产状】天青石以沉积成因为主，与石膏、硬石膏、石盐和自然硫等共生。热液成因的天青石脉中常含有硫化物矿物。

【鉴定特征】与重晶石很相似，但相对密度较小，新鲜标本常呈淡天蓝色。由于天青石溶解度大大超过重晶石，用玫瑰红酸钠溶液(Ba和Sr的特效试剂)煮标本碎块，只有天青石能呈现红紫色反应，而重晶石无反应。

【主要用途】提取锶的原料。锶可用于电视荧光屏。硝酸锶是红色焰火和信号弹原料。

2. 硬石膏族

硬石膏 Anhydrite CaSO₄

【化学组成】CaO 41.19%，SO₃ 58.81%，常含Sr。又称无水石膏。

【晶体形态】斜方晶系，单体呈粒状或厚板状；常呈粒状或致密块状集合体产出。

【物理性质】无色或白色，但集合体常因含杂质而呈灰色；白色条痕；透明、玻璃光泽。解理面珍珠光泽。硬度$3 \sim 3.5$；解理平行$\{100\}$和$\{010\}$完全，平行$\{001\}$中等，3组解理面互垂直(图19-5)，相对密度2.96。

【光性特征】薄片中无色透明。正中-正低突起，最高干涉色可达三级绿；平行消光，延性可正可负；二轴晶正光性，中等光轴角。具$\{010\}$、$\{100\}$完全解理，

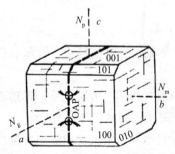

图19-5　硬石膏形态及光性方位图

{001}中等解理。薄片中常显示相交呈直角的具假立方体解理，沿{101}、{$\bar{1}$01}简单双晶、聚片双晶。

【成因产状】硬石膏主要由地层中的石膏受地下深处的压力和温度作用脱水而形成。当硬石膏层暴露地表，即吸收水分再形成石膏。在盐湖或潟湖中，当盐度较大时，可直接形成硬石膏。

【鉴定特征】根据3组互相垂直的解理，相对密度较重晶石等小来进行识别。地层中的硬石膏岩很像白云岩，可用盐酸、镁试剂区别之。

【主要用途】见石膏部分。

3. 石膏族

石膏 Gypsum CaSO$_4$·2H$_2$O

【化学组成】CaO 32.57%，SO$_3$ 46.50%，H$_2$O 20.93%，又称二水石膏。

【晶体形态】单斜晶系，晶体呈平行{010}的板状；常依双晶面{100}成燕尾双晶(图19-6)；集合体呈纤维状、致密块状等。晶面{110}及{010}常发育纵纹。

【物理性质】透明无色、白色；白色条痕；玻璃光泽；{010}解理面上常呈珍珠光泽。硬度2；{010}极完全解理(因结晶水沿此方向定向分布所致)，平行{100}和{011}解理中等，这两组解理纹常在{010}解理面上呈夹角为66°10′的平行四边形格子；薄片具挠性。相对密度2.32。

【光性特征】薄片中无色透明。负低突起，具不明显的糙面。最高干涉色为一级白-黄白，在⊥(010)切面上，对完好的{010}解理缝为平行消光，在(010)切面上则为斜消光，$c \wedge N_p = 38°$。延性以负为主。折射率、双折率、光性方位及光轴角等随温度而变更。双晶有时可呈聚片式，也常见平行(100)的燕尾式双晶。二轴晶正光性。随温度的升高，光轴角则减小，加热到90℃时，$2V = 0°$脱水后可转化为硬石膏。

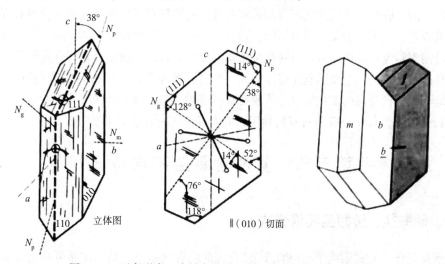

图19-6 石膏形态、光性方位及双晶图(引自常丽华，2006)

【成因产状】主要形成于沉积作用中，为湖泊或封闭海湾中化学沉积产物，与紫红色页岩、泥灰岩等互层。风化作用中硫化物氧化形成的硫酸溶液遇石灰岩后也可形成石膏。在低温热液矿床中，石膏形成于最晚期，除雌黄、雄黄等外，很少与其他硫化物共生。

【鉴定特征】硬度低于指甲、相对密度小为其主要特征；其{010}极完全解理也有助于识别。

━━━ 知识延伸 ━━━

硬石膏和石膏之间的转变

在常压下，石膏加热至65℃开始脱去部分结晶水，到180℃脱去3/4的结晶水成为半水石膏($CaSO_4 \cdot 0.5H_2O$)或熟石膏，高于200℃后脱去剩余的1/4结晶水形成硬石膏或无水石膏。在地质条件下，

(1)温度高有利于硬石膏稳定。在常压下不含盐的水中，42℃以上形成硬石膏。

(2)盐度大有利于硬石膏稳定。在20℃，常压下，水中含NaCl超过23.3%，形成硬石膏。

(3)在地下深处压力影响下，利于石膏的形成。从固相变化来看，由石膏变为硬石膏体积缩小38%。在地下深处液体受压较小(岩石相对密度为水的2.5~3倍)，且能沿裂隙逃逸。所以，地下深处的压力有利于硬石膏稳定。

不考虑地下水含盐度，仅考虑地下压力和地热增温(自20℃起算，按每30m增高1℃计算)，硬石膏大约稳定在550m以下。地下水含盐每提高1%，深度减少20~25m。硬石膏暴露地表后，即吸水形成石膏，体积增大61.3%可造成地面上隆，影响工程安全。因此，在工程地质勘查中，应注意准确鉴别以硬石膏为主的硬石膏岩和以白云石为主的白云岩(或以方解石为主的石灰岩)。

【主要用途】石膏用途广泛，主要用于水泥和熟石膏生产，分别各占了45%，其他用于改良土壤、生产硫酸、医疗、食品、陶瓷、环保等用途。石膏在水泥上主要用作缓凝剂，改善水泥凝固性能；煅烧后制成的熟石膏和无水石膏构成了最有名的气硬性胶凝材料系列，用于制作建筑板材、腻子、砂浆，具有不燃、隔热、隔火、无可燃挥发气体排放、价格便宜等优点，也可用作陶瓷、铸造模具。石膏粉可用作油漆、涂料、造纸填料。石膏晶须可作为增强材料。目前石膏已成为重要的氧化硫固定体，在燃煤或烟道中加入碳酸钙(方解石)，使产生的氧化硫与碳酸钙分解的氧化钙反应生成石膏(脱硫石膏)；磷酸和磷酸盐工业也会产生大量石膏(磷石膏)。目前工业废渣石膏的利用已成为有待解决的重要课题。

第三节　其他含氧盐矿物特征

一、磷酸盐、砷酸盐和钒酸盐

磷酸盐是金属元素阳离子与$[PO_4]^{3-}$结合而成的含氧盐类。磷、砷和钒在化学元素周期表上同属第V族，它们与O^{2-}结合而成的磷酸根$[PO_4]^{3-}$、砷酸根$[AsO_4]^{3-}$和钒酸根$[VO_4]^{3-}$的性质也极为相似，因而通常在矿物学中将其矿物归为一类。本类矿物的种类较多，已知者达300余种，其中磷酸盐近200种，砷酸盐100余种，钒酸盐二三十种。但它们中除有极少

数矿物在自然界有广泛分布外，大多数都含量极少。它们的总量仅占地壳的 0.7%。

1. 化学成分

本类矿物由于磷酸根、砷酸根和钒酸根都是半径较大的络阴离子，因而要求半径较大的三价阳离子如 TR^{3+} 等与之结合，才能形成稳定的无水盐，例如磷钇矿 $Y[PO_4]$ 等；二价阳离子也以半径较大的 Ca^{2+}、Pb^{2+} 等所组成的化合物为最稳定，矿物的种别也较多，但往往带有附加阴离子，例如磷灰石 $Ca_5[PO_4](F，Cl，OH)$ 等；半径较小的二价阳离子如 Fe^{2+}、Co^{2+}、Ni^{2+} 等与之结合时，则往往形成含水盐，例如钴华$(Co，Ni)_3[AsO_4]_2 \cdot 8H_2O$ 等；一价阳离子如 Na^+、Li^+ 等一般只能与 Al^{3+} 起形成复盐，如磷锂铝石 $LiAl[PO_4](F，OH)$ 等。此外，本类矿物中还可存在有 $[UO_2]^{2+}$，这时往往形成复杂的含水盐，如铜铀云母 $Cu[UO_2]_2[PO_4]_2 \cdot 12H_2O$ 等。

2. 晶体化学特征

在本类矿物中，络阴离子 $[PO_4]^{3-}$、$[AsO_4]^{3-}$ 或 $[VO_4]^{3-}$ 四面体是其晶体结构中的基本单元。$[PO_4]^{3-}$ 四面体的半径为 3.00Å，$[AsO_4]^{3-}$ 四面体为 2.95Å，$[VO_4]^{3-}$ 四面体与 $[AsO_4]^{3-}$ 相似。$[PO_4]^{3-}$ 与 $[AsO_4]^{3-}$ 之间，$[AsO_4]^{3-}$ 与 $[VO_4]^{3-}$ 之间可以有部分的相互置换形成有限类质同象，但 $[PO_4]^{3-}$ 与 $[VO_4]^{3-}$ 之间则不能相互混溶。$[PO_4]^{3-}$ 还可被电价不同的 $[SO_4]^{2-}$ 或 $[SiO_4]^{4-}$ 置换，这在其他含氧盐中是很少见的。异价置换时的电荷平衡可以通过两种方式来达到：一种是 $[SO_4]^{2-}+[SiO_4]^{4-}\longrightarrow 2[PO_4]^{3-}$；另一种是在络阴离子置换的同时还伴随有阳离子之间的置换，例如 $Ca^{2+}+[SO_4]^{2-}\longrightarrow TR^{3+}+[PO_4]^{3-}$，以此来平衡电价。阳离子本身间的类质同象置换现象以稀土元素间的置换以及 $Ca^{2+}+Th^{4+}\longrightarrow 2TR^{3+}$、$Na^++Y^{3+}\longrightarrow 2Ca^{2+}$ 等置换较为常见。

本类矿物，由于是比较复杂的化合物，因而晶体对称性低的就比较多。本类中 3/4 以上的属斜方晶系和单斜晶系，其余的分别属三斜晶系、三方和六方晶系、四方晶系，而属于等轴晶系者仅几种。

3. 物理性质

磷酸盐、砷酸盐和钒酸盐矿物具有典型的离子晶格，多具有玻璃光泽，由于成分比较复杂，凡含色素离子，如铁、锰、钴、镍、铜、铀等，均出现较为褐、黄、绿、红、灰等颜色，无色透明者少。种类也较多，在物理性质方面的变化范围也较大。硬度除无水磷酸盐可达 5~6.5 外，如块磷铝矿 $Al[PO_4]$ 为 6.5，磷灰石为 5；其他矿物多为中等-低硬度，如砷铋矿 $Bi[AsO_4]$ 为 4~4.5，钒铅矿为 2.5~3。比重方面，主要则视其组成成分中所含元素的原子量大小而定，其变化也是很大的。如纤水磷铍石 $Be_2[PO_4](OH) \cdot 4H_2O$ 只有 1.81，而砷铅矿则高达 7.24。

4. 成因产状

自然界中，磷酸盐分布较广，几乎在各种地质作用中均可形成，以外生成因的更多见。内生成因的磷酸盐大部分形成于岩浆作用和伟晶作用，也可形成于接触交代和热液作用；外生成因的则是由复杂的生物化学作用所形成，或者是由内生成因的磷酸盐矿物经变化后所形成的次生矿物。按矿物的种数而言，外生成因的磷酸盐矿物比内生成因的为多。

而砷酸盐和钒酸盐主要是砷化物和钒的低价氧化物在地表氧化后生成的，常见于风化壳中。此外，钒在内生作用过程中往往呈分散状态以混入物的方式存在于钒钛磁铁矿等一些矿物之中，在外生条件下，钒部分被有机物所吸收而存在于有机残余物中；部分则分散在岩石风化的产物之中，所以钒形成的独立矿物就出现不多。

5. 分类及典型矿物特征

（1）主要矿物类型，如表19-6所示。

表19-6　常见磷酸盐矿物

亚类	种　属
岛状	独居石$(Ce, La, Nd)[PO_4]$、磷钇矿 $Y[PO_4]$
链状	磷灰石 $Ca_5[PO_4](OH, F, Cl)$、板磷铁矿 $Fe_2(H_2O)_2\{Fe(H_2O)_2[PO_4]_2\}$、红磷锰铍石 $nBa[PO_4]\cdot OH$
层状	铜铀云母 $Cu[UO_2]_2[PO_4]_2\cdot(8\sim12)H_2O$ 族、蓝铁矿 $Fe_3[PO_4]_2\cdot 8H_2O$
架状	块磷铝矿 $Al[PO_4]$、绿松石 $CuAl_6[PO_4]_4(OH)_8\cdot(8\sim12)H_2O$

（2）独居石族。

独居石（磷铈镧矿） Monazite（Ce，La，Nd）PO_4

【化学组成】Ce_2O_3 20%～30%，$(La, Nd)_2O_3$ 30%～40%，P_2O_5 22%～31.5%；代替阳离子的类质同象杂质还有 Th^{4+} 和其他稀土元素，代替 $[PO_4]^{3-}$ 进入晶格的有 $[SiO_4]^{4-}$、$[SO_4]^{2-}$ 等，成分相当复杂。

【晶体形态】单斜晶系，常沿 $\{100\}$ 形成板状晶体，在漂砂中呈浑圆粒状。

【物理性质】褐色、黄褐色、红褐色，有时呈黄绿色；白色条痕；透明；玻璃光泽，但经常呈松脂状光泽。硬度 5～5.5；$\{100\}$ 中等解理。相对密度 5～5.3，随含钍量增加而增大。具放射性；在紫外光顺射下发绿色荧光。

【光性特征】薄片中为黄色或无色，多色性微弱：N_g—浅绿黄，N_m—暗绿，N_p—亮黄。正高-极高突起。折射率随着含钍量而增高，糙面显著，干涉色高达三级中至高级白。纵切面斜消光，但消光角很小，近于平行消光，最大达 10°。沿 c 轴延长的切面解理缝垂直柱面长边为正延性（多数），而 b 轴延长的切面解理缝平行其长边则为负延性（少见）。沿 (100) 简单双晶较常见，沿 (001) 的聚片双晶少见。二轴晶正光性，光轴角小，一般为 6°～19°。

【成因产状】常呈分散粒状出现于花岗岩、正长岩、片麻岩以及伟晶岩中，几乎未见呈集合体产出，故称独居石。因化学性质稳定，相对密度大，常保存于漂砂中，并可富集成矿。

【鉴定特征】以其黄褐色、松脂光泽、放射性以及紫外线照射下的绿色荧光为主要鉴定特征。

【主要用途】为提取钍和稀土的原料。

（3）磷灰石族。

本族为二价大阳离子含附加阴离子的磷酸盐、砷酸盐和钒酸盐，它们具有相同的晶体结构，属六方晶系，并具有六方柱状晶形。本族中只有磷灰石分布最广；磷氯铅矿、砷铅矿、钒铅矿等均产于铅锌矿床氧化带中，分布比较局限。

磷灰石　Apatite Ca₅[PO₄]₃(F，Cl，OH)

【化学组成】按 Ca₅[PO₄]₃F 计算，P_2O_3 42.22%，CaO 50.04%，CaF_2 7.74%（F3.77%）；Na^+、Sr^{2+}、REE^{3+}可代替 Ca^{2+}，$[CO_3]^{2-}$、$[SiO_4]^{4-}$、$[SO_4]^{2-}$可代替$[PO_4]^{3-}$。

【晶体形态】六方晶系，单晶呈六方柱状(图 19-7)，集合体常为结晶块状、粒状、致密隐晶块状、结核状等。

【物理性质】透明无色者少见，常呈绿、灰绿、褐红等各种颜色；白色条痕；透明；玻璃光泽，断口呈油脂状光泽。硬度 5.1，{0001} 和 {10$\bar{1}$0} 不完全解理。相对密度 3.18～3.21。沉积作用形成的隐晶质集合体(致密块状的磷块岩或结核状磷灰石等)物理性质变化较大，其颜色常呈灰至黑色、土状光泽、硬度和相对密度也因所含杂质不同而有很大变化。加热后常可出现磷光。性脆。

【光性特征】薄片中一般无色，但有时带微弱的不均一的粉红、褐、淡蓝、灰色，并具弱多色性(这种杂色的磷灰石在火山岩中较常见)。正中突起。颜色和折射率均随所含成分不同有所变化。最高干涉色一级灰(极少数为一级灰白、黄白)。平行消光，负延性。磷灰石中常含许多包裹体，它们多沿直立轴方向，或呈带状分布。在大多数情况下，磷灰石为一轴晶负光性，但有时亦可有异常现象呈二轴晶，光轴角有时可达 20°

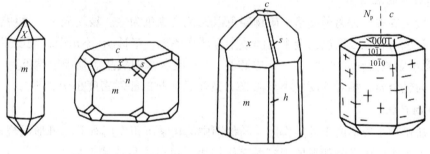

图 19-7　磷灰石形态和光性方位(据潘兆渌，1993；常丽华，2006)

六方柱 $m\{10\bar{1}0\}$，$h\{11\bar{2}0\}$；六方双锥 $x\{10\bar{1}1\}$，$s\{11\bar{2}1\}$，$u\{21\bar{3}1\}$；平行双面 $c\{0001\}$

【成因产状】磷灰石是分布最广的矿物之一。在各种岩浆岩、伟晶岩和火山岩中，磷灰石均作为副矿物而散布其中，有时可以形成巨大的有工业价值的矿床。磷灰石亦可出现于热液作用和伟晶作用中，热液作用和伟晶作用形成的磷灰石常呈较大的六方柱状晶体。沉积作用中主要形成隐晶质的块状集合体，称磷块岩。磷块岩实际上是多种矿物的集合体，其中以磷灰石为主。在沉积岩中还常含有磷灰石结核。海相沉积的磷块岩，往往规模巨大，具有很大的工业价值。沉积岩中的隐晶质磷灰石经受变质作用后，可以形成较粗的晶粒。我国磷灰石矿床分三类：岩浆型磷灰石矿床、沉积型磷块岩矿床、变质型磷灰石矿床。

【鉴定特征】结晶好的晶体或块状结晶磷灰石，可根据其柱状晶形或油脂光泽以及硬度识别。

【主要用途】磷灰石是最重要的磷矿物，我国磷矿的 88%用于制造肥料，4%用于动物饲料添加剂，余下的 8%用于医药、材料、化工等其他领域。

二、硼酸盐

硼酸盐矿物是指由金属阳离子与硼酸根$[BO_3]^{3-}$、$[BO_3]^{5-}$化合形成的含氧盐。目前发现的硼酸盐矿物约120种。由于B的克拉克值仅为0.001%，加之B经常参加到硅酸盐晶格中组成硼硅酸盐(如电气石)，所以硼酸盐矿物尽管种类很多，但分布远不如硅酸盐、碳酸盐等广泛。

1. 化学成分

硼酸盐中阴离子主要为$[BO_3]^{3-}$、$[BO_3]^{5-}$，还可以附加阴离子$(OH)^-$、O^{2-}、Cl^-、F^-，偶见$[CO_3]^{2-}$、$[SO_4]^{2-}$、$[SiO_4]^{4-}$、$[PO_4]^{3-}$、$[AsO_4]^{3-}$等，也常有H_2O出现。阳离子有20余种，以Na^+、Mg^{2+}、Ca^{2+}为主，其次有Li^+、K^+、Sr^{2+}、Al^{3+}和过渡型离子Fe^{2+}、Fe^{3+}、Mn^{2+}、Ti^{4+}等。

2. 晶体化学特征

硼酸盐的基本结构单元$[BO_3]^{3-}$、$[BO_3]^{5-}$能以岛状、环状、链状、层状、架状等不同联结方式存在于晶体结构中，此外$[BO_3]^{3-}$、$[BO_3]^{5-}$中的O^{2-}常被$(OH)^-$替代，使硼酸盐矿物更为复杂。

3. 形态和物理性质

硼酸盐主要表现为离子晶格，矿物颜色以无色或浅色为主，玻璃光泽、透明，含过渡型离子时颜色为彩色或黑色，金刚光泽或半金属光泽地，半透明-不透明；硬度主要为2~5，个别无水硼酸盐硬度可达7~7.5(方硼石)，一般含水硼酸盐矿物硬度偏低；多数矿物中阳离子为轻金属，相对密度多小于4.28，约半数矿物的相对密度小于2.5。

4. 成因产状

硼酸盐矿物主要形成于外生作用，与盐湖中的化学沉积作用有关，可形成规模巨大的硼矿床；内生作用中硼酸盐形成于接触交代作用，也可富集成硼矿床；此外，火山-沉积作用也可形成硼酸盐的富集。

5. 主要类型及典型矿物特征

(1)硼酸盐矿物主要类型(表19-7)。

表19-7 常见硼酸盐矿物

亚类	种 属
岛状	硼镁铁矿$(Mg, Fe)_2Fe^{3+}[BO_3]O_2$、硼铍石$Be_2[BO_3](OH)$、硼铝镁石$MgAl[BO_4]$、氯硼钠石$Na_2[B(OH)_4]$、硼镁石$Mg_2[B_2O_4(OH)_4] \cdot 8H_2O$、柱硼镁石$Mg[B_2O(OH)_6]$
环状	硼砂$Na_2[B_4O_5(OH)_4] \cdot 8H_2O$
链状	硬硼钙石$Ca[B_3O_4(OH)_3] \cdot H_2O$
层状	图硼锶石$Sr[B_6O_9(OH)_2] \cdot 3H_2O$
架状	方硼石$Mg_3[B_3B_4O_{12}]OCl$

（2）硼镁铁矿族。

硼镁铁矿（Mg，Fe^{2+}）$_2$ Fe^{3+}[BO_3]O_2

【化学组成】FeO 8.48%，MgO 34.65%，Fe_2O_3 37.819%，B_2O_3 18.26%，另含少量 H_2O、TiO_2 和 MnO_2 等。

【晶体形态】斜方晶系；通常呈纤维状或放射状集合体，有时亦呈粒状集合体出现。

【物理性质】绿黑至炭黑色；条痕为带绿的黑色(在含氧盐中条痕黑色者甚少)；不透明；半金属光泽，纤维状集合体新鲜表面呈丝绢光泽。硬度 5~6，无解理；相对密度 3.6~4.8，视 Mg^{2+}/Fe^{2+} 之比例不同而异；微具磁性。

【成因产状】产于镁矽卡岩中，与磁铁矿、透辉石、镁橄榄石、硼镁石等矿物共生。

【鉴定特征】黑色，纤维形态，条痕绿黑色以及相对密度较大为主要特征。可用作 B 的焰色反应，即首先将矿粉在试管中用硫酸分解，然后加酒精使其形成易挥发的硼酸乙酯。再加热试管，同时在管口点火，即呈现 B 的鲜绿色焰色。

（3）硼砂族。

硼砂 Borax Na_2[$B_4O_5(OH)_4$]·$8H_2O$

【化学组成】Na_2O 16.26%，B_2O_3 36.51%，H_2O 47.23%。

【晶体形态】单斜晶系，晶体呈短柱状，集合体呈粒状或土状。

【物理性质】晶体透明无色或浅灰色，其细粒集合体呈白色或淡蓝绿色；白色条痕；玻璃光泽。硬度 2~2.5；(100)完全解理；性脆；断口呈贝壳状。相对密度 1.73。易溶于水；烧之易熔成透明小球。

【成因产状】为最常见的硼酸盐矿物。主要产于干旱地区盐湖沉积物中，与石盐、天然碱以及其他含硼矿物共生。亦产于温泉沉积物中。在干燥空气中易失水变为白色粉状的三方硼砂 Na_2[$B_4O_5(OH)_4$]·$3H_2O$。

【鉴定特征】无色透明或浅色、硬度低、相对密度小、易熔成透明玻璃球等，可用焰色反应鉴定硼。

【主要用途】为硼的主要矿物原料。

三、硝酸盐矿物

硝酸盐矿物是金属元素阳离子和[NO_3]$^-$ 相化合而成的含氧盐类。硝酸盐由于其在水中的溶解度很高，因而在大陆地区，除少数气候干旱炎热的沙漠地方而外，就难以形成和保存。所以在自然界硝酸盐矿物的数量很少，且种类也不多。就目前资料，只有十几种矿物。

1. 总体特征

（1）化学成分。在硝酸盐矿物中，与[NO_3]$^-$ 组成硝酸盐的阳离子，主要是 Na^+、K^+、Mg^{2+}、Ca^{2+}、Ba^{2+}，还有部分 Cu^{2+}、NH_4^+。[NO_3]$^-$ 与半径较大的 Na^+、K^+、Ba^{2+} 结合形成无水化物，如钠硝石；与较小的二价阳离子 Mg^{2+} 和 Ca^{2+} 与[NO_3]$^-$ 组成化合物时，经常含有 H_2O 的分子。如钙硝石 Ca[NO_3]·$24H_2O$。与 Cu^{2+} 所组成的硝酸盐，其成分则更为复

杂，经常含附加阴离子$(OH)^-$或 Cl^-、$(SO_4)^{2-}$、$(PO_4)^{3-}$，有时还有 H_2O 分子参加，如毛青铜矿 $Cu_{19}[NO_3]_2(OH)_{32}C_{14}\cdot 3H_2O$。此外，偶有$[SO_4]^{2-}$或$[PO_4]^{3-}$的存在。

（2）晶体化学特征。硝酸盐矿物的基本结构单元是$[NO_3]^-$，是由 3 个 O^{2-} 围绕 N^{5+} 而组成的三角形的阴离子团，O^{2-} 和 N^{5+} 为共价键。这个阴离子团的有效半径为 0.257nm，再与阳离子结合而成为硝酸盐矿物。按络阴离子的分布，均应为岛状结构。

（3）形态和物理性质。硝酸盐矿物呈离子晶格特征。一般呈无色透明或白色。只有当其阳离子为铜时，才表现为绿色。此外，比重一般偏低，在 1.5~3.5。硬度一般也较低，在 1.5~3.0，溶解度大。

（4）成因产状。硝酸盐矿物主要为表生成因，多形成于没有植物的干旱沙漠地区，通过含氮有机物质的分解作用与土壤中的碱质（钠和钾）化合而成，此外还可由火山喷气形成。

（5）分类。该类矿物在自然界分布不广，种类和数量都很少，其中，以 Na^+、K^+ 的硝酸盐矿物较为常见，如钠硝石 $Na[NO_3]$。

2. 典型矿物特征

钠硝石 Nitratine $NaNO_3$

【化学组成】Na_2O 36.46%，N_2O_5 63.54%。

【晶体形态】三方晶系，单晶呈菱面体，通常呈致密块状、皮壳状、盐华状等。

【物理性质】无色透明、白色，或被杂质染成黄褐色；白色条痕；玻璃光泽。硬度 1.5~2，菱面体$\{10\bar{1}1\}$完全解理（钠硝石和方解石结构相同）；相对密度 2.261。

【成因产状】在干燥炎热地区，腐烂有机质分解出的$[NO_3]^-$与土壤中的钠质结合而成。常与石膏、芒硝、石盐等共生。

自然界钠硝石最著名的产地为智利（又名智利硝石）安第斯山西麓。该地气候干旱，但时有雷雨。雷雨时大气放电产生的硝酸与土壤中的钠结合成钠硝石，长年累月便聚集成矿。我国新疆也有产出。

【鉴定特征】易溶于水，易潮解。放入炭火中能助燃，并染火焰为浓黄色。

【主要用途】农业上用作氮肥。

四、钨酸盐、钼酸盐和铬酸盐矿物

1. 主要特征

钨酸盐和钼酸盐和铬酸盐是金属元素阳离子与钨酸根$[WO_4]^{2-}$、钼酸根$[MoO_4]^{2-}$和铬酸根$[CrO_4]^{2-}$相化合而成的盐类。自然界中此类矿物约 30 种，在地壳中分布较少。

此类矿物的阴离子除$[WO_4]^{2-}$、$[MoO_4]^{2-}$、$[CrO_4]^{2-}$外，个别矿物还有$(OH)^-$、F^-、$[PO_4]^{3-}$、$[AsO_4]^{3-}$、$[SiO_4]^{4-}$等，偶有水分子出现。

此类矿物中，$[WO_4]^{2-}$、$[MoO_4]^{2-}$为四方四面体，体积较小；$[CrO_4]^{2-}$为四面体，体积较大，故$[WO_4]^{2-}$、$[MoO_4]^{2-}$不与$[CrO_4]^{2-}$发生类质同象替换，也不能被$[PO_4]^{3-}$、$[AsO_4]^{3-}$、$[SiO_4]^{4-}$等代换，但$[CrO_4]^{2-}$能被少量$[PO_4]^{3-}$、$[SiO_4]^{4-}$代替。由于 W 和 Mo

离子半径几乎相等(均为 0.055nm)，故 $[WO_4]^{2-}$、$[MoO_4]^{2-}$ 可形成完全类质同象置换。

此类矿物的络阴离子与较大阳离子 Ca^{2+} 和 Pb^{2+} 等结合时形成无水化合物，如白钨矿、钼铅矿、铬铅矿；与较小阳离子 Cu^{2+}、Zn^{2+}、Fe^{3+}、Al^{3+} 等形成含附加阴离子或水分子的化合及复盐，如铜钨华 $Cu_3[WO_4]_2(OH)_2$、铁钼华 $Fe_2[MoO_4]\cdot 8H_2O$。

此类矿物多呈双锥状板状或柱状。呈离子晶格特征，颜色为白色或浅色；硬度小于4.5，含水者降至1；多数相对密度不大，但含铅者相对密度较大。

此类矿物多为氧化带表生作用的产物，仅无水钨酸盐由内生作用形成。

主要类型包括白钨矿族(白钨矿、钼铅矿)和黑钨矿族(黑钨矿、钨锰矿、钨铁矿)。

2. 典型矿物特征

白钨矿(钨酸钙矿) Scheelite CaWO₄

【化学组成】CaO 19.48%，WO_3 80.52%，有时含类质同象混入物 MoO_3。

【晶体形态】四方晶系，单晶呈四方双锥形；通常为粒状或致密块状集合体。

【物理性质】通常为白色、无色，有时略呈浅黄褐色；白色条痕；透明；金刚光泽，断口呈强油脂光泽。硬度 4.5；{101}中等解理；相对密度 6.1，含 Mo 增加使相对密度降低。紫外线照射下发天蓝色荧光。

【成因产状】白钨矿主要产于接触交代矿床(矽卡岩矿床)中，与石英、透辉石、石榴子石、辉钼矿、萤石等共生，亦出现于汽化-高温热液矿脉及其蚀变围岩中，与黑钨矿、锡石等共生。

【鉴定特征】以白色、油脂光泽、相对密度较大和紫外光照射时发天蓝色荧光为特征。其发光性相当稳定，对在坑道中识别白钨矿很有帮助。白钨矿与石英在标本上都是白色，但浸入水中后，石英即呈现半透明状，而白钨矿仍保持白色，二者界线分明。在盐酸中放入少许锡粉煮沸几分钟，放入白钨矿颗粒再煮，白钨矿即染成蓝色。将染蓝的白钨矿用硝酸浸泡即变黄，再氨水即可洗净。

【主要用途】为提炼钨的重要矿物。结晶好、颜色美丽者可做宝石，白钨矿标本较为珍贵。

复习思考题

1. 还原条件下硫酸盐为什么不稳定？

2. 为何在地表很少见到硬石膏？

3. 如何区分磷灰石、绿柱石、天河石？如何区分磷块岩和石灰岩？

4. 铀云母族矿物的哪些方面与云母相似？

5. 菱镁矿与重晶石都有三组完全解理，它们有何不同？

6. 硫酸盐的 $[SO_4]$ 半径有何特点？阳离子半径大小与其形成化合物的类型和稳定性有何关系？

7. 二价阳离子的含水和无水硫酸盐矿物在成分、性质和分布(产状)等方面有何不同？

8. 硫酸盐类与硫化物类矿物的形成条件有何不同？为什么？

9. 在金属矿床氧化带和内陆盐湖中见到的硫酸盐在阳离子成分上各有何特点？

10. 重晶石为什么相对密度大？其解理特点怎样？

11. 石膏为什么具一组极完全解理？石膏的双晶有什么特点？硬石膏为什么出露地表后就不稳定？

12. 碳酸盐类矿物在成分、晶体结构和物理性质上有何特点？

13. 文石族和方解石族矿物在成分和结构上有何不同？

14. 在金属硫化物矿床氧化带常见碳酸盐有哪些？在盐湖沉积中常见的碳酸盐又有哪些？

15. 孔雀石的鉴定特征如何？其成因和产状如何？有何地质意义？

第二十章　卤化物大类

知识要点

> 本章要求掌握卤化物矿物的化学成分、晶体化学特征、形态、物理性质、成因产状等方面的总体特征；理解本大类矿物与其他大类矿物性质的差异；熟练掌握典型卤化物矿物的鉴定特征。

第一节　概　述

本大类矿物为卤族元素阴离子(氟、氯、溴、碘)与金属元素阳离子结合而成的化合物。此类合物矿的种数在 120 种左右。其中主要是氟化物和氯化物，而溴化物和碘化物则极为少见。

1. 化学成分

组成卤素化合物的阴离子为卤族元素 F^-、Cl^-、Br^-、I^-；阳离子主要是属于惰性气体型离子的 K^+、Na^+、Ca^{2+}、Mg^{2+}、Al^{3+} 等元素，组成的卤化物较为常见；还有部分是属于铜型离子的 Ag、Cu、Pb、Hg 等元素所组成的卤化物(如碘银矿 AgI、汞膏 HgCl)，在自然界则极为少见，只有在特殊的地质条件下才能形成。此外，某些卤素化合物常具有 $(OH)^-$ 附加阴离子或 H_2O 分子。

2. 晶体化学特征

在卤素化合物中的阴离子 F^-、Cl^-、Br^-、I^- 均位于在化学元素周期表的ⅦB族，性质相似。但这些阴离子的半径的大小却差异较大 F^-(0.125nm)、Cl^-(0.172)、Br^-(0.188nm)、I^-(0.213nm)，因此直接影响化合物内的阳离子。氟离子半径最小，它主要与半径较小的阳离子 Ca^{2+}、Mg^{2+} 等组成稳定的化合物，并且大都不溶于水；而氯、溴、碘的离子半径较大，它们总是与半径较大的阳离子 K^+、Na^+ 等形成易溶于水的化合物。

在晶体结构中，由于阳离子性质的不同，结构中所存在的键型也就不同。轻金属的卤化物中，如石盐表现为典型离子键；而在重金属的卤化物中，如角银矿则存在着共价键。

3. 形态和物理性质

卤化物的物理性质是和它们的组成成分与晶体结构有密切的关系。阳离子为惰性气体型离子时为典型离子晶格，一般表现为无色、透明、玻璃光泽、比重小、导电性差。其中氯化物、溴化物和碘化物均易溶于水。而阳离子为铜型离子时，矿物内存在有共价键，则一般为浅色、透明度降低、金刚光泽、相对密度增大、导电性增强，并具延展性。氟化物

的硬度一般比氯化物、溴化物和碘化物为高。其中氟镁石 MgF_2 的硬度为 5，是本大类矿物中最大的硬度。这是因为 Mg^{2+} 和 F^- 的离子半径在卤化物的阳离子和阴离子中均为较小，同时 Mg^{2+} 的电价较高，形成了坚强的结合力所致。金属和碱土金属的氯化物，如石盐、角银矿等的硬度最低，为 $1.5\sim2$。

4. 成因产状

卤化物主要形成于热液和风化过程中，在热液过程中往往形成大量的萤石，却没有发现有氯化物、溴化物等的沉淀，这是由于它的溶解度较氟化物为大的缘故。在风化过程中，氯具有很好的迁移能力，它往往与钠、钾等组成溶于水的化合物；而在干涸的含盐盆地中，形成相应化合物的沉淀和聚积。但氟化物在含盐的沉积岩中却较少出现。铜型离子（银、铜、汞等）所组成的卤化物只见于干热地区金属硫化物矿床的氧化带中，是含这些元素的硫化物经氧化后与下渗的含卤族元素的地面水反应而成的。

5. 分类

本大类的矿物如表 20-1 所示。

表 20-1　卤化物主要矿物一览表

亚类	种　属
岛状	钾氯铅矿 $K_2[PbCl_4]$
链状	氯钙石 $CaCl_2$、氟镁石 MgF_2
层状	铁盐 $FeCl_3$、氟铈矿$(Ce，La)F_3$
架状	氟镁钠石 $NaMgF_3$
配位型	石盐 $NaCl$、萤石 CaF_2、氟盐 NaF、角银矿 $AgCl$、氯铅矿 $PbCl_2$、铜盐 $CuCl$、碘银矿 AgI、卤砂 NH_4Cl、光卤石 $KMgCl\cdot36H_2O$

第二节　典型矿物特征

氟化物在自然界的分布量不多，与氟组成化合物的元素种类有 15 种左右，形成的矿物种类有 25 种左右。其中以钙起着独特的作用，形成较为常见的萤石。

在自然界与氯组成化合物的元素有 16 种左右，其中以钠、钾和镁为最主要，其次为重金属元素中的铜、银和铅等。所形成的矿物种类，却远比氟化物为多，达 $60\sim70$ 种。

1. 萤石族

萤石 Fluorite CaF_2

【化学组成】Ca 51.33%、F 48.67%，类质同象混入物主要有 Y、Ce 等稀土元素。

【晶体结构】等轴晶系。晶胞分割为八个相等的立方体，F^- 位于八个小立方体的中心，Ca^{2+} 则位于晶胞的 8 个顶点和 6 个面的中心。Ca^{2+} 的位置恰好在 8 个 F 构成的配位多面体——立方体的中心，配位数为 8。这种结构称萤石型结构，是典型结构之一。

【晶体形态】晶体常呈立方体{100}，立方体{100}与菱形十二面体{110}的聚形和穿插双晶；集合体呈粒状。

【物理性质】无色透明以及淡绿、淡紫、淡红等各色，有时亦呈黑紫色和深绿色，颜色很深者常含稀土元素类质同象杂质和深色包裹体，并常呈带状构造(在晶体断面上可以看到晶体由内而外，颜色逐层不同)；白色条痕(黑紫色萤石的淡紫色条痕是因包裹体引起的，不是萤石本身的条痕)；玻璃光泽。硬度 4；八面体{111}完全解理。相对密度 3.18，含稀土者可达 3.6；有些晶体具热光性，如将萤石放在试管中在酒精灯上加热后，在暗处可见到矿物颗粒发出白色略呈蜡黄的磷光。反复加热，萤石的发光性会逐渐减弱以至消失。

【光性特征】薄片中无色，有时带紫色、粉红色，且颜色分布不均，呈带状或斑点状。负中-高突起，糙面显著。均质体。

【成因产状】主要产于各种气成-热液矿床中，与石英、方解石以及锡石、黑钨矿和各种金属硫化物共生。外生作用中萤石较少，产于石灰岩或白云岩中，呈土状，常被忽略。

【鉴定特征】根据晶形、无色及常见的绿、紫等色、透明，硬度 4，八面体解理完全，在一组解理面上看到其他 3 组的纹路相交成 60°、120°，构成正三角形格子等，易于识别。

【主要用途】冶金助熔剂；氟化工主要原料(如制造氢氟酸等)；透明无色的晶体可作为光学材料。

2. 石盐族

石盐 Halite NaCl

【化学组成】Na 39.34%，Cl 60.66%，常有卤水、气泡、泥质等机械混入物。

【晶体结构】等轴晶系，Cl^- 做立方最紧密堆积，Na^+ 位于八面体空隙中，配位数为 6，称为氯化钠型结构，为典型结构之一。

【晶体形态】晶体呈立方体，有时呈漏斗状的立方体骸晶，集合体呈粒状。

【物理性质】无色透明，白色，或被杂质染成其他颜色，有的石盐呈天蓝色，这是由于晶体构造中有 Cr 的缺位，捕获电子形成了色心所致，加热或强光照射后可逐渐褪色(电子被逐走)；白色条痕；玻璃光泽。受风化后呈油脂光泽。硬度 2；立方体{100}完全解理。相对密度 2.165，易溶于水。

【成因产状】主要形成于海湾、湖泊蒸发沉积。在古代的海湾和湖泊相沉积中，石盐常形成巨大的盐层，与石膏、钾盐等共生，其厚度可达数百米。现代的内陆湖泊亦有巨大的岩盐聚集。

【鉴定特征】立方体的晶形和解理、易溶、味咸等为特征。

【主要用途】生活必需品；氯碱化工主要原料；地下厚大盐层常因相对密度小于围岩而上"浮"，形成有利储油气的隆起构造，因而也是找石油的标志。

钾盐 Sylvite KCl

【化学组成】K 52.4%，Cl 47.6%，常含微量 Br、Li、Rb、Cs 等，Na 有时可达 5%，此外，常含液态、气态包裹体和其他机械混入物。

【晶体形态】等轴晶系，结构和晶形与石盐一致；通常呈致密块状。

【物理性质】无色透明，但常因含 Fe_2O_3，而呈红色，亦呈蓝、黄等他色；白色条痕；玻璃光泽。硬度 1.5~2；立方体{100}完全解理；相对密度 1.97~1.99，易溶于水。

【成因产状】与石盐相似，但远少于石盐。因为 K 离子很容易被土壤吸收到层状硅酸盐晶格中，进入海水的钾比钠要少得多。

【鉴定特征】似石盐，但味苦咸且涩；烧之染火焰为紫色（隔蓝玻璃观察，把 Na 的黄色焰色隔去后才清楚）。

【主要用途】用于制钾肥。

复习思考题

1. 从萤石、石盐的成分和结构，分析两者的共同点和不同点，并说明原因。例如：二者均透明、玻璃光泽、性脆等与晶格类型有什么关系？萤石硬度较大，溶解度较小，与阴阳离子的电价半径有何联系？二者的晶形和解理又有何异同？

2. 石盐和方铅矿结构相同，形态和性质有何异同？

3. 绿色萤石、绿色磷灰石和天河石三者如何区别？

第二十一章　矿物分析测试方法简介

矿物类型众多，大小不一，仅用肉眼识别是不可能的。目前矿物的鉴定和研究方法较多，不同的方法可从不同的角度来直接或间接地揭示矿物的特征。本章主要对常用的一些矿物分析测试手段进行介绍。

第一节　矿物鉴定和研究的一般步骤

一、样品采集和分选

样品采集前应根据研究目的和用途设计采集样品的类型、大小和数量；其次，还应搞清样品所在地质体的地质特征，地质体的构造、规模、产状等，还应确定矿物在地质体中的分布状况以及矿物在地质体中和其他矿物的空间关系，以保证采集的样品具有代表性。

采集样品时，要注意样品的质量和新鲜性，若发现有晶形比较完整或形态良好的样品应细心采集，保护样品不受损坏。

矿物通常以集合体的形式存在，在对某种矿物进行成分、结构等研究时，需要将该矿物从集合体中挑选出来。分选矿物时，首先需要碎样，以便于将待测矿物与其他矿物分离。可采用仪器也可采用人工破碎样品，视所需样品数量、大小而定。碎样前，首先应磨制薄片或光片，在偏光或反光显微镜下检查待测矿物的平均粒径或最小粒径，以确定样品破碎的程度和碎样的方法，一般破碎至待测矿物的平均粒径以下即可。碎样后，还需筛分和淘洗以除去矿物表层或裂缝中的粉尘或杂质。

进行样品分选时，如果待测矿物颗粒粗大、含量高，可在双目立体显微镜下用针逐粒挑选；否则可采用仪器分选，如重力分选、磁力分选、浮游分选和介电分选等。为保证样品的纯度，最后都必须经过双目立体显微镜下的严格检查和挑纯。

二、矿物的肉眼鉴定方法

矿物的肉眼鉴定方法一般主要指物理鉴定方法，即借助肉眼和放大镜、实体显微镜以及一些简单的工具(如小刀、磁铁、条痕板等)观察矿物的形态、颜色、光泽、条痕、透明度、解理、硬度、密度等特征来确定矿物种的方法。肉眼鉴定法对于结晶粗大、特征显著的矿物，效果较好。但肉眼鉴定矿物有一定的局限性，某些特征相似的矿物，或者是颗粒很细小的矿物和胶态矿物，往往难以鉴别，必须采用其他方法。矿物的肉眼鉴定易于操作，能够初步估计出矿物的种和族，因此是一个地质工作者必须熟练掌握的基本技能。

对利用物理鉴定方法无法确定的矿物，还可借助简易的化学分析法进行进一步鉴定。简易的化学分析法包括焰色反应、球珠反应、溶液反应和硝酸钴试验等方法进行。焰色反应是夹住矿物碎屑放入酒精灯氧化焰或吹管氧化焰中燃烧，形成挥发性化合物使火焰染色，主要适用于某些碱金属、碱土金属化合物矿物。球珠反应是将铂丝环烧红后沾上硼砂或磷盐置于吹管火焰中，待烧成无色透明的玻璃球体时迅速沾上少许待定矿物粉末，再置于氧化焰或还原焰中加热，根据球珠在不同状态下呈现的颜色鉴定矿物。溶液反应则是指矿物溶解后，使溶液产生相应颜色，根据颜色来鉴定矿物；硝酸钴试验是将矿物煅烧→滴硝酸钴溶液→吹管氧化焰中燃烧，根据形成钴盐的颜色来鉴定矿物。

三、矿物鉴定和研究的方法选择

用上述方法仍然确定不了的矿物，还需借助其他手段进行研究。常见的矿物分析测试方法及测试内容如表 21-1 所示。

表 21-1 常用分析测试方法及主要研究内容(据李胜荣，2008)

测试方法	化学成分	晶体结构	晶体形貌	物理性质	物相鉴定	年龄测定
化学分析	○					
发射光谱分析	○					
原子吸收光谱分析	○					
X 射线荧光光谱分析	○					
等离子质谱分析	○					
电子探针分析	○					
中子活化分析	○					
电子显微镜分析(透射，扫描)	○	○	○		○	
X 射线衍射分析(单晶、粉晶)		○			○	
红外吸收光谱分析		○			○	
穆斯堡尔谱分析	○	○				
扫描隧道显微镜分析		○	○			
反射测角仪测量			○		○	
相衬显微镜观测			○			
偏光显微镜观测				○	○	
反光显微镜观测				○		
热发光分析				○		○
阴极发光分析		○		○		
热电系数分析				○		
磁化率分析				○		
热分析				○	○	

续表

测试方法	化学成分	晶体结构	晶体形貌	物理性质	物相鉴定	年龄测定
铀铅法						○
钾氩法						○
铷锶法						○

第二节 常用矿物鉴定及研究方法简介

一、显微镜观察法

近年来，可用于矿物鉴定的方法、手段越来越丰富，但用显微镜鉴定矿物，因其方法技术成熟、使用便捷准确，一直还是鉴定矿物最常用的手段。显微镜分为光学显微镜和电子显微镜两大类。

1. 光学显微镜的矿物观察和鉴定

光学显微镜分为实体显微镜、偏光显微镜和反光显微镜3种类型。

实体显微镜观察和鉴定对象为手标本。放大倍数不高，一般为几倍至100倍，可以观察矿物形态、解理及表面较明显的微形貌结构。偏光显微镜可用于对厚度为0.03mm的透明矿物薄片进行观察和鉴定，能放大数十倍至数百倍。可以观察矿物的形态及其颗粒大小、颜色、解理、双晶以及与矿物折射率、双折率相关的光学特征。反光显微镜用于观察厚度约1cm的不透明矿物光片，放大倍数一般为数十倍至数百倍，可以观察矿物的形态、大小、反射色、解理等光学特征。

2. 相衬显微镜的矿物观察和鉴定

相衬显微镜有透射式和反射式两种类型，前者用于观察薄片中矿物内部显微构造，能观察到微米数量级的微裂纹；后者用于观察晶体表面的各种生长纹，精度可达微米级，可获得矿物的结晶状态和生长机制等方面的信息。

3. 电子显微镜的矿物观察和鉴定

电子显微镜，是一种将电子束激发样品微区产生的信号收集、放大并转换成各种图像图谱或强度数据，从而直接给出亚微观尺度的样品形貌、结构和成分的仪器。电子显微镜包括透射电子显微镜（TEM）和扫描电子显微镜（SEM）。

透射电子显微镜可用于观察晶格像、位错、晶体缺陷等微细结构变化；扫描电子显微镜的主要功能是进行高分辨微形貌观察。目前扫描电子显微镜普遍的精度可达纳米级，放大倍数可从10倍到30万倍，图像清晰，立体感强。除此之外，还有光学测角仪，主要用于对晶体的面角进行测量。

4. 扫描探针显微镜的矿物观察和研究

探针显微镜（SPM），是指以隧道效应为理论基础发展起来的各种分析实验方法。最常

用的是扫描隧道显微镜(STM)和原子力显微镜(AFM)，它们都是运用一个探针对样品表面进行扫描，以获取样品表面的有关信息。

二、矿物成分分析法

矿物化学成分的分析方法有常规化学分析、电子探针分析、各种光谱分析等。

1. 化学分析法

化学分析法是以化学反应定律为基础，根据样品在溶液中进行的化学反应来分析化学组成的方法，包括重量法、滴定法和比色法。前两者只适用于常量组分的测定，相对灵敏度(指在某一确定条件下能够可靠地检测出样品中元素的最低含量)较高；比色法可用于部分微量元素的测定。化学分析方法准确度高，但其分析灵敏度不是很高，且分析周期长，分析成本高。该方法至少需要 50g 的纯矿物粉末。

2. 电子探针分析法

电子探针 X 射线显微分析仪，简称电子探针(EMPA)，它是通过聚焦很细的高能量电子束轰击样品表面，由样品所含元素发出的 X 射线经衍射分光后，形成不同元素的特征 X 射线，根据不同特征 X 射线强度来计算元素含量的方法。本方法适用于测定微小矿物及包裹体成分以及稀有元素、贵金属元素赋存状态。

应注意的是，电子探针对一个点的分析值只能代表该微区的成分，并不反映整个矿物颗粒的成分。此外，电子探针分析的样品必须是导电体。若试样为不导电物质，则需将样品置于真空喷涂装置上涂上一薄层导电物质(碳膜或金膜)，增加了分析误差。

3. 光谱类分析法

光谱类分析法是测定矿物化学成分时普遍采用的一种方法，即各种化学元素受到高温光源(电弧或电火花)激发时，都能发射出各自的特征谱线，经棱镜或光栅分光测定后，即可根据特征谱线或谱线强度进行定量分析。

这类方法的特点是灵敏度高、分析速度快、分析成本低，但对含量>3%的样品分析精度不高；分析样品数量要求少，仅需几十毫克或几毫克的粉末样品；多适用于检测样品中的微量、痕量和稀土、稀有元素。

三、矿物物相和晶体结构分析方法

在矿物物相分析和晶体结构研究中，最常用的方法是 X 射线衍射分析。

1. X 射线衍射分析法

本方法是将波长很短 X 射线射入晶体不同取向的面网时会产生衍射效应。衍射结果受矿物的化学组成和晶体结构影响，因此对衍射结果计算分析计算即可确定矿物相及内部结构。这种方法是研究晶体结构及物相分析的最常用方法之一。

X 射线衍射分析可分为单晶衍射分析和多晶衍射分析两种。多晶衍射主要是通过记录衍射线的方向和强度获得衍射图谱(X 坐标为衍射角，Y 坐标为衍射强度，每个衍射峰代

表一组面网。每组面网的面网间距 d 直接打印在峰上），将衍射图谱与 X 射线粉晶衍射的标准数据对比来进行物相分析。这种方法不改变和损耗测试样品，对测定晶胞参数、鉴定黏土矿物，确定同质多象变体、多型、结构的有序-无序状态等特别有效。

单晶衍射分析一般采用单个纯净晶体（$0.1~0.5mm$），通过衍射后的图样进行分析计算，即可确定晶体空间群、晶胞参数、原子或离子在晶胞内坐标、键长和键角等数据。

2. 红外吸收光谱法和激光拉曼光谱分析法

这两种方法都可用于研究物质分子结构。红外吸收光谱适用于极性分子的非对称振动，激光拉曼光谱分析法适用于同原子分子的非极性键的振动。

红外吸收光谱（IR）简称红外光谱，是指利用物质分子对红外波段电磁波辐射选择吸收而产生相应的吸收谱图。由于每种矿物都有其独特的物质组成和内部结构，因而形成不同的光谱，采用与标准化合物的红外光谱对比的方法即可达到鉴定矿物的目的，或根据光谱中吸收峰的位置和形状来推测未知矿物的结构，也可根据特征峰的吸收强度测定混入物中各组分的含量。本方法便捷可靠、特征性强；所用样品可以是气、液、固态，也可以是晶质或非晶质的无机或有机化合物；一般需要干燥粉末样品 $0.1~2mg$。本方法可用于分析矿物中水的存在形式、配阴离子团、类质同象混入物的细微变化和矿物相变化等方面，是研究黏土矿物、沸石矿物的最有效分析方法之一。

激光拉曼光谱分析法的原理与红外吸收光谱接近，使入射光通过介质后形成拉曼散射，拉曼散射谱线特征受矿物的物质组成和分子内部结构影响，因此可用于矿物物相分析。

现代激光拉曼光谱仪加装光学显微系统后，构成激光拉曼分子微探针（LRM），能直接在薄片、光片上进行观察和测试，适用于微米级矿物的物相鉴定，分子结构和成分分析研究。也可以对气、液态物质进行测定。本方法要求样品为粉末或单晶（最好达 5mm 或更大），粉末仅 5mg 即可，无须特别制样。

3. 热分析法

热分析法是一种根据矿物在不同温度下发生的脱水、分解、同质多象转变等热效应特征来鉴定和研究矿物的一种方法。尤其适用于鉴定肉眼或其他方法难以鉴定的隐晶质或细分散含水、氢氧根和二氧化碳的化合物，如黏土矿物、铝土矿、某些碳酸盐矿物、含水硼酸盐及硫酸盐矿物等，还可以测定矿物中水的类型。

热分析法包括两种——热重分析法和差热分析法。

一些矿物在受热后可发生脱水、分解、排出气体、升华等热效应从而引起物质质量发生变化。利用程序控温，测量物质质量和温度变化关系的方法称为热重分析法。加热过程中物质质量和温度的关系曲线称为热失重曲线。不同含水矿物具有不同的脱水曲线，借此来鉴定和研究含水矿物，如黏土矿物等。该方法具有使用仪器设备简单、样品用量少、分析时间短且分析过程不破坏样品等优点，样品要求纯的矿物粉末，一般 $2~5g$ 即可。

差热分析法是将矿物粉末与中性体（不产生热效应的物质，常用煅烧过的 Al）分别同置于高温炉中，在加热过程中若存在矿物相变、脱水或分解作用发生吸热，或因结晶作用、氧化作用等引起矿物放热，而中性体则不发生此效应，将两者的热差记录下来；不同的矿物在不同的温度阶段有着不同的热效应，由此可与已知矿物标准曲线进行对比以鉴定矿物。本方法对黏土矿物、氢氧化物、碳酸盐和其他含水矿物的研究最为有效。该方法使用仪器设备简单、用样品量少（100~200mg 的矿物纯粉末样品），分析时间短，但受干扰因素多，一般适用于单矿物，混合样品分析效果差，且分析过程破坏样品，多结合其他测试手段一起使用。

参考文献

[1]潘兆橹. 结晶学及矿物学[M]. 北京：地质出版社，1993.

[2]李胜荣. 结晶学与矿物学[M]. 北京：地质出版社，2008.

[3]赵珊茸. 结晶学与矿物学[M]. 北京：高等教育出版社，2017.

[4]秦善. 结构矿物学[M]. 北京：北京大学出版社，2011.

[5]王宇林. 矿物学[M]. 北京：中国矿业大学出版社，2014.

[6]彭真万，刘青宪，徐明. 矿物学基础[M]. 北京：地质出版社，2010.

[7]赵珊茸. 简明矿物学[M]. 北京：中国地质大学出版社，2015.

[8]刘显凡，孙传敏. 矿物学简明教程[M]. 北京：地质出版社，2010.

[9]郑辙. 结构矿物学导论[M]. 北京：北京大学出版社，1988.

[10]常丽华，陈曼云，金巍，等. 透明矿物薄片鉴定手册[M]. 北京：地质出版社，2006.

[11]林培英. 晶体光学与造岩矿物[M]. 北京：地质出版社，2005.

[12]曾广策. 晶体光学及光性矿物学[M]. 北京：地质出版社，2006.

[13]赵志丹，柯珊，刘翠. 晶体光学与造岩矿物[M]. 北京：地质出版社，2019.

[14]陈芸菁. 晶体光学原理[M]. 北京：地质出版社，1984.

[15]唐洪明，季汉成. 矿物岩石学实验教程[M]. 北京：石油工业出版社，2014.

附表 1 常见矿物缩写符号

序号	缩写	矿物英文名	中文名	序号	缩写	矿物英文名	中文名
1	Ab	Albite	钠长石	31	Byt	Bytoonite	倍长石
2	Act	Actinolite	阳起石	32	Cal	Calcite	方解石
3	Adr	Andradite	钙铁闪石	33	Cam	Clinoamphibole	单斜闪石
4	Aeg	Aegirine	霓石	34	Cb	Carbonate mineral	碳酸盐矿物
5	Afs	Alkalifeldspar	碱性长石	35	Cbz	Chabazite	菱沸石
6	Agt	Aegirine-augite	霓辉石	36	Cc（Clc）	Chalcocite	辉铜矿
7	Alm	Almandine	铁铝榴石	37	Ccn	Cancrinite	钙霞石
8	Aln	Allanite	褐帘石	38	Ccp（Clp）	Chalcopyrite	黄铜矿
9	Am	Amphibole	闪石	39	Cen	Clinoenstatite	斜顽火辉石
10	An	Anorthite	钙长石	40	Cfs	Clinoferrosilite	斜铁辉石
11	And	Andalusite	红柱石	41	Chl	Chlorite	绿泥石
12	Anh	Anhydrite	硬石膏	42	Chm	Chamosite	鲕绿泥石
13	Ank	Ankerite	铁白云母	43	Chr	Chromite	铬铁矿
14	Anl	Analcime	方沸石	44	Cht	Chiastolite	空晶石
15	Ann	Annite	铁云母	45	Cld	Chloritoid	硬绿泥石
16	Ant	Anatase	锐钛矿	46	Coe	Coesite	柯石英
17	Ap	Apatite	磷灰石	47	Cls	Celestine	天青石
18	Apy	Arsenopyrite	毒砂	48	Cpx	Clinopyroxene	单斜辉石
19	Arg	Aragonite	文石	49	Crd	Cordierite	堇青石
20	Atc	Anorthoclase	歪长石	50	Crn	Corundum	刚玉
21	Atp	Antiperthite	反条纹长石	51	Crs	Cristobalite	方石英
22	Atg	Antigorite	叶蛇纹石	52	Cst	Cassiterite	锡石
23	Ath	Anthophyllite	直闪石	53	Ctl	Chrysotile	纤蛇纹石
24	Aug	Augite	辉石	54	Cum	Cummingtonite	镁铁闪石
25	Ax	Axinite	斧石	55	Cv	Covellite	铜蓝
26	Bn	Bornite	斑铜矿	56	Dg	Digenite	蓝辉铜矿
27	Brk	Brookite	板钛矿	57	Di	Diopside	透辉石
28	Brl	Beryl	绿柱石	58	Dia	Diamond	金刚石
29	Brt	Barite	重晶石	59	Dol	Dolomite	白云石
30	Bt	Biotite	黑云母	60	Drv	Dravite	镁电气石

续表

序号	缩写	矿物英文名	中文名	序号	缩写	矿物英文名	中文名
61	Elb	Elbaite	锂电气石	97	Krs	Kaersutite	钛闪石
62	En	Enstatite	顽火辉石	98	Ky	Kyanite	蓝晶石
63	Ep	Epidote	绿帘石	99	Lab	Labradolite	拉长石
64	Fa	Fayalite	铁橄榄石	100	Lct	Leucite	白榴石
65	Fe2-Act	Ferro-Actinolite	镁阳起石	101	Lm	Limonite	褐铁矿
66	Fe2-Hbl	Ferrohornblende	铁角闪石	102	Lmt	Laumontite	浊沸石
67	Fl	Fluorite	萤石	103	Lpd	Lepidolite	锂云母
68	Fo	Forsterite	镁橄榄石	104	Lz	Lizardite	利蛇纹石
69	Fs	Ferrosilite	铁辉石	105	Mag	Magnetite	磁铁矿
70	Fsp	Feldspar	长石	106	Mal	Malachile	孔雀石
71	Fuc	Fuchite	铬云母	107	Mc(Mic)	Microcline	微斜长石
72	Ged	Gedrite	铝直闪石	108	Mca(Mi)	Mica	云母
73	Gln	Glaucophane	蓝闪石	109	Mel	Melilite	黄长石
74	Glt	Glauconite	海绿石	110	Mgs	Magnesite	菱镁矿
75	Gn	Galena	方铅矿	111	Mnt	Montmorillonite	蒙脱石
76	Gp	Gypsum	石膏	112	Mnz	Monazite	独居石
77	Gr(Grp)	Graphite	石墨	113	Mo	Molybdenite	辉钼矿
78	Gre	Greenalite	铁蛇纹石	114	Mrc	Marcasite	白铁矿
79	Grs	Grossular	钙铝榴石	115	Ms	Muscovite	白云母
80	Grt	Garnet	石榴子石	116	Ne	Nepheline	霞石
81	Gru	Grunerite	铁闪石	117	Nsn	Nosean	黝方石
82	Gt	Goethite	针铁矿	118	Ntr	Natrolite	钠沸石
83	Hbl	Hornblende	普通角闪石	119	Oam	Orthoamphibole	斜方闪石
84	Hd	Hedenbergite	钙铁辉石	120	Ol	Olivine	橄榄石
85	Hem	Haematite（Hematite）	赤铁矿	121	Olg	Oligoclase	奥长石
86	Hl	Halite	石盐	122	Opl	Opal	蛋白石
87	Hul	Heulandite	片沸石	123	Opx	Orthopyroxene	斜方辉石
88	Hy	Hypersthene	紫苏辉石	124	Or	Orthoclase	正长石
89	Ill	Illite	伊利石	125	Pen	Pennine	叶绿泥石
90	Ilm	Ilmenite	钛铁矿	126	Pgt	Pigeonite	易变辉石
91	Jd	Jadeite	硬玉	127	Phl	Phlogopite	金云母
92	Jh	Johannsenite	钙镁辉石	128	Pl	Plagioclase	斜长石
93	Kfs	K-feldspar	钾长石	129	Po	Pyrrhotite	磁黄铁矿
94	Kln	Kaolinite	高岭石	130	Prl	Pyrophyllite	叶蜡石
95	Kln-Srp	Kaolinite-Serpentine	高岭-蛇纹	131	Prp	Pyrope	镁铝榴石
96	Kls	Kalsilite	钾霞石	132	Prv	Perovskite	钙钛矿

序号	缩写	矿物英文名	中文名	序号	缩写	矿物英文名	中文名
133	Pth	Perthite	条纹长石	151	Sps	Spessartine	锰铝榴石
134	Px	Pyroxene	辉石	152	Srl	Schorl	黑电气石
135	Py	Py rite	黄铁矿	153	Srp	Serpentine	蛇纹石
136	Qtz	Quartz	石英	154	St	Staurolite	十字石
137	Rdn	Rhodonite	蔷薇辉石	155	Stv	Stishovite	斯石英
138	Rds	Rhodochrosite	菱锰矿	156	Tlc	Talc	滑石
139	Rt	Rutile	金红石	157	Toz	Topaz	黄玉
140	Sa	Sanidine	透长石	158	Tr	Tremolite	透闪石
141	Scp	Scapolite	方柱石	159	Trd	Tridymite	鳞石英
142	Sd	Siderite	菱铁矿	160	Ttn	Titanite	榍石
143	Sep	Sepiolite	海泡石	161	Tur	Tourmaline	电气石
144	Ser	Sericite	绢云母	162	Urt	Uralite	纤闪石
145	Sil	Sillimanite	夕线石	163	Ves	Vesuvianite	符山石
146	Sme	Smectite	蒙脱蒙皂石	164	Vrm	Vermiculite	蛭石
147	Sp	Sphalerite	闪锌矿	165	Wo	Wollastonite	硅灰石
148	Spd	Spodumene	锂辉石	166	Zeo	Zeolite	沸石
149	Spl	Spinel	尖晶石	167	Zo	Zoisite	黝帘石
150	Spn	Sphere	榍石	168	Zrn	Zircon	锆英石

附表 2 常见矿物肉眼鉴定简表

主要鉴定特征					矿物名称
条痕色	光泽	颜色或其他	硬度	解理	
黑色（或金属彩色）	金属光泽	银白、锡白、铅灰、钢灰、铁黑色	<5.5	明显	石墨、辉钼矿、方铅矿、自然铋、辉铋矿
				不明显	辉银矿、辉铜矿、黝铜矿、黝锡矿、自然银、晶质铀矿、石墨、辉钼矿
			≥5.5	不明显	毒砂、钛铁矿、磁铁矿、硬锰矿
		金属彩色（铜红金黄蓝，铜黄等）	<5.5	不明显	自然金、自然铜、斑铜矿、黄铜矿、磁黄铁矿、细粒黄铁矿
			≥5.5	不明显	白铁矿、黄铁矿
褐、红、黄色	半金属、金刚	红色、褐色、黄色	<5.5	明显	辰砂、雄黄、闪锌矿、
				不明显	自然硫、雌黄、钨华、铋华、钼华、铅黄、锑华、钴华、褐铁矿、粉末状赤铁矿、赤铜矿、赤铁矿（鲕状、肾状）、晶质铀矿
			≥5.5	明显	锐钛矿、金红石
				不明显	铬铁矿、赤铁矿（晶体）、铌钽铁矿、钛铁矿、锡石、板钛矿、晶质铀矿
蓝、绿色	金刚玻璃	蓝、绿色	<5.5	不明显	镍华、孔雀石、蓝铜矿
				明显	孔雀石、蓝铜矿、绿泥石
			≥5.5	明显	普通角闪石
无色、白色	玻璃金刚光泽	无色、白色有味感	≤2.5	明显	石盐、钾盐、芒硝、硼砂、光卤石、无水芒硝
		无色、白色无味感		明显	滑石、叶蜡石、高岭石、多水高岭石、蒙脱石、水白云母、白云母、石膏、水镁石
		黄褐、绿色、褐黑、无味感		明显	蛭石、金云母、绿泥石、海绿石、蛇纹石、黑云母
		白色或浅色加盐酸冒泡		明显	方解石、白云石、菱镁矿、菱铁矿、菱锰矿、菱锌矿、文石、白铅矿
		无色、白色或浅色，加盐酸不冒泡不放出 CO_2	2.5-5.5	明显	重晶石、硬石膏、萤石、独居石、闪锌矿、硅灰石、透闪石、普通角闪石、方柱石、红柱石、菱沸石、钠沸石

主要鉴定特征					矿物名称
条痕色	光泽	颜色或其他		硬度	解理	

条痕色	光泽	颜色或其他		硬度	解理	矿物名称
无色、白色	玻璃金刚光泽	无色、白色或浅色，加盐酸不冒泡不放出 CO_2		2.5-5.5	不明显	铅矾、蛇纹石、硼镁石、铝土矿、明矾石、磷灰石、蛋白石、霞石、白榴石、硅灰石、角闪石石棉、白钨矿、菱沸石
		黑色、绿色、蓝色		≥5.5	明显	阳起石、普通角闪石、斜方角闪石、普通辉石、紫苏辉石、顽火辉石、绿帘石、蓝晶石、透辉石、刚玉、锐钛矿
		无色、白色或浅色				金红石、斜长石、透长石、正长石、微斜长石、天河石、蓝晶石、黄玉、刚玉、方柱石、红柱石、透闪石、矽线石
		白色或浅色	形态一向或二向		不明显	石英、锡石、锆石、十字石、绿柱石、电气石、刚玉、符山石
			形态粒状			金刚石、尖晶石、橄榄石、白榴石、石榴子石、榍石、锡石、堇青石、普通辉石、β-石英、石英、锆石
			隐晶状			碧玉、玛瑙、石髓、燧石、绿柱石、石英、软玉、硬玉、绿帘石

附表 3　常见透明矿物鉴定特征表

颜色	突起	干涉色	轴性	解理	矿物名称（光性）
无色	负高	无	均质体	无	蛋白石、方钠石
				明显	萤石
	负低	Ⅰ级	均质体	不明显	白榴石、黝方石、方沸石
			一轴	不明显	霞石(−)
			二轴	明显	碱性长石(−)、石膏(+)、堇青石(+/−)
		高级白	一轴	明显	方解石(−)、白云石(−)
	正低	Ⅰ级	一轴	无	石英(+)、绿柱石(−)
			二轴	明显	高岭石(−)、堇青石(+/−)、斜长石(+/−)、蛇纹石(+/−)
		Ⅱ级	一轴	明显	方柱石(−)
		Ⅲ级	二轴	明显	硬石膏(+)
	正中	Ⅰ级	一轴	不明显	磷灰石(−)
			二轴	明显	重晶石(+)、硅灰石(−)、黄玉(+)
		Ⅱ级	二轴	明显	透闪石(−)、直闪石(−)
		Ⅲ级	二轴	明显	白云母(−)、滑石(−)、硬石膏(+)
		高级白	一轴	明显	方解石(−)、菱铁矿(−)
	正高	Ⅰ级	一轴	不明显	刚玉(−)、符山石(+/−)
			二轴	明显	黝帘石(+)、顽火辉石、蓝晶石(−)
		Ⅱ级	二轴	明显	普通辉石(+)、透辉石(+)、矽线石(+)、易变辉石(+)
		Ⅲ级	二轴	不明显	橄榄石(+/−)
		高级白	一轴	明显	白云石(−)
	正高-极高	无	均质	无	石榴子石
		Ⅲ级	一轴	不明显	锆石(+)
		高级白	一轴	明显	菱铁矿(−)

颜色	突起	干涉色	轴性	解理	矿物名称(光性)
有色	负低	无	均质体	不明显	黝方石
	正中	I级	二轴	明显	绿泥石(+/-)、硬玉(+)
		II级	一轴	不明显	电气石(-)
			二轴	明显	海绿石(-)、阳起石(-)
		III级	二轴	明显	黑云母(-)
	正高	无	均质体	不明显	尖晶石
		I级	二轴	明显	红柱石(-)、十字石(+)、硬绿泥石(+)、紫苏辉石(-)
		II级	二轴	明显	角闪石(-)、蓝闪石(-)、绿辉石(+)、绿帘石(-)
	正高-极高	高级白	一轴	明显	金红石(+)
			二轴	不明显	铁橄榄石(-)
				明显	霓石(-)、霓辉石(+/-)